Steven Vogel

Von Grashalmen und Hochhäusern

Erlebnis Wissenschaft bei WILEY-VCH

P. Ball
Chemie der Zukunft – Magie oder Design?
1996, ISBN 3-527-29387-6

J. Emsley
Parfum, Portwein, PVC ...
Chemie im Alltag I
1997, ISBN 3-527-29423-6

J. Emsley
Sonne, Sex und Schokolade
Chemie im Alltag II
1999, ISBN 3-527-29774-X

J. Emsley, P. Fell
Wenn Essen krank macht
2000, ISBN 3-527-30261-1

H. Genz
Gedankenexperimente
1999, 3-527-28882-1

H. Hellman
Zoff im Elfenbeinturm
Große Wissenschaftsdispute
2000, ISBN 3-527-29984-X

R. Hoffmann
Sein und Schein
Reflexionen über die Chemie
1997, ISBN 3-527-29418-X

B. H. Kaye
Mit der Wissenschaft auf Verbrecherjagd
1997, ISBN 3-527-29472-4

F. Krafft
Vorstoß ins Unerkannte
Lexikon großer Naturwissenschaftler
1999, ISBN 3-527-29656-5

O. Krätz
Das Rätselkabinett des Doktor Krätz
1996, ISBN 3-527-29391-4

G. Kreysa
Fusionsfieber
1998, ISBN 3-527-29627-1

J. Koolman, H. Moeller, K.-H. Röhm (Hrsg.)
Kaffee, Käse, Karies ...
Biochemie im Alltag
1998, ISBN 3-527-29530-5

T. E. Podschun
Sie nannten sie Dolly
Von Klonen, Genen und unserer Verantwortung
1999, ISBN 3-527-29866-5

H.-J. Quadbeck-Seeger, A. Fischer (Hrsg.)
Die Babywindel
und 34 andere Chemiegeschichten
2000, ISBN 3-527-30262-X

E. Unger
Auweia Chemie
1998, ISBN 3-527-29538-0

B. Werth
Das Milliarden-Dollar-Molekül
1996, ISBN 3-527-29373-6

K. Wöhrmann, J. Tomiuk, A. Sentker
Früchte der Zukunft?
Grüne Gentechnik
1999, ISBN 3-527-29624-7

Steven Vogel

Von Grashalmen und Hochhäusern

Übersetzt von
Thomas Filk

Weinheim · New York · Chichester · Brisbane · Singapore · Toronto

Die englischsprachige Originalausgabe ist 1998 bei W. W. Norton & Company, Inc., New York, NY erschienen.
Copyright © by Steven Vogel

This translation of „Cats' Paws and Catapults" originally published in English in 1998 is published by arrangement with W. W. Norton & Company.
Copyright © by Steven Vogel

Autor:
Prof. Dr. Steven Vogel, Duke University, North Carolina, USA
e-mail: svogel@acpub.duke.edu

> Das vorliegende Werk wurde sorgfältig erarbeitet. Dennoch übernehmen Autor, Übersetzer und Verlag für die Richtigkeit von Angaben, Hinweisen und Ratschlägen sowie für eventuelle Druckfehler keine Haftung.

Übersetzer: Dr. Thomas Filk, Hartheim, Deutschland

Die Deutsche Bibliothek – CIP-Einheitsaufnahme
Ein Titeldatensatz für diese Publikation ist bei der Deutschen Bibliothek erhältlich.
ISBN 3-527-40303-5

Abbildungsnachweis:
Abb. 2.4: Columbia University Press (Fig. 8.5 of B. D. Dyer and R. A. Obar, *Tracing the History of Eucaryotic Cells*); Abb. 4.15: Academic Press, Inc. (Fig. 2 of J. T. Finch and A. Klug, *J. Mol. Biol.* 15: 344 and Fig. 5.4 of R. E. F. Matthews, *Plant virology*, 3rd ed.); Abb. 5.12: Prof. Mimi Koehl (Fig. I-9 of Duke University Ph. D. dissertation); Abb. 6.8: S. W. Wise and W. W. Hay, p. 427 in *Trans. Amer. Micr. Soc.* 87); Abb. 8.4: American farm and Darrieus rotor windmills: Van Nostrand-Reinhold, Inc. (Figs. 22, 42 of F. R. Eldridge, *Wind Machines*, 2nd ed.); Abb. 10.10: Dr. Vance A. Tucker (Cover, *Science*, 14 Nov. 1969); Abb. 13.3: John Wiley and Sons, Inc. (Fig. 5.19 of M. E. Rosheim, *Robot Evolution*); Abb. 11.1: Gordon and Breach Scientific Publishers, Inc. (Fig. 27 of J. Kastelic et al., *Connective Tissue Research* 6: 11); Abb. 12.12: Prof. Robert Wilbur, director, Duke University Herbarium; Abb. 13.2: Prof. William M. Kier (Fig. 11 of Duke University Ph. D. dissertation)
alle anderen: Kathryn K. Davis und der Autor

© WILEY-VCH Verlag GmbH, D-69469 Weinheim (Bundesrepublik Deutschland), 2000
Gedruckt auf säurefreiem Papier.

Alle Rechte, insbesondere die der Übersetzung in andere Sprachen, vorbehalten. Kein Teil dieses Buches darf ohne schriftliche Genehmigung des Verlages in irgendeiner Form – durch Photokopie, Mikroverfilmung oder irgendein anderes Verfahren – reproduziert oder in eine von Maschinen, insbesondere von Datenverarbeitungsmaschinen, verwendbare Sprache übertragen oder übersetzt werden. Die Wiedergabe von Warenbezeichnungen, Handelsnamen oder sonstigen Kennzeichen in diesem Buch berechtigt nicht zu der Annahme, daß diese von jedermann frei benutzt werden dürfen. Vielmehr kann es sich auch dann um eingetragene Warenzeichen oder sonstige gesetzlich geschützte Kennzeichen handeln, wenn sie nicht eigens als solche markiert sind.
All rights reserved (including those of translation into other languages). No part of this book may be reproduced in any form – by photoprinting, microfilm, or any other means – nor transmitted or translated into a machine language without written permission from the publishers. Registered names, trademarks, etc. used in this book, even when not specifically marked as such, are not to be considered unprotected by law.
Umschlaggestaltung: Grafik-Design Schulz, D-67136 Fußgönnheim
Druck und Bindung: Franz Spiegel Buch GmbH, D-89081 Ulm
Printed in the Federal Republic of Germany

Vorwort

Biologie handelt vom Leben, Technologie ist etwas vollkommen anderes. So oder so ähnlich dachte ich bevor ich mich mit einer Art von Biologie zu beschäftigen begann, deren Inhalt sowohl die Technologie als auch das Leben ist. Um es genauer zu sagen, sie – die Biomechanik – handelt von der Technologie des Lebens, von der mechanischen Welt der Natur. Manchmal gleicht diese Welt der mechanischen Welt, die wir Menschen geschaffen haben. Doch manchmal unterscheiden sie sich auch gewaltig. In diesem Buch werden beide Technologien verglichen. Es handelt von den gewöhnlichen Dingen und Kreaturen um uns herum. Und ganz unbescheiden möchte es die Art und Weise verändern, wie Sie Ihre Umgebung betrachten – zumindest ein wenig.

Ich sehe, dass Ingenieure mit derselben Neugier auf unsere Welt schauen wie wir auf ihre. Einige von Ihnen erhoffen sich von Organismen Anregungen für Entwürfe oder die Konstruktion von irgendwelchen Geräten. Wie könnte ein Biologe widersprechen? Doch man kann nicht so einfach von einer Welt zu einer anderen wechseln, und ein Reisender, der dies möchte, braucht eine Straßenkarte und einen Reiseführer. Beides versucht dieses Buch zu sein, indem es die Biomechanik durch den direkten Vergleich mit der vertrauteren Welt unserer Technologie einführt.

Gleichzeitig möchte ich jedoch auch ein ernüchterndes Element in unsere romantische Vorstellung der Lebewesen einbringen. Die Eleganz der natürlichen Formen hat viele von uns dazu verführt, Biologen zu werden. Das, was sie macht, macht die Natur tatsächlich sehr gut. Doch – und hier liegt das Problem – warum sollte sie immer perfekt sein? Und warum sollte sie uns Vorlagen für das liefern, was wir machen wollen? Ich möchte unsere Neigung, die Natur als goldenen Standard des Designs und als ergiebige Quelle technologischer Durchbrüche anzusehen, etwas auseinanderpflücken.

Darüberhinaus möchte ich deutlich machen, dass die Formen der Natur keine ehrliche Grundlage für Angriffe auf die menschliche Technologie liefern. Beim Sammeln des Materials für dieses Buch bin ich mehr als einmal über antitechnologische Literatur gestolpert – Spuren von Naturverehrung und Ingenieursverdammung. Diese Autoren vertreten einen völlig unrealistischen Standpunkt bezüglich unserer gegenwärtigen Situation und unserer zukünftigen Aussichten und verurteilen dabei zu unrecht. Die Ingenieure und Techniker für die sozialen Konsequenzen der Technologie verantwortlich zu machen hieße, den Gebrüdern Wright die Verantwortung für die vielen Flughäfen zu geben.

Diesbezüglich gebe ich gerne eine gewisse persönliche Befangenheit zu. Ich habe keine Ausbildung als Ingenieur und nur oberflächliche Kenntnisse der zugrundeliegenden Physik und Mathematik. Was ich als Wissenschaftler und Autor geleistet habe, hätte ich nie ohne die grenzenlose Großzügigkeit und die Unterstützung der Ingenieure erreichen können. Seit fast vierzig Jahren und an verschiedenen Instituten haben sie mir Dinge erklärt, mich aus Sackgassen herausgeholt, mich vor einigen Fettnäpfchen bewahrt bevor ich Unsinn publizierte und mich auf verständliche Materialquellen hingewiesen. Mit anderen Worten, sie haben alles Erdenkliche getan, um mich auf ihrem Fachgebiet willkommen zu heißen.

Die Arbeit an diesem Buch war ein intellektueller Hochgenuss. Ich gab meiner Bastelleidenschaft nach und baute mir eine Version eines alten ägyptischen Bohrers. Und ich hatte einen Vorwand, das erste Buch anzufassen (und zu lesen), das auf Papier aus Holzschliff gedruckt war. Ich hatte einen Grund, neun Bibliotheken auf dem Campus der Duke Universität (sowie weitere anderswo) zu benutzen, ganz zu schweigen von den Fernleihen, CD-ROMs, Staatsdokumenten, verschiedenen Online-Datenbanken, alten Zeitschriften auf Mikrofiches und Internet Newsgroups.

Ich bin nach wie vor beeindruckt von der offenkundigen Relevanz und dem intellektuellen Niveau der Anthropologie, Archäologie, Paläontologie, Wirtschaftswissenschaften, Architektur, Geometrie, Geographie, Rechtswissenschaften, sowie der Geschichte der Naturwissenschaften, der Technologie, der Landeserkundung, der Domestizierung und der Kultur. All die komplexen Verbindungen zwischen diesen Disziplinen erinnern mich an das biomechanische Problem, den Finger erhoben und gleichzeitig am Puls der Zeit zu halten, und mit den Füßen auf dem Boden zu bleiben, während man mit dem Kopf in den Wolken schwebt.

Ich habe ziemlich schamlos die Hilfe professioneller Kollegen und anderer Freunde in Anspruch genommen. Bei keinem anderen Projekt habe ich soviel wertvolle Anregungen, Ideen und Beispiele erhalten. Zu besonderem Dank verpflichtet bin ich gegenüber Matthew Healy, Michael LaBarbera, Catherine Loudon, Jane Vogel und Stephen Wainwright. Jeder von ihnen hat den ersten Entwurf des Manuskripts gelesen und eine Fülle von wohlgemeinten und taktvollen Vorschlägen gemacht. Viele nützliche Ideen verdanke ich außerdem Gesprächen mit David Alexander, Michael Blum, Richard Burian, Steven Churchill, Ruth Day, Martha Dunham, Betsey Dyer, Shelley Etnier, Robert Full, Margaret Hivnor, Diane Kelly, Peter Klopfer, Daniel Lieberman, Dan Livingstone, Anne Moore, M. Patricia Morse, Bruce Nicklas, Francis Newton, Fred Nijhout,

Vorwort   VII

George Pearsall, Charles Pell, Henry Petroski, Jeffrey Podos, Michael Reedy, Knut Schmidt-Nielsen, Kalman Schulgasser, John Sharpe, Robert Teer, Edward Tenner, Lloyd Trefethen, John Wourms sowie vielen anderen, von denen ich leider keine richtige Liste habe. Außerdem möchte ich den vielen hilfreichen Bibliothekarinnen und Bibliothekaren danken, inbesondere Richard Hines und David Talbert.

Edwin Barber, mein Herausgeber bei W.W. Norton, hat für meine schriftstellerische Arbeit mehr getan als irgend jemand anders seit meinen Studententagen. Von ihm erhielt ich insbesondere genaue Anleitungen sowie allgemeine Ermahnungen in Bezug auf mein Ringen nach Spontanität und meinen Kampf gegen akademische Hochgestochenheit und Unverständlichkeit.

Und schließlich möchte ich meine leidenschaftliche Hochachtung und Empfehlung für Bibliotheken zum Ausdruck bringen, wo man alles, was man braucht – oder von dem man erst merkt, dass man es braucht, wenn man es sieht – auf Regalen oder ihren elektronischen Gegenstücken findet, die dem Benutzer zugänglich sind.

Einige der Abbildungen stammen aus bereits veröffentlichtem Material. Bei den folgenden Copyright-Inhabern möchte ich mich für die Erlaubnis bedanken, das jeweilige Material verwenden zu dürfen. Abbildung 1: Columbia University Press (Abb. 8.5 aus B.D. Dyer und R.A. Obar, *Tracing the History of Eucaryotic Cells*); Abbildung 4: Academic Press, Inc. (Abb. 2 aus J.T. Finch und A. Klug, *J. Mol. Biol.* 15: 344 und Abb. 5.4 aus R.E.F. Matthews, *Plant Virology*, 3. Aufl.); Abbildung 5: Dr. Mimi Koehl (Abb. I-9 aus der Doktorarbeit an der Duke University); Abbildung 8, Windmühle einer amerikanischen Farm und der Darrieus Rotor: Van Nostrand-Reinhold, Inc. (Abb.en 22, 42 aus F.R. Eldridge, *Wind Machines*, 2. Aufl.); Abbildung 10: Dr. Vance A. Tucker (Titelbild, *Science*, 14. Nov. 1969); und Abbildung 13: John Wiley and Sons, Inc. (Abb. 5.19 aus M.E. Rosheim, *Robot Evolution*). Für die Genehmigung einer direkten Kopie der Abbildungen 11 und 13 danke ich jeweils den Copyright Inhabern Gordon and Breach Scientific Publishers, Inc. (Abb. 27 aus J. Kastelic et al., *Connective Tissue Research* 6: 11) und Dr. William M. Kier (Abb. 11 aus der Doktorarbeit an der Duke University). Für die Erlaubnis der Wiedergabe der Zeichnung einer Molluskenschale in Abbildung 6 (aus S.W. Wise und W.W. Hay, S. 427 in *Trans. Amer. Micr. Soc. 87*) danke ich Dr. Vicki Pearse, Herausgeber von *Invertebrate Biology*. Dr. Robert Wilbur, Direktor des Duke University Hebrariums, danke ich für das Ausleihen des *Arctiums* für Abbildung 12.12. Der Kater Sam (Soft And Mellow) gab mir die Idee für die entsprechende Anspielung im englischen Titel. Er verwechselt nie die Maus der einen Technologie mit der Maus der anderen, und er hat immer noch die Hoffnung, dass der Drucker etwas Besseres als nur Papier ausspucken wird.

STEVEN VOGEL
Durham, North Carolina

Inhaltsverzeichnis

Vorwort — V

1 Verschiedene Welten — 1

2 Zwei Designer-Schulen — 7
Wie funktioniert die natürliche Auslese? — 7
Die Grenzen evolutionärer Veränderungen — 10
Die beiden Designer-Schulen im Vergleich — 18

3 Vom Kleinen und Großen — 27
Länge, Oberfläche und Volumen — 29
Große und kleine Flieger — 33
Oberflächenspannung und Diffusion — 36
Schwerkraft und Trägheit — 39
Säulen und Balken — 43

4 Flächen, Winkel und Kanten — 45
Flache und gekrümmte Flächen — 45
Rechte Winkel — 52
Ecken und Risse — 65

5 Hartes und Weiches — 69
Eigenschaften von Materialien — 70
Wann sind welche Eigenschaften wichtig? — 74
Man kann nicht alles haben — 79
Vorteile von Flexibilität — 81
Aufgeblasene Schläuche — 89

6 Metalle und Verbundstoffe — 93
Die nichtmetallische Welt der Organismen — 93
Warum verwendet die Natur keine Metalle? — 96

Vorteile metallischer Bauweise 100
Wie nichtmetallische Werkstoffe Risse vermeiden können 104
Eine nichtmechanische Unterbrechung 111

7 Ziehen und Drücken   **115**
Spannung und Druck 119
Bänder und Stützen 121
Noch einmal Spannung und Druck 126
Formen von Bändern und Stützen 129
Fluide Stützen und helikale Bänder 133

8 Maschinen für die mechanische Welt   **139**
Eine Vielfalt an Maschinen 143
Verbrennungsmotoren 144
Elektromotoren und Generatoren 148
Wind- und Wasserkraft 150
Muskeln und Flimmerhaare 155
Andere natürliche Maschinen 158
Vergleich der Wirkungsgrade 160

9 Maschinen bei der Arbeit   **163**
Hebelkräfte 164
Räder 171
Wie verbindet man Motoren und Rotoren? 177
Hydraulische Verbindungen 179
Kurzzeitbatterien 183

10 Von Pumpen, Strahltriebwerken und Schiffen   **191**
Pumpen 191
Strahlantrieb 202
Schwimmen an der Wasseroberfläche 210

11 Fertigung und Wartung   **217**
Die lebende Fabrik 217
Die nicht lebende Fabrik 232

12 Die Natur kopieren? – Ein Rückblick   **237**
Idyllische Romantik? 239
Wo Nachahmung gut ging 244
Wenn Nachahmung erfolgreich ist – weshalb? 257
Der fliegende Mensch – ein typisches Beispiel 259

13 Nachahmung – Gegenwart und Zukunft　　263
Ein gemischter Korb voller „Vielleicht" 263
Was verspricht die gegenwärtige Forschung? 266
Quo vadimus? 272

14 Kontraste, Konvergenzen, Konsequenzen　　277
Ähnlichkeiten 280
Analogien 286
Kegel und Spiralen – eine letzte Geschichte 291
Konvergenzen 295
Botschaften und Impulse 298

Anmerkungen　　301

Literaturhinweise　　327

Index　　343

Kapitel 1

Verschiedene Welten

Als wir alle noch wesentlich jünger waren – für mich war das in den späten 40ern – haben wir jeden Sonntag in den *Flash Gordon* Comic-Heften gelesen. Mit der Leichtgläubigkeit von Kindern haben wir gedacht, dass Raumfahrten zu außerirdischen Zivilisationen kurz davor standen, Wirklichkeit zu werden. Mr. Gordon erschien unserer Welt ebenso nahe wie George Washington und weitaus näher als Julius Caesar. Heute sind *Star Treck* und Mr. Spock hinsichtlich ihrer technischen Perfektion um Klassen ausgereifter als *Flash Gordon*, und doch sind die Aussichten auf eine Begegnung mit anderen Lebensformen wesentlich geringer. Schuld daran ist weder der Verlust unseres jugendlichen Selbstvertrauens noch irgendeine Unterlegenheit Spocks gegenüber Gordon. Aber das Raumzeitalter ist angebrochen, und wie jede Realität hat es auch seinen Teil an Ernüchterung gebracht, einen Verlust an Unschuld. Raumfahrten erwiesen sich als weitaus schwieriger und teurer, und außerirdische Zivilisationen scheinen viel weiter entfernt zu sein, als wir uns das vorstellten.

Trotzdem beweisen der Erfolg von *Star Wars* und *Star Trek* sowie die anhaltende Popularität von Science Fiction, dass der Zauber anhält. Ein Großteil ihrer Anziehungskraft beruht offensichtlich auf den Darstellungen völlig anderer Kulturen, also etwas, das hier auf der Erde eher knapp ist. Wir haben nur eine Welt. Die Zivilisationen des Orients und die von Europa und Afrika standen mehr als tausend Jahre in engem Kontakt, und seit rund fünfhundert Jahren gibt es eine Vermischung mit den amerikanischen Zivilisationen. Die Technologie des Menschen mag sehr viel komplizierter geworden sein, aber sie hat an Vielfalt verloren und ist in Gleichförmigkeit erstarrt. Die globale Annäherung lässt keinen Raum mehr für ein Atlantis. Die Zweifel, dass wir jemals auf eine andere Technologie stoßen werden, haben eher zugenommen.

Traurig – vielleicht – doch so schlimm wiederum auch nicht. Es gibt nämlich eine andere Technologie, die wir unserer eigenen gegenüberstellen können – die

Technologie der Organismen, das Ergebnis einer Evolution durch natürliche Auslese über einigen Milliarden Jahre hinweg. Leben ist eine Form von Technologie in jeder Bedeutung des Wortes, mit mannigfaltigen Formen, Werkstoffen, Maschinen und mechanischen Vorrichtungen jeder erdenkbaren Komplexität.

Zum Vergleich von Systemen können wir uns gar nichts besseres wünschen als die Entwürfe der Natur einerseits und die menschlichen Erfindungen andrerseits. Die Technologie der Natur lebt auf der Oberfläche desselben Planeten wie die Technologie der menschlichen Kultur. Damit ist sie denselben physikalischen und chemischen Grenzen unterworfen und an dieselben Materialien gebunden. Doch die Natur arbeitet und erfindet auf eine grundlegend andere Art und Weise als wir. Allein die Zeiträume, in denen sie sich verändert, sind im Vergleich zu unserem kulturellen Standard riesig.

Schon die Formen der beiden Technologien unterscheiden sich drastisch. Schauen Sie sich nur um. Überall sehen sie rechte Winkel: die Ecken dieser Seite, die Schreibtischkanten, Straßenecken, Bücherregale, Türen, Schachteln, Ziegelsteine, und endlos weiter. Dann betrachten sie Felder, Parks oder Wälder. Wo sind die rechten Winkel? Nirgends? Nicht ganz, aber doch selten. Das wirft Fragen auf. Warum gibt es in der Natur so wenig rechte Winkel? Warum betrachten menschliche Zivilisationen sie als so nützlich?

Die Technologien der Natur und des Menschen unterscheiden sich in jeder Hinsicht. Wir bauen trockene und starre Strukturen, die Natur zieht feuchte und flexible Strukturen vor. Wir verwenden Metalle, die Natur nie. Unsere Gelenke gleiten meist, die der Natur biegen sich. Wir wirken Wunder mit Rädern und Drehbewegungen, die Natur erzeugt absolut funktionsfähige Boote, Flugkörper und erdgebundene Fahrzeuge ganz ohne diese Dinge. Unsere Maschinen dehnen sich aus oder rotieren, ihre ziehen sich zusammen oder gleiten. Große Geräte fertigen wir am Stück, die größeren Dinge in der Natur sind geschickt gewachsene Anhäufungen winziger Komponenten. Man kann leicht so fortfahren. Tatsächlich besteht ein Großteil dieses Buches lediglich aus der Ausarbeitung solcher Gegensätze – insbesondere ihrer mechanischen Aspekte.

Wir alle erkennen unmittelbar die Unterschiede zwischen den Erzeugnissen des Menschen und denen der Natur. Manche Künstler nutzen diese unbewusste Form der Wahrnehmung und irritieren uns, wenn sie Gegenstände der einen Kultur mit den Formen der anderen wiedergeben. Die Kubisten zeichnen menschliche Gesichter mit flachen Seiten und harten, geraden Kanten, oftmals im rechten Winkel. Der Maler Salvator Dali und der Bildhauer Claes Oldenburg geben harten Gegenständen der Manufakturtechnologie – Uhren, Maschinenblöcke, etc. – die Weichheit der Dinge der natürlichen Welt. Die Widersinnigkeit verfehlt ihre beabsichtigte verblüffende Wirkung nicht.

Doch es gibt nicht nur Unterschiede. Sowohl Fahrradrahmen als auch Bambusstämme nutzen die Tatsache, dass ein Rohr gegenüber Biegung widerstandsfähiger ist als ein gleichschwerer massiver Stab. Eine Spinne streckt ihre

1. Verschiedene Welten

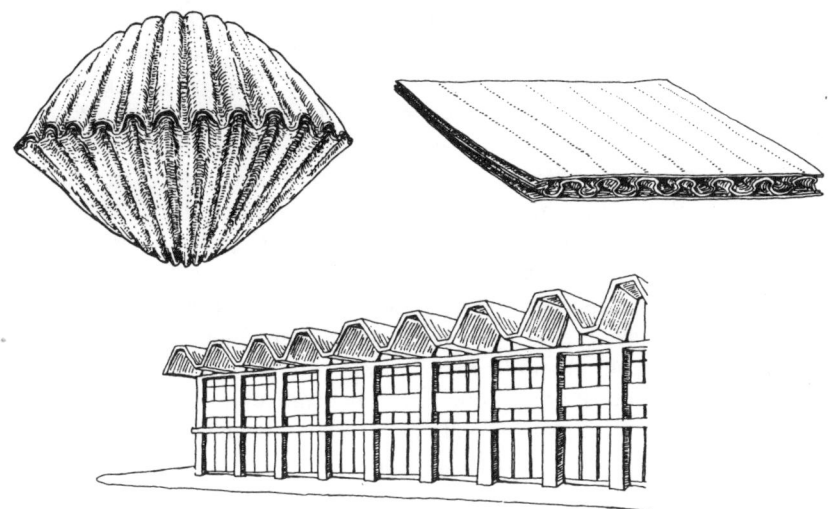

Abbildung 1.1: Gewellte oder fächerförmige Oberflächen geben auf einfache Weise Festigkeit: Kamm-Muschelschale, Wellpappe und ein Berg-und-Tal Dach.

Beine aus, indem sie den Flüssigkeitsdruck in ihrem Inneren erhöht, ganz ähnlich wie bei manchen hydraulischen Hebebühnen. In beiden Technologien gibt es gekrümmte Schalen (Schädel, Eier, Kuppeldächer), Säulen (Baumstämme, lange Knochen, Maste) und Steine in einer Grundmasse (Wurmröhren, Beton). Beide verwenden gewellte Strukturen (wie in Abb. 1.1), um bei geringem Gewicht eine gewisse Festigkeit zu erhalten – beispielsweise die Schale einer Kamm-Muschel, einem der seltenen Schwimmer unter den Muscheln, oder die stärkenden Elemente in Türen, Verpackungsschachteln und Flugzeuggängen, oder fächerförmig gefaltetes Papier und besondere Dachformen. Beide fangen schwimmende oder fliegende Beute mit Filtern, durch die das Wasser bzw. die Luft hindurchfließt – beispielsweise Spinnen oder Wale, Fischer mit Treibnetzen oder Vogelfänger mit Schleiernetzen.

Ich interessiere mich sehr für alle Formen der Technik, doch von Beruf und aus Leidenschaft bin ich Biologe, kein Techniker. Die angesprochene Äquivalenz zwischen den beiden Gebieten könnte etwas irreführend sein. Es handelt sich nicht um zwei Seiten derselben Medaille. Der Biologe untersucht etwas Existierendes: die Natur, in all ihrem Glanz. Demgegenüber ist der Techniker jemand, der etwas erschafft. Außerdem haben die Erfolge der Techniker eine weitaus direktere Auswirkung als die der Biologen, und Misserfolge werden nicht nur durch die Missbilligung einiger Kollegen bestraft.[1]

Wenn ich mein Fachgebiet als Biologie bezeichne, so ist das zu allgemein, denn die Interessen der meisten Biologen an der Mechanik gehen kaum über die Instandhaltung ihrer wissenschaftlichen Ausrüstung hinaus. Wir, die wir auf die mechanischen Aspekte der Natur schauen, bezeichnen uns daher als Biomechaniker[2]. Dies sollte nicht mit der sogenannten Biotechnologie verwechselt werden, die gegenwärtig eine große Bedeutung erlangt hat. Biotechnologie in seiner üblichen Bedeutung ist etwas vollkommen anderes und wird hier praktisch keine Rolle spielen. Bei der Biotechnologie handelt es sich eher um eine synthetische Tätigkeit im Gegensatz zu unserer analytischen. Außerdem beschäftigt sie sich hauptsächlich mit der molekularen und mikroskopischen Welt, wohingegen wir uns eher den mechanischen und makroskopischen Aspekten zuwenden. Schließlich gibt es noch die sogenannte Biophysik, die zwar analytisch ausgerichtet aber ebenfalls mehr im molekularen Bereich verwurzelt ist.

Zunächst sollte der Biomechaniker ein ehrliches und wenig schmeichelhaftes Eingeständnis machen. Natürlich liegt es nahe, die mechanische Technologie der Natur als ersten Schritt sowohl zur Erzeugung als auch zum Verständnis der menschlichen Technologie zu untersuchen – zumindest um den Bereich der Möglichkeiten abzustecken. Wer könnte leugnen, dass die Natur zuerst hier war? Doch in Wirklichkeit sieht es ganz anders aus. Der Biomechaniker erkennt den Nutzen einer raffinierten Konstruktion in der Natur erst, wenn der Techniker ihm ein Modell davon gegeben hat. Mit anderen Worten, die Biomechanik untersucht im wesentlichen immer noch wie, wo und warum die Natur genau das macht, was die Techniker machen.

Von jedem richtigen Biologen wird man erwarten, dass ihn natürliche Systeme – frei von Menschen – beeindrucken, dass er sie sogar als eine Art von Schönheitsideal ansieht. Das ist meist richtig. Ohne eine gewisse Leidenschaft für die Natur hätten wir uns etwas anderes ausgesucht, womit wir unsere Zeit verbringen. Biologen sind daher fast ohne Ausnahme auch biophil. Doch Liebe zur Natur heißt nicht, in ihr nur immer etwas Perfektes, den goldenen Standard von Entwicklungen zu sehen. Viele berühmte und ansonsten achtenswerte Persönlichkeiten sahen die Natur als eine paradiesische Vervollkommnung von Prozess und Produkt. Es mag unfair sein, kurze Zitate aus dem Zusammenhang zu reißen, doch als Biologe schrecke ich vor Aussagen wie den folgenden zurück. Dabei kann ich den Alten eher vergeben als meinen zeitgenössischen Post-Darwinisten.

Sollte ein Weg besser als ein anderer sein, so kannst Du sicher sein, dass dies der Weg der Natur ist. (Aristoteles, 4. Jahrhundert v. Chr.)[3]

Das menschliche Genie mag viele Erfindungen machen, doch nie wird es sich irgendeine Erfindung schöner, einfacher, oder dem Zweck angemessener ausdenken können als die Natur; denn in den Erfindungen der Natur fehlt nichts und nichts ist überflüssig. (Leonardo da Vinci, 15. Jahrhundert)[4]

1. Verschiedene Welten

In der Natur gibt es endlos viele Quellen hydraulischer Vorrichtungen und mechanischer Bewegungen; und würden Maschinenbauer nur zu ihr in die Schule gehen, sie würde sie zur Übernahme der besten Prinzipien und angemessensten Modifikationen für alle denkbaren Umstände leiten. (Thomas Ewbank, Mitte 19. Jahrhundert)[5]

Ein Handbuch ist bis heute nicht aus der Mode gekommen und wird es voraussichtlich auch nie sein: das Handbuch der Natur. Hier, in der Gesamtheit der biologischen und biochemischen Systeme, wurden die Probleme der Menschheit bereits angegangen und gelöst, und zwar in gewissem Sinne optimal angegangen und gelöst. (Victor Papanek, zeitgenössisch)[6].

Eine solch naive Einstellung gegenüber der automatischen Unübertrefflichkeit der Natur kann man nicht leichtfertig stehen lassen. Es würde ja bedeuten, dass ein Techniker oder Unternehmer, der einfach die Natur kopiert, allen anderen hart Schuftenden, die auf die menschliche Erfindungsgabe vertrauen, immer überlegen wäre. Außerdem wäre es ein willkommenes Argument für all jene, die die Techniker für alle Krankheiten der modernen Welt verantwortlich machen wollen.[7] Beides halte ich für wenig attraktiv. (Die Verunglimpfung der Techniker hat allerdings trotz des Aufblühens antiwissenschaftlicher Tendenzen etwas nachgelassen. Vielleicht wurden einige, die in den 60er und 70er Jahren zu den Anhängern solcher Gruppierungen zählten, in den 80er und 90er Jahren von ihrer unbestreitbaren Leidenschaft für Personal Computer gefangen genommen.)

Handelt dieses Buch davon, wie man die Natur kopieren kann? Ganz und gar nicht! Wie wir sehen werden, hat sich reines Kopieren in der Vergangenheit nur in überraschend wenigen Fällen als sinnvoll erwiesen. Tatsächlich sollte man auch nicht erwarten, dass sich alle möglichen Teile beliebig übertragen lassen. Wir haben es mit mechanischen Entwürfen in unterschiedlichem Zusammenhang zu tun, und jedes System besitzt seine ihm eigenen Elemente der inneren Harmonie und Konsistenz. Darüber hinaus ist die mechanische Technologie eines dieser Systeme, auch wenn es uns selber einschließt (schließlich sind wir immer noch Geschöpfe der Natur), weitaus seltsamer, als man sich gemeinhin vor Augen hält. Daher verdient die technologische Version der Natur unsere besondere Aufmerksamkeit, und aus diesem Grund sieht sich ein Biologe und Biomechaniker gezwungen, ein Buch über Technologie – oder besser, Technologien – zu schreiben.

Kapitel 2

Zwei Designer-Schulen

Nahezu alles beginnt mit einer Art von Plan, sei es ein Entwurf, eine Schablone, ein makromolekularer chemischer Code oder nur ein Schema im Kopf. Doch jeder Plan hat Vorstufen, beispielsweise die mysteriöse Alchemie der Erfahrungen eines Individuums oder eine Unzahl von Anpassungen bei unseren Urahnen. Und weder die Technologie des Menschen noch die der Natur besteht aus einem einzigen Schöpfungsakt. Doch nirgendwo unterscheiden sich die beiden mehr als in den Ursprüngen ihrer Pläne, in den Prozessen, die wir als „Design" oder „Erfindung" bezeichnen können.

Den Prozess der Natur hat Darwin entdeckt: Evolution durch natürliche Auslese. Die Technologie des Menschen entstammt Prozessen, die man mit Erfindung, Entdeckung, Entwicklung oder Planung bezeichnet. In jüngerer Zeit wurde allerdings der Begriff „Evolution" auch mit dem Fortschritt der menschlichen Technologie in Verbindung gebracht.[1] Das soll in manchen Fällen eine Art von Auslese implizieren, doch meist handelt es sich dabei um schrittweise Veränderungen, die aufeinander aufbauen.

Wie funktioniert die natürliche Auslese?

Seltsamerweise ist der vertraute Akt menschlicher Schöpfung schwerer mit wissenschaftlichen Begriffen zu erläutern als die Art, wie die Natur ihre Teile entwirft. Doch für jeden, der schon einmal ein Bild gemalt, ein Gedicht geschrieben oder einen Kuchen gebacken hat, wird menschliche Kreativität den Charakter von etwas Alltäglichem haben, sodass wir eine präzise Beschreibung umgehen können. Demgegenüber versagt unsere Intuition gegenüber der Evolution durch natürliche Auslese. Sie kann eine Richtung haben und vielleicht sogar Fortschritte machen, aber es ist keine Form von Planung erkennbar. Ihre Information wird von Molekülen getragen und verarbeitet, doch Moleküle entziehen sich unserer unmittelbaren Anschauung. Und ihr zeitlicher Ablauf überschreitet gewöhnlich alles aus unserer direkten persönlichen Erfahrung. Selbst wenn ihre Realität mittlerweile nicht mehr zu bezweifeln ist, so erscheint das Ganze doch außerordentlich unwahrscheinlich.

Uns interessiert hier ihr Mechanismus, denn in diesem speziellen Mechanismus, den man als natürliche Auslese bezeichnet, liegen sowohl die Kraft als auch die Grenzen des evolutionären Prozesses. Wir fassen diesen Mechanismus in Form einer Reihe von Beobachtungen und verbindenden Aussagen zusammen. Damit soll sowohl die überzeugende zugrundeliegende Logik betont werden, als auch vielen Missverständnissen und mystischen Vorstellungen von der Perfektion der Natur vorgebeugt werden.[2]

1. *Beobachtungen:*
    a. *Jeder Organismus kann mehr als einen Nachkommen erzeugen, sodass Populationen kontinuierlich anwachsen, sofern sie nicht Einschränkungen unterliegen.*
    b. *Jeder Organismus benötigt zum Überleben und zur Fortpflanzung eine Minimalmenge an Material aus der Umgebung.*
    c. *Die für eine Population von Organismen verfügbare Menge an Material ist endlich, was die Zunahme der Population einschränkt.*
2. *Folgerungen aus a, b und c:*
    d. *Eine Population innerhalb eines festen Gebietes wird zu einer Maximalgröße anwachsen.*
3. *Folgerungen aus a und d:*
    e. *In einer Population bei Maximalgröße werden mehr Individuen erzeugt als die Umgebung verkraften kann.*
    f. *Einige Individuen werden nicht in der Lage sein zu überleben und sich fortzupflanzen.*
4. *Weitere Folgerungen:*
    g. *Individuen innerhalb einer Population unterscheiden sich auf eine Weise, die ihre erfolgreiche Reproduktion beeinflusst.*
    h. *Zumindest einige dieser Unterschiede sind vererbt; Individuen ähneln ihren Eltern mehr als entfernter verwandten Individuen.*
5. *Folgerungen aus e bis h:*
    i. *Eigenschaften, die die Anzahl der lebensfähigen Nachkommen eines Individuums erhöhen, werden in der nächsten Generation häufiger verbreitet sein.*

Die letzte Aussage beinhaltet selbstverständlich die Evolution durch natürliche Auslese. Man beachte, dass nirgendwo in diesem Schema ein Begriff wie „Design" oder „Erfindung" auftaucht. Als Substantiv wäre er zwar noch unverfänglich, doch die Verbform „erfinden" wäre unmöglich. „Erfinden" verlangt im Allgemeinen einen „Erfinder". In der Evolution ist Veränderung jedoch das blinde Ergebnis einer Auslese aller Faktoren, die den Erfolg der Fortpflanzung verbessern. In der Natur ist nichts in diesem Sinne „erfunden" oder hat einen „Zweck". Trotzdem erfüllen die meisten auffallenden Elemente an biologischen Strukturen bestimmte Funktionen. Wie sonst könnten sie den Erfolg der Fortpflanzung verbessern? Das Ohr eines Beutetieres gibt ihm die Fähigkeit, das Nahen eines Räubers zu höhren, auszuweichen und vielleicht weiterzuleben und zu brüten. In einem anderen, hier relevanten Sinne dient das „Design" eines Ohres daher mit Sicherheit einem „Zweck". Eine originelle Arbeit mit dem Titel *Mechanisches Design in Organismen* hat daher in der Biomechanik weder eine Kontroverse noch Ärgernis hervorgerufen.[3]

Kurz gesagt, Design ist in der Natur ein Prozess, bei dem zunächst eine gewisse Vielfalt erzeugt wird (Punkt g oben – Mutation und Rekombination, um etwas technisch zu werden) und dann vorteilhafte Varianten ausgewählt werden. Natürlich sind die meisten Varianten entweder neutral oder von Nachteil. Der verstorbene George Beadle, der für seine Arbeit auf dem Gebiet der Genetik den Nobelpreis erhielt, benutzte das Beispiel einer Person an einer Schreibmaschine, die immer wieder dieselbe Seite eines Manuskrips abtippt. Jede Kopie wird nach Fehlern durchsucht, tritt ein Fehler auf, so wird die Kopie weggeworfen – außer in den seltenen Fällen, wo durch den Fehler der Schreibstil verbessert wurde. Tritt ein solcher Fehler auf, wird die neue Version zur Vorlage, die kopiert wird. Der natürliche Entwicklungsprozess ist daher ineffizient, doch wegen der Möglichkeit von Fehlern und einer Form der Auslese führt er unerbittlich voran. Zufällige Fehler erzeugen nicht-zufällige Veränderungen, und an keiner Stelle bedarf es einer Voraussicht oder eines Planens.

Dieser durch und durch stupide Prozess der natürlichen Auslese kann auch zu Ergebnissen führen, die wir kaum als Fortschritt bezeichnen können. Betrachten wir beispielsweise die Konsequenzen eines Paarungssystems bei Säugetieren, bei denen die Männchen eine angeborene Vorliebe für großbusige Weibchen haben. Mit unbarmherziger Logik wird die Auslese immer üppiger ausgestattete Weibchen hervorbringen, weit jenseits irgendeines Nutzens beim Stillen der Neugeborenen und durchaus im Bereich der mechanischen Unhandlichkeit. Das Beispiel ist vielleicht nicht völlig hypothetisch. Selbst in unserer busenfreundlichen Kultur sind Operationen zur Verkleinerung nicht ungewöhnlich.

Die Grenzen evolutionärer Veränderungen

Die erstaunliche Vielfalt der belebten Welt verbirgt nur zu leicht die Tatsache, dass der Prozess der Evolution wesentlich strengeren Einschränkungen unterliegt als alles, was menschliche Designer behindert. Wir Biologen sehen zwar diese Einschränkungen, doch wir setzen uns nur selten über unseren Chauvinismus hinweg und machen sie der Öffentlichkeit bekannt.

Jeder Organismus muss sich von einer anfänglich kleineren zu einer größeren Form entwickeln. Im Prinzip muss die Natur daher ein Motorrad in ein Auto umwandeln, ohne den Transport zu unterbrechen. Die Notwendigkeit von Wachstum ohne Verlust der Funktion kann zu einschneidenden geometrischen Beschränkungen führen. Betrachten wir die möglichen Formen von Weichtieren (Mollusken), einer weitverbreiteten und vielfältigen Gruppe, die Muscheln, Schnecken und Tintenfische umfasst. Molluskenschalen können nur dadurch wachsen, dass an den Kanten und der Innenfläche winzige Teile hinzugefügt werden. Für die meisten Formen würde diese Art des Wachstums zu unhandlichen Veränderungen in den Proportionen führen, wie in Abb. 2.1 dargestellt. Eine zylinderförmige Schale würde sich verlängern, wodurch sie vergleichsweise schlanker und damit bruchanfälliger wird: Ein langer Stab bricht leichter als ein kurzer, was sich mit trockenen Spaghetti leicht demonstrieren lässt. Würde sich die Schale zum Ausgleich von innen her verdicken, so stünde für die wichtigen Gedärme und Geschlechtsorgane vergleichsweise weniger Volumen zur Verfügung. Wenn Wachstum ohne gleichzeitige Veränderung der Proportionen entscheidend ist, sind Hohlkegel weitaus besser als Zylinder oder die meisten anderen Formen. Und die Schalen von Weichtieren sind im wesentlichen Kegel,

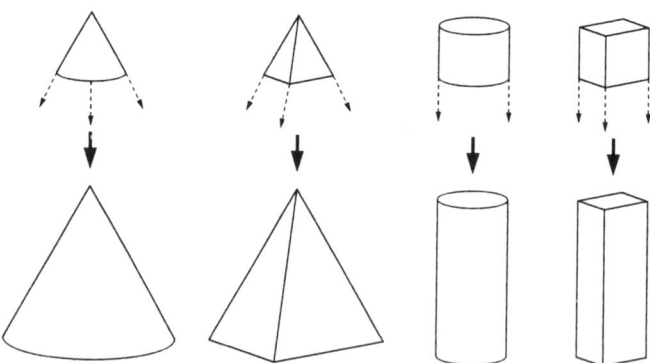

Abbildung 2.1: Vergrößerung durch Wachstum an den Kanten. Der Kegel und die Pyramide behalten ihre Formen, wohingegen der Zylinder und die rechteckige Röhre ihre Proportionen verändern.

entweder einfache Kegel, wie bei den schnecken- und nautilusartigen Formen, oder Doppelkegel, wie bei den muschelartigen Formen. Hypothetische Molluskelschalen lassen sich auf einem Computer als Derivate von kegelartigen Formen generieren, was der Paläontologe David Raup vor dreißig Jahren als erster gemacht hat.[4] Die Einschränkungen sind dabei so einschneidend, dass nahezu alle Formen wirklicher Schalen mit Hilfe eines relativ einfachen Programms erzeugt werden können.

Leben lässt sich für Umbauarbeiten nicht in regelmäßigen Abständen einfach anhalten, obwohl Dinge wie die Puppenstadien von Insekten einer Wachstumslücke durchaus nahe kommen. Im allgemeinen wachsen Gliederfüßer (Arthropoden) – hauptsächlich Insekten, Spinnen und Krebstiere – sprunghaft, wobei sie ihre äußeren Hüllen sowie einen Teil der inneren Ausrüstung in regelmäßigen Abständen abstoßen. Häutungen bilden somit eine Alternative zu dem Kantenwachstum der Molluskelschalen. Doch auch hier gibt es Einschränkungen der strukturellen Möglichkeiten, durch die viele nützliche Merkmale wie innere Stützen, Gerüste und Ähnliches ausgeschlossen werden. Außerdem sind Insekten zwar hervorragende Flieger, doch kein Insekt häutet funktionsfähige Flügel. Das fliegende Stadium ist daher immer das letzte, nicht mehr wachsende. Kleine Fliegen sind niemals Babyfliegen. Und schließlich kostet Häutung Material und impliziert Zeiten der mechanischen Verwundbarkeit.[5]

Eine große Tiergruppe hat Wachstum und Stütze in Einklang bringen können. Wir Wirbeltiere (Vertebaten) haben ein Skelettsystem, das kontinuierlich wachsen und sich umformen kann. Im Gegensatz zu den Schalen von Weichtieren und der Oberhaut der Gliederfüßer ist Knochen ein lebendes Gewebe, eine komplizierte und ungewöhnliche Errungenschaft von Fischen, Fröschen, Vögeln und Menschen. Ein wachsendes Skelett ist vielleicht die größte Erfindung der Wirbeltiere, der Hauptgrund für unseren Erfolg als mittelgroße bis große Geschöpfe.

Organismen müssen sich außerdem fortpflanzen, d.h., sie (die Weibchen, bei Arten mit getrennten Geschlechtern) benötigen die volle Ausrüstung, um Kopien ihrer selbst anfertigen zu können. Das ist so als ob ein Auto immer eine ganze Fabrik zur Herstellung von Automobilen oder zumindest Motorrädern hinter sich herschleppt. Es sind allerdings Ausnahmen bei Tieren bekannt, die in komplexen Kolonien leben. So gibt es beispielsweise bei Bienen und Ameisen Arbeiterinnen, die sich nicht vermehren können. Unter in Kolonien lebenden Hohltieren (Coelenteraten, eine Gruppe, die Quallen und Seeanemonen umfasst) können nur wenige spezialisierte Polypen in einer Kolonie – was für uns wie ein Individuum erscheint, ist in Wirklichkeit eine Kolonie – Nachkommen haben. Trotzdem sind die reproduktionsfähigen Einheiten immer noch als Organismen erkennbar – Königsbienen und reproduktive Polypen. Kein Organismus hat eine geeignete Produktionsstätte für seine Nachkommen außerhalb des Körpers erfunden.

Nach dem Wachstum und der Reproduktion kommt die Verbreitung. Manchmal können alle drei Dinge von einer einzigen Organismenform bewerkstelligt werden, wie bei uns, die wir einfache Lebensgeschichten haben. In anderen Fällen können aufwendige Metamorphosen, also Umwandlungen, zwischen ganz unterschiedlichen Formen stehen. Wir bilden die Ausnahme. Metamorphosen und die damit verbundenen komplizierten Lebensgeschichten kennzeichnen die meisten Pflanzen, viele Insekten und nahezu alle Mitglieder der großen Vielfalt an Meereswirbellosen. Für uns Menschen ist Beweglichkeit etwas Selbstverständliches, doch für einen Baum, eine Auster, einen Parasitenwurm oder einen Schwamm ist es sehr schwer, von hier nach dort zu gelangen. Zur Verbreitung ihrer Art entledigen sich diese Geschöpfe bestimmter Teile. Bei vielen Muschelarten verwandeln sich kleine, schwimmende, räuberische Larven in festsitzende und reproduktionsfähige Erwachsene, die sich durch das Herausfiltern von Mikroorganismen aus dem Wasser ernähren. Bei Schmetterlingen werden blättermampfende heranwachsende Kriecher zu nektarschlürfenden reproduktionsfähigen Fliegern. Die Notwendigkeit solcher Umwandlungen schränkt natürlich die möglichen Designs ernsthaft ein.

Andere Einschränkungen ergeben sich aus dem, was wir mit Information verbinden. Mit dem Plan zur Herstellung eines Organismus ist ein Problem verbunden, das unsere Aufmerksamkeit verdient. In diesem Zeitalter der Bytes und Computer ist Information für uns etwas Quantitatives und Messbares. Die fundamentale Einheit, das Bit, enthält die Information über die Wahl zwischen zwei gleichwahrscheinlichen Möglichkeiten, d.h. die Information, die wir erhalten, wenn wir nachschauen, auf welche Seite eine Münze gefallen ist.[6] Ein Plan ist im Wesentlichen ein Informationsspeicher. Für die Konstruktion eines Menschen oder vergleichbaren Tieres trägt ein befruchtetes Ei rund 10^{10} (eine 1 mit 10 Nullen) Bits an Information in seiner DNA. Das mag nach sehr viel klingen, bis man sich klar macht, dass jeder von uns aus rund 10^{14} Zellen besteht. Diese Zahl ist um nicht weniger als 10.000 *mal* größer. 10.000.000.000 ist daher nicht so wahnsinnig viel. Wir wissen von unseren Computern, dass zweidimensionale Darstellungen – Graphiken – weitaus mehr Speicherplatz benötigen als reiner Text. Auch wenn ein Bild keine tausend Worte wert ist, es benötigt sicherlich ebensoviel Speicherplatz. Doch Organismen sind *drei*dimensional, und Feinheiten von der Größe eines Millionstel Millimeters sind von Bedeutung. Die Angabe so vieler Details sollte einen wirklich riesigen Speicher an Information benötigen, viele Millionen mal größer als die 10^{10} Bits in einem Ei oder Sperma. Die Form eines Organismus muss daher durch einen vergleichsweise groben, skizzenhaften Plan vorgegeben sein. Dass die Küken in einer großen Schar alle identisch aussehen kann nicht daran liegen, dass jedes Detail identisch spezifiziert wurde.

Dieser Knappheit an Information liegt sicherlich eine Menge biologisches Design zu Grunde. Schon um 1950 hatte der weitsichtige Physiker Horace P.

 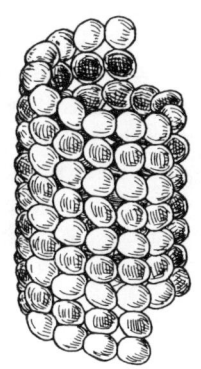

Abbildung 2.2: Eine Helix aus identischen Holzblöcken und ein Modell eines Mikrotubulus. Der letztere hat 13 Elemente pro Umlauf, von denen jedes aus einem Paar von Proteinmolekülen besteht. In beiden Fällen befinden sich alle Bauteile in vollkommen äquivalenten Positionen.

Crane[7] vorhergesagt, dass ein Großteil der subzellularen Strukturen (er wusste nicht welche) eine helikale Form hätten, nicht, weil Helices notwendigerweise am besten funktionierten, sondern weil sie mit besonders einfachen Instruktionen zusammengesetzt werden können. Eine Helix kann aus identischen Untereinheiten aufgebaut werden (wie eine Mauer aus identischen Ziegelsteinen), außerdem sind alle Untereinheiten in exakt derselben Weise eingebaut; vgl. Abbildung 2.2. Wenn man von einer Untereinheit weiß, wie sie einzubauen ist, dann weiß man es von allen. Crane hat nicht nur die Doppelhelix der DNA vorhergesehen, sondern auch ihre Supercoils (eine Helix von Helices), die sogenannte α-Helix, deren Anteile aus vielen Proteinen bestehen; außerdem für noch größere Skalen die helikalen Mikrotubuli und Mikrofilamente, die für die Erhaltung der Form und Motilität (selbstständigen Beweglichkeit) der Zellen wichtig sind. Mikrotubuli und Mikrofilamente haben die bemerkenswerte Fähigkeit, sich selber aufbauen zu können. Sind alle Komponenten vorhanden (und liegt als Startpunkt vielleicht etwas von der Form vor), so nehmen sie von selber ihre Gestalt an, ohne eine Formvorlage oder ein Gerüst oder, was noch wichtiger ist, ohne zusätzliche Information.

Dass große Organismen aus sehr vielen Zellen aufgebaut sind, ist vermutlich eine notwendige Folge dieser Knappheit an Information. Zellen mögen verschieden aussehen, doch sie haben sehr vieles gemeinsam. Wenn man eine Zellenart zusammensetzen kann, dann bedarf es nur weniger (relativ gesehen, natürlich) Zusatzinformation, um alle anderen zusammenzusetzen. Außerdem kann für die Entwicklung eines Individuums ein einzelner Satz an Instruktionen mehr als nur eine Struktur erzeugen. So ist beim Menschen die Größe der Hand ein vortrefflicher Indikator für die Fußgröße. Als dehnbare Fabrikate noch nicht so verbreitet waren, haben die Verkäufer einem Kunden den Socken um die Faust gewickelt um festzustellen, ob er dem Fuß passt. Eine einzelne Veränderung des genetischen Materials – eine Mutation – beeinflusst gewöhnlich beide Hälften am Körper eines Tieres. Eine mutierte Fruchtfliege hat nicht ein weißes Auge sondern zwei. Und es gibt noch weitere Möglichkeiten, ökonomisch mit Information umzugehen. Bei uns allen sitzen Herz und Lunge am selben Platz, doch wenn wir sehr ins Detail gehen, sind die Orte unserer Bestandteile nicht mehr vorhersehbar. Anatomiestudenten lernen die Namen der großen Blutgefäße, doch die kleineren bleiben selig anonym – einfach, weil ihre Anordnungen von Person zu Person verschieden sind.

Die Evolution kann auch nicht leicht mit grundlegenden Veränderungen umgehen. Zum einen besteht das Rohmaterial solcher Änderungen – genetische Mutationen und das Jonglieren mit Charakteren als Folge der geschlechtlichen Rekombination – meist aus kleinen Schritten. Die Natur testet lediglich diese Veränderungen, ob ein etwas dickerer Pelz oder ein etwas längeres Ohr einen möglichen reproduktiven Vorteil erbringt. Zum anderen arbeitet die natürliche Auslese am einzelnen Individuum. Eine Veränderung sollte daher einen ziemlich direkten Vorteil erbringen, wenn sie sich in einer Population ausbreiten soll. Weitaus weniger sinnvoll ist eine Struktur, deren reproduktiver Vorteil nur dann von Bedeutung ist, wenn gleichzeitig eine andere Veränderung auftritt.[8] Der Evolutionstheoretiker Richard Dawkins drückt diesen Punkt (unkontrovers) folgendermaßen aus: Der Prozess der Evolution ist eher ein Kesselflicker als ein wirklicher Erfinder, eher jemand, der ständig verändert, als jemand, der etwas kreativ Neues macht.[9]

Doch offensichtlich haben größere Erneuerungen stattgefunden, und die Biologen haben sich viele Szenarien einfallen lassen, in denen solche Erneuerungen keine langen Zeiträume mit noch funktionsunfähigen Strukturen benötigen. Vögel, Fledermäuse und Insekten fliegen, indem sie die Flügel schlagen. Da ein kleiner Prototyp eines Flügels noch kein Fluggerät ergibt, fragen wir uns, wie sich Flügel überhaupt entwickeln konnten.[10] Machte irgendeine vogelähnliche Kreatur weitere Sprünge mit ausgedehnten, gefiederten Armen? Oder erlaubten solche Anhängsel weitere Sprünge zwischen den Zweigen eines Baumes? Oder halfen ausgebreitete Anhängsel – längere „Arme" – nach ausgedehnten Läufen die Hitze leichter abzugeben? Fliegende Eichhörnchen und gleitende Eidechsen haben eine membranartige Haut zwischen den vorderen und hinteren Gliedmaßen. Sind diese Tiere vernünftige Modelle für das Stadium von Vögeln oder Fledermäusen, als diese noch nicht aktiv und aus eigenem Antrieb fliegen konnten?

Dem Prozess der Evolution sind noch in anderer Hinsicht die Hände gebunden. Jeder Organismus ist das Ergebnis einer ihm eigenen evolutionären Vergangenheit. Diese Vergangenheit schränkt das Design weit mehr ein als die Forderung, dass die Disketten von heute auch noch in den Computern von gestern funktionieren sollen. Es mag verlockend sein anzunehmen, dass jeder Organismus als Folge einer langen Evolution seinen persönlichen Umständen optimal angepasst sei, doch das ist grundlegend falsch. Die Vorfahren halten einen Organismus gefangen. Betrachten wir einige feine Charakteristika, die nur in einer Art auftreten.

Die Grenzen evolutionärer Veränderungen 15

Wir haben schon von den Schalen der Weichtiere, den Häuten der Gliederfüßer und den Knochen der Wirbeltiere gesprochen. Weichtiere und Gliederfüßer haben es nie gelernt, ein geeignetes, mitwachsendes Skelett zu entwickeln. Sie alle haben eine andere Möglichkeit gefunden, ihren Körper zu stützen, manche mit dem zusätzlichen Vorteil (ob zufällig oder nicht, das ist schwer zu sagen) einen äußeren Schutz zu besitzen. Wirbeltiere haben das Problem dadurch gelöst, dass sie ein mitwachsendes Skelett bauen. Einige von ihnen – Schildkröten und Gürteltiere – haben noch weitere Strukturen entwickelt, die ihnen auch den äußeren Schutz geben.

Gliederfüßer erzeugen ein elastisches Protein, Resilin, mit einer hohen Rückfederung, d.h., der größte Teil der zur Dehnung notwendigen Energie wird beim Zusammenziehen wieder freigesetzt. Diese Eigenschaft ist beim Resilin stärker ausgeprägt als bei irgendeiner anderen Substanz, die man in Weichtieren oder Wirbeltieren findet. Muscheln verwenden ein anderes Protein, Abductin, zum Öffnen ihrer Schalenhälften, beispielsweise wenn eine Kamm-Muschel schwimmt, indem sie die Schalen zusammenklappt. Wirbeltiere verwenden in Bändern und Blutgefäßen wieder ein anderes Protein, Elastin; siehe Abbildung 2.3. Eine der Hauptaufgaben von Resilin besteht in der Speicherung der Energie, die beim Abbremsen des Insektenflügels am Ende eines Schlages frei wird, und der Rückgabe dieser Energie zur Beschleunigung des Flügels für den nächsten Schlag. Ist ein effizienter Flügelschlag bei Fliegen wichtiger als ein gutes Schlossband für die beiden Schalenhälften einer schwimmenden Muschel oder eine verlustarme, elastische Stütze für den Kopf eines grasenden Schafes? Vermutlich nicht. Muschel und Schaf wären wahrscheinlich besser dran, wenn sie das Protein mit den Fliegen teilen könnten.

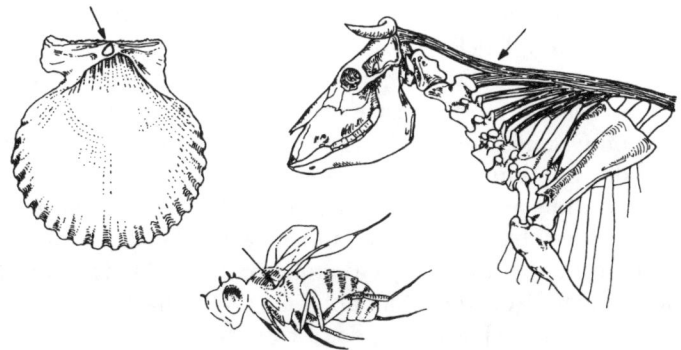

Abbildung 2.3: Drei verschiedene elastische Proteine, die für drei verschiedene Organismen charakteristisch sind. Die Kamm-Muschel benutzt im Schloss ihrer Schale Abductin; die Fliege hat jeweils ein Polster aus Resilin in den beiden Gelenken ihrer Flügel; das Band zwischen dem Kopf und den Brustwirbeln bei einer Kuh besteht zum Großteil aus Elastin.

Die Weichtiere sind jedoch nicht notwendigerweise die Verlierer bei diesem Vergleich. Sie alleine haben den Trick herausgefunden, wie man einen Muskel angespannt hält, ohne dabei Energie zu verbrauchen. Im Idealfall braucht man keine Energie zur Bereitstellung einer Kraft, die ein Gewicht lediglich hält. Energie wird nur benötigt, wenn ein Gewicht bewegt wird. Somit sollten Atlas, der den Himmel trägt, oder eine Kette, die einen Kronleuchter hält, keine Energie verbrauchen. Unsere Muskeln benötigen jedoch Energie für alles, selbst wenn sich nichts bewegt. Nur eine Muschel kann praktisch ohne Energieaufwand mit geschlossenem Mund dasitzen.

Die Natur ist daher an einen vererbten Plan gebunden. Der menschliche Designer hingegen kann Teile von anderen Designern ausborgen. Sind diese Teile durch Patente geschützt, dann sind Lizenzgebühren oder Rechtsstreitigkeiten Teil dieses Prozesses. Die meisten nützlichen Gegenstände sind aber allgemein bekannt und gebührenfrei. Aus diesem Grund können zwei rivalisierende Hersteller beim selben Zulieferer gleiche Teile kaufen. Etwas Vergleichbares kann die Natur nicht so einfach ausnutzen. Trotzdem ist ein Technologietransfer zwischen verschiedenen Arten nicht vollkommen unmöglich, wie die folgenden zwei Beispiele zeigen:

1. Termiten beherbergen in ihren Verdauungssystemen Protozoen (Einzeller), die man Mixotrichen nennt. Mit ihrer Hilfe können Termiten Energie aus der Verdauung von Zellulose gewinnen. Der Ursprung des Koloniallebens von Termiten könnte unter anderem damit zusammenhängen, dass sich so geeignete Gelegenheiten zur Übertragung von Mixotrichen-„Infektionen" ergeben.[11] Lange dachte man, dass diese Protozoen durch Organellen, die man als Undulipodien bezeichnete, auf ihrer Oberfläche vorangetrieben würden. Seltsamerweise erwiesen sich die Undulipodien später als eine Ansammlung von Bakterien, insbesondere Spirochäten, die wie in Abbildung 2.4 angeordnet sind. Die Protozoen benutzen also Bakterien wie Maschinen, vergleichbar mit einem Menschen, der zur Fortbewegung Pferde benutzt. Die symbiotische Verbindung ist natürlich wesentlich enger und ist für beide Arten von Organismen lebensnotwendig.[12] Noch seltsamer ist, dass sich diese Art der Symbiose noch bei mindestens einer weiteren Gelegenheit entwickelt hat, mit anderen Bakterien in einem anderen Darmprotozoon in anderen Termiten. In diesem Fall handelt es sich bei den Maschinen um die Geißeln (Flagellen) stabförmiger Bakterien. Jedes der vielen tausend Bakterien auf einem Protozoon hat auf seiner Oberfläche rund ein Dutzend Geißeln, die alle dazu beitragen, das Protozoon umher zu bewegen.[13]

2. Nur Hohltiere, wie beispielsweise Quallen, haben die Fähigkeit, bestimmte speziell stechende Zellen, ihre Nematozysten, herzustellen. Der Kontakt mit einem großen Exemplar (die Portugiesische Galeere ist besonders bösartig) ist für einen Menschen ziemlich unerfreulich und für einen Fisch oft tödlich.

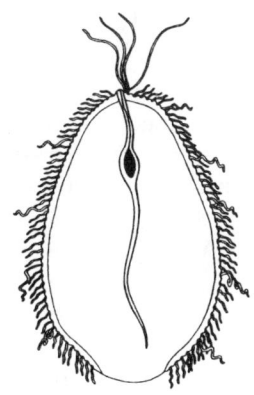

Abbildung 2.4: Eine Mixotriche mit Pusteln von Spirochäten. Obwohl die Mixotriche mehrere eigene Geißeln besitzt (am oberen Ende), benutzt sie diese aus irgendwelchen Gründen nicht für die Fortbewegung.

Einige Kreaturen schaffen es jedoch irgendwie, die Hohltiere zu berühren ohne die Nematozysten auszulösen. Diese, darunter auch einige Fische, benutzen die Hohltiere als Zufluchtsort, Schutz oder sogar Nahrung. Bestimmte nacktkiemige Mollusken (Meeresschnecken ohne Gehäuse) gehen sogar noch einen großen Schritt weiter. Sie können die Hohltiere nicht nur unbeschadet berühren, sondern sie können die Nematozysten sogar unverschossen und verteidigungsfähig ihrer eigenen Haut einverleiben.[14] Hier findet keine Symbiose statt, sondern die Technologie der Qualle wird verlagert und angepasst: Sie stehlen geladene Gewehre von der Armee.

In beiden Fällen wird etwas Mechanisches von einer Art auf eine andere übertragen. Ein Transfer von chemischen Substanzen findet häufiger statt, beispielsweise wenn ein Tier für einen potentiellen Räuber giftig wird, indem es eine für andere giftige Pflanze frisst (wie Monarchfalter, die Schwalbenwurzgewächse fressen). Da wir solche Fälle kennen, wissen wir auch, wonach wir suchen müssen, und wir können zuverlässig behaupten, dass solche Transfers ungewöhnlich sind und für die natürliche Auslese eine besondere Schwierigkeit darstellen.

Als Designer ist die Natur daher nicht nur außerordentlich langsam, sondern es fehlt ihr auch an Flexibilität und Zielstrebigkeit. Grundlegende Neuerungen ereignen sich selten, und wenn, bleiben sie praktisch an eine Art gebunden. Die erstaunliche Vielfalt in der Natur betrifft fast nur oberflächliche Eigenschaften von Systemen, die sich ansonsten als überaus konservativ und stereotyp erweisen. Es bedarf keiner Patente; Verstöße durch Raubkopien sind unmöglich (obwohl zufällige Verstöße – Konvergenzen – straffrei sind). Und am Ende steht der unmittelbare Profit: verbesserte Reproduktionsfähigkeit. „Trial and Error" verbunden mit viel Geduld.

Die beiden Designer-Schulen im Vergleich

In der Technologie des Menschen ist das Design weitaus weniger Schranken unterworfen. Sämtliche Probleme im Zusammenhang mit der Lebensgeschichte sind verflogen. Grundlegende Veränderungen sind vielleicht schwer zu verwirklichen, doch es gibt keine grundsätzlichen Barrieren. Natürlich bauen wir die meiste Zeit auf vergangenen Errungenschaften auf. Unsere Grenzen sind die menschliche Erfindungsgabe, die Art des Denkens, die zur Verfügung stehenden Werkstoffe und die soziale Unterstützung zum Zeitpunkt und am Ort der Innovation. Der Erfinder muss schließlich essen, und die Gesellschaft muss zur Annahme einer Erfindung bereit sein, denn zweifellos findet man in menschlichen Gesellschaften die ganze Skala von Feindschaft bis hin zum Wohlwollen gegenüber technischen Erneuerungen. Betrachtet man die Größe und Dauer des Römischen Reiches, so muss dieses relativ niedrig eingestuft werden. Schiffe, Baustoffe, ja sogar die Waffen haben sich über hunderte von Jahren kaum verändert. Demgegenüber erlebten Europa und Nordamerika während des neunzehnten Jahrhunderts einen Höhepunkt. Eisenbahnen, Dampfschiffe, Telekommunikation, synthetische Fasern, Elektromotoren und elektrisches Licht bezeichnen nur einige wenige Erneuerungen.

Erfindungen im Bereich der Technologie des Menschen führen zu Veränderungen und Fortschritt, die wesentlich leichter nachvollziehbar sind als Erfindungen in der Natur. Andererseits ist es aber auch wesentlich schwieriger, sie in Kürze zusammenzufassen. Ein Erfinder, ein Konzept, ein Modell; Test, Genehmigung, Verbreitung, Verbesserung – diese Dinge kommen einem rasch in den Sinn. Alexander Bell denkt über eine einfache Methode nach, Geräusche in elektrische Signale umzuwandeln und umgekehrt. Nach viel Gedankenarbeit baut er ein erfolgreiches Modell, patentiert das Modell, und schließlich kommerzialisieren er und andere das Telefon. Die effizientere Sprechmuschel von Thomas Edison ersetzt das entsprechende Element des Bellschen Systems. Erfindung verlangt offensichtlich Planung, Voraussicht und Überlegung, wozu die natürliche Auslese nicht fähig ist. Doch die wirklich grundlegenden Ergebnisse menschlicher Erfindungsgabe sind so alt, dass wir wenig oder gar nichts über ihre Ursprünge wissen. Wer erfand den rechten Winkel? Wer fertigte die ersten Dinge aus Metall? Es gibt gute Bücher zur Geschichte der Technologie, doch sie können kaum weiter als einige tausend Jahre zurückblicken.

Obwohl sich die Prozesse des Designs in beiden Technologien drastisch unterscheiden, gibt es wichtige gemeinsame Elemente – vielleicht mehr als man gemeinhin annimmt.

Kulturelle Verbreitung. Nichts verbietet Erfindung und kulturelle Übertragungen unter Tieren (Pflanzen sind eine andere Sache). Verschiedene Affenarten erfinden unablässig, doch mein Lieblingsbeispiel bezieht sich auf Vögel, die meist als weniger intelligent gelten. Vor einigen Jahren entdeckten in England einzelne Exemplare von vier Meisenarten, dass sie mit vorzüglichem Rahm belohnt werden, wenn sie den Foliendeckel von Milchflaschen aufpickten, die morgens auf den Türstufen standen. Rahm mag für Vögel eine ungewöhnliche Speise sein, aber es ist eine ausgezeichnete Fettquelle, ihr Flugbenzin. Vielleicht hatten diese rahmgenährten Flieger größeren Erfolg bei der Vermehrung, vielleicht hatten ihre Nachkommen eine Vorliebe, an Objekten herumzupicken, die unter anderem die Deckel von Milchflaschen einschlossen, vielleicht hat die natürliche Auslese das Verhalten der folgenden Generationen auch weiter verfeinert. Tatsächlich breitete sich die Kunst des Milchflaschenpickens unter britischen Meisen jedoch wesentlich rascher aus. Der Grund war, dass die Vögel voneinander lernten – bis eine Änderung im Design der Flaschendeckel sowohl den Vögeln als auch einigen faszinierten Biologen einen Strich durch die Rechnung machte.[15]

Natürliche Auslese. Zufall und Auslese sind auch bei scharfsinnigen Menschen nicht ausgeschlossen. Glückliche Zufälle müssen in der frühen Geschichte des Menschen ziemlich wichtig gewesen sein. Die Domestizierung von Pflanzen und Tieren, der Ursprung des Kochens, der Gebrauch eines seltsam geformten Steins und daraufhin die vorsätzliche Formung anderer – all dies entstand kaum aus reiner Weitsicht oder vorausplanender Überlegung. Naturheilkunde ist sicherlich größtenteils das Ergebnis einer Auslese nach mehr oder weniger zufälligen Verabreichungen. Früher wurde Aspirin oft gegen Arthritis eingesetzt, daher wissen wir heute, dass eine chronische Aspirintherapie auch das Risiko von Herzgefäßerkrankungen verringert. Viele köstliche Rezepte entstanden vermutlich nach einer zufälligen Änderung einer Routineprozedur.

Sowohl die natürliche als auch die menschliche Technologie sind einer Form der Wirtschaftlichkeit unterworfen. Mehr Erfolg bei der Reproduktion – „Fitness" – und wirtschaftlicher Vorteil sind eng verwandt. Der Ökonome John Kenneth Galbraith sieht zwischen wirtschaftlichem Vorteil und dem, was der Biologe unter Fitness versteht, sogar besondere Ähnlichkeiten.[16] Er betont, dass Manager von Aktiengesellschaften oft eine Expansion – dem entspricht das Anwachsen der Population – einer Gewinnauszahlung an anonyme Aktionäre vorziehen. Außerdem wird immer wieder bedauert, dass unsere wirtschaftsorientierte Kultur eine bedauerliche Kurzsichtigkeit für das wirklich Nützliche besitzt. Der unmittelbare Nutzen ist in beiden Technologien das Hauptmaß des Erfolges.

Die Rolle der Isolation. Offensichtlich treten besonders viele evolutionäre Veränderungen in kleinen, genetisch isolierten Populationen auf, wo der Existenzkampf mit anderen Arten durch geographische oder ökologische Grenzen eingeschränkt ist. Im allgemeinen erzeugen Organismen, die sich nicht viel umherbewegen, ein breiteres Artenspektrum als andere. Wenn eine Schranke fällt, kann eine bisher gut angepasste Form in einen erneuten Existenzkampf geraten, bis sie eine andere Form ersetzt. Unter anderem deshalb wurde Biogeographie ein so bedeutender Teil der Evolutionsbiologie.

Unsere global einheitliche Technologie bietet weitaus weniger Möglichkeiten für eine vergleichbare zeitweilige Abschirmung, und der seltene Austausch zu Zeiten eines Marco Polo wurde durch permanente Vermischung ersetzt. Trotzdem gibt es auch heute isolierte Bereiche mit reduziertem Wettbewerbsdruck. Ob gut oder schlecht, ein Großteil der geheimen und unter militärischer Aufsicht abgeschirmten Arbeit tritt früher oder später an die nicht-militärische Öffentlichkeit. Das Raumfahrtprogamm der Vereinigten Staaten hat die Industrie der Mikroelektronik geschützt und subventioniert. Und irgendwann wird sicherlich auch die staatlich unterstützte biomedizinische Forschung (mit allgemein zugänglichen Ergebnissen) ihren Weg in die pharmazeutischen Firmen und deren Rentabilitätsdenken finden.

Der Hang zum Konservativen. Keine überlegene Technologie setzt sich leicht im Rahmen eines reinen Wettbewerbs durch. Der Verbrennungsmotor wurde vor langer Zeit zum Standard für Autos. Doch seine nahezu universelle Verbreitung bedeutet nicht unbedingt, dass dies auch der ökonomischste Weg zum Antrieb von Passagierfahrzeugen ist. Hundert Jahre Weiterentwicklung, leicht zugängliches Benzin und weitverbreitete Wartungsmöglichkeiten sind Vorteile, die nicht so leicht aufgegeben werden. Sollte dieser Motor irgendwann durch einen anderen ersetzt werden, so kaum durch reinen Wettbewerb auf einem freien globalen Markt. Die heutigen Standards bei der Bildauflösung von Fernsehern sind eindeutig veraltet, doch es wird schwer sein, sich davon zu lösen, solange mehrere hundert Millionen Geräte in Gebrauch sind. Ähnlich ist es mit den Insekten. Sie bilden die Mehrheit unter den Tierarten auf der Welt, trotz der lästigen periodischen Häutungen und der damit verbundenen Schwierigkeit, größere Formen von Landbewohnern hervorzubringen. In keiner der beiden Technologien sichert die grundsätzliche Überlegenheit eines Neulings den Erfolg. Die jeweilige Vergangenheit hält beide gefangen.

Die Zeiträume von Veränderungen. In vergangenen Zeiten glaubten wir an den kontinuierlichen Fortschritt der menschlichen Kultur. Alles ging „vorwärts und aufwärts". Heute sehen wir unsere Entwicklung eher ungleichförmiger und episodenhaft. In der Biologie hat sich die Vorstellung durchgesetzt, dass evolutionäre Veränderungen in stoßweisen Ausbrüchen erfolgen können. Diese Idee stammt ursprünglich von Niles Eldredge und Stephen Jay Gould.[17] Die verbleibende Streitfrage ist lediglich die relative Bedeutung ihres „punktuellen Gleichgewichts" und kontinuierlicher Veränderung in der Zeit (phyletischer Gradualismus). Die meisten Beispiele, auf denen die Argumentationen beruhen, sind

Die beiden Designer-Schulen im Vergleich

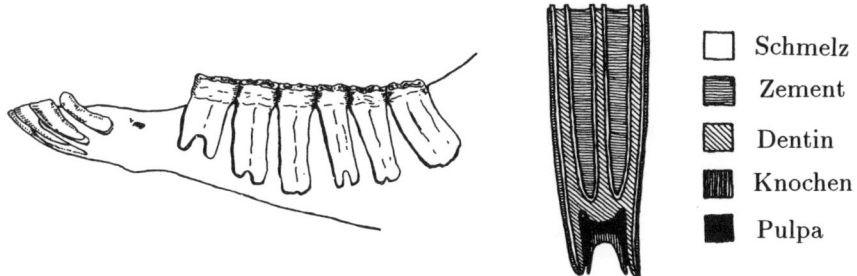

Abbildung 2.5: Die Zähne von Pferden sind typisch für große, grasende Säugetiere. Senkrechte Säulen und flache Materialschichten (Zahnschmelz, Zement und Dentin) haben unterschiedliche Härte. Bei Gebrauch wird das härtere Material immer am weitesten hervorstehen, sodass die Zähne bei ihrer Abnutzung nicht glatt werden.

eher verborgen. Doch man betrachte nur die explosionsartige Ausbreitung einer bereits ziemlich alten Gruppe kleiner Kreaturen mit der Bezeichnung Mammals (Säugetiere), nachdem die Dinosaurier vor 65 Millionen Jahren ausgestorben sind. Viele Millionen Jahre Stillstand und dann, wow! Eine andere Episode dieser Art ereignete sich vor nur zwanzig Millionen Jahren. Gräser hatten sich entwickelt, und damit entstanden auch riesige Grasflächen. Gras lässt sich zwar leicht finden, doch für den Unvorbereiteten ist es schlechtes Futter, schmirgelartiges Zeug mit einem vergleichsweise geringen Energiegehalt. Innerhalb einer relativ kurzen Zeit haben die Zähne vieler Säugetierarten eine Form angenommen (Abbildung 2.5), mit der sich dieses miserable Material zerkauen lässt.[18] Weniger drastisch ausgedrückt besagt die Theorie des punktuellen Gleichgewichts, dass die natürliche Auslese die meiste Zeit einfach solche Formen beibehält, die ihren Bedürfnissen gut angepasst sind. Hat sich ein Organismus einmal etabliert, führen zufällige Veränderungen nur in ganz seltenen Fällen zu Verbesserungen.

Wollen wir nach vergleichbaren Schwankungen in der menschlichen Technologie schauen, müssen wir zunächst die Zeitskala beschleunigen; doch dann werden Unterschiede in den Geschwindigkeiten der Veränderungen deutlich. Der kleine Tischventilator von heute hat sich in den letzten achtzig Jahren kaum verändert,[19] doch ein Laptop war vor vierzig Jahren noch kaum vorstellbar. Ventilatoren, Toaster und ähnliche kleine Geräte folgten unmittelbar den Glühbirnen und der Stromanbindung der Haushalte. Selbst für einen einzelnen Gegenstand sind die Veränderungen ungleichförmig. Das Gehäuse einer einlinsigen Spiegelreflexkamera sieht heute noch genau so aus wie vor zwanzig oder fünfzig Jahren, und es funktioniert auch noch gleich, doch zwischen Haut und Skelett hat sich in jüngerer Zeit eine Schicht neuer Elektronik geschoben. Vermutlich waren die Entwicklung der Halbleiterverstärker (Transistoren) in den späten 1940ern und die Schaffung digital integrierter Schaltkreise (Chips) in den 1960ern die Hauptauslöser der explosionsartigen Veränderungen in der gegenwärtigen menschlichen Technologie. Demgegenüber haben sich unsere Häuser, unsere Fahrzeuge, die Haushaltsgeräte und unsere Kleider weitaus weniger verändert, als wir vor vierzig oder fünfzig Jahren noch vermutet hätten. Abgesehen von der vollkommen neuen Elektronik und einigen Teilen aus weichem Plastik sehe ich nur wenig Neuartiges, wenn ich mich in meinem Haus umschaue.

Fortschritt in kleinen Schritten. Wie schon betont ist die natürliche Auslese kein revolutionärer sondern ein evolutionärer Prozess, der auf kleinen Veränderungen aufbaut. Wir Menschen sind natürlich zu großen technologischen Revolutionen fähig. Doch was geschieht wirklich? In der Schule haben wir gelernt, dass James Watt die Dampfmaschine und Henry Ford das Automobil erfunden haben. Schaut man jedoch genauer hin, so erweist sich nahezu jede neuere menschliche Erfindung als Teil eines schrittweisen Prozesses. Natürlich spielen herausragende Persönlichkeiten eine wichtige Rolle, doch beinahe jede neuere Geschichte der Technologie zeigt uns die Entwicklung bestimmter Technologien als weitaus gleichförmiger, als die meisten von uns das gelernt haben.[20] Wir sehen im Fortschritt vielleicht große Sprünge, wenn wir auf lange Zeiträume schauen, trotzdem kann er in kleinen Schritten erfolgen. Auch in der Natur sind geologische Veränderungen nicht revolutionär, wenn sie von Generation zu Generation verglichen werden.

Neue Verwendung alter Geräte. Sind Eigenschaften, die einen Organismus für neue Situationen besonders geeignet werden lassen, bereits vorher vorhanden, so sprechen die Evolutionsbiologen von Voranpassung – Präadaption. Beispielsweise scheinen Amphibien und wir anderen bebeinten Wirbeltiere nicht von den vertrauten Strahlenflossern sondern von einer Gruppe von Quastenflossern abzustammen. (Ein Vertreter dieser Gruppe hat in den tiefen Gewässern vor der Ostküste Afrikas überlebt. Bis zu seiner Entdeckung 1938 glaubte man, dass die Coelacanthiformen seit rund einhundert Millionen Jahren ausgestorben seien.) Diese Quastenflosser lebten in sauerstoffarmen Sümpfen und hatten luftatmende Lungen und muskulöse Flossen entwickelt, sodass sie ihre Köpfe über Wasser halten konnten, vielleicht wie in Abbildung 2.6. Die Lungen und Quastenflossen, die ein Leben in antiken Sümpfen ermöglichten, waren Präadaptionen für unsere Art des umherwandernden, luftatmenden und erdgebundenen Lebens.[21]

Die rasche Ausbreitung der menschlichen Kultur brachte viele Formen von Präadaption bei Organismen ans Licht. Ein Unkraut beispielsweise, dessen Samen sich nur sehr schwer von Getreidesaatgut trennen lassen, kann plötzlich

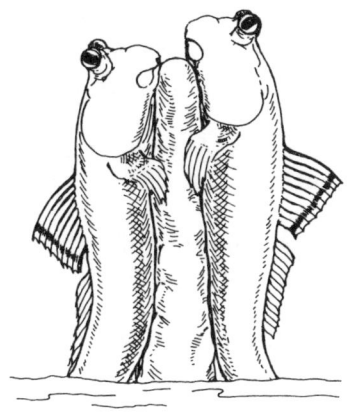

Abbildung 2.6: Keine vorhistorischen Quastenflosser sondern heutige Strahlenflosser, ein Paar Schlammspringer. Sie haben eine Art sich aufzustützen, die man auch für die Lebensformen am Übergang von den Fischen zu den Vierfüßern vermutet. Dies soll keine Abstammung nahelegen; die Schlammspringer beweisen nur, dass Fische das können.

auf riesigen Feldern einen geeigneten neuen Lebensraum finden. Und einige kleine Fliegen (Chironomiden), deren Larven sich normalerweise an die Felsen in schnellen Strömungen heften, gedeihen nun als Plage in den Lüftungen von Abwasseraufbereitungsanlagen.[22]

Präadaption ist im Bereich der menschlichen Technologie so verbreitet, dass niemand ihr wirkliche Aufmerksamkeit schenkt. Computer, die Programme als Text anzeigen und die von einem Keyboard aus gesteuert werden, waren offensichtlich präadaptiert für Textverarbeitungssysteme. Wasserräder, die lange zur Energiegewinnung verwendet wurden, dienten in der ersten Generation der Dampfboote eher zur Energieumsetzung. Tatsächlich erfreut sich die Verwendung alter Dinge auf neuartige Weise einer bestimmten gegenkulturellen Mystik, mit zusätzlicher Genugtuung, wenn die Gegenstände ihre ursprüngliche Anwendung bereits überdauert haben. Beispielsweise kann ein altes Ölfass, der Länge nach aufgeschnitten, zu einem Rotor für eine Windmühlenart werden. Manche von uns machen solche Dinge ständig. Ich habe kürzlich ein Wasserrohr aus Plastik als Vorhangstange wieder in Dienst genommen und benutze eine gewöhnliche Metalldrehbank als Torsionsmessgerät.

Parallele Entwicklungen. Die Natur macht bei verschiedenen Arten oft dasselbe. Für solche Konvergenzen gibt es wirklich beachtliche Beispiele.[23] In den Wüsten der Alten Welt entwickelten sich fleischige, stachelige, blattlose Pflanzen innerhalb einer Familie, den Euphorben (wie beispielsweise die Dornenkronenpflanze). Ganz ähnliche Pflanzen entstanden in den Wüsten Amerikas in einer vollkommen anderen Familie, den Kakteen. Der jüngste gemeinsame Vorfahre von Kakteen und Euphorben war nicht fleischig, stachelig und blattlos; sie haben sich tatsächlich angenähert. Beuteltiere und Plazentalier (Säugetiere, bei denen die Embryonalentwicklung unter Ausbildung einer Plazenta erfolgt) haben in vielen Fällen erstaunlich ähnliche Formen. Ratten, Maulwürfe, fliegende Eichhörnchen, Hunde und andere Mitglieder aus der Familie der Beuteltiere sehen wie ihre plazentalen Gegenstücke aus, repräsentieren aber (mit überwältigender Wahrscheinlichkeit) einen unabhängigen Zweig in der Entwicklung der Säugetiere. Das Auge des Menschen (Säugetier) und das Auge einer Krake (Tintenfisch) sehen sich ähnlich und funktionieren auch ähnlich, sind jedoch ein weiteres Beispiel für eine unabhängige und konvergente Evolution. Ein gutes Design ist ein gutes Design, und dass verschiedene Arten durch die natürliche Auslese in ähnliche Richtungen getrieben werden, sollte nicht überraschen. Aus Konvergenzen lernen wir viel über funktionell wichtige Eigenschaften, denn wenn Dinge konvergieren, scheinen sie für den Erfolg der Reproduktion einen wesentlichen Unterschied auszumachen. Außerdem zeigen sie uns, welche Dinge für den Prozess der Evolution relativ leicht (in einem gewissen Sinne) zu realisieren sind.

Bei menschlichen Kulturen und ihrer Technologie achten wir weniger auf solche Konvergenzen, obwohl sie vorhanden sind. Einige Parallelen, beispielsweise die Erfindung der Differentialrechnung durch Leibniz und Newton im siebzehnten Jahrhundert oder die Idee einer Evolution durch natürliche Auslese bei Darwin und Wallace im neunzehnten Jahrhundert, sind rein intellektuell. In beiden Fällen muss das intellektuelle Klima gerade richtig gewesen sein. Parallele Entwicklungen in der Technologie sind vermutlich noch häufiger. Hat Marc Brunel oder Eli Whitney die Austauschteile erfunden, Howe oder Singer die Nähmaschine, Swan oder Edison die Glühbirne? Oder waren es in allen Fällen beide? Das erste Telefonpatent von Bell schlug das eines Rivalen nur um wenige Stunden. Zur Zeit der Gebrüder Wright waren auch andere dem Fliegen so nahe, dass die Wahl zwischen sofortiger Offenbarung und geeignetem Patentschutz für ihr Flugzeug immer eine Gratwanderung war. Wenn eine Technologie sich verändert, kommt das Naheliegende mehr als nur einer Person in den Sinn (Bedarf und Befriedigung, wie in der Natur).

Auch in der frühen Geschichte des Menschen, als Kontakte zwischen Kulturen noch wesentlich seltener waren, muss es Konvergenzen gegeben haben. Ob dieses Phänomen häufig oder selten aufgetreten ist, wird zwischen Anthropologen immer noch debattiert. Hier stehen sich Isolationisten (unabhängige Ursprünge) und Diffusionisten (Ausbreitung von einem einzelnen Ursprung) gegenüber. Sind solche Dinge wie Weben, Bogenschießen oder Hüttenwesen mehr als einmal erfunden worden oder nur bei einer einzigen Gelegenheit? Da mich die Häufigkeit von Konvergenz in der Natur beeindruckt, tendiere ich eher zu den Isolationisten.

Aussterben. Aussterben verbinden wir üblicherweise im Sinne des Darwinismus mit einer unmittelbaren Unterlegenheit im evolutionären Wettkampf. Doch Aussterben ist ebenso häufig die Folge von allgemeinen Veränderungen des Wohnraums oder der Umstände. Eigenschaften, die sich unter normalen Bedingungen als günstig erweisen, können im Falle außerordentlicher Veränderungen auch gegen den Organismus wirken.[24] Schließlich wurden diese normalerweise vorteilhaften Eigenschaften zu Zeiten ausgewählt, als die Zukunft die Vergangenheit widerspiegelte. Eine Pflanze, die im Schatten gut gedeiht, wird schwere Zeiten vor sich haben, wenn der Wald verschwindet! Wenn sich die Welt sehr rasch verändert, ist extreme Spezialisierung in vielen Fällen zumindest kontraproduktiv. Man kann sich fragen, ob wir für die Technologie des Menschen aus dem Einfluss der Wohnraumveränderung auf das weiträumige Aussterben vieler Arten und dem Nachteil der Spezialisierung etwas lernen können. Die Ursachen für ein Aussterben im Bereich der Technologie des Menschen sind sicherlich sehr komplex. Nicht wegen der Automatisierung gibt es weniger Sattler und Hufschmiede, sondern wegen der Automobilisierung. Vielleicht wird in Anbetracht steigender Benzinpreise oder nicht mehr akzeptabler Abgase (d.h. Verhaltensänderung) auch der Verbrennungsmotor verschwinden. Unter diesen Gesichtspunkten ist er seinen Konkurrenten kaum überlegen.

Wir haben viel über evolutionären und revolutionären Wandel geschrieben. Doch die Nebenbedeutung dieser Begriffe birgt spezielle Gefahren im Zusammenhang mit ihren biologischen Assoziationen und den politischen Analoga. Vielleicht hätten wir für die Veränderungen in kleinen Schritten oder großen Sprüngen mit weniger bedeutungsträchtigen Worten Vorlieb nehmen sollen, beispielsweise mit „schrittweise" und „sprunghaft". Wir neigen zu einem sprunghaften Bild der Geschichte, weil wir uns gerne auf die Helden konzentrieren und die Dinge gerne in einzelne Ereignisse, Zeiträume und Kategorien einteilen. Unvollständige fossile Zeugnisse erwecken in uns die Vorstellung von einer gleichermaßen sprunghaften Natur. Wenn wir erkennen, dass wir zu einem Vorurteil neigen, hilft uns das vielleicht gegen andere.

Der eigentliche Punkt ist jedoch unser wiederkehrendes Thema: Wenn wir die Technologie der Natur und des Menschen vergleichen, müssen wir über beide auf neuen Wegen nachdenken. Wir haben hier trotz der riesigen Unterschiede zwischen den zugrundeliegenden Mechanismen überraschende Ähnlichkeiten in der Praxis gesehen. Hier standen die Ähnlichkeiten im Mittelpunkt; später werden die Unterschiede eine größere Rolle spielen.

Kapitel 3

Vom Kleinen und Großen

Größe ist wichtig, und wie die Evolution wird sie alles weitere beeinflussen. So kann ein für große Dinge effektives Design für kleine Dinge eher nachteilig sein und umgekehrt.[1] Außerdem gibt es in unseren beiden Technologien riesige Größenunterschiede, angefangen bei Makromolekülen bis hin zu den größten Konstruktionen des Menschen. Und schließlich sind die Produkte der Natur im Allgemeinen kleiner als unsere, obwohl es eine breite Überlappung gibt. Da sich beide Technologien denselben Planeten teilen, sind sie auch demselben Druck, derselben Temperatur, derselben Schwerkraft, denselben Winden und Wasserströmungen ausgesetzt. Oft erweist sich der Einfluss dieser physikalischen Faktoren auf die Produkte beider Technologien jedoch als grundlegend verschieden. Die praktische Realität hängt sehr davon ab, wie groß etwas ist.

Die Bedeutung der Größe hat man schon vor langer Zeit erkannt. Galileo widmete ihr seine ganze Aufmerksamkeit und berechnete korrekt, dass (ohne den Einfluss des Luftwiderstands) alle Tiere unabhängig von ihrer Größe in der Lage sein sollten, gleich hoch zu springen. Relativ zu ihrer Körpergröße gewinnen kleine Tiere daher spielend. (Selbst in unserer luftangefüllten Welt sind Flöhe wirklich beeindruckend, sie überspringen leicht das mehrhundertfache ihrer eigenen Länge.)[2] Das große französische Universalgenie des siebzehnten Jahrhunderts, Descartes, drückte es so aus: „Der einzige Unterschied, den ich zwischen Maschinen und natürlichen Objekten erkennen kann, ist der, dass die Arbeit der Maschinen meist durch Teile ausgeführt wird, die groß genug sind, um für unsere Sinne leicht wahrnehmbar zu sein (was notwendig ist, um ihre Bedienung durch den Menschen möglich zu machen), wohingegen natürliche Prozesse fast immer auf so kleinen Teilen beruhen, dass sie sich unseren Sinnen völlig entziehen."[3]

Intuitiv verwirrend – ohne dass es Descartes irreführte – ist jedoch unsere eigene untypische Größe. Der kleinste voll lebensfähige Organismus (wodurch Vi-

3. Vom Kleinen und Großen

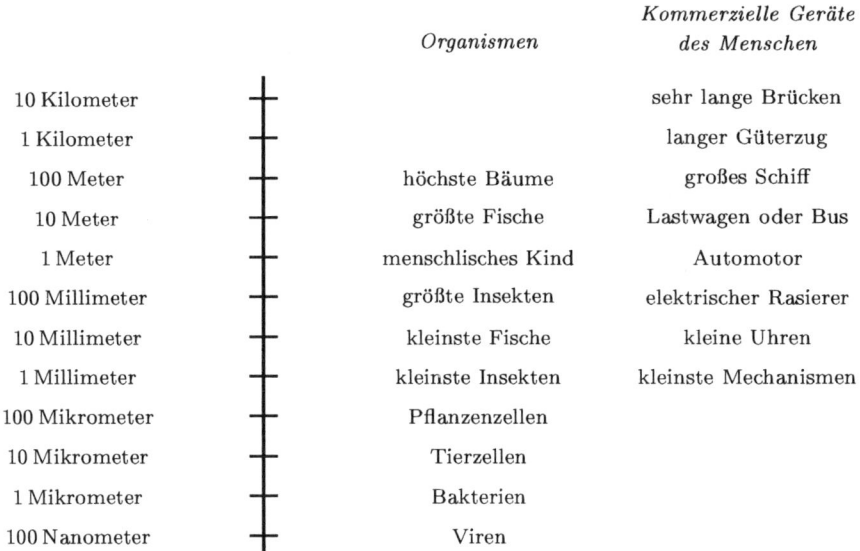

Abbildung 3.1: Die Größenordnung von Organismen und mechanischen Geräten. Für einige willkürliche Entscheidungen bitte ich um Entschuldigung. Die längsten (wenn auch sehr dünnen) Organismen sind vermutlich einige vielkernige Pilze, und die Große Mauer in China ist wesentlich länger als die längste Brücke. Auch subzelluläre Dinge wie Mikrotubuli oder Bakterienflagellen sind nicht aufgeführt.

ren ausgeschlossen sind), ein Bakterium, das eine schwache Lungenentzündung hervorruft, ist ungefähr 0,2 Mikrometer lang, d.h. ein fünftel eines tausendstel Millimeters, und damit unter einem guten Lichtmikroskop gerade eben als Punkt sichtbar. Das Tier mit dem größten Volumen ist ein ausgewachsener Wal mit etwas mehr als 20 Metern Länge. Dazwischen liegt somit ein Faktor von rund einhundert Millionen. Auf einer geeigneten geometrischen Skala, wie in Abbildung 3.1, befinden wir Menschen uns somit am oberen Ende. Mit ungefähr zwei Metern sind wir rund zehnmal kürzer als der größte Wal, aber zehn Millionen mal länger als das kleinste Bakterium. Für diesen Vergleich haben wir keine arithmetische, sondern eine geometrische Skala benutzt, bei der jede zusätzliche Null, also eine Größenordnung, einem gleichlangen Zuwachs entspricht. Ein Pionier der Biomathematik, D'Arcy Thompson, schreibt dazu: „Es ist schon beachtlich und einer kurzen Pause des Nachdenkens wert, dass wir so leicht und in wenigen Zeilen von molekularen Größenordnungen zu den Dimensionen eines Mammutbaumes oder Wales kommen können. Addition und Subtraktion, die alte Arithmetik der Ägypter, ist für solche Operationen nicht geeignet."[4] (D'Arcy Thompson bedarf einiger Worte. Er ist nahezu ausschließlich für *On Growth and Form* bekannt, ein umfangreiches Buch, geschrieben 1917 und nochmals 1942, das zweifellos die bekannteste Arbeit über die mechanischen Aspekte der Biologie darstellt. Ein Teil des anhaltenden Erfolgs dieses Buches – es wird immer noch gedruckt – beruht auf seiner linguistischen Brillanz, außerdem vermutlich auf seiner leichten Lesbarkeit, seiner erstaunlichen Breite und seiner kreativen Einsicht. Es ist sicherlich wert gelesen zu werden, doch seine Biologie ist seltsam und anachronistisch, die Suche nach einer Art von geometrischer Perfektion in der Natur, für die die Evolution durch natürliche Auslese größtenteils irrelevant ist. Nichtbiologen, beispielsweise Architekten, glauben oft, dass *On Growth and Form* der gängigen Biologie und Biomechanik entspricht. Daher möchte ich rasch hinzufügen, dass Thompson eher ein viel geliebter Pate ist und weniger jemand, auf dessen intellektuellen Gene wir stolz sind.)

Die meisten Organismen sind nicht nur kleiner als wir, sondern in den meisten Gruppen ist Kleinheit auch die ererbte Anlage und Größe die Spezialisierung.[5] Große Fossilien mögen beeindruckend sein, doch kleine führen in den meisten Fällen weiter. Die Natur beginnt klein. Organismen sind im wesentlichen aus Zellen aufgebaut und nicht in Zellen unterteilt; die ersten Fossilien sind mikroskopisch klein. Die Technologie des Menschen geht den umgekehrten Weg. Unsere Schiffe, Gebäude und Brücken sind heute vielleicht größer als früher, doch der Zuwachs ist im Vergleich zu den Zeiträumen gering. Viel beeindruckender ist, wie unsere Systeme (oder ihre Teile) kleiner geworden sind. Die ersten Dampfmaschinen waren riesig, arbeiteten langsam und bei niedrigem Druck. Strahlturbinen sind klein, schnell und arbeiten bei hohem Druck. Doch am extremsten sind Elektrogeräte. Man vergleiche nur die heutigen, mikroskopisch kleinen Halbleiterelemente in integrierten Schaltkreisen mit den riesigen Vakuumröhren in den 30er Jahren.

Länge, Oberfläche und Volumen

Länge, Oberfläche und Volumen sind alles andere als dasselbe. Betrachten wir als Beispiel zwei würfelförmige Schachteln, wie in Abbildung 3.2. Wenn die Kante einer Schachtel doppelt so lang ist wie die Kante der anderen, dann hat die größere Schachtel nicht die doppelte sondern die vierfache Oberfläche der kleineren und sogar das achtfache Volumen. Ist die Kante einer Schachtel zehnmal länger als die der anderen, so wird ihre Oberfläche entsprechend einhundert mal größer und ihr Volumen nicht weniger als tausendmal so groß sein. Ganz allgemein wächst die Oberfläche mit dem Quadrat der Länge ($2^2 = 4$; $10^2 = 100$) und das Volumen mit der dritten Potenz ($2^3 = 8$; $10^3 = 1000$). Diese Regel funktioniert für alle gleichgeformten Objekte, beispielsweise Kugeln oder (zumindest grob) Lachs. Das Volumen wächst schneller als die Oberfläche.

3. Vom Kleinen und Großen

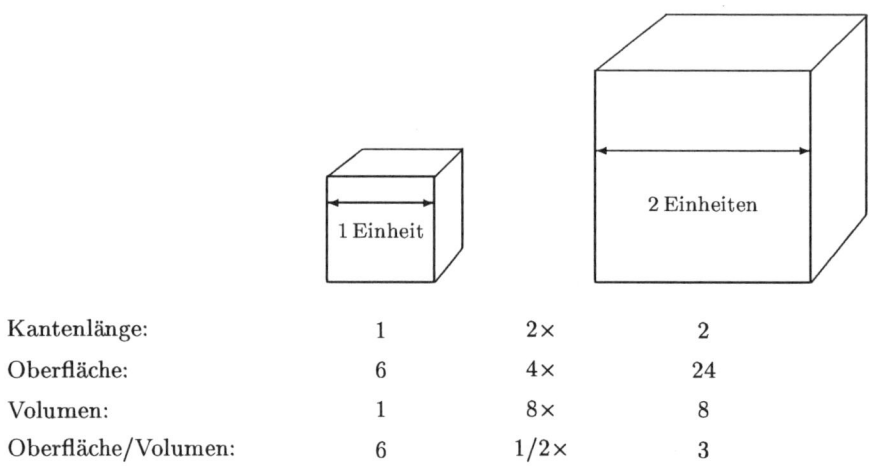

Kantenlänge:	1	2×	2
Oberfläche:	6	4×	24
Volumen:	1	8×	8
Oberfläche/Volumen:	6	1/2×	3
		Vergrößerungsfaktor	

Abbildung 3.2: Zwei Würfel, einer mit doppelt so langen Seiten wie der andere. Der größere hat die vierfache Oberfläche und das achtfache Volumen. Das Verhältnis von Oberfläche zu Volumen ist jedoch um die Hälfte kleiner.

Groß sein bedeutet daher viel Volumen im Vergleich zur Oberfläche; klein sein bedeutet viel Oberfläche im Vergleich zum Volumen.

Biologische Gegenstände, seien es Bäume, Menschen oder Bakterien, haben fast alle dieselbe Dichte – die Dichte von Wasser –, d.h., Masse und Gewicht folgen der Regel für das Volumen. Ein Fisch, der doppelt so lang ist wie ein anderer Fisch der gleichen Form, wird ungefähr achtmal so viel wiegen; Köche sollten das wissen.

Eigenschaften, die sich wie das Volumen verhalten, z.B. das Gewicht, nehmen daher schneller zu als Eigenschaften, die sich wie die Oberfläche oder die Länge verhalten. Die Konsequenzen sind alles andere als trivial. Beispielsweise wird Wärme überall im Inneren eines Tieres erzeugt, aber durch die Oberfläche abgegeben. Wenn zwei Tiere, ein großes und ein kleines, im Vergleich zu ihrem Volumen dieselbe Wärme produzierten, dann wäre das größere, mit viel Volumen und wenig Oberfläche, wärmer. Doch die Körpertemperaturen sind bei Säugetieren und Vögeln unabhängig von ihrer Größe sehr ähnlich. Wir größeren Geschöpfe produzieren pro kg Körpergewicht einfach weniger Wärme. Im Verhältnis benötigen wir damit weniger Nahrung, und wir kommen mit einer dünneren Schicht an Fell, Fett oder Federn aus. Wir können auch in einer kühleren Umgebung herumlaufen oder schwimmen. Ein Warmblüter zu sein wäre für einen Dinosaurier keine große Leistung gewesen, wohl aber für die kleinen Säugetiere, die zur Zeit der Dinosaurier lebten. Tatsächlich findet man Warmblüter nur unter Tieren, die mehr als einige Gramm wiegen.

Länge, Oberfläche und Volumen 31

Eine interessante Konvergenz: Die kleinsten Vögel (Kolibris) haben ungefähr dieselbe Größe wie die kleinsten Säugetiere (Spitzmäuse). Sowohl Kolibris als auch Spitzmäuse sind unersättliche Fresser, und nachts sinkt bei beiden die Körpertemperatur ab; praktisch ein Winterschlaf, damit sie vor dem Morgen nicht verhungert sind. Die kleinsten warmblütigen Wassertiere sind sogar noch größer. Warmblütigkeit ist für winzige Tiere kein einfacher Trick; das Problem ist die Oberfläche.

Unsere Technologie macht ausgiebigen Gebrauch von Wärme – beispielsweise bei der Herstellung von Materialien. Doch wir arbeiten mit großen Öfen und stellen riesige Mengen her, sodass der Energieverbrauch in Wirklichkeit gar nicht so schlecht ist. Für einen Organismus mit einem Durchmesser von einigen Millimetern oder einem Zentimeter ist die Erzeugung eines heißen Flecks, intern oder extern, relativ zu seinem Volumen eine weitaus aufwendigere Angelegenheit. Es ist vergleichsweise billiger, ein großes Gebäude warm zu halten als ein kleines Haus. Koloniale Bienen können in Gemeinschaft ihre Nester erwärmen; dies kann kein allein lebendes Insekt. Der Austausch von Wärme ist nicht das einzige, bei dem das Verhältnis von Länge, Oberfläche und Volumen eine Rolle spielt. Alle Prozesse, bei denen Material mit der Umwelt ausgetauscht wird, unterliegen dieser Abhängigkeit – im positiven wie im negativen Sinne. Für ein kleines Wesen ist es relativ leicht, Sauerstoff aufzunehmen und wieder abzugeben, selbst ohne Lungen oder Kiemen. Gleichzeitig ist es jedoch anfälliger gegen einen chemischen Angriff, sei es von einem Räuber oder durch Verschmutzung, da keines seiner inneren Teile weit von der Oberfläche entfernt ist.

Wie wir schon bemerkt hatten, müssen Organismen wachsen, ohne dass ihre Funktionstüchtigkeit unterbrochen wird. Das führt für größenabhängige Variable zu eigenartigen Komplikationen. Wie man in Abbildung 3.3 erkennt, ist ein Erwachsener nicht einfach ein vergrößertes Kind. Betrachten wir zwei Personen mit normalem Körperbau. Die eine sei groß, die andere klein. (Es spielt dabei keine Rolle, ob es sich bei der kleinen Person um einen kleinen Erwachsenen oder um ein Kind handelt.) Bei beiden sollte sich das Gewicht zumindest ungefähr wie die dritte Potenz der Höhe verhalten, und die Fußsohlen müssen jeweils dieses Gewicht tragen. Doch bei Sohlen sprechen wir von einer Fläche. Wäre die große Person lediglich eine vergrößerte Version der kleinen Person, dann brächte sie mehr Pfunde (Gewicht) auf jeden Quadratzentimeter (Fläche) Fußsohle. In Wirklichkeit sind wir jedoch raffinierter aufgebaut. Untersuchungen am Nike Forschungszentrum haben ergeben, dass große Menschen überproportional große Füße haben, und zwar gerade so, dass ihr Gewicht ungefähr denselben Druck auf die Fläche der Fußsohlen ausübt.[6] Natürlich handelt es sich hier um eine Art vorhersehbares Gewicht, bestimmt aus der dritten Potenz der Höhe. Wenn Sie zunehmen, werden ihre Füße zum Ausgleich nicht größer, vielleicht aber platter.

Abbildung 3.3: Ein Erwachsener und ein kleines Kind von ungefähr fünf Monaten. Beide haben in der Zeichnung dieselbe Höhe; Kopf, Gliedmaßen und Rumpf haben die richtigen Proportionen. Zur Unterstreichung der veränderten Form hat das Baby die Position eines Erwachsenen.

Ein weiteres Beispiel: Ein fallender Gegenstand wird immer schneller, bis der zunehmende Luftwiderstand sein Gewicht ausgleicht und sich eine konstante Geschwindigkeit einstellt. Die Oberfläche eines fallenden Gegenstands bestimmt seinen Luftwiderstand, sein Volumen das Gewicht, mit dem er zur Erde gezogen wird. Da ein größerer Körper im Vergleich zu seiner Oberfläche mehr Volumen hat, und da das Gewicht bei der Endgeschwindigkeit gleich dem Luftwiderstand ist, werden große Körper schneller fallen, wie man auch in Tabelle 3.1 erkennt. Für einen Menschen ist ein Fall aus großer Höhe eine mechanische Gefahr; für einen nistenden Vogel besteht nur eine Gefahr, wenn in der Nähe gerade ein Räuber lauert. Der große Biologe J. B. S. Haldane drückt das in einem Artikel mit dem Titel *Über die Bedeutung der richtigen Größe*

Durchmesser	Fallgeschwindigkeit	
1 Meter	330 m/s oder	1188 km/h
10 Zentimeter	104	374,4
1 Zentimeter	15	54
1 Millimeter	3,6	13
0,1 Millimeter	0,27	1

Tabelle 3.1: Endgeschwindigkeiten fallender Kugeln mit der Dichte von Wasser auf Meereshöhe. (Bei so unterschiedlichen Größen kann man nicht mehr einfach annehmen, dass sich der Luftwiderstand wie das Quadrat der Geschwindigkeit verhält. Ich habe bei den Berechnungen Überschallphänomene außer Acht gelassen.

folgendermaßen aus: „Eine Maus ist unverletzt, eine Person zerbrochen und ein Pferd zerklatscht."[7] (In einem düsteren Buch über den Kohlebergbau in England, *The Road to Wigan Pier*, wundert sich George Orwell – der später *Animal Farm (Farm der Tiere)* und *1984* geschrieben hat –, wie die Mäuse in die Gruben kommen: „… möglicherweise, indem sie sich den Schacht herunterfallen lassen – denn man sagt, dass eine Maus jede Strecke unverletzt herunterfallen kann, weil ihre Oberfläche im Verhältnis zu ihrem Gewicht so groß ist."[8] Zumindest für Orwell und andere britische Sozialisten gehörte dies zum Allgemeinwissen – Haldanes Artikel erschien zuerst in ihrer Zeitung.)

Kurz gesagt, wir großen Landbewohner leben in einer von der Schwerkraft dominierten Welt. Für kleinere Tiere spielt die Schwerkraft nur eine kleinere Rolle, für Wassertiere hat die Schwerkraft überhaupt keine Bedeutung.

Große und kleine Flieger

Kein mechanisches Meisterstück ist so beeindruckend wie das Fliegen. Die Natur hat uns gezeigt, dass Fliegen möglich ist, was nicht unbedingt selbstverständlich ist. Doch auch wenn uns fliegende Tiere den Weg zu Flugzeugen gezeigt haben, so haben sie uns hinsichtlich der Details sehr in die Irre geführt – hauptsächlich, weil die praktischen Probleme des Fliegens größenabhängig sind. Anders ausgedrückt, die Größe einer Flugmaschine bestimmt sowohl ihr Design als auch ihre Leistungsfähigkeit.[9]

Erstens muss eine Flugmaschine zwei größenabhängige Aufgaben erfüllen: Sie muss in der Luft bleiben und sie soll sich fortbewegen. Für ein kleines Insekt ist es leicht, gegen den Zug der Schwerkraft in der Luft zu bleiben. Doch gegen den Luftwiderstand in Fahrt zu kommen ist schwerer als für einen Vogel oder ein Flugzeug. Wieder geht es darum, wie Luftwiderstand und Gewicht von der Größe abhängen. Um in der Luft zu bleiben, bedarf es einer nach oben gerichteten Kraft, die das Gewicht gerade aufhebt. Um sich fortzubewegen bedarf es einer Kraft, die gleich dem Luftwiderstand bei der jeweiligen Fluggeschwindigkeit ist. Das Gewicht hängt vom Volumen ab, der Luftwiderstand von der Oberfläche. Eine Halbierung der Körperlänge reduziert das Gewicht um das achtfache, wohingegen der Widerstand nur um das vierfache kleiner wird. Für die kleineren Kreaturen ist das Gewicht daher weniger ein Problem als der Luftwiderstand. Sie fliegen aber langsamer und sind wesentlich windanfälliger – zu ihrem Vorteil (man kann die Luftströmungen nutzen) oder Nachteil (man kann Gegenwind und Navigationsprobleme haben).

Zweitens verhält sich der Auftrieb eines Flügels wie seine Fläche, also genau wie sein Luftwiderstand. Eine Verdopplung der Länge (bei unveränderter Form) gibt dem Flugzeug somit den vierfachen Auftrieb, aber das achtfache Gewicht, was nicht sehr vielversprechend klingt. Eine Lösung besteht darin, einem größeren Flugzeug überproportional große Flügel zu geben, eine andere, entsprechend schneller zu fliegen: Wie der Widerstand nimmt auch der Auftrieb mit der Relativgeschwindigkeit zur Luft zu. Wieder sollte daher größer auch schneller bedeuten, was wir bei fliegenden Tieren, von kleinen Insekten bis zu großen Vögeln und Flugzeugen, im Großen und Ganzen auch beobachten. Das muss jedoch nicht gleich sehr viel schneller heißen (und tut es auch nicht), denn eine Verdopplung der Geschwindigkeit erhöht sowohl den Auftrieb als auch den Widerstand, und zwar nicht um das Doppelte sondern ungefähr das Vierfache. Eine Fruchtfliege bringt es vielleicht auf fünf Stundenkilometer, eine Hummel kommt auf rund zwanzig. Nur große Vögel schaffen über sechzig bis achtzig Stundenkilometer, was für Flugzeuge wiederum das langsamste ist, was möglich ist.

Noch komplizierter wird die Beziehung zwischen Design und Leistung durch einen dritten größenabhängigen Faktor. Die besten Flügel erzeugen sehr viel Auftrieb bei nur geringem Luftwiderstand. Dieses Verhältnis zwischen Auftrieb und Widerstand hängt etwas – aber entscheidend – von der Größe und der Geschwindigkeit ab, insbesondere bei kleinen Flügeln und langsamer Fahrt. Das Verhältnis von Auftrieb zu Luftwiderstand wird ungünstiger, je kleiner das Fluggerät ist. Schuld daran ist eine Eigenschaft von Fluiden, sowohl Flüssigkeiten als auch Gasen, die man als Viskosität bezeichnet. Einfach ausgedrückt ist Viskosität ein Widerstand gegen Strömung, eine Art innere Klebrigkeit des Fluids. Ihr Einfluss ist umso nachteiliger, je kleiner und langsamer die Systeme werden. Der Flügel eines winzigen Insekts bewegt sich durch die Luft so ähnlich wie ein Stab, der durch dicken Sirup gezogen wird. Die Form des Flügels, von der sein Auftrieb abhängt, wird durch die mitgeführte Luft beträchtlich verschleiert. Sehr kleine und langsame Flügel haben im Verhältnis zu ihrem Auftrieb mehr Widerstand. Hier hat die Natur als Designer die schwierigere Aufgabe.

Vergleichen wir lebende und mechanische Gleiter. Der Winkel, unter dem ein Gleiter in ruhiger Luft herabsinkt, hängt fast ausschließlich vom Verhältnis von Auftrieb zu Luftwiderstand ab. Eine Optimierung dieses Verhältnisses ermöglich das flachste, nahezu horizontale Gleiten. Vögel können nicht so flach gleiten wie Segelflugzeuge, einfach weil sie kleiner sind (vgl. Tabelle 3.2). Praktisch ausgedrückt, von einer gegeben Höhe aus gleitet ein Vogel nicht so weit. Ist die Technologie des Menschen besser, weil unsere Flügel weniger Widerstand im Vergleich zum Auftrieb haben als die der Vögel? Der Vergleich wird durch die Größe so verzerrt, dass ein einfaches Urteil weder fair noch sinnvoll wäre. Insekten sind als Gleiter noch schlimmer dran als Vögel, und nur größere Insekten, wie Heuschrecken oder Schmetterlinge, gleiten überhaupt.[10]

In bewegter Luft wird das Gleichten zu einer noch verworreneren Angelegenheit. Sowohl vom Menschen entwickelte Gleiter als auch gleitende Tiere nutzen Luftströmungen zur Verlängerung und Ausrichtung ihre Flüge. Die Zeit

Flieger	minimaler Gleitwinkel
Segelflugzeug	1,5°
kleines Flugzeug, abgestellter Motor	3°
Albatross	3°
Falke	5,5°
Taube	9,5°
Monarchfalter	12°
Fliegen, etc. (berechnet)	30°

Tabelle 3.2: Kleinster (und somit bester) Sinkwinkel für verschiedene Gleiter.

in der Luft kann daher ebenso wichtig sein wie die Distanz, die man beim einfachen Gleiten durch ruhende Luft zurücklegen würde. Diese Zeit hängt sowohl vom Sinkwinkel als auch von der Sinkgeschwindigkeit ab. Kleiner bedeutet im allgemeinen sowohl steiler als auch langsamer. Ein gleitender Vogel mag daher unter einem steileren Winkel absinken als ein Segelflugzeug, trotzdem sinkt er langsamer. Die Zeit in der Luft ist daher für einen Adler und ein Segelflugzeug ungefähr dieselbe. Gleitende Insekten sinken noch steiler ab, aber auch noch langsamer, und ein Schmetterling ist kaum schlechter als ein Vogel oder ein Flugzeug.

Die Größe beeinflusst die Funktionsweise von Flugmaschinen noch auf eine vierte, subtile Art, die viele unserer frühen Flugversuche scheitern ließ. Fliegende Tiere verwenden schlagende Flügel sowohl für den Auftrieb als auch zum Antrieb. Effiziente menschliche Flugmaschinen (wozu Hubschrauber und Harrier Jets nicht gehören) teilen die Erzeugung von Auftrieb und Antrieb zwischen festen Flügeln und Propellern auf. Sollten Vögel unsere Trennung dieser beiden Funktionen nachahmen? Oder warum können wir eine akzeptable Effizienz nur durch die Trennung der beiden erreichen, während Vögel da keine Probleme haben?

Um vorwärts zu kommen muss ein Flugzeug die Luft nach hinten wegdrücken, und zwar mit einer größeren Geschwindigkeit als seiner Fluggeschwindigkeit. Um aufzusteigen muss es gleichzeitig Luft nach unten drücken, und zwar schneller als seine Steiggeschwindigkeit. Doch Steiggeschwindigkeiten sind winzig im Vergleich zu Vorwärtsgeschwindigkeiten. Tatsächlich ist für den größten Teil des Fluges sowohl beim Vogel als auch beim Flugzeug die Steiggeschwindigkeit gleich null. Im Horizontalflug wird *jeder* nach unten gerichtete Luftstoss einen Auftrieb geben, und die größtmögliche Effizienz wird erreicht (aus Gründen, die wir an dieser Stelle besser umgehen), wenn einer maximalen Luftmenge eine minimale nach unten gerichtete Geschwindigkeit gegeben wird.

Wenn sich das Flugzeug vorwärts bewegt, muss es jedoch Luft wegdrücken, die sich relativ zu ihm bereits mit großer Geschwindigkeit bewegt. Lange, feste Flügel leiten sehr viel Luft nach unten; kurze Propeller drehen sich sehr schnell und drücken somit weniger Luft nach hinten, allerdings mit der erforderlichen größeren Geschwindigkeit.[11] Für Flugzeuge zahlt sich die Trennung der Funktionen aus – kleinere Motoren und weniger Treibstoff. Doch Flugtiere sind kleiner und bewegen sich langsamer, daher kommt ihnen der Wind nicht so schnell entgegen. Eine Trennung von Propeller und Flügel würde hier nur einen kleinen Vorteil bringen, und schlagende Flügel erzeugen sowohl den Auftrieb als auch den Antrieb recht ordentlich. Wir werden auf diesen Vergleich in Kapitel 10 zurückkommen.

Oberflächenspannung und Diffusion

Viskosität interessiert uns Menschen, groß und vollgestopft, wie wir nun mal sind, nur wenig. Noch weniger aber kümmern wir uns um Oberflächenspannung und nochmals weniger um Diffusion. Doch für ein winziges Insekt, das zufällig mit einem Flügel eine Wasserpfütze berührt, kann Oberflächenspannung zu einer Frage von Leben und Tod werden. Die Natur schenkt ihr viel Aufmerksamkeit, indem sie Oberflächen erzeugt, die entweder leicht nässen oder aber Wasser rigoros abstoßen, je nachdem, welche Rolle sie spielen.

Oberflächenspannung beruht auf der gegenseitigen Anziehung der Moleküle einer Flüssigkeit wie beispielsweise Wasser. Wegen dieser Anziehung versuchen die Moleküle, sich möglichst nahe zu sein, d.h., sie bilden Haufen mit einer kleinstmöglichen äusseren Oberfläche. Oberflächenspannung funktioniert ähnlich wie eine Gruppe von Leuten, die sich eng zusammenkauern wollen, beispielsweise um ihren Wärmeverlust zu minimieren. Ein Wassertropfen versucht die Gestalt einzunehmen, bei der seine Oberfläche im Verhältnis zu seinem Volumen möglichst klein ist. Wenn der Wassertropfen auf einer Unterlage ruht, zu der seine Moleküle weniger stark hingezogen werden, als sie sich untereinander anziehen, dann wird er die Form einer abgeplatteten Kugel annehmen, wie Regentropfen auf einem gut gewachsten Auto. In einem Raumschiff ist ein solcher Tropfen nahezu perfekt kugelförmig. Wenn jedoch umgekehrt die Wassermoleküle sich stärker zu der Unterlage hingezogen fühlen, dann wird der Tropfen sich als dünner Film über die Oberfläche ausbreiten.

In einer dünnen Glasröhre sehen wir Wasser aufsteigen, da sich Wasser und sauberes Glas sehr stark anziehen. In derselben Röhre sinkt Quecksilber an den Wänden nach unten, da es eine geringe Affinität zu Glas hat. Zum Reinigen von Wäsche geben wir in das Wasser üblicherweise etwas Waschmittel, was die Oberflächenspannung verringert. Wir beobachten (oft ohne zu wissen, warum), dass ein Absorbent, d.h. ein wasseraufsaugender Stoff – z.B. ein

Oberflächenspannung und Diffusion 37

Abbildung 3.4: Ein Wasserschneider auf der Oberfläche eines Teichs. Man beachte die Dellen in der Wasseroberfläche unter jedem Bein.

Baumwollknäuel oder ein Kleidungsstück aus Naturfaser –, sich beim Trocknen zusammenzieht. „Absorbent" bedeutet, dass Wasser daran haftet, und die Tendenz von Wasser, seine Oberfläche zu minimieren, zieht die nassen Fasern nach innen wenn das Wasser verdunstet und an Volumen verliert. Man kann dieses Phänomen nutzen und sich einen selbstgetriebenen kleinen Siphon basteln: Ein Glas Wasser leert sich, wenn man einen Baumwollstreifen vom Boden des Glases über seinen Rand hinweg in ein tiefergelegenes Waschbecken hängt. Trotzdem sind solche Dinge für unser Alltagsleben nicht besonders wichtig.

Doch für einen Wasserschneider wie in Abbildung 3.4 ist die Oberflächenspannung lebenswichtig. Seine Beine haben einen wachsartigen Mantel und sind wasserabstoßend; sein Gewicht drückt die Wasseroberfläche unter jedem Bein nach unten; das Wasser drückt umgekehrt nach oben, um seine Oberfläche zu glätten und so zu minimieren; die Wasseroberfläche bleibt gerade so tief heruntergedrückt, dass ihre nach oben gerichtete Kraft das Gewicht des Schneiders kompensiert. Hebt das Insekt zwei Beine hoch, drücken die anderen vier die Delle an der Oberfläche weiter nach unten. In seiner Welt spielt die Oberflächenspannung eine Hauptrolle. Manche Oberflächeninsekten bewegen sich vorwärts, indem sie ein Detergenz, d.h. eine Chemikalie, die die Oberflächenspannung des Wassers verringert, nach hinten abspritzen. Was ist mit uns? Warum können wir nicht auf dem Wasser spazieren gehen? Eine nach unten gerichtete Kraft, unser Gewicht, muss kompensiert werden durch eine nach oben gerichtete Kraft, die Oberflächenspannung multipliziert mit der Länge der Kontaktlinie zwischen Fuß, Wasser und Luft. Die nach unten gerichtete Kraft hängt von einem Volumen ab, die nach oben gerichtete Kraft von einer Länge. Für Füße mit einer akzeptablen Kantenlänge sind wir zu groß– wir wiegen zuviel. Meine sechzig Kilogramm Gewicht würden Füße mit einer Kante von achttausend Metern Länge erfordern, doch ein Insekt von zehn Milligramm benötigt als gesamte Kantenlänge der Füße nur einen Millimeter.

Ist man klein genug, um auf dem Wasser zu laufen, dann hat man den Nachteil, nicht durch die Oberfläche des Wassers hindurch zu können. Für ein Insekt von rund einem Millimeter Länge hat die Oberfläche des Wassers ungefähr denselben Effekt wie eine Zeltleinwand für uns. Wir können untertauchen, wir können ein Boot rudern, indem wir wiederholt die Ruder eintauchen, und wir können kraulen, brust- oder rückenschwimmen. Das winzige Insekt hingegen muss entweder oberhalb oder unterhalb der Oberfläche bleiben.

Die Oberflächen von Teichen oder Pfützen sind nicht die einzigen Orte, wo die Oberflächenspannung von Bedeutung ist. Wasser steigt in den Leitröhren der Bäume nach oben und verdunstet aus den Blättern. Wenn man aufhört, an einem Strohhalm zu saugen, dann gelangt oben Luft hinein und das Getränk sinkt wieder nach untern. Doch weshalb kommt keine Luft zurück in die Blätter? Es zeigt sich, dass die Oberflächenspannung ein wichtiger Faktor ist um die Luft draußen zu halten. Die Poren in den Zellwänden der Blätter lassen zwar Wasser nach außen verdunsten, aber sie sind zu klein, um Luft eindringen zu lassen. Sie haben einen Durchmesser von einem zehntausendstel Millimeter, und man würde ungefähr dreißig Atmosphären Druck benötigen, um Luft durch die Luft-Wasser Grenze in diesen Poren hindurchzudrücken. Wieder ist eine wesentliche Variable klein (hier der Porendurchmesser), sodass die Oberfächenspannung eine der Hauptrollen spielt.[12]

Auf einer noch kleineren Skala kommt die Diffusion ins Spiel. Sie ist eine Folge des endlosen, zufälligen und unabhängigen Wanderns der einzelnen Moleküle in einem Gas oder einer Flüssigkeit. Sich selbst überlassen werden Substanzen wie Sauerstoff und Stickstoff oder frisches Wasser und Salzwasser sich vermischen. Eine beliebte Demonstration der molekularen Diffusion besteht im Öffnen einer Parfumflasche in einem Klassenzimmer. Nach kurzer Zeit wird jeder im Raum den Duft wahrnehmen. Es wird dann behauptet, dass sich der Duftstoff durch die zufällige Bewegung der Moleküle, also Diffusion, verteilt hat.[13] Doch das ist falsch. Abgesehen von einer winzigen Strecke in unmittelbarer Nähe der Nasenschleimhäute wird das Parfum durch ungeordnete und turbulente Bewegungen der Luft im Raum herumgetragen, also durch etwas vollkommen anderes als zufällige molekulare Bewegung. Diese konvektive Bewegung von Luft und Wasser ist so verbreitet, dass es praktisch unmöglich ist, den Vorgang der Diffusion auf einer wahrnehmbaren Skala zu demonstrieren.

Doch im Bereich subzellulärer Dimensionen wird die Diffusion zu einem wichtigen Hilfsmittel für Transport und Mischung – in uns und in allen anderen Organisimen. Impulse werden oft von einer Nervenzelle zu einer anderen durch die diffusive Ausbreitung von Transmittern übertragen. Bei einem Abstand von nur einem fünfzigtausendstel Millimeter zwischen den Zellen beträgt die Verzögerung aufgrund der Diffusion nur ungefähr eine zehntausendstel Sekunde. Für subzelluläre Abstände ist die Diffusion offensichtlich rasant. Tatsächlich erfolgt nahezu der gesamte Materietransport innerhalb von Tierzellen über die Diffusion. Doch die Nützlichkeit der Diffusion hängt drastisch von der Größe ab. Für die zehnfache Distanz benötigt die Diffusion die hundertfache Zeit. Tiere, die aus mehr als einigen wenigen Zellen bestehen, können sich nicht mehr nur auf die Diffusion verlassen, wenn sie Material innerhalb ihres Körpers transportieren wollen. Mit Herzen, Blutgefäßen, pumpenden Lungen, Verdauungsröhren und anderen Vorrichtungen, die Fluide in Bewegung versetzen, müssen sie nachhelfen.[14]

Die Maschinen der menschlichen Technologie sind sehr viel größer als Zellen und machen daher nur selten von der Diffusion Gebrauch. Eine Blutreinigungsmaschine zur Dialyse bei Leuten mit Nierenversagen verwendet die Diffusion durch die Wände sehr kleiner Röhren mit einer riesigen Gesamtoberfläche. Ein berühmter (berüchtigter) Prozess beruht auf der unterschiedlichen Diffusionsrate von Molekülen verschiedener Größe. Das seltene aber fusionsfähige Uran 235 bewegt sich schneller als das gewöhnliche, größere und nicht-fusionsfähige Uran 238, wenn beide (als gasförmige Verbindungen) durch eine poröse Schranke hindurchdiffundieren. Als große und ungeduldige Wesen greifen wir lieber auf rührende und pumpende Mechanismen zurück, um die Langsamkeit der Diffusion über nennenswerte Abstände zu umgehen. Genau das machen auch Tiere mit ihren Kreislaufsystemen. Ein Einzeller wird sich darüber vielleicht wundern.

Schwerkraft und Trägheit

Wir haben drei Phänomene betrachtet – Viskosität, Oberflächenspannung und Diffusion – die besonders in kleinen Systemen wichtig sind. Andere Phänomene – vor allem die Schwerkraft und die Trägheit – beherrschen die großen Systeme. Die Schwerkraft ist uns schon einige Male begegnet. Ihretwegen fallen große Gegenstände in Luft oder Flüssigkeiten schneller als kleine. Sie verhindet, dass große Wesen aufgrund der Oberflächenspannung von einer Wasseroberfläche getragen werden. Und ihretwegen müssen große Flugzeuge schneller fliegen, wenn sie mit geringem Aufwand in der Luft bleiben wollen.

Der größenabhängige Einfluss der Schwerkraft kann auch subtilere Formen annehmen. Betrachten wir beispielsweise die Bewegung von Wellen, wenn Wind über eine Wasseroberfläche streicht. Was die Wellen am Leben erhält ist die Trägheit des Wassers. Was das Wasser glättet sind seine Oberflächenspannung und sein Gewicht. Ist bei sehr kleinen Wellen der Abstand zwischen den Kämmen kleiner als anderthalb Zentimeter, so ist die Oberflächenspannung das wichtigere Element bei der Glättung des Wassers; seine Moleküle ziehen sich an und minimieren die Oberfläche. Bei größeren Wellen dominiert das Gewicht, also die Schwerkraft, und das Wasser wird geglättet, weil es gerne nach unten fließt. Daher verhalten sich auch große und kleine Wellen unterschiedlich. Insbesondere hängt das Verhältnis zwischen der Wellenlänge, d.h. dem Abstand zwischen zwei Kämmen, und ihrer Ausbreitungsgeschwindigkeit davon ab, ob sie groß oder klein sind. Für große Wellen bedeutet größer auch schneller. Bei der vierfachen Wellenlänge bewegen sich diese Wellen doppelt so schnell. Für ein gewöhnliches Boot ist es nicht leicht, schneller zu sein als die Geschwindigkeit von Wellen, deren Wellenlänge so groß ist wie die Rumpflänge des Bootes. Ein viermal so langes Boot kann daher doppelt so schnell fahren, bevor die Antriebskosten unverhältnismäßig rasch ansteigen: Große Schiffe sind schneller als kleine, und selbst kleine Schiffe sind schneller als Enten und Bisamratten. Doch für kleine Wellen, deren Kämme weniger als anderthalb Zentimeter Abstand haben, gilt genau die umgekehrte Regel: Kleiner bedeutet schneller. Die Welt eines winzigen Bootes, beispielsweise eines Taumelkäfers, ist wie eine Autobahn mit kleinen, schnellen Sportautos und größeren, langsamen Vans.

Trägheit ist eine Eigenschaft sowohl von festen Gegenständen als auch von Fluiden. Man bezeichnet damit die Tendenz eines Körpers, entweder in Ruhe oder in gleichförmiger Bewegung zu verharren, es sei denn, eine äußere Kraft drängt ihn zu etwas anderem. Mit anderen Worten, um ein Objekt in Bewegung zu versetzen, benötigt man eine Kraft, und wenn ein bewegtes Objekt stoppt, so übt es eine Kraft aus. Genauer ist diese Kraft gleich der Masse des Objekts multipliziert mit der Beschleunigung bzw. Verzögerung, die seine Bewegung verändert. Für uns ist an dieser Stelle wichtig, dass die Kraft im Zusammenhang mit der Trägheit proportional zur Masse des Objekts ist. Ein sehr massives System kann eine große Kraft ausüben, wenn es plötzlich anhält. Umgekehrt müssen Gewehrkugeln zum Ausgleich ihrer geringen Massen eine riesige Geschwindigkeit haben, und die langsameren Geschwindigkeiten bei Faustfeuerwaffen werden üblicherweise durch schwerere Projektile ausgeglichen. Die Menschen haben seit Alters her mit Steinen beschwerte Keulen, Metall- oder Schmiedehämmer, schwere Holzhämmer, Spitzhacken, und Äxte benutzt – alles schwere Dinge, die abrupt gestoppt werden. Große Metallstücke lassen sich formen, indem man noch größere Metallstücke auf sie drauffallen lässt; für über ein Jahrhundert war dies von großer industrieller Bedeutung. Ein großes Tier kann einem anderen Tier durch einen Tritt schweren Schaden zufügen, und auch ein Mensch kann durch einen Faustschlag einen anderen Menschen verletzen. Doch für wesentlich kleinere Geschöpfe als wir es sind kann die Trägheit alleine, ohne zusätzliche Waffen, nicht viel ausrichten – kampfeslustige Ameisen treten ihre Gegner nicht. Selbst für uns hängt die Wirkung eines Schlages von der Trägheit, d.h. der Masse des Zieles ab. Eine Katze zu treten ist gehässig, eine Maus zu treten ist ineffektiv.

Anders ausgedrückt, kleine Dinge, mit weniger Masse, lassen sich leichter in Bewegung versetzen oder anhalten bzw. beschleunigen oder verzögern. Wir hatten bereits früher erwähnt, dass sämtliche Springer in der Natur ungefähr dieselbe Höhe erreichen könnten, falls der Luftwiderstand keine Rolle spielte.

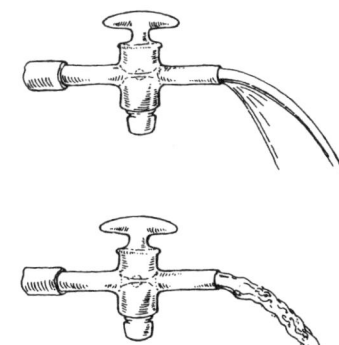

Abbildung 3.5: Mit zunehmender Geschwindigkeit ändert sich die Strömung in und aus einer Wasserleitung von laminar (oben) zu turbulent (unten). Je breiter die Leitung, umso kleiner ist die Geschwindigkeit, bei der dieser Übergang auftritt.

Das bedeutet, dass ihre Abhebegeschwindigkeit dieselbe sein muss. Doch der kurzbeinige Floh erreicht diese Geschwindigkeit nach einer wesentlich kürzeren Distanz als das langbeinige Känguru, seine Beschleunigung ist daher sehr viel größer. Eine größere Gestalt impliziert vielleicht auch eine größere Endgeschwindigkeit, aber sie impliziert auch eine kleinere Beschleunigung. Diese Faustregel funktioniert sowohl für lebende als auch nicht-lebende Systeme. Man versuche nur, eine ruhende Hausfliege mit der Hand zu fangen! Der Eselhase startet schneller als das beste Rennpferd oder der stärkste Dragster. Einmal in Bewegung, gelangt ein großer Gegenstand ohne Antrieb jedoch weiter als ein kleiner. Es kostet Meilen bis ein großes Schiff steht – eine Fähre muss ihre Maschinen auf Rückschub stellen, um nicht gegen die Hafenmauer zu fahren – und Autos müssen eine Bremse haben. Doch ein schwimmender Mikroorganismus wird praktisch sofort anhalten – meist nach einer kürzeren Strecke, als es seiner Körperlänge entspricht. Sein oberflächenabhängiger Widerstand ist vergleichsweise riesig, seine massenabhängige Trägheit verschwindend.

Die Trägheit beeinflusst auch das Fließverhalten von Fluiden. Bei kleinen Abständen dominiert die Viskosität, und man findet eine ruhige, laminare Strömung. Jeder Teil des Fluids macht im wesentlichen dasselbe wie seine Nachbarn. Bei größeren Abständen wächst der Einfluss der Trägheit im Vergleich zur Viskosität. Die Teile des Fluids versuchen nun eher in dem Bewegungszustand zu bleiben, den sie einmal haben, ungeachtet irgendeiner anderen Bewegung ihrer nun häufig wechselnden Nachbarn. Wir bezeichnen eine solche Strömung mit ihren chaotischen Verwirbelungen als turbulent. (Abbildung 3.5 verdeutlicht den Unterschied.) Die Strömung unmittelbar um ein Flugzeug oder ein Schiff ist unvermeidlich turbulent. Die Strömung um einen Mikroorganismus ist mit Sicherheit laminar. (Dazwischen können die Übergangspunkte durch Veränderungen der Form oder der Oberflächenbeschaffenheit beeinflusst werden.) Eine turbulente Strömung vermischt die Dinge, bei laminaren Strömungen

Abbildung 3.6: Drei Möglichkeiten in Luft langsamer herabzusinken: die Fasern der Samen des Löwenzahns vergrößern den Luftwiderstand, die Flügelfrucht eines Ahorns erzeugt durch Eigenrotation einen Auftrieb, der gewöhnliche Fallschirm erhöht den Luftwiderstand.

gibt es nur überraschend wenig Vermischung. Mit einem mikroskopisch kleinen Löffel lässt sich Milch nur sehr schwer mit Kaffee verrühren. Die Strömung von Blut ist in allen außer den größten Gefäßen bei großen Säugetieren laminar. Fast alle Strömungen in den Leitungen von Fabriken oder privaten Haushalten sind turbulent.

Die beiden Strömungsarten unterscheiden sich nicht nur hinsichtlich der Selbstvermischung, sondern zu fast jeder Aussage über Strömungen gibt es entsprechend zwei Versionen. Viskosität ist eine Art innere Klebrigkeit, die bewirkt, dass kleinere Objekte, die sich langsam durch ein Fluid bewegen, sehr viel von diesem Fluid mit sich schleppen. Die Samen von Pflanzen wie Löwenzahn und Schwalbenwurzgewächsen können daher in Luft sehr langsam herabsinken, weil sie Büschel feiner Haare als eine Art Fallschirm verwenden, wie in Abbildung 3.6. In den Haaren wird soviel Luft mitgeführt, dass diese Büschel sich wie ein Ballon verhalten. Doch dieses Prinzip lässt sich nur schwer auf größere Objekte übertragen, da die Viskosität bei größeren Objekten und höheren Geschwindigkeiten gegenüber dem Gewicht und der Trägheit immer mehr an Bedeutung verliert. Für größere Gegenstände kann daher keine Technologie die flaumige Lösung dieser Samen zur Verlangsamung des Sinkverhaltens nutzen. Um das zu erreichen haben die beiden Technologien eigenartigerweise verschiedene Wege eingeschlagen. Für die Fallschirme des Menschen findet man unter den Organismen am Boden oder auf Bäumen nur sehr entfernte Analoga. Die Natur zieht ein anderes Design vor: die sich drehenden, hubschrauberartigen

Samen (genaugenommen Früchte) des Ahorns und anderer Bäume. Diese passiven Hubschrauber lassen sich zwar im Prinzip vergrößern und es gab wohl auch Überlegungen, dieses Design für den Menschen zu nutzen, doch Fallschirme haben sich auf der ganzen Linie als praktischer erwiesen.[15] Die physikalische Realität schließt für große Objekte Büschel von Flaum aus, doch sie trifft keine eindeutige Wahl zwischen dem Design des passiven Hubschraubers und dem Fallschirm.

Säulen und Balken

Wieviel dicker muss man eine tragende Säule machen, wenn man ihre Länge verdoppelt? Selbst ein oberflächlicher Blick auf einige der Regeln, die von Ingenieuren beachtet werden, offenbart eine weitere Bedeutung von Größe. Diese Regeln müssen genauso für die Entwürfe der Natur gelten. Als einfaches Beispiel betrachten wir zwei kreisförmige Zylinder (Abbildung 3.7) aus gewöhnlichem Material, die zeitlich unveränderliche Gewichte tragen.

Untersuchen wir zunächst eine aufrecht stehende zylinderförmige Säule, die ihr eigenes Gewicht sowie das Gewicht einer zusätzlichen Last trägt. Eine kurze, breite Säule wird bei einem zu großen Gewicht irgendwann zusammengedrückt und zerbrechen. Wir interessieren uns hier jedoch für eine lange, dünne Säule, die sich bei einer zu großen Belastung zu einer Seite durchbiegt und dann bricht, ähnlich wie trockene Spaghetti, deren Enden zusammengedrückt werden. Wann findet ein solcher Kollaps statt? Die kritische Kraft verhält sich wie die vierte Potenz des Durchmessers der Säule, dividiert durch das Quadrat der Höhe. Für die ungeübte Intuition lässt sich diese Kombination wohl besser durch konkrete Zahlen verdeutlichen. Was würde also passieren, wenn wir die Säule doppel so groß machen, d.h., wir verdoppeln sowohl den Durchmesser als auch die Höhe?

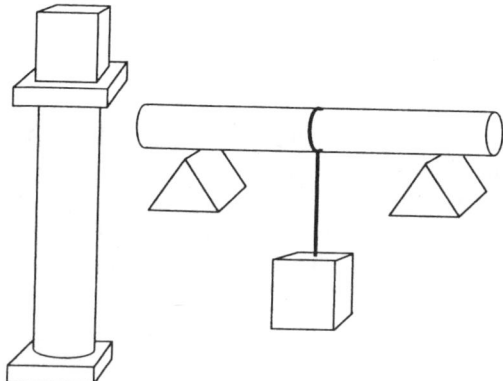

Abbildung 3.7: Eine zylinderförmige Säule mit einem Gewicht auf einem ihrer Enden; ein ähnlicher Zylinder, der an seinen Enden gestützt wird und in der Mitte ein Gewicht trägt.

Die für das Verbiegen verantwortliche Kraft erhöht sich um 2^4 dividiert durch 2^2, oder 16/4, oder das Vierfache. Wunderbar, eine Verdopplung der Größe führt zum vierfachen Widerstand gegen Verbiegen.

Doch das ist alles andere als gut. Wenn wir die Größe wirklich konsequent verdoppeln, müssen wir das Gewicht der Säule und der aufliegenden Last um das Achtfache erhöhen. Eine Skalierung des gesamten Systems um einen Faktor zwei nach oben gibt uns zwar eine Säule, die viermal stärker ist, aber gleichzeitig muss sie das achtfache Gewicht aushalten! Bestenfalls halbiert sich der Sicherheitsfaktor, schlimmstenfalls wird die Säule zusammenbrechen. Damit eine größere Säule dasselbe leistet wie eine kleinere, muss sie im Verhältnis dicker sein. Doch eine dickere Säule hat ein noch größeres Eigengewicht und muss daher noch dicker sein. Größere Strukturen verlangen also zumindest andere Proportionen, und wenn die Unterschiede sehr groß sind auch härtere Werkstoffe oder ein grundsätzlich anderes Design. Große Säugetiere haben härtere (und damit auch bruchanfälligere) Knochen als kleine. Eine Schnake läuft auf langen und dünnen Beinen mit mehreren Gelenken, wohingegen es sich bei den Beinen eines Elefanten um gerade, massive Säulen handelt.

Die gleiche Regel gilt für einen Zylinder, der als horizontaler Balken zwischen zwei Stützen dienen soll. Dabei spielt es keine Rolle, ob die Last an einem einzelnen Punkt in der Mitte angreift, oder gleichförmig über die gesamte Länge verteilt ist. Soll sich ein Zylinder bei Verdopplung aller Parameter im selben Verhältnis durchbiegen, muss etwas geändert werden. Entweder muss er aus härterem Material sein oder seine Dicke muss mehr als verdoppelt werden. Anders ausgedrückt, wenn der Abstand zwischen den Stützen, der Durchmesser des Balkens, sowie die Länge, Breite und Höhe der Last alle verdoppelt werden, dann wird sich der Balken nicht um das Doppelte sondern um das Vierfache durchbiegen. Einmal mehr bedeutet größer auch schwächer, relativ gesehen, unabhängig von der jeweiligen Technologie. Bei gleichem Design ist eine größere Brücke durch ihr Gewicht stärker benachteiligt; ist die Brücke zu groß, kann sie allein durch ihr Gewicht zusammenbrechen. Elefanten haben vergleichsweise mehr Knochen als Katzen, trotzdem müssen sie vorsichtiger auftreten.

Dies waren einige wenige Beispiele aus einer riesigen Vielfalt an größenabhängigen Phänomenen. Doch sie zeigen, wie einschneidend die Größe das Design beeinflusst, sowohl in Bezug auf Beschränkungen als auch hinsichtlich der Möglichkeiten. Ist man groß, wird die Schwerkraft wichtig, ist man klein, die Diffusion. Von besonderer Bedeutung ist für uns hier die Tatsache, dass die Technologie des Menschen sich von der Technologie der Natur unterscheiden muss, einfach, weil die beiden unterschiedliche Größenordnungen überdecken. Eine Regel für ein bestimmtes Design mag auf beide anwendbar sein, doch wenn diese Regel einen größenabhängigen Faktor enthält, wird sich die Art ihrer Anwendung zwischen beiden Technologien unterscheiden.

Kapitel 4

Flächen, Winkel und Kanten

Wenn wir uns nun von der Größe ab- und der Form zuwenden, so beginnen wir mit so alltäglichen Dingen, dass sie normalerweise unbeachtet bleiben. Doch das ist gerade eine der Absichten dieses Buches: die Aufmerksamkeit auf Dinge lenken, die wir andernfalls übersehen würden.

Flache und gekrümmte Flächen

Wir Menschen haben eine große Vorliebe für Flachheit. Wir machen die Fußböden flach; und die Wände und Dächer und Treppen und Schreibtischauflagen und Papier und Bücher. Wir machen unsere Straßen so flach wie möglich; je flacher der Belag, umso besser die Autobahn. Im Buch des Isaiah zählt zu den Wohltaten auch „die rauen Plätze eben machen" – nicht kuppel- oder muldenförmig, sondern flach. Natürlich sind wir keine Fanatiker des Flachen. Unsere Autos und Flugzeuge haben nur wenig flache Flächen. Töpfe, Dosen und Rohre sind fast immer zylindrisch.

Auf der anderen Seite macht die Natur nur sehr wenig flache Flächen. Die einzigen weit verbreiteten und relativ großen sind photosynthetische Strukturen: die Blätter von vielen Pflanzen und großen Algen. Für diese bedeutet flacher gleichzeitig auch besser, denn um Licht einzufangen ist die dem Himmel zugewandte Fläche am wichtigsten. Darüber hinaus findet man ebene Flächen nur noch bei so besonderen Dingen wie Fischschuppen, Fledermausflügeln und Entenfüßen.

Was hat Flachheit für Vorteile? Ein Fußboden, auf dem man überall und in alle Richtungen leicht gehen kann, wird flach sein – gleichförmig horizontal. Flachheit hat daher gewisse Vorzüge in einer schwerkraftdominierten Welt, d.h. der Welt von großen Landbewohnern wie uns. Doch das Gesetz der Schwerkraft kann nicht der einzige Vorteil sein. Eine Wand mit minimaler Oberfläche zwischen zwei Zimmern wird gewöhnlich flach sein. Will man mehrere Flächen glatt aufeinander legen oder nebeneinander stellen, so lassen sich flache Flächen am leichtesten herstellen und am vielseitigsten verwenden. Wie würde man eine halbkugelförmige Seite lesen? Oder wie sähen die Regale in einer Bibliothek für konische oder kuppelförmige Bücher aus?

Horizontale oder geneigte Dächer müssen nicht flach sein; Kuppeln und Bögen haben eine lange und bemerkenswerte Vergangenheit. Doch flache Dächer lassen sich besonders leicht bauen und nutzen, zumindest wenn sie gekippt sind und das Wasser ablaufen kann. Gleichartige gerade Balken können parallel zueinander aufgereiht werden, flache Endstücke, die am Giebel zusammenpassen, müssen nur in zwei statt in drei Dimensionen zugeschnitten werden. Dachplanen können mit minimalem Aufwand entrollt und befestigt werden, und Dachschiefer oder Schindel können als rein zweidimensionale Operation angebracht werden. Verschiedene Dachelemente treffen entlang gerader Linien aufeinander, d.h., die Verbindungsstücke sind einfach. Demgegenüber sind die Schnittpunkte von Elementen bei gewölbten oder kuppelförmigen Dächern (wie in Abbildung 4.1) meist gekrümmt, oftmals sogar auf sehr komplizierte Art.

Kurz gesagt, flach ist leicht und bequem, und unsere Technologie zieht Nutzen daraus. Wir stapeln Material in einer begrenzten Anzahl von Größen und Formen, und mit nur wenigen Schnitten erzeugen wir daraus eine Vielfalt an Strukturen. Die Praktikabilität von Sägemühlen und Papierfabriken beruht auf der Flachheit und damit vielseitigen Verwendbarkeit ihrer Produkte.

Gleichzeitig hat Flachheit aber auch seine Nachteile. In der Realität ist es nicht einfach, eine gerade Linie beliebig zu verlängern, es sei denn, diese Linie ist absolut senkrecht. Weder Mensch noch Spinne haben Probleme damit, zwischen zwei Punkten einen Faden zu spannen. Doch beide können nicht verhindern, dass der Faden auf Grund der Schwerkraft in der Mitte durchhängt. Bei einem langen Seil ist dieses Durchhängen leicht erkennbar. Je größer der zu überbrückende Abstand, desto stärker muss ein Vermesser für ein genaues

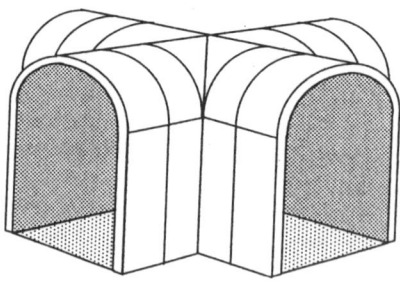

Abbildung 4.1: Jedes dieser vier Tonnengewölbe stützt den nach außen gerichteten Druck der anderen Wände ab. Dieses Kreuzgewölbe wurde schon von den Römern verwendet und ist eine geschickte Steinkonstruktion, allerdings um den Preis einer unhandlich gekrümmten Schnittlinie der Dächer.

Flache und gekrümmte Flächen 47

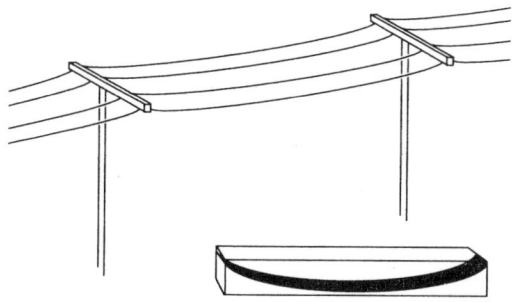

Abbildung 4.2: Kabel müssen, wenn sie nicht absolut schwerelos sind, zwischen den Pfosten durchsacken. Ein Balken, der an seinen Enden gestützt wird, mag vielleicht gerade aussehen, doch nur deshalb, weil seine Dicke die effektive Krümmung verbirgt; im Inneren hat er eine virtuelle Hängematte.

Ergebnis an seinem Maßband ziehen. Für eine perfekte Geradlinigkeit gegen die Machenschaften von Schwerkraft und Eigengewicht bedarf es einer unendlich starken Kraft. Dadurch wird natürlich der Faden, das Seil oder das Band zerrissen. Hängt in der Mitte noch ein Gewicht, so wird die Sache noch schlimmer, die Biegung noch offensichtlicher. Wie in Abbildung 4.2 hängen Telefonkabel zwischen zwei Pfosten immer durch, und Hängematten sacken bei ihrer Benutzung nach unten.

Ein flacher Fußboden ist also etwas Besonderes. Wie können wir einen herstellen? Wir können nicht einfach Planen aufspannen. In der Praxis benutzen wir Balken, also Bauteile mit einer gewissen Dicke gegen ein Verbiegen. Strenggenommen verbirgt die Balkendicke die Biegung (wie in der Abbildung dargestellt). Je größer die Last (einschließlich natürlich des Eigengewichts), umso dicker muss der Boden bzw. der horizontale Balken sein, der diese Last trägt.[1] Bei Flachdächern, Bücherregalen usw. kostet Flachheit also ihren Preis in Form von Dicke.

Bücherregale – das bringt uns zu einem konkreten Beispiel, das die Ausgaben für dieses Buch leicht wieder reinholen kann. Ein Bücherregal ist ein Brett, das an seinen Enden wie in Abbildung 3.7 gestützt wird. Wie hängt die Biegung des Bretts von seiner Last und den Abmessungen ab? Erstens ist die Biegung in der Mitte proportional zur Last. (Das Eigengewicht berücksichtigen wir hier nicht, da die Bücher wesentlich schwerer sind als die Bretter des Regals.) Eine Verdopplung der Last verdoppelt auch die Biegung. Zweitens vergrößert sich die Biegung mit der *dritten Potenz* der Länge des Bretts. Bei derselben Belastung wird ein neunzig Zentimeter langes Brett um 73 Prozent weiter durchhängen als ein fünfundsiebzig Zentimeter langes Brett. Doch normalerweise wird die Last selber noch proportional zur Länge des Regals zunehmen, da ein längeres Regal mehr Bücher tragen kann. Als praktische Regel kann man somit festhalten, dass die Biegung mit der *vierten Potenz* der Länge zunimmt, und ein neunzig Zentimeter langes Brett im Vergleich zu einem fünfundziebzig Zentimeter langen Brett tatsächlich etwas über das Doppelte durchhängt.[2]

Benutzen Sie schmale Bücherregale! Sollten Sie jedoch auf breiten Regalen bestehen, so denken Sie daran, dass bereits wenig zusätzliche Dicke viel bewirken kann. Die Biegung verhält sich umgekehrt zur *dritten Potenz* der Brettdicke. Das neunzig-Zentimeter-Brett braucht also nur etwas dicker zu sein, ungefähr 30 Prozent, um die gleiche Biegung zu haben wie das fünfundsiebzig-Zentimeter-Brett. Eine Dicke von zwei Zentimetern statt anderthalb reicht vollkommen aus.[3]

(Die allgemeine Aussage – länger gleich schwächer – wurde schon im letzten Kapitel angesprochen und wird später nochmals auftauchen. Vor einiger Zeit wurde es für mich zu einer persönlichen Angelegenheit. Um das Prinzip in einer Fernsehsendung anschaulich demonstrieren zu können, legte ich zunächst ein Brett auf zwei Sägeböcke, die einen Meter auseinander standen, und belud es mit einem Gewicht von 60 Kilo: mit mir. Die Biegung in der Mitte betrug etwas mehr als ein Zentimeter. Dann stellte ich die Sägeböcke zwei Meter weit auseinander um einen theoretisch zu erwartenden und am Vortag ausgetesteten Durchhang von zehn Zentimetern zu erhalten. Doch ich hatte versehentlich ein anderes Brett mit einer schrägen Maserung genommen, das plötzlich brach. Glücklicherweise war das Brett das einzige Opfer.)

Wie erreicht die Natur Flachheit? Das lästige Problem des Durchbiegens spielt beim Design von Blättern eine ähnliche Rolle wie bei Bücherregalen. Gewöhnlich stehen Blätter mehr oder weniger horizontal aus den Ästen hervor. Die Nerven an der Unterseite vieler Blätter (vgl. Abbildung 4.3) mögen einfach aussehen, doch sie bilden eine Möglichkeit, mit nur geringem Materialaufwand die funktionale Dicke der Blätter zu erhöhen. Sie sind so etwas wie Balken, die ein Durchbiegen der Blätter wesentlich verringern.

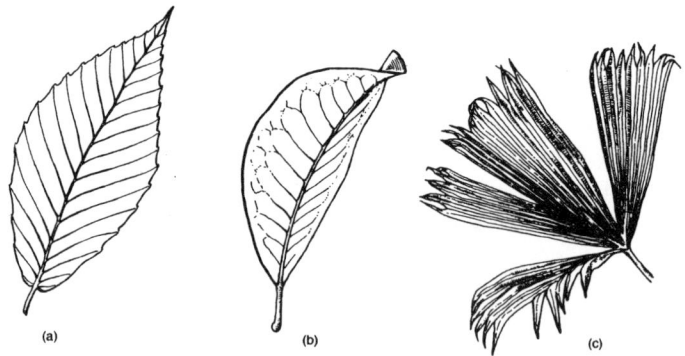

Abbildung 4.3: Für dünne Blattflächen gibt es verschiedene Möglichkeiten, ein Verbiegen zu verhindern. Blattnerven können zu stützenden Trägern werden (a), das ganze Blatt kann der Länge nach gekrümmt sein (b) oder Falten werden zu einer Selbststütze des Systems (c).

Flache und gekrümmte Flächen 49

Eine zweite Möglichkeit besteht darin, die Blätter durch eine leichte Krümmung effektiv zu verdicken und damit eine dünne Fläche steifer zu machen. Ein flaches Blatt Papier bleibt nicht aufrecht stehen, wenn man es an der Unterkante festhält, es sei denn, man krümmt es ein wenig, wie wir es beim Lesen einer Seite automatisch machen. Nicht wenige biologische Flächen erhalten ihre Steifheit durch eine leichte Krümmung. Viele Blätter haben auf jeder Seite der Mittelrippe eine nach unten gebogene, konkave Fläche. Die südliche Magnolie ist ein gutes Beispiel, abgesehen von ihren Mittelrippen besitzen die Blätter keine auffallenden Adern. Doch mit ihrer leichten Krümmung (und einer gewissen Dicke der Blätter selber) werden sie zu ziemlich festen Strukturen.

Federn sind auf beiden Seiten ihre zentralen Längsachsen ähnlich gekrümmt. Wie bei Blättern kompensiert diese Krümmung den Zug der Schwerkraft. Bei Federn kommt allerdings noch eine aerodynamische Funktion hinzu, die besonders für die langen Federn der fingerartigen Flügelspitzen wichtig sind. Vor ungefähr einem Jahrhundert haben mehrere Leute entdeckt, dass gekrümmte Tragflächen ihre Aufgabe besser erfüllen, wobei die konkave Seite nach unten gerichtet sein sollte.[4] Einige frühe Flugmaschinen benutzten tatsächlich gebogene Platten als Flügel, und bei modernen Flugzeugen ist diese Krümmung nur etwas versteckt, weil die untere Seite flacher ist. Auch die Blätter von Ventilatoren bestehen aus dünnen, gekrümmten Platten aus Plastik oder Metall, was ihnen sowohl eine gewisse Härte als auch eine bessere aerodynamische Effektivität verleiht. Die Steifheit wird übrigens immer größer, unabhängig davon, zu welcher Seite das Blatt gekrümmt ist. Die Aerodynamik verbessert sich jedoch nur, wenn die konkave Seite etwas stromabwärts zeigt.

Eine dritte Art zur Stärkung einer Fläche besteht darin, die Fläche in Richtung der gewünschten Biegesteifigkeit mehrfach zu falten. Ein Papier zwischen zwei Stützen wird durch sein Eigengewicht durchsacken, doch wenn man das Papier einige Male knickt, sodass die Falten von einer Stütze zur anderen verlaufen, kann es das Mehrfache seines Eigengewichts aushalten. Durch die Falten erhöht man die effektive Dicke, und zwar ohne den Aufwand zusätzlicher Balken unter der Oberfläche. Wir verwenden diesen Trick in Wellpappe, sowie in gefurchten und geriffelten Decken und Dachverkleidungen. Die Natur macht bei großen Blättern manchmal davon Gebrauch, insbesondere bei solchen mit Blattnerven, die eher ausstrahlen als sich verzweigen.

Wenn es darum geht, flache Platten mit einem Minimum an Material zu stärken, so sind Insektenflügel nicht zu übertreffen. Insekten stecken gewöhnlich nur rund ein Prozent ihrer Körpermasse in ihre Flügel. Trotzdem bewegen sich die Flügel mit einer Geschwindigkeit von einigen Metern pro Sekunde durch die Luft, und viele ändern ihre Bewegungsrichtung mehrere hundertmal in jeder Sekunde. Um solche Beanspruchungen aushalten zu können, kombinieren sie Krümmung, Verstärkungsleisten und Längsfalten. Außer bei sehr kleinen Insekten scheint Krümmung eine aerodynamische Notwendigkeit zu sein, doch für schlagende Flügel ist ein ganz besonderes Problem damit verbunden: Die richtige Richtung der Krümmung für einen Schlag nach unten ist die falsche für einen Schlag nach oben. Viele Insekten haben eine feine Lösung gefunden: Ihre Flügel sind so gebaut, dass sie von der Kraft der auftreffenden Luft gekrümmt werden. Da diese bei einem Schlag nach unten von der anderen Seite auftrifft als bei einem Schlag nach oben, kehrt sich auch die Krümmung um.[5]

Dünne, flache Oberflächen biegen sich schon bei kleinen Belastungen. Die abgerundeten Formen unserer Autos scheinen auf den ersten Blick den Luftwiderstand und die Windgeräusche zu minimieren (und den optischen Eindruck für einen guten Verkauf zu maximieren – letzteres vielleicht durch eine leichte Anspielung auf wohlgeformte menschliche Körper). Tatsächlich dienen die Rundungen der Autos jedoch in erster Linie dazu, sie stabiler zu machen, und Rundungen sind attraktiver als Falten oder Rippen. Ein Stück Metall in eine gekrümmte Form zu pressen ist außerdem wesentlich einfacher und verbraucht weniger Material, als einen Haufen von Stabilisierungsstreben mit einer Platte zu verschweißen.

Man kann das Problem der Flachheit auch unter einem allgemeineren Gesichtspunkt sehen. Betrachten wir dazu eine Hohlkugel aus dünnem Material, die innen einen höheren Druck hat als außen. Welchen Druck kann diese Kugel aushalten, bevor sie zerplatzt? Im Grunde genommen fragen wir (wie in Abbildung 4.4) nach der Spannung, die die Oberfläche aushält, bevor sie in zwei Halbkugeln zerspringt. Was ist der Zusammenhang zwischen dem Druckunterschied zwischen Innen- und Außenwand und der Spannung in dieser Wand? Seltsamerweise hängt die durch eine gegebene Druckdifferenz erzeugte Spannung von der Größe der Kugel ab. Die Regel – oft auch als das Laplace'sche Gesetz bezeichnet[6] – lautet, dass die Spannung gleich der Druckdifferenz multipliziert mit der Hälfte des Kugelradius ist. Bei gegebenem Druck ist die Span-

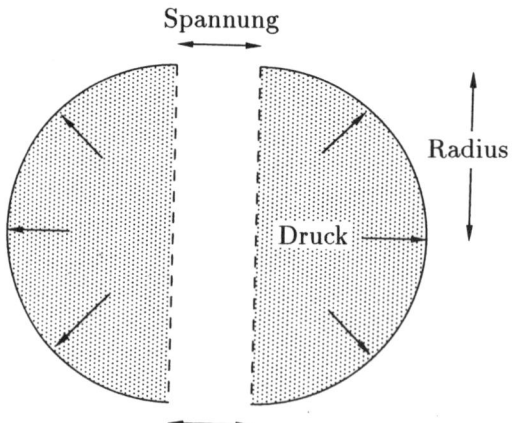

Abbildung 4.4: Die durch einen festen inneren Druck erzeugte Spannung in den Wänden dünner Kugel- oder Zylinderoberflächen hängt von ihrer Größe ab. Je größer die Kugel oder der Zylinder, umso größer ist die Spannung.

Flache und gekrümmte Flächen 51

nung *an jedem Teil* der Oberfläche umso größer, je größer die Kugel ist. Anders ausgedrückt, bei einer größeren Kugel wird eine bestimmte Spannung bereits durch weniger Druck erzeugt. (Es ist leichter, einen großen Luftballon weiter aufzublasen als einen kleinen; man muss nicht so fest blasen um die nötige Spannung zu erzeugen.)

Noch ein weiteres Argument: Eine größere Kugel hat flachere, weniger stark gekrümmte Wände. Ganz allgemein erzeugt ein gegebener Druckunterschied umso mehr Spannung, je flacher die Wand ist. Eine vollkommen flache Wand würde erst bei einer unendlich großen Kugel auftreten. Jeder Druckunterschied zwischen den beiden Seiten einer solchen Wand würde eine unendliche Spannung erzeugen. Das ist das gleiche Problem, wie eine Saite zwischen zwei Halterungen gerade zu ziehen: Bei jedem noch so kleinen Gewicht (äquivalent zum Druck) kann die Saite nicht mehr gerade gezogen werden, es sei denn, sie wird mit einer unendlichen Kraft (äquivalent zur Spannung) auseinander gezogen.

Unter anderem schließt das Laplace'sche Gesetz aus, dass Ballons oder andere von innen unter Druck stehende Strukturen flache Wände haben können. (Mit ausreichend dicken Wänden kann man natürlich eine flache Fläche vortäuschen. Ähnlich wie dicke Fußböden verbergen sie die Krümmung.) Außerdem legt es uns nahe, Röhren keinen rechteckigen sondern einen runden Querschnitt zu geben, da ihre Nähte andernfalls bei der geringsten Belastung aufbrechen würden. Es erklärt auch, warum ein rechteckiger Milchkarton (wenn er gefüllt ist) immer herausgewölbte Seiten hat. Die Seiten müssen sich wölben und eine gewisse Krümmung haben, anderenfalls würden sie reißen. Sind volle Kartons jedoch zusammengepackt, können sie flache Seitenwände haben, denn dann herrscht auf beiden Seiten der Wände derselbe Druck. Flugzeugrümpfe sind nahezu immer zylindrisch oder elliptisch. Mit Schönheit hat das überhaupt nichts zu tun und mit der Minimierung des Luftwiderstands nur wenig. Es ist der Druck, der zählt. Die meisten Flugzeuge haben einen erhöhten Innendruck, damit Menschen in großen Höhen transportiert werden können, und das schließt dünne, flache Wände aus. Ein bekanntes Pendlerflugzeug, das Short, hat flache Wände; es gleicht einem Bus mit Flügeln. Da es jedoch keinen Überdruck halten kann, ist es auf niedrige Höhen beschränkt.[7] Dosen für Teeblätter dürfen flache Seiten haben, doch die für Bohnen oder Suppe sollten zylindrisch sein. Ihre Form repräsentiert keinen phallischen Symbolismus, wie es verschiedentlich behauptet wurde, aber Dose und Phallus haben das Laplace'sche Gesetz als gemeinsamen Nenner.

Lebewesen und ihre Teile bestehen meist aus flexiblen Materialien und haben oft innen und außen einen unterschiedlichen Druck. Das Laplace'sche Gesetz sagt uns daher, weshalb die Natur flache Flächen so verabscheut. Würmer, Gedärme, Blutgefäße, Lungenbläschen, freilebende Zellen – sie alle müssen zylindrisch, elliptisch oder kugelförmig sein, jedenfalls alles andere als flachwandig.

Ein ähnliches Gesetz verknüpft die Größe einer Kuppel mit der Last, die sie tragen kann. Eine größere Kuppel ist weniger gekrümmt und daher im Verhältnis weniger belastbar. Oberhalb einer bestimmten Größe wird schon ihr Eigengewicht zu einer untragbaren Last. Entsprechende Regeln gibt es auch für Bögen, die Trägerkabel von Hängebrücken und so weiter. In allen Fällen gilt: Je flacher die Krümmung, desto mehr Spannung wird durch eine bestimmte Last erzeugt, was wiederum ihre Größe beschränkt. Die Natur benutzt nicht viele harte ebene Flächen, aber harte Kuppeln gibt es zuhauf. Beispiele sind Eierschalen, Nussschalen, Muschelschalen und unsere eigenen Schädel.

Rechte Winkel

Für den Menschen sind sie gerade recht. In unserer Welt sind sie so weit verbreitet, dass man kaum aufzählen kann, wo wir überall rechte Winkel verwenden: Seiten, Tische, Fenster, Böden- und Deckenplatten, Wände, Regale und Schubladen, Schachteln, Schindeln, überall, wo es gerade Linien gibt. Fast alle Standardgrößen von Schnittholz sind rechteckig, ebenso Ziegel und Zementblöcke. Ägypter und Mayas bauten Pyramiden aus rechteckigen Blöcken auf quadratischen Fundamenten. Der Kubismus (eine spöttische Bezeichnung von Matisse) des zwanzigsten Jahrhunderts stellt unsere zwanghafte Rechteckigkeit zur Schau. Demgegenüber sind die einfachen Behausungen von den Tropen bis zur Arktis eher rund: Kegel, Kuppeln, aufrechte Zylinder mit kegel- oder kuppelförmigen Dächern und so weiter. Ich besuchte kürzlich ein Museum, in dem archäologische und historische Veränderungen über einige zehntausend Jahre hinweg verfolgt wurden. Mir viel auf, dass sich die rechten Winkel von Jahrtausend zu Jahrtausend mehr etablierten.[8] Sie sind nahezu unfehlbare Kennzeichen von Kulturen mit hoher technologischer Komplexität.

Die Natur hat weder eine deutliche Vorliebe für rechte Winkel noch eine klare Abneigung gegen sie. Mindestens ein Bakterium ist quadratisch,[9] und rechte Winkel treten zwischen den Schalenkanten bestimmter Protozoen, den Foraminiferen, auf. Ist eine Fläche mit einer einzigen Zellschicht bedeckt, dann stehen die Seitenwände oder Membranen zwischen den einzelnen Zellen rechtwinklig auf dieser Fläche, auf der die Zellen liegen. Wo Bäume aus ebenem Boden emporwachsen, bildet jeder Stamm einen rechten Winkel mit dem Boden, und selbst bei schiefem Untergrund findet man immer noch einen rechten Winkel zwischen den Bäumen und dem Horizont. Die Pinienbäume in meinem Vorgarten haben z. B. fast perfekt vertikale Stämme. Es geht daher nicht um die Frage, warum die Natur rechte Winkel meidet, sondern warum wir sie vorziehen. Von besonderem Interesse in diesem Zusammenhang sind die halbkreisförmigen Kanäle in unserem Innenohr. Ein Satz besteht aus drei Kanälen (Abbildung 4.5), jeder im rechten Winkel zu den anderen beiden. Sie sind wichtige Bestand-

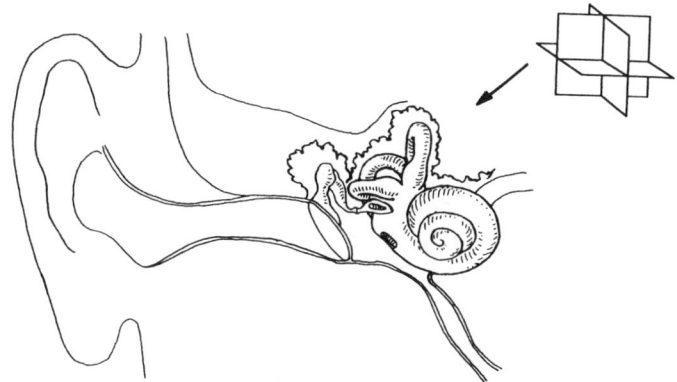

Abbildung 4.5: In unserem Innenohr gibt es drei halbkreisförmige Kanäle (unterhalb des Pfeils). Jeder liegt in einer Ebene, die rechtwinklig zu den jeweils anderen ist, sodass sie drei zueinander senkrechte Ebenen bilden (wie im Nebenbild).

teile eines Systems, das uns über unsere Orientierung und Beschleunigung auf dem Laufenden hält. Mögen wir rechte Winkel, nur weil unsere Sinnesorgane sie als einen einfachsten Fall in einer geometrisch komplizierten Welt ansehen?[10]

Das letzte Kapitel untersuchte die Bedeutung von Größe, und auch hier spielt sie wieder eine wichtige Rolle. Wir sind große Geschöpfe, und die Schwerkraft regelt unser Verhältnis zu unserer Umgebung. Wir fallen nicht um, solange sich unser Schwerpunkt – der effektive Ort unseres Gewichts – über unseren Füßen befindet. Das bedeutet, wir stehen senkrecht. Wir ziehen es vor, über waagerechte Flächen zu laufen, die ohnehin einen Großteil der Erdoberfläche ausmachen. Senkrecht plus waagerecht erzeugt rechte Winkel, zwischen uns und dem Boden, zwischen den Wänden und dem Boden eines Gebäudes, zwischen einem Baum und dem Horizont. Gestapelte Dinge müssen nahezu senkrecht stehen, sonst kippen sie. Wände aus aufeinandergestapelten Blöcken sind weitaus einfacher zu bauen, wenn sie senkrecht stehen, und die Wände großer Strukturen wurden seit Menschengedenken aus gestapelten Blöcken gebaut.

Das gilt nicht mehr für kleinere Strukturen, für leichte Behausungen, die man aufladen und transportieren kann, die einen warm halten. Für solche Strukturen sind runde und eventuell nach innen geneigte Wände besser. Indianerzelte und ähnliche kegel- oder halbkugelförmigen Häuser wurden von unzähligen Kulturen erfunden. Anthropologen und Archäologen[11] erzählen uns, dass runde Häuser typisch für nomadenhafte oder halbnomadenhafte Gesellschaftsformen sind. Krummlinige Gebäude sind vom Material her ökonomischer und leichter aufzubauen. Demgegenüber werden sesshafte Gesellschaftsformen durch rechteckige Häuser charakterisiert. So können mehr Gebäude in einem kleinen Bereich untergebracht sein, beispielsweise innerhalb eines Lagers oder einer ummauerten Stadt. Ihr Inneres lässt sich leichter unterteilen, und da ihre Außenwände als gemeinsame Wände benachbarter Strukturen dienen können, lassen sie sich leichter aneinanderreihen. Die runden Häuser primitiver Gesellschaftsformen haben durchschnittlich weniger als die Hälfte der Grundfläche von rechteckigen Häusern. Eine Familie kann mehrere runde Häuser bewohnen, und weitere dienen vielleicht zur Vorratslagerung. Ein rundes Gebäude erfüllt als Ganzes denselben Zweck wie ein einzelnes Zimmer in einem rechteckigen Gebäude.

Unser Weltbild wird durch persönliche Erfahrungen geprägt. Für die meisten von uns reflektiert dies unsere unverbesserliche rechteckige Kultur. Ein eigentümlicher Test demonstriert ein seltsames, erworbenes Vorurteil. In den 50er Jahren untersuchten einige Psychologen, wie zwei Zulu-Gruppen auf eine bestimmte visuelle Illusion reagierten. Eine ländliche Gruppe lebte in traditionellen Rundhütten, wohingegen die andere aus einer Stadt kam und in konventionellen rechteckigen Häusern wohnte. Bei dieser Illusion, die man als Ames-Fenster oder auch als rotierende trapezförmige Illusion bezeichnet (Abbildung 4.6), wird das Modell eines Fensters vor einer Testperson um eine senkrechte Achse rotiert. Nun sind Fenster normalerweise rechteckig und nicht trapezförmig wie dieses Modell. Wenn die Bedingungen für eine Tiefenwahrnehmung eingeschränkt sind (wenn z. B. ein Auge geschlossen oder das Modell weit

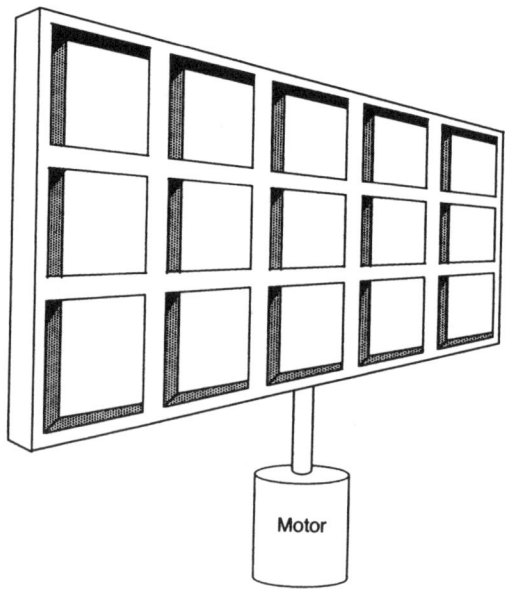

Abbildung 4.6: Ein Ames-Fenster. Es handelt sich nicht um eine perspektivische Zeichnung.

entfernt ist), dann haben die städtischen Zulu (ebenso wie Nicht-Zulu) das Modell gewöhnlich als ein hinundherschwingendes Rechteck wahrgenommen, das vom Beobachter weggeneigt ist. Wir stellen uns nämlich eine Perspektive vor, bei der das Modell unserer Vorstellung von einem gewöhnlichen rechteckigen Fensters entspricht. Die ländlichen Zulu waren weniger leicht zu täuschen. So hat ihre Sprache auch keine Worte für „Quadrat" oder „Rechteck".[12] Andere kulturübergreifende Vergleiche erbrachten ähnliche Ergebnisse. Die Cree-Indianer Nordkanadas beispielsweise, die immer noch in Zelten leben, sind gegenüber dieser Illusion wesentlich resistenter als andere Kanadier.

Zurück zum Stapeln. Wenn Sie mit gestapelten Blöcken bauen wollen, sind rechteckige Körper wunderbar vielseitig. Wie schon im Zusammenhang mit ebenen Flächen erwähnt wurde, schränken manche Formen das Design mehr ein als andere. Gekrümmte Blöcke legen für ein Zimmer oder ein Haus eine bestimmte Größe fest. Dreißig Zentimeter lange Blöcke mit einer Krümmung von jeweils zehn Grad ergeben ein kreisförmiges Haus von fast elf Metern Umfang oder dreieinhalb Metern Durchmesser. Demgegenüber kann man aus ungekrümmten, rechteckigen Blöcken rechteckige Häuser von jeder Größe und Unterteilung bauen. Rechteckige Häuser können mit gleichartigen Balken überdacht werden, egal ob das Dach flach oder geneigt ist. Für ein rechteckiges Haus sind rechteckige Möbel bereits Maßarbeit. Rechteckige Bücher passen genau auf rechteckige Regale und rechteckige Schubladen in rechteckige Schränke. Ein rechter Winkel zieht also andere nach sich, angefangen mit der Entscheidung für rechteckige Blöcke.

Das Stapeln von Blöcken oder Ziegelsteinen ist gerade für solche Technologien besonders attraktiv, die keine guten Bindemittel oder Seile haben. Ein Stapel wird durch Druck zusammengehalten: die oberen Blöcke drücken auf die unteren Blöcke. Zugkräfte sind kaum von Bedeutung. Soll etwas Zugkräften widerstehen, so benötigt man Bindemittel, Seile oder spezielle Techniken des Schreinerns, alles wesentlich aufwendiger als Blöcke oder Ziegel. Wir setzen Ziegelsteine mit Mörtel zusammen, doch die Verbindung mit Ziegelmörtel ist gegenüber Zugkräften nicht besonders widerstandsfähig. Eigentlich hat der Mörtel zwei andere Aufgaben: Er verhindert das seitliche Wegrutschen der Ziegelsteine, und er füllt die Räume zwischen den Steinen aus, sodass sie einen gleichmäßig verteilten Druck aufeinander ausüben, ohne einzelne Kontaktpunkte, die diese spröden Werkstoffe zerbrechen ließen. Wenn wir Holzhäuser bauen, verbinden wir Bretter mit Nägeln. Wie Mörtel verhindern Nägel lediglich ein seitliches Verrutschen der Bretter unter sogenannten Scherkräften. Gegen Zugkräfte sind Nägel machtlos, und diese Schwäche (zusammen mit einer Kneifzange) nutzen wir, um falsch eingeschlagene oder verbogene Nägel wieder zu entfernen. Vernagelte Strukturen sind daher ebenfalls gestapelte Strukturen, wie sich an Häuserrahmen leicht erkennen lässt (Abbildung 4.7). Wenn Holzstrukturen Zugkräfte aushalten sollen, verwenden wir keine Nägel sondern Schrauben und Leim, doch

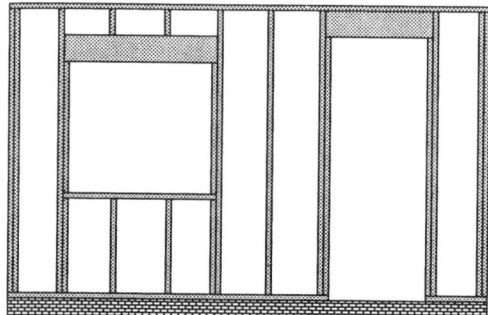

Abbildung 4.7: Der Rahmen für eine Holzhauswand. Mit besonderer Sorgfalt und wenn die Teile genau übereinander gesetzt werden (und ohne Wind) wäre er auch ohne Nägel selbsttragend.

das ist für die Herstellung von Häusern zu langsam und zu teuer. Im Vergleich zu Häusern sind Boote ungleichförmigeren und weniger vorhersehbaren Kräften ausgesetzt, sodass die Erbauer von Holzbooten keine andere Wahl hatten als spezielle Schreinertechniken zu beherrschen.

Rechteckige Körper wie Ziegelsteine, Balken und Bretter erleichtern auch die Lagerung und Zulieferung. Die meisten Haufen aus gleichartigen Bestandteilen – Zuckerkristalle, trockenes Saatgut, Kies, Nägel – sind instabil, wenn ihre Seitenwände steiler als ein kritischer Winkel sind, doch rechteckige Körper umgehen dieses Problem und lassen sich leicht in geordneten Haufen zusammenlegen. Vorratsstapel sind einfach größere rechteckige Körper, die aus kleineren rechteckigen Körpern zusammengesetzt sind, mit senkrechten Wänden und ohne innere Hohlräume. Mit passenden Schachteln, ebenfalls rechteckigen Körpern, erhält man ein bequemes und stapelbares Verpackungssystem. Das einzig Lästige an diesem Prinzip hat einen kulturellen Ursprung. Mit fünf Fingern an jeder Hand beharren wir darauf, mit einem auf der Zehn basierenden Dezimalsystem zu rechnen. Rechteckige Körper, die zu größeren Körpern zusammengepackt werden, bevorzugen jedoch andere Anordnungen. Schauen wir uns einfache Pakete oder Stapel an, die aus gleichartigen Gegenständen bestehen. Wir können beispielsweise acht Gegenstände so anordnen, dass zwei nebeneinander, zwei hintereinander und zwei übereinander liegen. Wir können aber auch andere Kombinationen wählen:

$2 \times 3 \times 2$ oder 12 Gegenstände $2 \times 4 \times 4$ oder 32 Gegenstände
$2 \times 4 \times 2$ oder 16 $3 \times 2 \times 5$ oder 30
$2 \times 3 \times 3$ oder 18 $3 \times 3 \times 4$ oder 36
$2 \times 4 \times 3$ oder 24 $3 \times 4 \times 4$ oder 48

Vielfache von zehn treten selten auf. Hier liegt auch der Grund, warum wir bei Großmärkten oft im Dutzend oder gar im Gros kaufen, und hierauf beruht auch die Beharrlichkeit solcher Wörter in unserer dezimalisierten Welt.

Rechte Winkel 57

Die Natur baut selten indem sie stapelt; sie verschnürt die Dinge eher mit Seilen von irgendwelcher Art. Dazu zählen Bänder, Muskeln und Sehnen in Organismen wie uns; gespannte Membranüberzüge in Würmern, Raupen, Seeanemonen etc.; innere Dehnfasern in Pflanzen. Die dehnungsresistenten Materialien der Natur sind uns zwar leicht zugänglich – unsere Taue bestanden lange Zeit aus Naturfasern –, doch die Natur verbindet Sehnen mit Knochen wesentlich leichter als wir Schnüre mit Streben. Umgekehrt ist Stapeln schlecht, wenn die Materialen nicht sehr dicht sind. Das Gewicht gibt einem Stapel einen gewissen Widerstand gegen Seitenkräfte wie beispielsweise bei Wind. Bei weichen Materialien verliert das Stapeln seine Vorzüge. Und unter Wasser, wo der Auftrieb das Gewicht kompensiert und wo starke Strömungskräfte wirken, kann leichtes Material überhaupt nicht mehr gestapelt werden. Doch auch wenn die Natur nicht viel stapelt, sie packt ihre Dinge durchaus manchmal zusammen. Wie wir sehen werden, packt sie allerdings nicht in rechteckige Schachteln.

Orthogonalität – Rechtwinkligkeit – mag für die Natur wenig sinnvoll sein, doch für uns klingt das ideal. Allerdings kehrt „ideal" andere wichtige Tatsachen unter den Teppich. Wenn wir vier starre Leisten durch Scharnierstifte zu einer vierseitigen, zweidimensionalen Struktur verbinden, wie in Abbildung 4.8, hat das Ergebnis keine feste Form und ist instabil. Solch eine Anordnung bezeichnet man als Mechanismus – ein schlecht gewählter Begriff, aber er impliziert zumindest Beweglichkeit. Wie die Abbildung zeigt, sind Mechanismen nette mechanische Verbindungen. Wir verwenden sie für alle möglichen Arten von Maschinen. Die Natur benutzt sie sogar für komplizierte Bewegungen, beispielsweise von Schlangenkiefern, wo Tiere erstaunlich große und unzerkaute Brocken herunterschlucken,[13] oder Fischkiefern (wie in der Abbildung), wo sich der Mund gleichzeitig öffnen und nach vorne strecken kann.[14]

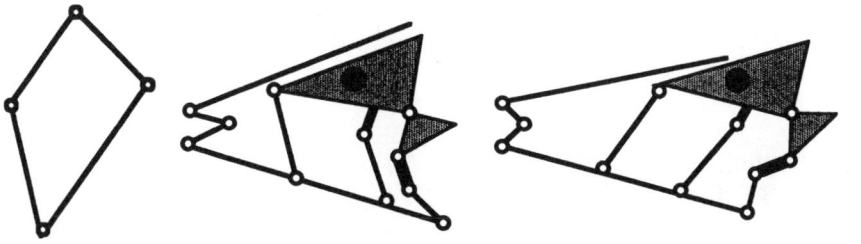

Abbildung 4.8: Mechanismen. Ein besonders einfacher und zwei Ansichten einiger (nicht aller!) der starren Elemente eines komplizierten biologischen Mechanismus. Schematisch ist dargestellt, wie ein Fisch (ein Lippfisch) bei Annäherung an seine Beute sowohl Ober- als auch Unterkiefer plötzlich vorschnellt.

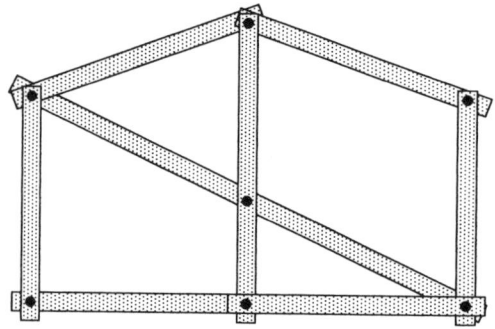

Abbildung 4.9: Eine statisch bedingte Struktur. Sie ist nicht redundant; wird irgendein Stift entfernt, so wird sie zu einem Mechanismus, wie man sich leicht mit Hilfe eines Kartons und einiger Nadeln überzeugen kann.

So sinnvoll solche Anordnungen von Verstrebungen für die Nahrungsaufnahme auch sein mögen, sie halten nicht viel aus. Andererseits haben drei starre, durch Scharnierstifte verbundene Streben eine feste und stabile Form. Solche Anordnungen (Abbildung 4.9 zeigt eine etwas kompliziertere) bezeichnet man als statisch bedingte Strukturen.[15] Besteht der Rahmen für eine hölzerne Wand nur aus vertikalen und horizontalen Teilen (z.B. die vertikalen Leisten zwischen der oberen und unteren waagerechten Leiste in Abbildung 4.7), erhält man leider einen Mechanismus. Zur Stabilisierung gegen Seitenkräfte muss eine Querverstrebung vorhanden sein, wobei ein oder zwei Diagonalverbindungen oder eine rechteckige Sperrholzplatte genügen. Wir verwenden solche Diagonalen sehr häufig, um instabile, bewegliche Rechtecke, die bei unserem Design immer wieder auftreten, in stabile und starre Dreiecke zu unterteilen. Und wir machen das schon seit einer sehr langen Zeit. So war ich erstaunt in der Nähe der Westküste Schwedens auf einer Felszeichnung von einer Art Schlitten oder Boot aus der Bronzezeit genau solche Aufteilungen zu sehen (Abbildung 4.10). Ein weniger ästhetisches Beispiel ist die Anzeigetafel des Fußballstadiums auf meinem Campus (gleiche Abbildung).

Die Natur verwendet Dreiecke nicht oft, teilweise, weil sie selten auf wirkliche Starrheit aus ist, und teilweise, weil sie die benötigte Stabilität auf andere Weise erzeugt. Einige wenige Gerüste aus Dreiecken lassen sich jedoch erkennen, beispielsweise in den Flügelknochen von großen Vögeln. Mir ist kein Fall bekannt, wo Rechtecke nachträglich durch Querverstrebungen in Dreiecke unterteilt wurden. Nicht, dass solche nachträglichen Einfälle bei der Natur undenkbar wären. Die Natur fügt ständig hier und dort etwas hinzu, um bereits existierenden Strukturen neue Funktionen zu ermöglichen. Genau darum geht es in dem schönen Buch von Steve Gould über den Daumen des Panda. Der bekannte Schilderer der Evolution beschreibt, wie Pandas zu einem zusätzlichen Daumen kommen, indem sie das erste Glied an jeder Hand zu einem scheinbaren sechsten Finger, der mit unseren Daumen nichts zu tun hat, unterteilen.[16]

Abbildung 4.10: Eine zeitgenössische Struktur, bei der die wichtigen Querverstrebungen wie ein nachträglicher Einfall erscheinen, und ein oberflächlich gemeißeltes Bild (für einen besseren Kontrast nachgezeichnet) einer Struktur mit Diagonalverstrebungen. Das letztere stammt aus der Bronzezeit und befindet sich auf einem Fels nahe der Westküste Schwedens.

Da vier an ihren Enden miteinander verbundene Streben sehr beweglich sind, könnte man denken, dass Strukturen ohne eine besondere Vorliebe für Starrheit solche vierseitigen Verstrebungsanordnungen einer dreiseitigen vorziehen, doch das ist nicht ganz der Fall. Die meisten Schwämme haben flexible Skelette aus harten Streben, die an den Enden durch bewegliche Proteinknäuel verknüpft sind, wie in Abbildung 4.11. Ich habe früher einmal viele Schwammskelette nach Dreiecken, geodätischen Verbindungen und anderen effizienten Verstrebungs- und Stützanordnungen untersucht. Es gab nichts Offensichtliches und mir wurde klar, dass ich voreingenommen die Schwämme nach stabilen Strukturen untersuchte. Ich suchte dann nach viereckigen Strukturen, doch das Ergebnis war ähnlich ernüchternd. Die winzigen Verstrebungen (Skelettnadeln) bildeten nie Dreiecke, und Vierecke waren nicht häufiger als fünf-, sechs oder siebenseitige Anordnungen. Je größer die Anzahl der Verstrebungen, die in einer Schleife miteinander verknüpft sind, umso größer ist auch die Gesamtflexibilität.

 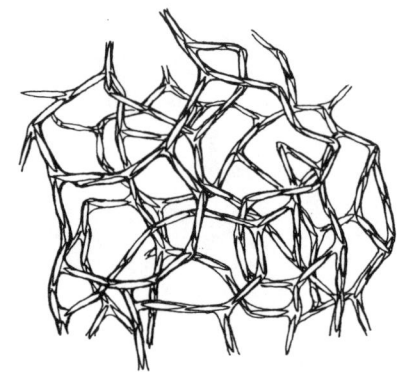

Abbildung 4.11: Ein Schwamm (links) und das Skelett eines Schwamms (rechts). Das Skelett ist ein Netzwerk aus Proteinen, in das steife Verstrebungen eingebettet sind. (Natürliche Badeschwämme sind das Stützsystem von Tieren, die ein Proteinnetzwerk haben, denen aber normalerweise die harten und kratzenden Verstrebungen fehlen.

Noch ein weiteres Problem aus der Welt der rechten Winkel. Damit ein Stuhl oder Tisch stabil auf dem Boden steht, müssen mindestens drei Punkte Bodenkontakt haben, die die Ecken eines Dreiecks bilden, und außerdem muss der Schwerpunkt irgendwo oberhalb dieses Dreiecks liegen. Vier Beine scheinen zunächst besser. Der Ort des Schwerpunkts ist nicht so eingeschränkt, d.h., die Struktur wird durch eine Verlagerung der Last weniger wahrscheinlich umkippen. Ein vierbeiniger Stuhl kippt nicht so leicht wie ein dreibeiniger. Außerdem scheint eine gewisse Redundanz ganz sinnvoll. Das vierte Bein macht allerdings etwas Ärger. Bei drei Beinen ist die Beinlänge nicht so wichtig und die Struktur wird auf nahzu jedem Boden stabil stehen. Darum stellen wir Kameras und Teleskope auf Dreibeine. Soll ein gleichzeitiger Kontakt mit allen vier Beinen bestehen, so müssen der Boden und die Beinlängen entweder exakt aufeinander abgestimmt sein, oder der Boden bzw. die Beine müssen etwas flexibel sein. Unsere gewöhnlichen vierbeinigen Tische haben oft höhenverstellbare Schrauben an ihren Beinen, damit das Wippen auf unebenen Böden minimiert werden kann. Dreibeinige Tische brauchen solche Adjustierungen nicht.

Katzen, Kamele und Krokodile benutzen vier Beine, doch die Analogie mit Tischen ist nicht ganz angebracht. Zum einen sind Beine mit Gelenken auf natürliche Weise in ihrer Länge adjustierbar. Wichtiger jedoch ist, dass ein Vierbeiner mit einem angehobenen Bein ein wunderbar stabiles Dreibein darstellt. Man beobachte nur eine schleichende Katze: ein Bein ist meist in der Luft. (Für Menschen ist das wesentlich schwerer; sie wackeln meist etwas auf einem Bein.) Doch vier Beine sind für ein leichtes Laufen möglicherweise zu wenig, da ohne Stabilitätsverlust immer nur jeweils eines angehoben werden kann. Die meisten Insekten laufen auf sechs Beinen, d.h., sie können ihre Beine ohne Stabilitätsverlsut abwechselnd als Dreibeine benutzen – eins auf einer und zwei auf der anderen Seite. Das sieht nach einer besseren Anordnung aus.[17] Sechs scheint die optimale Anzahl für ein bebeintes, laufendes, Lebensformen nachahmendes Vehikel. Mehr dazu in Kapitel 13.[18]

Doch wir sind etwas von den rechten Winkeln abgekommen, zu denen wir nun zurückkehren. Auf entsprechend flachem Gebiet unterteilen wir Land gerne in rechteckige (manchmal sogar quadratische) Parzellen, z.B. für Grundstücke oder sogar für Staatsgrenzen. Die meisten willkürlich gezogenen Grenzen zwischen Staaten der USA und Provinzen in Kanada verlaufen in Ost-West- oder Nord-Süd-Richtung und treffen sich daher unter rechten Winkeln. Allerdings gibt es auch einige Diagonalen, und die Grenze zwischen Delaware und Pennsylvania ist Teil eines Kreisbogens.

Es ist die Einfachheit, die eine rechteckige Vermessung nahelegt. Doch es ist weder die einzige einfache noch die automatisch beste Methode. Gleichseitige Dreiecke unterteilen eine Fläche lückenlos, und sie lassen sich durch drei gleich lange, straff gezogene Seile leicht abstecken. Da keine Winkel ausgemessen oder unterteilt werden müssen, könnte dies die einfachste Vermessungsmethode überhaupt sein. Ihr Hauptnachteil ist der große Anteil an Parzellengrenzen im Verhältnis zu ihrer Fläche. Gleichseitige Sechsecke unterteilen eine Fläche ebenfalls lückenlos. Als Vereinigung von sechs gleichseitigen Dreiecken lässt sich ein gleichseitiges Sechseck auch leicht abstecken. Was das Verhältnis von Rand zu Fläche betrifft, sind gleichseitige Sechsecke nicht zu überbieten. Und falls unser gesamter kugelförmiger Planet einmal unterteilt werden sollte haben sie noch einen anderen Vorteil. Wenn man noch zwanzig Fünfecke hinzuaddiert, damit das System abschließt, lässt sich die Erde ohne Verzerrungen aufgrund ihrer Krümmung in Sechsecke unterteilen. (Wyoming sieht zwar rechteckig aus, doch seine Nordgrenze ist kürzer als seine Südgrenze.) Eine hexagonale Unterteilung kann man jedoch nicht (wie in manchen amerikanischen Großstädten) in ein einfaches System von Einbahnstraßen aufteilen. Weder Dreiecke noch Sechsecke geben einem Bauern Felder, die in Reihen gleicher Länge bepflanzt werden können. Und weder Dreiecke noch Sechsecke unterstützen die Anordnungen von rechteckigen Strukturen. Natürlich müssen Gebäude nicht unbedingt rechteckig sein. Ein Labor für Verhaltensforschung in meiner Nähe hat einen sechseckigen Raum, der von sechs anderen umgeben ist. Eine Person in der Mitte des zentralen Raums kann fünf andere Räume vollständig einsehen (der sechste bildet den Eingang). Solche durchaus vernünftigen Anlagen sind uns lediglich fremd und nicht so einfach aus Standardkomponenten zusammenzusetzen. Abbildung 4.12 zeigt einen Straßenplan mit vorwiegend sechseckigen Komponenten. Für meine Augen ist er nicht weniger praktisch als die uns vertrauten Anordnungen.

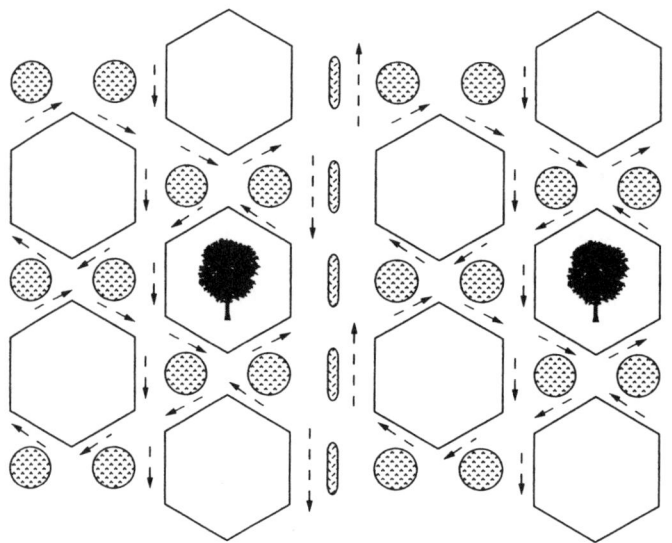

Abbildung 4.12:
Ein Straßenplan,
der wesentlich
auf sechseckigen
Elementen aufbaut.

Unsere Vorliebe für rechteckige Landparzellen ist schon sehr alt. Die Ägypter benutzten zur Landvermessung zwar Dreiecke aus gespannten Seilen, die Seiten ihrer Dreiecke waren aber nicht gleich lang, sondern hatten ein Verhältnis von 3:4:5. Da ein solches Dreieck einen rechten Winkel zwischen den beiden kürzeren Seiten hat, konnten sie ihre Ecken rechtwinklig halten. Die Ägypter waren nicht die Einzigen mit dieser Vorliebe. Das bekannte Theorem des Pythagoras gilt für ein 3:4:5-Dreieck wie auch für jedes andere Dreieck mit einem rechten Winkel: Die Summe der Quadrate der kurzen Seiten ergeben das Quadrat der langen Seite, wie z.B. $3^2 + 4^2 = 5^2$. (Oder $9 + 16 = 25$.) Nur Leute, für die rechte Winkel wichtig sind, kümmern sich um dieses subtile Theorem. Lange vor dem formalen Beweis, den wir der Schule des Pythagoras zuschreiben,[19] war dieses Theorem im alten China, in Indien und im Alten Orient bekannt. (Vermutlich ist es von diesen Kulturen unabhängig entdeckt worden.) Irgendein Witzbold schlug einmal vor, eine kahle Stelle auf der Erde (wie beispielsweise die Sahara) mit einem Muster dieses Theorems zu markieren, dem Muster aus Abbildung 4.13. Jeder, der auf die Erde schaut, würde sofort wissen, dass hier intelligentes Leben wohnt.

Zurück zu den Sechsecken. Schauen wir uns an, wie eine Gruppe von Tieren ihren Lebensraum in einzelne Territorien aufteilen könnte. Unsere Vorliebe für Quadrate und Rechtecke ist für das Pflügen von Feldern und den Bau von Straßen natürlich besonders gut geeignet, doch Tiere machen meist weder das eine noch das andere. Wenn die Länge einer zu verteidigenden Grenze

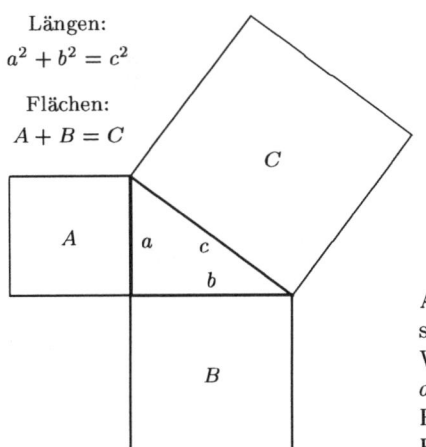

Abbildung 4.13: Eine geometrische Darstellung des pythagoreischen Theorems. Wenn der Winkel zwischen den Seiten a und b neunzig Grad beträgt, ist die Fläche C genau so groß wie die Summe der Flächen A und B.

möglichst klein sein soll, wenn die gesamte Fläche zu dem einen oder anderen Territorium gehören soll, wenn jede der Flächen gleichgut bewohnbar ist, und wenn die Individuen in der Errichtung und Verteidigung ihrer Territorien gleichermaßen effektiv sind, dann müssen die Territorien sechseckig sein. Trotz der einschneidenden Bedingungen schließt sich die natürliche Auslese dieser Logik gelegentlich an. Nahezu sechseckige Revieraufteilungen findet man bei den Schnepfenvögeln in der Tundra, den Seeschwalben auf den Barrier-Inseln vor der Küste Nord Carolinas und den afrikanischen Buntbarschen in einem Brutbecken.[20] Die bekanntesten Fälle sechseckiger Unterteilungen in der Natur sind natürlich die Waben und Larvenzellen von Bienen und Wespen. Wir benutzen diese Anordnung gelegentlich zur Verstärkung von Hohltüren durch innere Unterteilungen oder zur Verstärkung der Böden in Flugzeugen. Gerade das letztere ist keine unwichtige Sache. Ebene Flächen kosten Material und Flugzeugbauer sind fanatisch, wenn es um die Einsparung von Gewicht geht. Und der Druck – Kraft pro Flächeneinheit – eines Pfennigabsatzes auf einen Boden ist erstaunlich groß. Dünne Flurböden, die mit wabenförmigen Aluminiumverstrebungen verstärkt sind, lassen sich wesentlich schwerer durchstechen, als wenn sie durch parallellaufende Balken verstrebt wären.

Ebenso wie Quadrate nicht die günstigste Partitionierung einer Fläche sind, wenn die Kantenlänge möglichst kurz sein soll, sind auch Würfel nicht die beste Unterteilung eines Volumens, wenn die Oberfläche minimal sein soll. Der beste geometrische Körper für solche dichten Packungen ist ziemlich seltsam. Es ist ein Gebilde mit vierzehn Seiten und man erhält es aus einem regulären Oktaeder (einer Figur aus acht Dreiecken) durch Abschneiden der sechs Spitzen. Die Dreiecke der Seitenwände werden somit zu Sechsecken. Die meisten von uns

64 4. Flächen, Winkel und Kanten

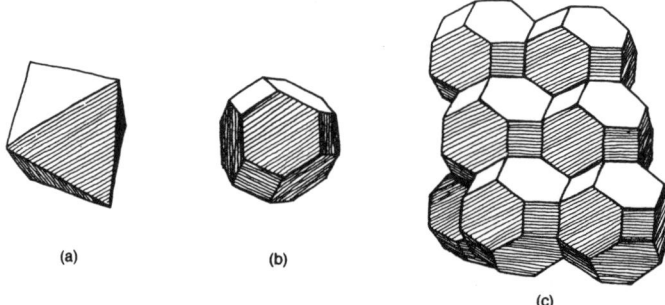

(a) (b)

(c)

Abbildung 4.14: Der sogenannte Oktaeder, ein achtseitiger regulärer Körper (a). Schneidet man seine sechs Spitzen ab, so erhält man eine Figur mit vierzehn Seiten (b), einen Kuboktaeder. Sind die Schnitte gerade so gemacht, dass alle Kanten wieder dieselbe Länge haben, dann (c) lassen sich die Kuboktaeder ohne Zwischenräume zusammenpacken. Sie haben dabei weniger Oberfläche als jede andere Form mit einer dichten Volumenpackung.

können sich das kaum noch vorstellen, sodass Abbildung 4.14 vielleicht helfen wird. Diese Körper haben acht sechseckige Seiten und sechs quadratische Seiten (jawohl, es treten rechte Winkel auf) und lassen sich – welch ein Wunder – ohne Zwischenräume zusammenpacken. Man erhält sie in guter Näherung, indem man einen mit identischen Bleikugeln angefüllten Behälter solange zusammenpresst, bis die Kugeln sich ausreichend verformt und sämtliche Luft verdrängt haben.[21] Wo könnte in der Natur eine solche Form auftreten? Die dünnwandigen Zellen im Zentrum der Stämme vieler krautartiger Pflanzen kommen mit einer durchschnittlichen Anzahl von jeweils vierzehn Seiten dieser idealen Form recht nahe.[22] Mir ist keine besondere Anwendung dieses seltsamen gekappten Oktaeders in der menschlichen Technologie bekannt, obwohl sie wahrscheinlich zufällig auftreten, wenn große Schaumstoffteile aus kleinen Schaumkugeln gepresst werden.

Rechte Winkel eigenen sich auch nicht gut, um Schalen aus Verstrebungen oder flachen Platten zusammenzusetzen. Bei den geodätischen Kuppeln von R. Buckminster Fuller wird das Material weitaus effektiver eingesetzt. Wie in Abbildung 4.15 erkennbar, folgen bei solchen Strukturen die Verstrebungen (oder Verbindungsstücke zwischen Platten) Linien, die wir auf einer Kugel als Großkreise bezeichnen. Sie treffen sie nie unter einem rechten Winkel. Ich habe einmal mehrere geodätische Kuppeln aus Metallrohren gebaut. Sie eigneten sich als Klettergerüste, waren vom Gewicht her leicht, stabil unter Belastungen und brauchten keine Verankerung. Doch als ich versuchte, eine geodätische Kabine zu entwerfen – mehr als nur reine Metallverstrebungen –, entdeckte ich

Ecken und Risse

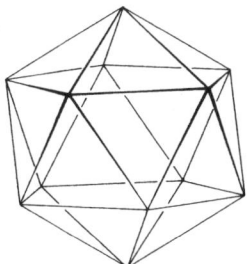 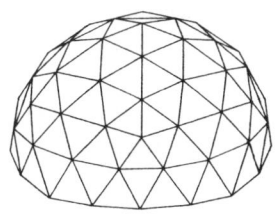 

Abbildung 4.15: Geodätische Kuppeln leiten sich aus sogenannten Ikosaedern ab, Figuren mit zwanzig dreieckigen Seitenflächen und zwölf Punkten, an denen jeweils fünf Kanten zusammenlaufen. Bei der Kuppel in der Mitte ist jede Seite nochmals in neun kleinere Dreiecke unterteilt (man beachte die vom Ikosaeder übriggebliebenen fünfzähligen Kreuzungspunkte). Eine Virusschale von äquivalenter Form (wie der chlorotische Kundebohnenmosaikvirus auf der rechten Seite) besteht aus 180 Proteinmolekülen. Die Spitzen des Ikosaeders sind durch Ringe aus fünf, die Seiten durch Ringe aus sechs Proteinen ersetzt.

ihre unpraktischen Eigenschaften. In einer Kultur aus rechteckigen Bauhölzern und Sperrholzplatten kostet es enorme Arbeit, eine befriedigende geodätische Struktur zu bauen, und das überschüssige Material gleicht seine Effizienz kaum aus.

Auch unter Organismen findet man geodätische Kuppeln. Das liegt vielleicht daran, dass sie unverstrebte, glatte Kuppeln bauen, wenn sie solch reguläre Dinge haben wollen. Vermutlich benötigen sie nur selten hohle, reguläre, abgekappte Kugeln. Eine Geodätensammlung wird gewöhnlich zitiert: die Proteinmäntel kugelförmiger Viren. Identische Proteinmoleküle verbinden sich in solchen Mänteln in genau den Zahlen – 80, 180 und 320 – wie die Anzahl der Seiten bei kugelförmigen geodätischen Strukturen. Ich denke jedoch, dass weder mechanische Härte noch materielle Ökonomie diese Übereinstimmung erklärt. Eher schauen wir hier auf das Ergebnis von Informationsknappheit, die in Kapitel 2 angesprochen wurde. Mit solchen Strukturen kann sich der Virus aus vielen Kopien eines einzelnen Proteins eine Hülle verschaffen. Jedes Molekül dieses Proteins passt in gleichberechtigte Positionen, sodass sich diese Struktur mit minimalem Aufwand selbst zusammensetzen kann.

Ecken und Risse

Wenn zwei Komponenten zusammenkommen, bilden sie meist eine Ecke. Bisher haben wir uns gefragt, warum solche Ecken rechte Winkel einschließen sollen. Nun wollen wir uns den Ecken selber zuwenden. Auch hier zeigen Natur und menschliche Technologie unterschiedliche Präferenzen. Solange nichts dagegen spricht, bauen wir Dinge mit scharfen Ecken. Die Natur baut ihre Dinge mit abgerundeten (geglätteten) Ecken, wiederum sofern nicht eine funktionale Notwendigkeit überwiegt. Die Fragen in diesem Zusammenhang sind einfach. Erstens, was gibt es an scharfen Ecken auszusetzen? Zweitens, wo erweisen sich, zumindest für die Technologie des Menschen, scharfe Ecken als nicht tragbar?

Die Antworten auf beide Fragen finden wir aus der Antowrt zu einer dritten. Wenn eine harte Struktur belastet wird, wo tritt der erste Riss auf? Wir alle kennen die Antwort: Wo die größte lokale Kraft auf die Struktur einwirkt. Wenn Sie eine krumme Stange aus sprödem Material gerade zu biegen versuchen, wird ein Riss fast immer auf der Innenseite der Biegung bzw. Ecke beginnen. Außerdem ist in diesem Fall die nötige Kraft bis zum Bruch wesentlich geringer als bei einer geraden Stange. Der Effekt hängt nicht mit irgendeiner Schwäche zusammen, die beim ursprünglichen Verbiegen der Stange verursacht wurde. Ein Stab, der gebogen aus einem größeren Materialstück herausgeschnitten wurde oder der gebogen zugeschnitten wurde, zeigt das gleiche Verhalten. Die Innenseite einer Biegung ist offensichtlich ein natürlicher Schwachpunkt. Die Schwächung eines Stabs wird dabei weniger durch den Gesamtwinkel der Biegung bestimmt als durch die Schärfe des Winkels an der Innenseite.[23] Nimmt man einer Biegung die Schärfe, glättet sie also, so gewinnt man im Allgemeinen einiges an Festigkeit.

Folgendes einfache Experiment gibt eine Vorstellung von der Wirkung, die das Glätten der Innenseite eines Winkels hat. Aus einer Aluminiumfolie schneide man einen flachen, ungefähr drei Zentimeter breiten Streifen mit einem scharfen Knick von rund sechzig Grad in der Mitte heraus. Der Streifen hat also grob die Form eines Bumerangs. Man lege diesen Streifen flach auf den Tisch und ziehe die Enden auseinander. Er zerreißt in zwei Teile, beginnend an der Innenseite des Winkels. Nun erzeuge man sich einen zweiten Streifen, bei dem der Knick abgerundet ist, beispielsweise durch einen sorgfältig ausgeführten runden Schnitt, und ziehe die Enden wieder auseinander. Sie benötigen wahrscheinlich mehr Kraft, bis dieser zweite Streifen reißt. Mit einer Kunststoffhülle ist dieser Versuch vielleicht sogar noch überzeugender (das hängt von der Art des Kunststoffs ab). Es könnte sein, dass die abgerundete Ecke ein Zerreißen ganz verhindert. Kraftkonzentration – das ist das Problem der scharfen Ecken. Je härter das Material, umso schlimmer wird es. Wir nutzen diesen Effekt beispielsweise, wenn wir Glas schneiden. Durch das Anritzen des Glases erhält man eine Art von Ecke oder doch zumindest eine Stelle, an der die Kraft konzentriert ist und von der sich ein Bruch ausbreitet. Mit einem kleinen Schlitz als Startpunkt können wir auch Stoffe in kontrollierter Form zerreißen, zumindest, wenn der Stoff nicht zu dehnbar ist. Durch das Auseinanderziehen pflanzt sich der Schlitz fort und der Prozess lässt sich leicht weiterführen.

Noch drastischer wird der Effekt bei einer scharfen Ecke, an der zwei Teile eines harten Materials zusammengefügt sind, beispielsweise in den Ecken eines Bilderrahmens. Zu der inneren Bruchanfälligkeit einer Ecke kommen noch all die Schwierigkeiten hinzu, die Halterungen mit Spannungskräften haben, denn das Auseinanderziehen einer Ecke dehnt die inneren Kanten. Doch genau so bauen wir unsere Fenster- und Türrahmen, hölzerne Schachteln, Schubladen, Möbel mit Beinen und so weiter. Die Erfahrung lehrt uns, wo solche Dinge am ehesten brechen – an den Fugen und üblicherweise an der Innenseite. Wir wissen, dass Ecken als Verbindungsstücke nicht geeignet sind, aber sie sind so bequem für die Konstruktion!

Das Abrunden der Ecken hilft, wie Sie vielleicht an der Aluminiumfolie gesehen haben. Doch unsere Technologie macht davon nur Gebrauch, wenn es unbedingt notwendig ist. Ich habe einmal den Innengriff an meiner Autotür abgebrochen. Eine Untersuchung zeigte eine scharfe Innenkante an dem Metallstück in seiner Plastikleiste. Bei dem Ersatzteil war diese Ecke geglättet – irgendjemand war schlau geworden. Schon vor langer Zeit fand man heraus, dass die Zähne in Zahnrädern weniger leicht abbrechen, wenn die Zwischenräume an der Innenseite abgerundet sind. Die Luken von Schiffen sind immer rund. Das hilft, Bruchstellen zu vermeiden, wenn Wellen gegen den Rumpf schlagen. Wir verwenden absichtlich Fenster mit abgerundeten Ecken bei Flugzeugen. Die Fenster eines Flugzeugs sind Löcher in der Hülle der Maschine, und die Hülle ist Teil der mechanischen Struktur, nicht nur eine Abdeckung, die Luft und Leute drinnen und Wind und Wetter draußen hält. Die Klaue eines Tischlerhammers ist leicht abgerundet an der Stelle, wo sie mit dem Rest des Hammerkopfes verbunden ist. Wenn wir zwei Teile an einer Ecke zusammenkommen lassen, dann runden wir die Nahtstelle oft ab oder bringen ein drittes Teil als Querverstrebung an; und so weiter.

Die Strukturen der Natur sind biegsamer und daher weniger bruchanfällig in den Ecken. Außerdem benutzen natürliche Strukturen nur selten getrennte Teile, die an Ecken starr verbunden sind. Meistens finden wir einzelne Materialstücke, die aus einer einzelnen Stelle heraus gewachsen sind. Die Glättung ist in das Grundelement eingebaut und nicht erst nachträglich hinzugefügt. Ich denke, der Schlüssel ist hier der Wachstumsprozess. Was auch immer für Schwierigkeiten damit verbunden sein mögen, Wachstum vereinfacht die Entwicklung abgerundeter Ecken an einzelnen, durchgehenden Strukturelementen. Abbildung 4.16 zeigt zwei Beispiele. Der lange Kamm auf dem Schulterblatt von Säugetieren geht wunderbar abgerundet in den Rest des Knochens über. Ein Baumzweig wächst glatt aus dem Stamm, wobei Holzfasern über den oberen (funktional den inneren) Winkel des Gelenks verlaufen.[24] Eine meiner weniger intelligenten Taten bestand darin, mit einem Vorschlaghammer einen Keil in solch eine Gabelung einer Eiche zu schlagen. Einen Bruchteil einer Sekunde später hatte ich zerbrochene Brillengläser, war um eine Erfahrung zum Thema

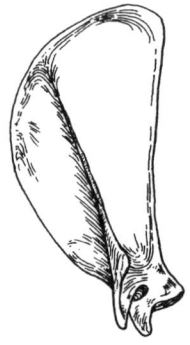 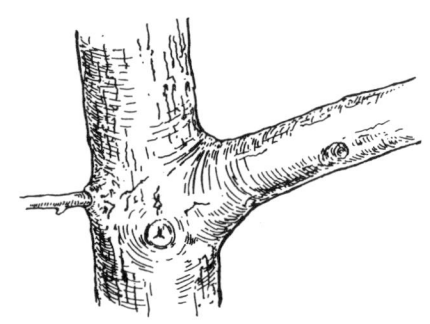

Abbildung 4.16: Geglättete Ecken in der Natur: das Schulterblatt einer Katze und ein Baumast, der von einem anderen Ast abzweigt.

Glätten reicher und hatte eine kleine Narbe über meiner Augenbraue. Wenn die Natur scharfwinklige Verbindungen zwischen verschiedenen Stücken macht, beispielsweise zwischen Unter- und Oberarm, dann sind diese Stücke im Allgemeinen Teil eines beweglichen Mechanismus. Da ist Bruch natürlich kein Thema.

Auch wir fertigen immer mehr Dinge aus einem durchgehenden Materialstück und mit abgerundeten inneren und äußeren Winkeln. Dabei ist es unwahrscheinlich, dass wir vorsätzlich die Natur nachahmen. Wir nutzen lediglich den Vorteil von Kunststoff aus, der zu komplizierteren Formen gegossen oder modelliert werden kann als wir sie aus Metallplatten herausstanzen können. Die Rundungen der Produkte sind nicht nur angenehmer für unser Schienbein und leichter zu säubern, durch die verringerte Kraftkonzentration und die damit verbundene erhöhte Bruchfestigkeit lässt sich mit Gewicht und Material auch ökonomischer umgehen. Schubkarren aus einem Kunststoffstück können weitaus verschnörkeltere Formen haben als Schubkarren aus gepressten Metallpfannen. Duschen aus Glasfasern haben gegenüber Metallwannen und -wänden denselben Vorteil.

Schon auf diesem geometrischen Niveau werden drei Gegensätze im mechanischen Design zwischen der natürlichen und der menschlichen Technologie offensichtlich. Wir bauen flach, die Natur baut gekrümmt; wir lieben rechte Winkel, die Natur hat keine solche Vorliebe; unsere Ecken sind scharf, ihre sind abgerundet. Selbst bei diesen ganz gewöhnlichen Dingen erkennen wir generelle Unterschiede zwischen den beiden Technologien. Wichtiger ist jedoch, dass wir durch viele Beispiele zu neuen Einsichten gelangen, vorausgesetzt, wir vermeiden eine voreilige Beurteilung hinsichtlich der Über- oder Unterlegenheit. Und noch wichtiger ist die Erkenntnis, dass jede Technologie eine getrennte, gut integrierte Einheit bildet, die in einer kohärenten Umgebung operiert.

Kapitel 5

Hartes und Weiches

Die Technologien von Natur und Mensch unterscheiden sich in den verwendeten Materialien ebenso sehr wie in ihren Formen. Wir ziehen harte und spröde Werkstoffe vor, während die Natur sich für Geschmeidigkeit entscheidet. Die Form eines Flugzeugs am Boden unterscheidet sich kaum von seiner Form in der Luft, doch ein Blatt sieht bei Windstille vollkommen anders aus als ein Blatt im Sturm. Der Unterschied führt uns in die Materialkunde, ein interessantes und unmittelbar anwendungsbezogenes Gebiet, das mehr Aufmerksamkeit verdient, als es von uns Nicht-Technikern erhält. Das liegt vielleicht daran, wie uns die physikalische Welt nahegebracht wurde. Im Physikunterricht wird angenommen, dass Massen sich so verhalten, als ob sie in Punkten konzentriert wären, und dass feste Körper absolut starr seien. Diese leichten Abstraktionen – nützliche Fiktionen – erweisen sich für unsere Absichten als unangebracht. Ein elastischer Gegenstand kann unter der Einwirkung von Kräften seine Form und seinen Schwerpunkt verändern, wodurch alles wesentlich komplizierter wird. Noch schlimmer, auf die veränderte Form können andere Kräfte wirken. Solche analytischen Schwierigkeiten sind jedoch unser Problem, nicht das der Natur. Wie wir sehen werden, liegen in der Geschmeidigkeit auch viele Möglichkeiten für geschicktes Design.

Wir benötigen einige spezielle Hilfsmittel, mit denen wir diese kompliziertere Welt beschreiben können. „Fest" wird im folgenden nur bedeuten, dass etwas nicht flüssig oder gasförmig ist, dass es nicht fließt oder strömt. Vergessen Sie absolute Starrheit; kein Körper ist absolut starr. Selbst der formale Test zur Unterscheidung eines Festkörpers von einem Fluid setzt voraus, dass der Festkörper zumindest etwas nachgibt: Wenn man einen festen Gegenstand (ohne ihn zu brechen) mit einer Kraft verformt, dann springt er zurück, wenn die Krafteinwirkung aufhört. Ein Fluid passt seine Form einer ähnlichen Verformung bereitwillig an. Gelee, ein weicher Festkörper, behält seine Gussform, während Kaffee in jede Tasse passt.

Außerdem ist normalerweise nicht die Kraft selber, sondern der *Druck* bzw. die *Spannung* wichtig: Kraft dividiert durch die Fläche, auf die sie wirkt. Selbst eine kleine Kraft kann eine Nadel in ein hartes Material stoßen. Eine Nadel ist spitz, die effektive Fläche ist also winzig, und schon eine kleine Kraft erzeugt den notwendigen großen Druck. Ebenso dringt ein scharfes Messer besser in einen Gegenstand ein als ein stumpfes, wenn beide mit derselben Kraft gedrückt werden. Die schärfere Klinge erzeugt einen höheren Druck auf ein Steak oder grüne Bohnen.

Eigenschaften von Materialien

Ein fester Gegenstand dehnt sich, wenn man an ihm zieht. Ein Stein oder Knochen dehnt sich zwar nicht sichtbar, doch beide dehnen sich sicherlich messbar.[1] Man kann die Messwerte für die Dehnung in ein Diagramm wie auf der linken Seite von Abbildung 5.1 eintragen: Auf der waagerechten Achse steht der Längenzuwachs, auf der senkrechten Achse die Kraft. Allerdings beschreibt der Graph nur einen bestimmten Gegenstand. Sinnvoller ist ein Graph, bei dem Kraft und Dehnung nicht für ein bestimmtes Objekt sondern für eine Materi-

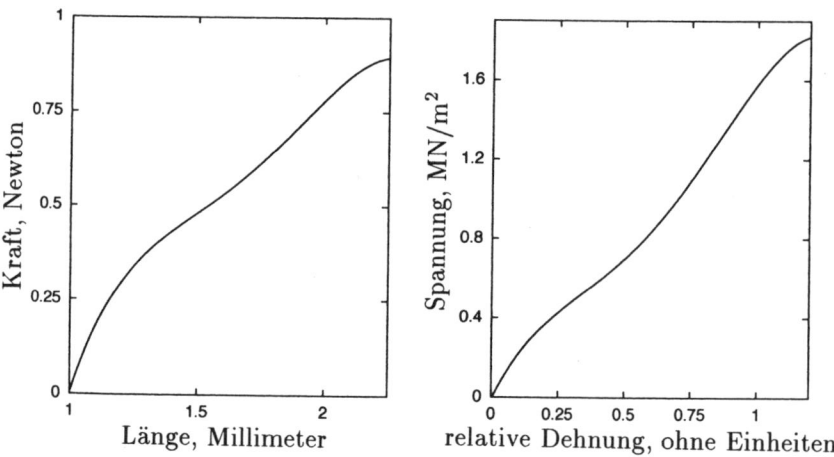

Abbildung 5.1: Ein Graph, bei dem die Kraft gegen die absolute Dehnung aufgetragen ist, und dasselbe umgesetzt in Druck gegen relative Dehnung. Relative Dehnung hat keine Einheit. Sie ist gleich der absoluten Dehnung dividiert durch die ursprüngliche Gesamtlänge oder (multipliziert mit 100) gleich der prozentualen Ausdehnung. Druck wird gewöhnlich in Newton pro Quadratmeter oder (wie hier) Meganewton pro Quadratmeter angegeben. Ein Newton entspricht einer Kraft, die ungefähr gleich dem Gewicht eines Apfels ist.

Eigenschaften von Materialien

alart – Stein oder Knochen, Vermonter Granit oder der Oberschenkelknochen einer Kuh – in Beziehung gesetzt werden. Diese allgemeine Beziehung erhalten wir, indem wir statt der Zugkraft wieder den Druck bzw. die Spannung – Kraft dividiert durch die Querschnittsfläche, an der wir ziehen – verwenden. Die gedehnte Strecke dividieren wir durch die ursprüngliche Länge des Objekts und bezeichnen das Ergebnis als relative Dehnung. Dann tragen wir, wie in Abbildung 5.1 auf der rechten Seite, die Spannung nach oben und die relative Dehnung zur Seite auf. In der Materialkunde sind „Spannung" und „relative Dehnung" alles andere als gleich. Doch lassen wir die widerliche Nomenklatur beiseite. Wir haben jetzt einen Graph, der *nicht nur für unser Objekt* gilt, sondern *für ein Material*. Eine Spannung von einer Millionen Newton pro Quadratmeter (abgekürzt MN/m^2) könnte eine relative Dehnung von 0,1 oder 10 Prozent erzeugen. Das ist der Wert für eine bestimmte Art von Gummi.[2]

Für nichtstarre Körper wird die Welt noch komplizierter. Ein Gummiband und ein Karamellbonbon sind auf unterschiedliche Art weich. In Abbildung 5.2 ist ein typischer Graph für das Verhältnis zwischen Spannung und relativer Dehnung – ein Spannungs-Dehnungsdiagramm – wiedergegeben. Dieser Graph kann für den Leser hilfreich sein, wenn wir nun unseren Weg durch den Wust an wichtigen Materialeigenschaften suchen. Eine dieser Eigenschaften ist, wie *kräftig* ein Material gedehnt werden kann, bevor es bricht, also die maximale Spannung, die es aushalten kann. Diese Größe bezeichnen wir als Bruch- oder Reißfestigkeit, manchmal auch einfach als Festigkeit. Eine zweite Eigenschaft ist, wie *weit* ein Material gedehnt werden kann, bevor es bricht, also seine maximale Dehnbarkeit. In dem Graph sind das die maximale Höhe der gezeichneten Linie und der maximale Wert, bis zu dem sich diese Linie nach rechts erstreckt. Bei vielen Materialien (beispielsweise vielen Metallen)

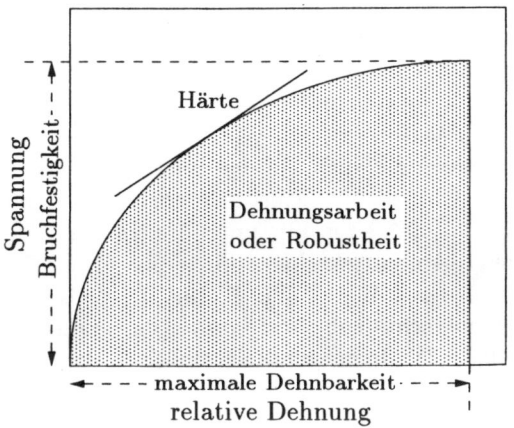

Abbildung 5.2: Vier Materialeigenschaften lassen sich aus dem Spannungs-Dehnungsdiagramm herauslesen: Bruchfestigkeit, maximale Dehnbarkeit, Härte und Dehnungsarbeit.

wird die Sache mit der maximalen Dehnbarkeit allerdings etwas komplizierter. Wenn man diese Materialien nur bis zu einem gewissen Punkt dehnt, springen sie wieder in ihre ursprüngliche Form zurück, dehnt man sie jedoch über diesen Punkt hinaus, ziehen sie sich auseinander und bleiben so. Solche Werkstoffe haben eine elastische Grenze, und das könnte für die konkrete Anwendung die relevante maximale Dehnbarkeit sein. Die elastische Grenze bezieht sich nicht nur auf reine Dehnungen. Eine Stange, die über ihre elastischen Grenze hinaus verbogen wurde, bleibt verbogen.

Zur Bruchfestigkeit und maximalen Dehnbarkeit kommt noch eine dritte Eigenschaft hinzu: die Härte. Man ziehe an etwas und frage sich, wie viel Zugkraft (Spannung) notwendig ist, um eine bestimmte (relative) Dehnung zu erreichen. Das ist die Härte: Spannung dividiert durch relative Dehnung. Wollen wir die Härte unter Zugbelastungen betonen, sprechen wir auch von Zugfestigkeit. Ein Gummiband lässt sich leicht dehnen, es hat also eine geringe Härte bzw. Zugfestigkeit. Für das oben erwähnte Gummi ergibt eine Spannung von 1 MN/m^2 dividiert durch eine relative Dehnung von 0.1 eine Härte von 10 MN/m^2. Stahl ist sehr viel schwerer um denselben Betrag zu dehnen und daher wesentlich härter. Es gibt Stahl, für den eine Spannung von 20.000 MN/m^2 dieselben 10 Prozent Dehnung erzielen. Dieser Stahl hat daher eine Härte von 200.000 MN/m^2. Ingenieure bezeichnen die Härte nach Thomas Young (1773–1829) auch als Youngschen Elastizitätsmodul. Young gehörte zu den Leuten, die damit gekämpft haben, die Newtonsche Mechanik auf wirkliche Materialien anzuwenden. Und zufälligerweise verdanken wir ihm auch unseren Begriff der Energie.[3] Doch „Härte" genügt uns an dieser Stelle, da es sowohl unserer Anschauung als auch unserem üblichen Sprachgebrauch entspricht. In dem Diagramm erscheint die Härte als die Steigung der eingetragenen Linie.

Noch eine zusätzliche Schwierigkeit: Bei vielen Materialien hängt die Härte davon ab, wie kräftig oder wie weit sie gedehnt werden. Ein Material kann nur anfänglich sehr fest sein, oder aber bis zum letzten Moment bevor es bricht. Die Linie im Spannungs-Dehnungsdiagramm ist dann nicht gerade sondern gekrümmt. Die von uns Menschen hauptsächlich verwendeten Werkstoffe, insbesondere Metalle, haben jedoch ziemlich gerade Linien. Daher sind wir es gewohnt, für die Härte eines bestimmten Materials feste Werte anzugeben. Fast alle biologischen Materialien haben jedoch ziemlich kurvige Linien, manchmal nach oben und manchmal zur Seite gebogen. Die Werte für ihre Härte sind daher entweder grobe Mittelwerte, oder sie gelten nur unter bestimmten Bedingungen. Diese zusätzlichen Schwierigkeiten erlauben jedoch eine große Flexibilität in der Anwendbarkeit verschiedener Werkstoffe. So hat beispielsweise das Material unserer Sehnen eine nach rechts gebogene Kurve, die unter sich viel Fläche einschließt (vgl. Abbildung 5.3). Demgegenüber gehört zu dem Material unserer Arterienwände eine nach oben gebogene Kurve mit vergleichsweise weniger Fläche unter sich.

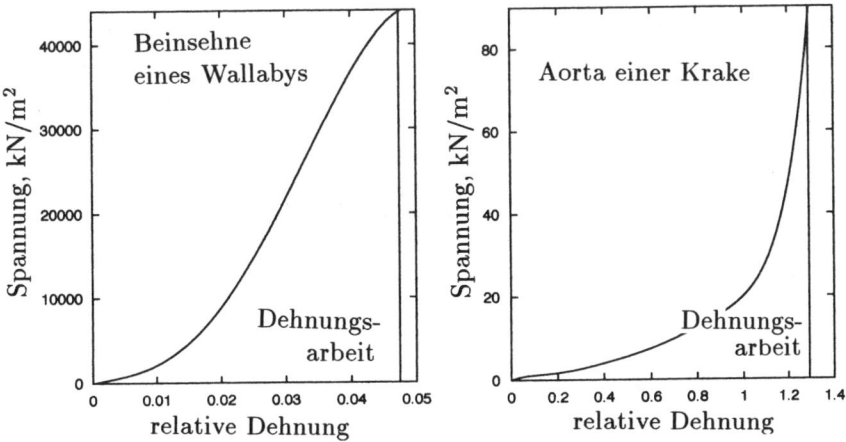

Abbildung 5.3: Spannungs-Dehnungsdiagramme für eine Sehne (Daten aus Alexander, 1988) und für ein großes Blutgefäß (Daten aus Shadwick, 1994).

Die Flächen unter den Kurven entsprechen einer vierten Eigenschaft. Dehnung erfordert Energie, und es kostet mehr Energie, einen dickeren Gegenstand zu dehnen oder einen Gegenstand weiter auszudehnen, das sagt uns die Alltagserfahrung. Wir verwenden die „Dehnungsarbeit" als ein Maß für die zur maximalen Dehnung eines Materials notwendige Energie (genau genommen, Energie pro Volumen). Im Spannungs-Dehnungsdiagramm ist das die Fläche unter der Linie vom Nullpunkt bis zur Bruchgrenze des Materials. Handelte es sich bei diesen Linien immer um Geraden, so wäre das keine besonders interessante Eigenschaft. Doch wie wir schon erwähnten, haben die Werkstoffe der Natur unterschiedliche Kurven, deren Formen vor Funktionalität nur so strotzen. „Dehnungsarbeit" bezeichnet man manchmal auch als Robustheit (engl. toughness),[4] ein recht intuitiver und sinnvoller Ausdruck.

Und schließlich noch eine weitere – fünfte – Eigenschaft, die Gummi besitzt und Karamell nicht: Rückfederung. Angenommen, Sie messen die Dehnungsarbeit, indem sie einen Gegenstand (beispielsweise ein Gummiband oder eine Sprungfeder) bis kurz vor seine Bruchgrenze auseinanderziehen. Dann lassen Sie den Gegenstand wieder los und messen die dabei freiwerdende Arbeit bzw. Energie. In unserer unvollkommenen Welt sind diese beiden nicht gleich. Die beim Dehnen hineingesteckte Energie ist immer größer als die Energie, die man nachher wieder herausbekommt.[5] Die zurückgegebene Energie dividiert durch die hineingesteckte Energie ist die Rückfederung (oder auch elastische Wirkungsgrad) des Materials. Diese Eigenschaft haben wir vor einigen Kapiteln im Zusammenhang mit den Gelenkpolstern bei Insektenflügeln und den Schlossbändern von Kamm-Muscheln schon einmal angesprochen. In dem

Spannungs-Dehnungsdiagramm ergibt sich die Rückfederung aus dem Verhältnis zweier Flächen: eine repräsentiert die Arbeit, die bei der Entspannung des Gegenstandes frei wird, die andere die bei der Dehnung hineingesteckte Arbeit.

Für einen besseren Überblick fassen wir die Ergebnisse in einer Liste zusammen (mit einigen nicht-biologischen Beispielen):

Wichtige Materialeigenschaften	niedrig	hoch
Bruchfestigkeit: Spannung (Kraft pro Fläche) um ein Material zu zerbrechen	Gelee	Stahlkabel
Maximale Dehnbarkeit: relative Dehnbarkeit bis zum Bruch des Materials	Ziegelstein	Gummiband
Härte: Spannung dividiert durch relative Dehnbarkeit beim Strecken des Materials	weiches Plastik	Ziegelstein
Dehnungsarbeit, Robustheit: Notwendige Energie zum Dehnen des Materials bis zum Bruch	Gusseisen	Sprungfeder
Rückfederung: Freigewordene Energie beim Entspannen dividiert durch hineingesteckte Energie beim Dehnen	Karamell	Gummiband

Wann sind welche Eigenschaften wichtig?

Bei fünf verschiedenen Materialeigenschaften[6] kann Über- oder Unterlegenheit nicht mehr auf einer einzigen Skala beurteilt werden. Es wird viel über die wundersamen Eigenschaften biologischer Materialien gesprochen. Vieles davon ist oberflächlicher Unsinn. Schließlich ist bei Werkstoffen die Eignung für bestimmte Anwendungen wichtig. Doch auch hier ist eine gewisse geistige Flexibilität angebracht, da nahezu jede Aufgabe auf vielfältige Art und Weise erledigt werden kann. Einige Beispiele sollten diese Punkte verdeutlichen.

Wir bevorzugen reißfeste Dinge aus vielen Materialien: Stahl und anderen Metallen; Naturfasern wie Jute, Sisal, Manila und Hanf; synthetischen Polymeren wie Nylon, Polyethylen und Polypropylen. Wir stellen sie auch in vielen Formen her: Ketten, Bänder und Stangen, sowie gedrehte und geflochtene Seile und Kabel. Ihre Aufgabe scheint spezifisch genug: ziehenden Kräften (Spannung) zu widerstehen. Es sollte also lediglich darauf hinauslaufen, die Bruch-

bzw. Reißfestigkeit im Verhältnis zum Gewicht oder den Kosten so hoch wie möglich zu machen. Doch die Aufgabe ist leider etwas subtiler und vielschichtiger.

Betrachten wir die Härte. Wenn Sie ein Boot mit einer Leine aus nicht dehnbarem Material festmachen, werden sie Probleme bekommen. Bewegt sich das Boot an seinem Liegeplatz, wird die Leine früher oder später straff werden und versuchen, das Boot zu stoppen. Wieviel Kraft ist dazu notwendig? Fragen wir unsere höchste Autorität, Sir Isaac Newton, so ist die Kraft gleich der großen Masse des Bootes multipliziert mit der Verzögerung des Bootes. Wenn die Leine bei einer ganz bestimmten Länge straff wird, also sehr hart ist, wird das Boot abrupt gestoppt. Die Verzögerung, und daher auch die Kraft, sind dabei sehr groß. Dabei könnte selbst eine schwere Ankerleine zerreißen oder, was noch schlimmer wäre, Teile des Bootes oder Docks könnten abgebrochen werden. Es ist also viel besser, ein elastisches, weniger hartes Tau zu verwenden und dadurch das Boot weniger abrupt und daher auch mit weniger Kraft abzubremsen. Die Gefahr von Schäden ist kleiner und außerdem genügt ein schwächeres Tau. Ein weniger hartes Material braucht auch nur eine geringere Bruchfestigkeit! (Aus demselben Grund ist eine längere Halteleine besser als eine kurze. Die maximale relative Dehnbarkeit ist für eine lange und eine kurze Leine die gleiche, aber die tatsächliche Ausdehnung wird mit der Länge der Leine zunehmen.) Für andere Anwendungen ist Härte jedoch wirklich notwendig. Sowohl Fahrradketten als auch die Keilriemen in einem Auto funktionieren nur aufgrund ihrer hohen Zugfestigkeit, und je weniger sie sich bei ihrer Arbeit dehnen, umso besser. Biegen, ja – dehnen, nein.

Dasselbe Argument git für lebende Systeme. Große grasende Säugetiere haben ein Band, das von einem Wulst hinten am Schädel unter der Nackenhaut zu den knöchernen Auswüchsen der Wirbel im Nacken- und Brustbereich verläuft (Abbildung 5.4). Dieses Band besitzt eine vergleichsweise geringe Härte – es ist dehnbar. Dadurch wird ein schwerer Kopf weniger stark geschüttelt, und das Band reißt sich nicht so schnell los, wenn das Tier umhertrabt. An einem unzerlegten Lammnacken (eine gute Fleischquelle für Spieße) kann man dieses Band herausschneiden und seine Elastizität fühlen. Demgegenüber müssen Sehnen, die einen Muskel mit dem Knochen verbinden, zugfester sein. Ein Muskel arbeitet durch Verkürzung und zieht dadurch im Allgemeinen zwei Knochen enger aneinander. Jede Dehnung der Sehnen bedeutet, dass sich die Knochen entsprechend weniger bewegen. Am Unterschenkelende eines Lammbeins gibt es eine schöne lange Sehne, an der man ziehen kann, um einen Eindruck von ihrer Zugfestigkeit zu erhalten. Ihr Verhalten steht in krassem Gegensatz zu dem des Nackenbandes.

Anfang des neunzehnten Jahrhunderts war die Technologie der Natur der Technologie des Menschen in der Herstellung von elastischen Elementen, d.h. dehnbaren Seilen, weit überlegen. Wir Menschen versuchten mit unseren har-

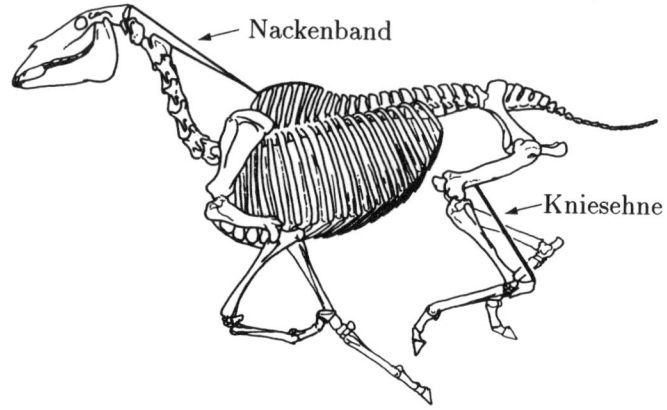

Abbildung 5.4: Ungefähre Lage des Nackenbandes, das den Kopf eines grasenden Tieres, hier ein Pferd, stützt, und die mehr oder weniger mit unserer Achillessehne verwandte Kniesehne an der Rückseite des Hinterbeins, die den großen Muskel an der Hinterseite des Tiers mit den Fersen verbindet.

ten Seilen einige Tricks und erzeugten etwas, das man als virtuelle Elastizität bezeichnen könnte. Beispielsweise kann man eine früher erwähnte Regel ausnutzen, wonach es nicht möglich ist, ein Seil zu einer perfekt waagerechten Linie zu spannen. Versuchen Sie, an einer schweren Kette zu ziehen, die in der Mitte durchhängt. Je weniger sie durchhängt, umso fester müssen Sie ziehen. Die Kette dehnt sich zwar nicht wirklich, doch aufgrund ihres Gewichtes verhalten sich ihre Enden so als ob sie dehnbar wäre. Wenn Sie Ihr Boot mit einer Kette festmachen müssen, dann nehmen Sie eine schwere Kette oder hängen Sie ein Gewicht in die Mitte. Heute fertigen wir natürlich serienweise elastische Stoffe wie Gummi[7] und andere polymere Materialien. Wir haben uns der Natur nicht nur in der Herstellung solcher Werkstoffe genähert, sondern auch in dem, woraus wir sie machen. Selbst unsere voll synthetischen Stoffe sind meist das Produkt einer auf Kohlenstoff basierenden organischen Chemie.

Für die Rückfederung gilt dasselbe wie für die Härte: die Anwendung bestimmt, was am besten ist. Ein gutes Scharnierband für eine schwimmende Kamm-Muschel benötigt eine hohe Rückfederung. Indem sie ihre beiden Schalen zusammenklappt, um Wasser in zwei Strahlen herauszudrücken, kontrahiert die Kamm-Muschel einen großen (und hungrigen) Muskel. Das elastische Zurückspringen des Scharnierbandes öffnet die Schale wieder. Durch seine Verkürzung hat der Muskel nicht nur die Schalenhälften geschlossen, sondern auch das Band gestreckt und ihm dabei die Energie gegeben, die es für das anschließende Öffnen benötigt. Je höher die Rückfederung, umso weniger wurde von dieser Energie verschwendet. Andererseits kann eine hohe Rückfederung

Wann sind welche Eigenschaften wichtig?

auch unerwünscht sein. Damit eine Spinne Insekten fangen kann, die in ihr Netz fliegen, muss die Beute am Spinnfaden kleben bleiben. Ein Netz mit einer hohen Rückfederung würde möglicherweise die Beute wie ein Trampolin wieder zurückwerfen. Am besten ist ein Netz aus Spinnfäden mit einer hohen Reißfestigkeit, maximalen Dehnbarkeit und Robustheit aber mit einer geringen Zugfestigkeit und Rückfederung. Im Vergleich mit anderen Materialien aus beiden Technologien erfüllt die Spinnseide[8] diese besonderen Anforderungen großartig. Doch die Anforderungen sind auch ungewöhnlich, und bemerkenswert ist daher die Übereinstimmung zwischen Material und Anwendung.

Die Handhabung der Rückfederung macht die Unterschiede zwischen den beiden Technologien deutlich. Wir tun uns schwer in der Herstellung von Materialien, die sich mit einer niedrigen Rückfederung weit dehnen lassen und dann in ihre ursprünglichen Länge zurückkehren, also Materialien wie der Spinnseide. Ein solches Material muss den größten Teil der hineingesteckten Energie in Wärme umwandeln, aber es darf nicht zerfließen (wie ein Fluid) oder dabei selbstzerstörerisch heiß werden. Unsere Federn, ob aus Stahl oder Gummi, sind aber eben nur das: gut federnd. Wollen wir eine geringere Rückfederung, so verwenden wir im Allgemeinen neben den Federn noch zusätzliche mechanische Elemente, sogenannte Stoßdämpfer, wie in unseren Autos (Abbildung 5.5) oder als Teil von Türschließern. Diese Geräte haben keine bevorzugte Länge und auch keine Rückfederung. Wie Federn halten sie jede Spannung und jeden Druck aus, doch anders als Federn springen sie nicht zurück. Sie speichern die mechanische Energie nicht, sondern wandeln sie in Wärme um.

Auch in der Natur kann eine geringe Rückfederung von Bedeutung sein. Das Radnetz einer Spinne ist nur ein extremes Beispiel. So wäre es beispielsweise für

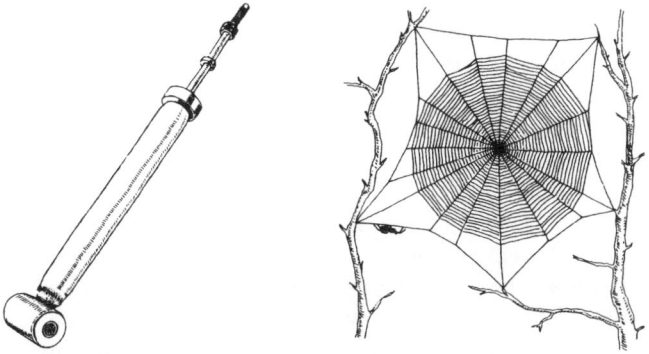

Abbildung 5.5: Der Stoßdämpfer eines Autos besteht aus einem Zylinder, in dem sich ein undichter Kolben befindet. Bei einem Spinnennetz aus Spinnseide ist dasselbe Material sowohl für die Elastizität als auch (durch eine geringe Rückfederung) für die Dämpfung verantwortlich.

einen Baum alles andere als angenehm, im Wind mit zu viel Rückfederung – zu wenig Dämpfung – zu schwingen. Die Schwingungsamplitude würde zunehmen und die Wurzeln würden sich langsam lösen. Aber die Natur verwendet zur Eindämmung der Rückfederung andere Mittel als wir bei unseren Stoßdämpfern. Sie erreicht ihr Ziel meist unmittelbar durch ihre Werkstoffe, z. B. Holz. Werkstoffe mit niedriger Rückfederung überwiegen in der Natur. Eine hohe Rückfederung ist ein Anzeichen dafür, dass es um etwas Besonderes geht, beispielsweise eine reversible Energiespeicherung (wie bei den Scharnierpolstern und Bändern) oder ein beabsichtigtes Schwingen in einer Strömung (wie bei unseren Stimmbändern und den Samenschleudern einiger Pflanzen).

Tier und Mensch gleichen unerwünschte Bewegungen oft mit weitaus aufwendigeren Mechanismen aus als der einfachen Dämpfung: mit Sensoren, Rückkopplungen und kontrahierenden Muskeln. Wenn Sie aufrecht stehen, sind Sie wesentlich stabiler als jede Schaufensterpuppe. Warum? Die tragenden Flächen sind in beiden Fällen gleich schmal und Ihre Sehnen sind hochgradig rückfedernd. Doch wenn Sie Ihren Schwerpunkt zu weit verlagern, nehmen Sensoren in ihren Sehnen und Muskeln diese Veränderung wahr, und Ihr Gehirn gibt einer Unmenge an Muskeln den Befehl, kleine Adjustierungen ihrer Längen vorzunehmen. („Haltungsreflexe" lautet die allgemeine Überschrift in Lehrbüchern der Physiologie und Neurobiologie.) Die menschliche Technologie erreicht nur selten eine solche Differenziertheit. Große Flugzeuge verwenden eine vergleichbare Art der aktiven Steuerung zur Verminderung der Stöße bei einem Flug durch Turbulenzen. An der Rückseite der Flügel kann man kleine Klappen beobachten, die sich während des Fluges leicht (aber irritierend) rauf und runter bewegen. Sie sind computergesteuert und unterliegen nicht der direkten Kontrolle des Piloten; kein Pilot kann so schnell reagieren. Im Gespräch sind auch aktive Autoaufhängungen, die eine Bodenunebenheit wahrnehmen kurz bevor das Auto auf sie trifft und dann das Rad je nach Bedarf aus- oder einfahren.

Kein anderes Material verdeutlicht die komplexe Vielfalt mechanischer Eigenschaften besser als Holz. Für die meisten von uns handelt es sich um einen gewöhnlichen Stoff, ohne große Unterschiede zwischen verschiedenen Arten. Doch zur Beurteilung der Qualität müssen wir untersuchen, wie gut die umfangreiche Palette mechanischer Eigenschaften und die ebenso umfangreiche Palette der Anwendungen zusammenpassen. Zur Identifizierung der Bäume in meiner Umgebung habe ich ein Buch, das bei jeder Art auch die traditionellen Verwendung des Holzes erwähnt.[9] Das mag auf Tradition beruhen, doch Tradition kommt aus Erfahrung; sie ist nicht einfach ein Ritual. Weiße Kiefer eignet sich für Streichhölzer, Rottanne für Kanupaddel und die Klangkörper von Klavieren, Schwarz-Pappel für künstliche Gliedmaßen, schwarze Walnuss für Flugzeugpropeller, weiße Eiche für Whiskeyfässer, amerikanische Buche für Wäscheklammern und Zwirnrollen, Osagedorn für Pfeil und Bogen, Gelb-Pappel für Fasspfropfen, Pockholz für Rollen und Schwarz-Linde für Schubladen. Hinzu kommt noch Bauholz, für das Gelb-Kiefer unter den Weichhölzern und Roteiche unter den Harthölzern bekannt ist. Generationen von Handwerkern haben immer wieder probiert und schließlich diese Anwendungen gefunden. Diese Leute hatten keine Ahnung von den Geheimnissen der Spannungs-Dehnungskurven, aber sie hatten ihr praktisches Verhalten auf die ihnen zur Verfügung stehenden Dinge abgestimmt.

Man kann nicht alles haben

Spinnseide ist dehnbar, reißfest und robust, jedoch nicht besonders zugfest oder rückfedernd. Kollagene Sehnen sind zugfest, robust und rückfedernd, aber nicht sehr gut dehnbar oder reißfest. Die uns hier interessierenden mechanischen Eigenschaften mögen sehr unterschiedlich definiert sein, trotzdem sind sie in den Werkstoffen, die beiden Technologien zur Verfügung stehen, nicht unbedingt unabhängig. Kurz gesagt, die volle Palette aller möglichen Kombinationen von Eigenschaften steht keiner der beiden Technologien zur Verfügung. Anders ausgedrückt, wird für ein Material ein bestimmter Wert für eine bestimmte Eigenschaft gewünscht, so werden die möglichen Werte der anderen Eigenschaften dadurch eingeschränkt. Ein Design, das von den vorteilhaften Charakteristiken eines bestimmten Materials Gebrauch macht, muss auch mit den weniger praktischen Eigenschaften dieses Materials fertig werden. Wenn daher zwei Technologien unterschiedliche Grundwerkstoffe verwenden – beispielsweise Beton und Holz – ergeben sich daraus zwangsweise viele weitere Unterschiede.

Betrachten wir Härte, Festigkeit und Robustheit. Harte Materialien sind gewöhnlich nicht sehr robust, wohingegen feste Materialien (falls sie nicht zu hart sind) meist auch ziemlich robust sind. Ziegelsteine beispielsweise sind hart, doch bekanntermaßen nicht robust. Diese harten Werkstoffe haben das Problem, dass sich Risse nur zu leicht in ihnen ausbreiten. Ein scharfer Schlag mit einem harten Gegenstand zerbricht einen Ziegelstein, insbesondere wenn der Stein an seinen Enden gestützt und der Schlag in der Mitte ausgeführt wird. Mörtel stützt den Ziegelstein entlang seiner gesamten Oberfläche. So verhindert man einen Bruch durch Kraftkonzentrationen, die der Ziegelstein nicht (wie z. B. Holz) verteilen kann, indem er etwas durchhängt. Demgegenüber sind weicher Stahl, Nylon, Spinnseide und frisches Holz feste Materialien. Keines unter ihnen ist besonders hart und alle sind recht robust. Solche Objekte lassen sich nicht leicht in zwei Teile zerbrechen, sondern müssen vollständig durchgeschnitten werden. Man hört nicht von Leuten, die Blöcke aus frisch geschnittenem Holz mit Karateschlägen durchhauen.

James Gordon, ein ehemaliger Marineingenieur, Erforscher von Rissausbreitungen und Liebhaber der Biologie, hat darauf hingewiesen, dass der Mensch für seine Bauten im Allgemeinen die Härte adäquat wählt, die Natur hingegen meist die Festigkeit. Man würde die Urteilsfähigkeit beider Technologien vermutlich überschätzen, wenn man ihre gegensätzlichen Vorlieben für Härte einerseits und Festigkeit andrerseits ihrer Designerphilosophie zuschreibt. Da niemand die Dinge steuert, sind in beiden Fällen die Vorlieben im wesentlichen Zufall und eher eine Frage der leicht zugänglichen Werkstoffe. Der Unterschied ist alles andere als absolut – wir beschreiben hier nur Tendenzen – aber er zeigt eine generelle Divergenz zwischen der menschlichen und natürlichen Technologie.

Ziegelsteine, Zementblöcke, Beton, Stein, Keramik und Glas sind unter unseren harten Werkstoffen die extremsten. Gusseisen und zugfester Stahl haben ebenfalls eine beachtliche Härte, und zugeschnittenes, getrocknetes Bauholz ist wesentlich härter als frisches Holz, wenn auch weniger hart als Stahl oder Keramik. Werturteile lassen sich leicht fällen, doch sie sind meist unfair. Für uns sind es nun mal die harten Materialien, die vielseitig verwendbar, haltbar und außerdem in großen Mengen vorhanden sind. Wenn Ihr Werkzeug ein Hammer ist, bevorzugen Sie Nägel anstelle von Schrauben. Wenn Sie einen guten Mörtel entdecken, erscheinen Ihnen Steine plötzlich attraktiv. Wenn Sie eine gute Säge haben, bauen Sie ihre Hütte lieber aus rechteckigem Bauholz als aus Baumstämmen. Sind viele fäulnisresistente Zypressen oder Rot-Zedern in Ihrer Nähe, entscheiden Sie sich vielleicht für Holzpfähle statt Steinsäulen. Außerdem lassen sich große Strukturen an Land, die ganz der Schwerkraft ausgesetzt sind, leichter aus hartem Material errichten.

Wichtig sind die Konsequenzen, die sich aus unserer Vorliebe für harte Werkstoffe ergeben, also die dadurch bedingten Einschränkungen für unsere Bauten. Erstens sind sie besonders anfällig gegen Unfälle oder ungewöhnliche Belastungen, bei denen Risse entstehen. Damit sind sowohl unvorhersehbare Belastungen durch unseren Gebrauch der Strukturen als auch Belastungen durch extreme aber seltene Umwelteinwirkungen – Wirbelstürme, schwerer Schnee, Erdbeben, etc. – gemeint. Zweitens sind Brüche gefährlicher als Verformungen. Nach einem vollständigen Bruch kann eine Struktur nicht mehr so leicht zurückschwingen oder nachwachsen. Unsere harten Werkstoffe fordern das Schicksal also eher heraus als die flexiblen Materialien der Natur. Doch andrerseits verdanken wir Schicksalsschlägen sowohl eingehende Prüfungen und nützliche Untersuchungen der Ingenieure als auch einige sehr lesbare Artikel.[10]

Gordon hat auch auf eine dritte und weitaus subtilere Konsequenz hingewiesen. Die meisten ausreichend harten Strukturen sind auch genügend fest, doch entsprechend feste Strukturen sind nicht notwendigerweise hart. Mit anderen Worten, man benötigt im Allgemeinen mehr Material um etwas zu bauen, das hart genug ist, als um etwas zu bauen, das fest genug ist. Sollten wir nun zu dem Schluss kommen, unsere Technologie sei verschwenderisch, weil sie so viel Wert auf Härte legt? Wir empfinden Fußböden, die zu sehr nachgeben, als irritierend, selbst wenn die Gefahr eines Bruchs ausgeschlossen ist. Ich habe in meinem Haus vor einigen Jahren eine neue Decke mit dickeren Balken eingezogen. Die alte Decke hatte zwar für viele Jahre selbst bei schweren Parties gute Dienste geleistet, doch sie fühlte sich etwas zu beweglich an. Die fehlende Härte moderner Hochhäuser, Hängebrücken und Flugzeugtragflächen ist für viele von uns beängstigend. Doch jedes Werturteil zwischen Festigkeit und Härte als Kriterium für Design ist unfair, solange wir die praktischen und historischen Optionen und Alternativen außer Acht lassen. Trotzdem sind Erdbeben unzweifelhaft gefährlicher für harte Häuser als für biegsame Bäume.

Die Knochen großer Tiere sind ziemlich hart. Sie stützen die Tiere gegen die Schwerkraft und dienen als Hebel und Halterungen, sodass die Muskeln die Körperbewegungen steuern können. Ebenso wie eine dehnbare Sehne die Aktion eines Muskels vereitelt, kann auch ein biegsamer Beinknochen das Stehen verhindern. Die Natur verwendet also harte Werkstoffe, doch sie beschränkt ihre Anwendung gewöhnlich auf Fälle, wo Härte wichtig ist. Noch härter als Knochen sind die biologischen Keramiken, die im Vergleich zu Knochen aus weniger Protein und mehr anorganischen Substanzen bestehen. Koralle ist ein besonders hartes Material, doch Korallen bilden neue und weiter verbreitete Kolonien nachdem ein Riff im Sturm gebrochen ist. Versagt die Härte, so bedeutet das nicht, dass auch die biologische Fitness versagt. Die Schalen von Meeresweichtieren sind ebenfalls hart. Doch diese Schalen geben einen beneidenswerten Schutz. Sowohl die Molluskelschalen als auch die Korallenskelette bestehen aus Kalziumverbindungen, die vermutlich wenig kosten. Der Ozean enthält sehr viel Kalzium, er ist mit dieser Substanz geradezu übersättigt, und es bedarf nur minimaler Energie, um Kalzium aus Seewasser zu extrahieren. Der Schmelz unserer Zähne ist sogar noch härter als Molluskelschalen, doch weiche Zähne hätten auch keinen Biss. In allen Fällen ist ein bestimmter Grund für die harten Werkstoffe und Strukturen erkennbar.

Wie Ingenieure und Architekten muss auch die Natur bei harten Werkstoffen mit der fehlenden Robustheit umgehen können. Schließlich können Zähne, Knochen und Korallen brechen. Bezeichnenderweise verwenden beide Technologien ihre härtesten und daher bruchanfälligsten Werkstoffe nur in kleinen Mengen. Zahnschmelz bildet nur dünne Schichten oder Oberflächen; Zähne enthalten mehr Dentin als Schmelz. Ganz ähnlich verwenden wir hartmetallbestückte Sägeblätter, wenn wir harte Substanzen schneiden wollen oder die Blätter lange halten sollen. „Bestückt" – wir beschränken das Hartmetall auf kleine Plättchen an den Spitzen der Sägezähne.

Vorteile von Flexibilität

Die Verwendung nichtharter Materialen hat weitaus mehr Vorteile als nur die Vermeidung einiger Risse, und hier gewinnt die Natur spielend. Die folgenden Beispiele aus einer großen Palette an Möglichkeiten sollen zwei allgemeine Punkte hervorheben. Erstens zahlt sich Flexibilität sowohl unter rauen äußeren Bedingungen – Wind, Wellen, Stöße und so weiter – aus als auch im Zusammenhang mit inneren Vorgängen – der Strömung des Blutes und den Belastungen von Muskeln und Sehnen. Zweitens kann Flexibilität mehr, als nur die Robustheit oder Stoßwiderstandsfähigkeit erhöhen. Flexible Strukturen können unter Belastung ihre Form in sehr spezifischer und nützlicher Weise verändern.[11]

Wie könnte eine lange Struktur aussehen, die sehr viel Oberfläche benötigt und starken Wasserströmungen ausgesetzt ist? Etwas hartes, wie ein Schiffsrumpf, braucht viele Verstrebungen. Es kann plötzlich brechen und kommt in große Schwierigkeiten, wenn es gegen eine andere harte Struktur stößt. An wogenüberspülten Felsenküsten lebt eine Art Meeresalge oder Seetang – Salzkraut (wie in Abbildung 5.6) –, das bis zu 50 Meter lang werden kann, so lang wie ein großes Schiff. Die Befestigung des einen Endes an einen Felsen erscheint erstaunlich schwach für eine lange Struktur, die dem Zerren tosender Wellen ausgesetzt ist, und die ganze Pflanze wirkt nicht nur flexibel, sondern überaus zerbrechlich.

Mimi Koehl, die sich mit allen möglichen Arten flexibler Meeresorganismen beschäftigt, hat den Trick des Salzkrauts herausgefunden. Sie ist eine flexible Denkerin und erkannte, was frühere Beobachter nicht gesehen hatten.[12] Wellen erzeugen Strömungen, die ihre Richtung alle paar Sekunden umkehren. Wenn so ein schlabberiges Salzkraut länger wird als die Distanz, die das Wasser zwischen zwei Richtungsänderungen der Strömung zurücklegt, dann nimmt das Zerren durch das Wasser nicht weiter zu. Alles, was über diese Länge hinausgeht, wird von der Strömung einfach mitgenommen. Seine Geschwindigkeit relativ zur Wasserumgebung ist null, d.h., es gibt kein Zerren! Wenn das Wasser pro Sekunde einen Meter fließt und alle vier Sekunden die Strömungsrichtung wechselt, dann ziehen nur die ersten vier Meter des Salzkrauts an der Befestigung. Der Seetang wird so lang, damit nicht so viel an ihm gezerrt wird. Doch

Abbildung 5.6: Eine besonders lange Meeresalge, *Macrocystis*, von der Pazifikküste Nordamerikas.

Vorteile von Flexibilität 83

dieser Trick funktioniert nur, wenn man wirklich flexibel ist: Ein Teil muss sich in eine andere Richtung erstrecken können als ein anderer. Langes Salzkraut ist biegsam wie ein Seil.

Unsere Flaggen und Wimpel haben die lästige Angewohnheit, bei starkem Wind zu zerreißen. Einige Pflanzenökologen nutzen diese Eigenschaft als ein Maß dafür, wie stark ein Gegenstand dem Wind ausgesetzt ist.[13] Flaggen haben bei derselben Fläche und Form einen ungefähr zehnmal so hohen Luftwiderstand wie eine starre Wetterfahne. Flexibilität bedeutet daher nicht einen automatischen Vorteil. Der Trick des Salzkrauts wäre an Land unpraktisch, weil Winde zu schnell sind und ihre Richtung nicht oft genug umkehren. Bei einer Windgeschwindigkeit von siebzig Stundenkilometern (rund zwanzig Metern pro Sekunde) und nur zehn Sekunden zwischen zwei Richtungswechseln müsste ein gestreckter Gegenstand beinahe zweihundert Meter lang sein, um in den Bereich der widerstandsfreien Zone zu kommen. Doch auch die Natur hat flexible Flaggen an langen Pfosten; sie heißen Blätter und müssen bei Sturm nicht eingeholt werden. Ein Baum muss Energie aus Sonnenlicht einfangen, und dazu benötigt er eine große Blattfläche, die leicht zu einem Problem werden könnte. Der größte Teil des Luftwiderstandes eines Baumes rührt von seinen Blättern her, der Stamm trägt nur wenig bei. Diese Kraft, der Luftwiderstand, überträgt sich von den Blättern auf den Stamm und weiter zu den Wurzeln und lässt einen Baum im Sturm umkippen.

Was ist nun der Luftwiderstand eines Blattes? Vor einigen Jahren führte ich Messungen in hochturbulenten Windkanälen bei Geschwindigkeiten durch, denen ein Blatt in einem Sturm ausgesetzt sein kann.[14] Ein Blatt ist flexibel, trotzdem haben Blätter eher den geringeren Widerstand einer starren Wetterfahne als den hohen Widerstand einer Flagge. Ihr Trick besteht darin, aus der Flexibilität geschickten Nutzen zu ziehen. Wenn beispielsweise ein Wind ein einzelnes Ahorn- oder Tulpenbaumblatt vom Baum wegzieht, dann erfasst er die beiden dem Stängel benachbarten Blattlappen, diese Lappen biegen sich nach oben, und das Blatt rollt sich zu einem Zylinder zusammen, wie in Abbildung 5.7. Bei stärkerem Wind wird der Kegel noch enger. Selbst bei sehr turbulentem und unregelmäßigem Wind ist der Kegel stabil und hat einen vergleichsweise geringen Widerstand – ungefähr ein Viertel des Widerstands einer quadratischen Flagge mit derselben Fläche wie das Blatt. Man kann dieses Verhalten mit einfachen Modellen aus Papier oder Plastik nachahmen, doch sie funktionieren nicht so gut. Reine Flexibilität ist eben nicht genug. Die richtige Menge muss auch an den richtigen Stellen sein. Die Lösung des Blattes hat jedoch auch ihre Nachteile. Aufgerollt zeigt ein Blatt dem Himmel weniger Fläche, doch die Aufnahme von Licht ist seine wesentlich Aufgabe. Ein Ahornbaum rollt seine Blätter daher zusammen wie ein Segelschiff seine Segel einholt – zur zeitweisen Verringerung seines Luftwiderstandes.

5. Hartes und Weiches

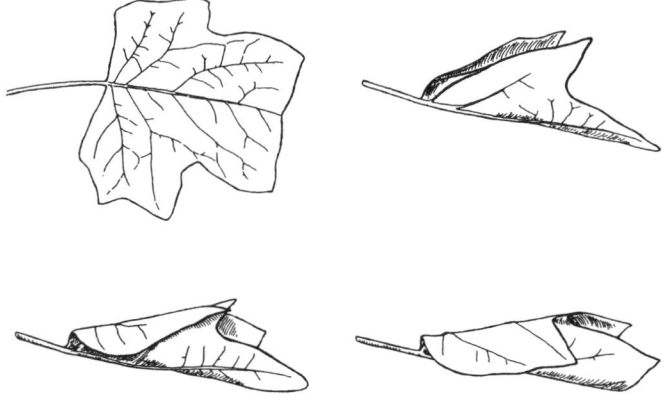

Abbildung 5.7: Das Blatt eines Tulpenbaums bei ruhiger Luft und Winden von 5, 15 und 20 Metern pro Sekunde.

Das Zusammenrollen zu einem Kegel ist nur eine Möglichkeit, mit der Blätter ihren Widerstand bei windigem Wetter verringern können. Gefiederte Blätter, bei denen kleinere Blättchen federartig angeordnet sind, wie beispielsweise die Blätter der Scheinakazie und der schwarzen Walnuss, bilden einen Zylinder, der sich mit zunehmendem Wind fester zusammenzieht (Abbildung 5.8). Neben individuellen Tricks zeigen die Blätter auch Gemeinschaftslösungen. Bei rauem Wetter sind die Nadeln von Kiefern weniger abgespreizt sondern liegen näher zusammen wie die Schwanzhaare eines Pferdes, wodurch wiederum ein geringerer Luftwiderstand erreicht wird. Die steifen Blätter der amerikanischen Stechpalme klappen über dem Stängel zusammen und verpacken sich wie ein mehrschichtiges Sandwich (Abbildung 5.9). Blätter, die sich zu individuellen Kegeln zusammenrollen, können sich bei engem Wuchs auch zu gemeinschaftlichen Kegeln zusammenrollen. Es gibt für Blätter zweifellos noch andere Strategien, doch bisher hat noch niemand einen systematischen Überblick gegeben.

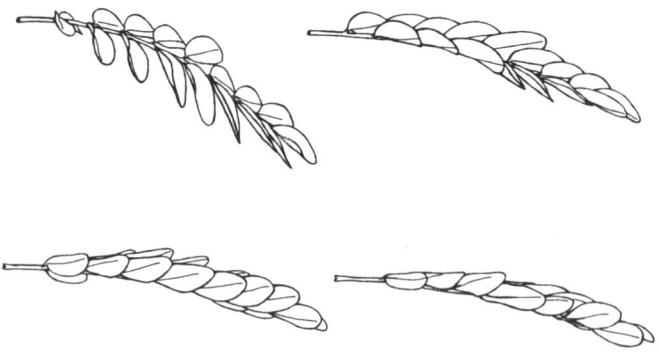

Abbildung 5.8: Das zusammengesetzte Blatt einer Scheinakazie in ruhiger Luft und bei Winden von 5, 15 und 20 Metern pro Sekunde.

Vorteile von Flexibilität

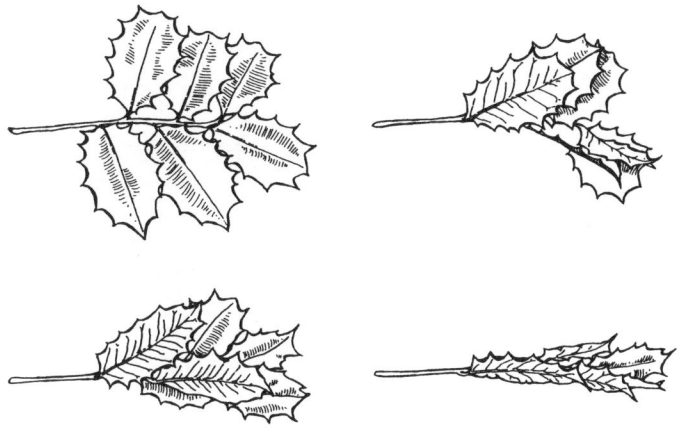

Abbildung 5.9: Blättergruppe an einem Zweig der amerikanischen Stechpalme in ruhiger Luft und bei Wind von 10, 15 und 20 Metern pro Sekunde.

Auch wir haben schon ähnliche Strategien wie die Blätter angewandt. Bei starkem Wind ließen sich die Flügel vieler alter Windmühlen entweder einrollen, wenn sie aus Stoff waren, oder zur Seite drehen, wenn sie starr waren. Doch im Allgemeinen haben wir selten die Probleme eines Baumes, da wir nicht oft eine große Fläche weit oberhalb des Bodens zum Himmel richten müssen. Würden wir um den Vorteil einer kleinen Materialeinsparung Leitungsmaste oder Antennen tolerieren, die sich bei Sturm zur Seite biegen?

Uns interessieren hier die mechanischen Grundlagen für einige dieser Umordnungen. Blätteransammlungen haben gewöhnlich einen geringeren Widerstand als einzelne Blätter. Doch um sich zu einem Haufen zusammenzulegen, ist die Flexibilität der einzelnen Blattstängel ebenso wichtig wie die der Blätter, denn die Stängel müssen sich leicht verdrehen können. Für das Design ist das ein eigenartiges Problem. Um zur Absorption von Sonnenlicht die Blattfläche nach außen halten zu können, darf sich der Blattstängel nicht zu leicht biegen. Er muss also gegen eine Biegebelastung stabil sein, aber nachgiebig gegenüber einer Drehbelastung. Er muss sich leichter drehen als biegen können. „Sich nach dem Wind drehen" ist nicht nur ein Slogan aus den letzten Tagen der Präsidentschaft von Nixon.

Eine Möglichkeit zur Unterstützung von Drehung aber Verhinderung von Biegung beruht auf einem einfachen Trick, der sich leicht vorführen lässt. Versuchen Sie zuerst entweder die innere Papprolle von Alu-Folie, Einpackpapier oder Toilettenpapier oder aber einen Plastikstrohhalm zu biegen und dann zu drehen. Machen Sie dann einen Längsschnitt in ihren Zylinder und versuche Sie das Ganze nochmals. Der Schnitt hat die Rolle zwar geschwächt, doch nicht für beide Belastungen im selben Maße. Gegenüber Drehung wurde der Zylinder schwächer als gegenüber Biegung. Tatsächlich hat jede Längsrille oder

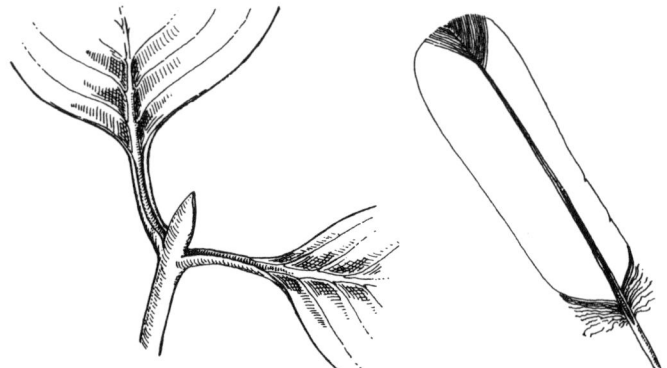

Abbildung 5.10: Längsrillen auf der Oberseite des Blattstängels (Petiolus) eines Hartriegels und auf der Unterseite einer Flügelfeder eines Vogels.

Schwachlinie oder sogar jede Abweichung von einem runden Querschnitt denselben Effekt, wenn auch weniger deutlich. Viele Blattstängel haben Längsrillen an der Oberseite (Abbildung 5.10). Zusammen mit einigen Besonderheiten der inneren Zellen und Fasern erhöhen die Rillen die Drehbarkeit im Vergleich zur Biegsamkeit. Der Effekt ist teilweise um das Fünffache größer als bei Zylindern aus Plastik oder Metall.

Vogelfedern an Flügelspitzen haben ein ähnliches Problem. Auch hier ist für ihre Funktion eine leichte Drehbarkeit wichtig. Die Flügel treiben einen Vogel vorwärts wie die Propeller an einem Flugzeug; allerdings rotieren sie nicht, sondern schlagen auf und ab. Ein Propellerblatt muss um seine Längsachse etwas geneigt sein, um der hindurchströmenden Luft einen guten Stoß geben zu können. Bei entgegengesetzter Rotationsrichtung müsste auch diese Neigung zur anderen Seite sein. Die Federn eines schlagenden Flügels ändern jedoch zweimal pro Schlag ihre Schlagrichtung, und müssen daher auch ihre Verdrehung umkehren. Andererseits dürfen sich die Federn nicht leicht biegen, schließlich halten die Flügel den Vogel und während des Fluges hängt sein gesamter Körper an ihnen. Auch hier muss sich eine Struktur verdrehen können, darf sich aber nicht verbiegen, und wie bei vielen Blattstängeln verläuft eine Längsrille im Federschaft. Melina Hale, heute eine ausgebildete Biologin, doch damals noch eine Studentin, machte mich auf diese Möglichkeiten aufmerksam, die dann auch durch Messungen bestätigt wurden.

Es gibt jedoch einen Unterschied zwischen einer Flügelfeder und einem Blattstängel: Bei der Feder ist die Rille auf der Unterseite, während sie beim Blattstängel an der Oberseite ist. Auch das ist sinnvoll, wie man an der Papprolle bzw. dem Stohhalm erkennen kann. Beim Biegen wird eine Seite gestreckt und die andere zusammengedrückt, und der Schlitz macht dabei weniger Probleme, wenn er auf der Seite ist, die gestreckt wird. Für den Blattstängel ist das die Oberseite, da das Gewicht des Blattes ihn nach unten biegt. Bei einer

Vorteile von Flexibilität 87

Flügelfeder wird die Unterseite gedehnt, da ihr eigener Auftrieb die Feder nach oben biegt.

Eine Längsrille deutet somit auf gute Drehbarkeit hin. Wo und wofür lässt sich dieser Mechanismus außerdem einsetzen? Betrachten wir einen Seestern. Mit seinen Saugnäpfen an den winzigen Füßen unter seinen fünf Armen kann er (sehr langsam) eine Muschel festhalten. Dann zieht er die Arme kräftig zusammen bis die Muschel ermüdet und genügend nachgibt, sodass der Seestern seinen Magen zwischen die Schalenhälften hineinstecken und seine Mahlzeit verdauen kann. Doch ein Seestern hat Arme, die sich allen Muschelformen anpassen müssen. Patricia O'Neill hat Seesterne, Sanddollars (eine bestimmte Seeigelart) und andere Stachelhäuter genauer untersucht. Sie fand heraus, dass ein Seestern mit Hilfe einer Rinne, die an der Unterseite der Arme nach außen läuft, jeden Arm noch drehen und damit seinen Griff verfestigen kann. Das muss er auch, denn lebende Muscheln können ihre Schalen über längere Zeit mit großer Kraft verschließen.[15]

Dieser Blick auf Drehbarkeit und Biegsamkeit zeigte uns wieder Möglichkeiten, die von der menschlichen Technologie nur selten benutzt werden. Drehfreudige Strukturen setzen wir hauptsächlich dort ein, wo keine Kräfte sie verdrehen werden. Ein Straßenschild auf einer runden Stange wird sich weder leicht verbiegen noch verdrehen. Doch auf den billigeren Stangen, die einfach längsweise geknickt sind (Abbildung 5.11), kann es sich sehr leicht drehen. Das vermeiden wir allerdings, indem wir nur gut zentrierte Schilder auf diese Stangen setzen. Ein gewöhnlicher I-Träger (Doppel-T-Träger) verdreht sich ebenfalls leicht, doch wir verstecken diese Flexibilität, indem wir beispielsweise mindestens zwei parallele Träger dieser Art verwenden, sodass jeder den anderen bei der Stange hält.

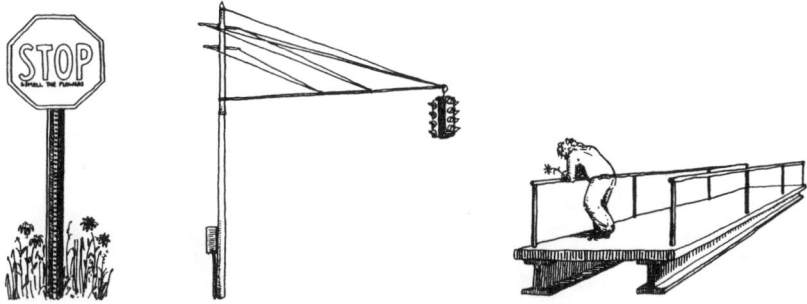

Abbildung 5.11: Die geknickten Stangen, die oft für Straßenschilder verwendet werden, verdrehen sich leicht, doch da wir die Schilder symmetrisch anbringen, erzeugt Wind nur geringe Drehkräfte. Für weniger zentrierte Lasten benutzen wir weniger drehfreudige zylindrische Stangen. Auch I-Träger verdrehen sich leicht, doch wir umgehen diese Schwäche, indem wir sie paarweise oder in Gruppen verwenden.

Ein anderer Aspekt des Problems, wie flexible Strukturen sich verbiegen, scheint für die Natur wichtiger zu sein als für uns, zumindest macht die Natur eine Tugend aus dem, was wir eher als lästig empfinden. Die Art, wie eine Struktur sich verbiegt, hängt nicht nur von der Härte des Materials ab sondern auch von deren Menge und Verteilung. Selbst geringe Unterschiede in der Materialmenge können große Auswirkungen haben. Erinnern wir uns an die etwas dickeren Bücherregale, die weitaus weniger durchhingen. Für einen Zylinder ist der Biegewiderstand proportional zur vierten Potenz seines Radius. Eine Verdopplung des Radius ergibt also eine sechzehnfach größere Festigkeit. Anders ausgedrückt, mit einer geschickt gewählten lokalen Verdünnung erhält man ein einfaches Biegegelenk . Mimi Koehl konnte zeigen, dass eine Strömung die Tentakelscheibe einer großen Seeanemone (siehe Abbildung 5.12) gerade soweit herunterbiegt, dass sie zum Fang winziger essbarer Partikel in der Strömung die günstigste Lage hat. Normalerweise hat eine seitwärts gerichtete Kraft, die an der Spitze angreift, ihre größte Wirkung ganz unten. Eine Anemone mit einer gleichförmigen Steifigkeit und einem konstanten Durchmesser würde sich unten verbiegen. Doch der Stamm der Anemone ist am oberen Ende etwas dünner, und das reicht als geeignetes Biegegelenk für die Tentakelscheibe.[16]

Etwas ähnliches passiert auch, wenn sich die Blüte einer Osterglocke entwickelt, allerdings in diesem Fall nur einmal. Anfänglich zeigt die Knospe nach oben, doch kurz bevor sie sich öffnet biegt sie sich an einem bestimmten Punkt zur Seite. Vermutlich wird für kurze Zeit ein Gelenk erzeugt, wahrscheinlich durch eine vorübergehende Aufweichung und nicht durch Verdünnung; den Rest erledigt die Schwerkraft. Ich habe seltsam anmutende Osterglocken präpariert, indem ich die Stängel mit den Knospen nach unten in Siphons stellte. Die Blüte biegt dann nicht zur Seite, und die wieder aufrecht gestellte Blume schaut eher erwartend zum Himmel als scheu zur Erde.

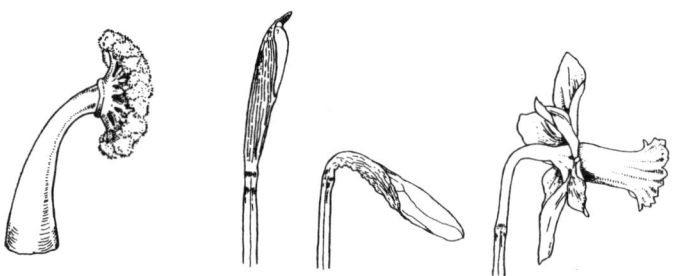

Abbildung 5.12: Sowohl eine große Seeanemone, *Metridium* als auch der Blütenstängel einer Osterglocke biegen an spezifischen, vorbestimmten Stellen.

Auch wir setzen lokalisierte Flexibilität sein. Auf meinem Schreibtisch steht ein kleiner Karteikasten, der aus einem durchgehenden Stück Weichplastik besteht. Als Gelenk dient eine waagerechte dünne Zone zwischen dem eigentlichen Kasten und dem Deckel, und genau dort biegt sich der Deckel nach oben. Seit ungefähr zehn Jahren ist der Kasten nun in Gebrauch, und dafür funktioniert er nicht schlecht.

Aufgeblasene Schläuche

Doch genug von Teilen, die sich drehen und biegen. Gehen wir ins Innere. Eine Kontraktion Ihrer linken Herzkammer erzeugt einen kräftigen Druck, der Blut in Ihre Arterien presst. Anschließend entspannt sich die Herzkammer und füllt sich wieder mit Blut an. Der Blutdruck am Herzen schwankt bei jedem Schlag zwischen ungefähr 0 und 120 Millimeter Quecksilbersäule. Null? Warum messen wir dann mit einer Manschette am Arm nur ungefähr 80 bis 120? Der Grund ist einfach: Unsere Arterien lassen sich ausreichend dehnen, um die Druckschwankungen des Herzens dämpfen zu können. Wenn sich das Herz zusammenzieht, weitet das gepumpte Blut die Arterienwände. Entspannt sich das Herz, ziehen sich auch die Arterienwände wieder zusammen und unterstützen dabei den Kreislauf durch sogenanntes passives Pumpen. Die Synchronisation erfolgt automatisch. Deshalb können wir unseren Herzschlag zählen, indem wir die Änderungen des Arteriendurchmessers an unserem Handgelenk oder Nacken ertasten. Auch die Dämpfung ist eine gute Sache. Wenn das Blut in die kleinen Gefäße eindringt, strömt es wesentlich gleichmäßiger, und für einen ausreichenden Blutfluss reicht ein niedrigerer Maximaldruck. Arteriosklerose – Verhärtung der Arterienwände – bringt Probleme. Ein Anzeichen dafür ist eine größere Spanne zwischen dem an Ihrem Arm gemessenen Minimal- und Maximaldruck.

Viele gewöhnliche Pumpen (beispielsweise die Kolbenpumpen an Fahrrädern) haben eine Pumpkraft wie jedes Herz. Wir könnten den Luftstrom mit arterieartigen elastischen Schläuchen glätten, doch für gewöhnlich gehen wir anders vor. Unsere Pumpen haben oft mehrere Kammern, die bei unterschiedlichen Punkten des Kreisprozesses arbeiten. Jede der Kammern erreicht also ihren Maximaldruck zu einem etwas anderen Zeitpunkt, und der Gesamtdruck sinkt niemals auf null. Für dasselbe Problem benutzen wir also eine andere Lösung. Unsere Lösung erfordert keine Werkstoffe, die, wie im Folgenden erklärt wird, auf eine ganz besondere Art flexibel sind.

Wenn Sie einen zylindrischen Ballon oder ein Gummikondom aufblasen passiert nicht dasselbe, wie wenn Sie ein Gummiband dehnen. Ein Gummiband läßt sich anfänglich leicht dehnen, doch mit zunehmender Länge bedarf es auch mehr Kraft zur Dehnung. Wenn Sie jedoch einen Ballon aufblasen, benötigen

Sie anfänglich mindestens soviel Druck (meist sogar mehr) wie später. Ist der Anfang einmal gemacht, reicht oft ein konstanter Druck für den Rest. Außerdem dehnt sich ein Teil des Zylinderballons bis fast zum Zerplatzen bevor der Rest überhaupt nachgibt. Dieses seltsame (wenn auch vertraute) Verhalten hängt mit etwas zusammen, das im letzten Kapitel aufgetaucht ist: dem Laplace'schen Gesetz. Bei der Ausdehnung wird die Ballonwand flacher. Das Gummi wird zwar weiter gedehnt und dadurch straffer, doch der Druck kann eine flache Wand leichter auseinander ziehen. Obwohl das Gummi immer kräftiger gedehnt werden muss, fällt dem Druck das Dehnen immer leichter. Die beiden gleichen sich nahezu aus. (Tatsächlich hält ein Zylinderballon nur deshalb, weil die Spannungs-Dehnungskurve für Gummi kurz vor dem Zerreißen noch einen zusätzlichen Sprung macht. Wäre die Linie vollkommen gerade, würde ein Teil der Ballonwand tatsächlich zerplatzen bevor der Rest überhaupt gedehnt wird.)

In einer Arterie würde dieses gewöhnliche Dehnverhalten zu einer lokalen Ausbuchtung führen, einem sogenannten Aneurysma, das noch schlimmer ist als Arteriosklerose. Zum Glück dehnen sich normale Arterien anders als Ballons gleichmäßig. Wie schaffen Sie diesen entscheidenden Trick? Für eine solche Gleichmäßigkeit muss eine dehnbare Röhre zu Beginn der Aufschwellung sehr elastisch sein und bei zunehmender Dehnung immer härter werden. Die Dehnung muss leicht beginnen, aber dann unverhältnismäßig schwerer werden. Arterien haben in ihren Wänden Fasern aus Kollagen, demselben schwer dehnbaren Material, aus dem der größte Teil einer Sehne besteht. Doch wenn die Wände nicht gedehnt sind, sind die Fasern abgeknickt, sodass sie mechanisch ohne Bedeutung sind; ein schlaffes Seil liefert keinen Widerstand. Wie in Abbildung 5.13 dargestellt, werden bei der Ausdehnung der Wand immer mehr dieser Fasern so weit gestreckt, dass sie zu einer Dehnsteifigkeit beitragen. Dieses sehr ungewöhnliche Dehnverhalten zeigt sich in der nach oben gekrümmten Spannungs-Dehnungskurve bei Arterienwänden in Abbildung 5.3. Wieder einmal wird deutlich, dass Flexibilität in der Natur eine subtile und

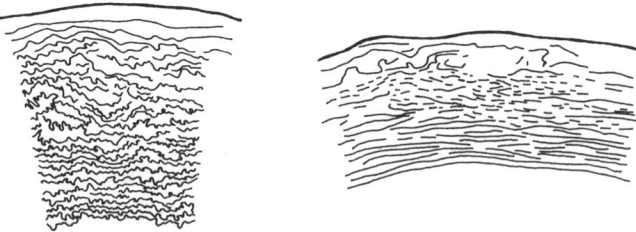

Abbildung 5.13: Ungedehnte und gedehnte Arterienwand. Anfänglich abgeknickte Fasern strecken sich und lassen das Material nach und nach fester werden.

mehrschichtige Angelegenheit ist. Wir (zumindest unsere Arterien) sind wirklich etwas Besonderes.

Trotz dieses raffinierten Designs sind wir nicht einzigartig. Robert Shadwick vom Scripps Institut für Ozeanographie und seine Mitarbeiter haben einige Geschöpfe untersucht, deren Kreislaufsysteme ähnlich wie unsere arbeiten, die jedoch als Tiere mit uns so entfernt verwandt sind wie eben möglich.[17] Sie fanden in den Arterien von Tintenfischen nahezu dieselbe dehnungsabhängige Flexibilität. Allerdings entspricht die arterielle Dehnbarkeit bei diesen Geschöpfen einem niedrigeren Blutdruck, ähnlich wie bei den uns näher verwandten Kröten und Eidechsen. Überraschenderweise erzeugen Tintenfische ihre Flexibilität mit Hilfe eines anderen elastischen Proteins als wir Wirbeltiere. Ihre arterielle Flexibilität muss daher eine wesentlich andere genetische Grundlage haben und somit eine unabhängige Erfindung der Evolution darstellen. Wo auch immer ein pulsierendes Herz Blut durch flexible Gefäße pumpt, müssen diese Gefäße einfach so konstruiert sein, dass keine Aneurysmen auftreten.

Als ob dieser Punkt noch betont werden müsste, hat noch eine dritte Tiergruppe aneurysmenresistente Gefäße entwickelt. Shadwick fand dehnungsabhängig flexible Gefäße in Krabben und Hummern. Sie beruhen auf wieder einer anderen materiellen Grundlage und waren ebenfalls dem geeigneten Blutdruck angepasst. Er erkannte auch, dass diese Anpassung der Flexibilität weitreichende Vorhersagen erlaubt. Aus einer Probe einer Arterienwand kann man ziemlich gut auf den Blutdruck des Tieres schließen. Mit dieser Methode hat man herausgefunden, dass Riesentintenfische (die noch niemals lebend gefangen wurden) einen Blutdruck haben müssen, der ungefähr mit unserem vergleichbar ist.

Eine nach oben gekrümmte Spannungs-Dehnungskurve bedeutet, dass beim Dehnen des Materials nur wenig Energie aufgenommen wird: unter der Kurve ist nur eine kleine Fläche. Das kann ein Sicherheitsmerkmal sein. Ein Ballon, der eine flachere Kurve hat, absorbiert beim Aufblasen eine Menge Energie, und der größte Teil dieser Energie wird beim Zerplatzen des Ballons explosionsartig freigesetzt. Nach oben gekrümmte Kurven sind unter biologischen Materialien wie beispielsweise Haut, einschließlich der gespannten Haut von Fledermausflügeln und Entenfüßen, sehr verbreitet. Das gleiche gilt für Knorpel, wie in unserer Ohrmuschel, und Bänder. Ein Schnitt oder Stich setzt nicht viel Energie frei. Doch Risse (und hier greifen wir dem nächsten Kapitel vor) breiten sich gerade durch die freigesetzte Energie weiter aus. Bei solchen Materialien hat daher eine leichte Verletzung nicht die katastrophalen Folgen, wie ein Nadelstich für einen Ballon.

Doch es gibt nicht nur die nach oben gekrümmten Kurven. Der Graph für Sehnen (wie in Abbildung 5.3) zeigt unter der Kurve eine sehr gefährlich aussehende große Fläche. Doch diese Fläche hängt mit einer anderen Funktion zusammen. Sehnen sind zugfest und dehnen sich nicht sehr weit – die Grenze liegt bei ungefähr 10 Prozent über ihrer ursprünglichen Länge. Sie dürfen das für ihre Aufgabe auch nicht. R. McNeill Alexander, vermutlich der erste Erforscher der Bioelastizität, fand heraus, dass Kängurus aufgrund der Energiespeicherung in den Sehnen, selbst bei diesen kleinen Dehnungen, mit einem geringeren Energieverbrauch springen können. Bei der Landung wird die Sehne gestreckt, und beim Zurückschnellen von Sehne und Tier werden rund 40 Prozent der aufgenommenen Energie wieder freigesetzt. Wenn wir rennen geschieht das Gleiche. Sehr viel Energie, die eine Achillessehne (Fersensehne) zunächst absorbiert, wird beim Abbremsen des Beines am Ende eines Schrittes wieder freigesetzt. Beim nächsten Schritt hilft diese Energie dem Bein wieder zur Beschleunigung.[18] Durch Energiespeicherung wird die Fortbewegung auf Beinen wesentlich effizienter. Beine mit energiespeichernden Sehnen sind zwar nicht so effizient wie Räder, aber doch besser als Beine ohne diese Speicher. Solche Sehnen zeigen uns daher noch eine weitere Möglichkeit, wie wir Flexibilität für praktische Zwecke einsetzen können.

Wenn Sie ein konkretes Beispiel für diese Vergleiche möchten, dann stellen Sie sich ein Katzenohr und ein Türgelenk vor. In der einen Technologie wird die Richtung dadurch verändert, dass Dinge gebogen werden. In der anderen dadurch, dass sie gleiten oder rollen. Doch mein Karteikasten aus Plastik hat ein Gelenk, das sich biegt, und wenn sich meine Gelenke bewegen, gleiten meine Knochen aneinander. Wieder einmal ist der Unterschied zwischen beiden Technologien eher eine Frage des Mehr oder Weniger. Und wieder beruht dieser Unterschied auf Einflüssen wie der historischen und evolutionären Kontinuität, der Verfügbarkeit von Werkstoffen und den Techniken der Verarbeitung, kurz, den Faktoren, die den verschiedenen Möglichkeiten zu Grunde liegen, wie Objekte entwickelt und gebaut werden.

Wenn Sie nach einem Kontext für diese Vergleiche suchen, dann überlegen Sie, ob Sie sich ohne die kontrastierende Welt des natürlichen Designs Gedanken über die Folgen gemacht hätten, was es bedeutet in Strukturen zu leben und Geräte zu benutzen, die aus harten Stoffen gemacht sind. Oder hätten Sie gedacht, wie vielschichtig Flexibilität sein kann? Was uns vertraut ist, beeinflusst unser Denken, und am vertrautesten ist uns meist das, was wir selber machen.

Kapitel 6

Metalle und Verbundstoffe

Die Natur lehrt uns die Vorteile der Flexibilität. Blätter, große Algen und Federn haben uns gezeigt, wie sich Material einsparen lässt, wie man seine Form den Kräften in der Umgebung anpassen kann, und wie man die Kräfte der Umgebung für diese Formveränderungen sogar nutzen kann. Trotzdem meidet die Natur harte Stoffe nicht grundsätzlich. Schalen, Korallen, Zähne, Knochen und Holz sind verhältnismäßig hart. Das Gleiche gilt für die chitinhaltigen Außenskelette von Hummern und großen Käfern. Harte Materialien sind zum Bau großer Strukturen vielleicht nicht notwendig, aber sie sind sicherlich hilfreich. Obwohl beide Technologien harte Werkstoffe einsetzen, unterscheiden sie sich in der Art dieser Werkstoffe. Dieser Unterschied ist sogar überraschend absolut: Hier gibt es kein „im Vergleich zu".

Die nichtmetallische Welt der Organismen

Kein uns bekannter Organismus verwendet Metalle für irgendeinen mechanischen Zweck. Daher gibt es auch keine Organismen, die Metalle in elementarer Form aufbauen können. „Metall" bedeutet hier etwas sehr Spezifisches. Neben den reinen Metallen zählen auch Mischungen aus verschiedenen Metallen, also Legierungen, dazu. Auch wir verwenden nur sehr wenige Metalle, die keine Legierungen sind. Ausgeschlossen von der Definition sind jedoch sowohl organische als auch anorganische Materialien, in denen es chemische Verbindungen zwischen metallischen und nichtmetallischen Atomen gibt. Hier geht es nicht um juristische Spitzfindigkeiten, denn solche metallhaltigen Verbindungen verhalten sich auch mechanisch vollkommen anders als Metalle. Stahl und Bronze sind echte Metalle, da sich bei ihnen die Metallatome unmittelbar aneinander binden, doch Eisenoxid oder Kupfersulfat sind einfach nur metallhaltige Verbindungen.

6. Metalle und Verbundstoffe

Es ist sehr seltsam, dass es in der Natur überhaupt keine metallischen Materialien gibt. Die meisten (vielleicht sogar alle) Organismen enthalten nämlich Metallatome, die in elementarer Form mechanische Aufgaben übernehmen könnten. Diese Atome befinden sich nicht zufällig in den Organismen. Die Lebewesen brauchen sie, und sie haben Enzyme, die große metallhaltige Moleküle synthetisieren können. Das Bekannteste unter ihnen ist natürlich das eisenhaltige Hämoglobin. Andere eisenhaltige Verbindungen helfen den Zellen beim Energietransfer von Verbindungen, die Energie speichern, auf Verbindungen, die beispielsweise für die Biosynthese oder die Muskelarbeit Energie liefern. Hämoglobin ist sowohl im Tier- als auch im Pflanzenreich mehrfach entstanden. Neben diesen eisenhaltigen Verbindungen findet man in Organismen auch kupfer-, zink-, chrom-, zinn- und vermutlich nickelhaltige Verbindungen. Eine Tiergruppe, die Seescheiden oder Manteltiere (Abbildung 6.1 zeigt einen Vertreter), haben Blutzellen, die Vanadium enthalten. Einige weitere Metalle werden in kleinen Mengen von anderen Organismen verwendet.[1] Es handelt sich immer um kleine Mengen, das muss deutlich gesagt werden. Ein in unserem Körper häufig vertretenes Metall ist Magnesium, doch es macht nur den zwanzigsten Teil eines Prozents von unserem Gewicht aus. Als reines Metall ist Magnesium zu reaktionsfreudig um sichere Strukturen zu ergeben. Brennendes Magnesium erzeugte die Blitze bei altmodischen Fotoblitzlichtern. Ein Erwachsener enthält nur rund vier Gramm Eisen (hauptsächlich im Hämoglobin), zehnmal weniger als Magnesium.[2] Trotzdem, unser Körper enthält Metalle, verwendet Metalle und braucht Metalle.

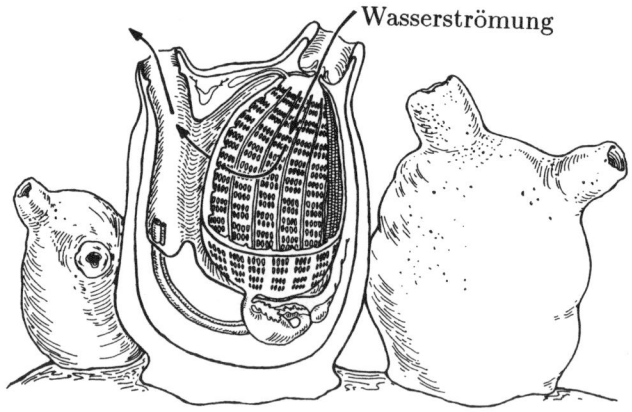

Abbildung 6.1: Einige ausgewachsene Seescheiden, eine von ihnen aufgeschnitten um zu zeigen, wie Wasser durch ihr Filtersystem strömt. Diese Tiere findet man verhältnismäßig oft auf Felsen und an Kaianlagen, meist unterhalb der Wasserlinie bei Ebbe. Sie gehören zum selben Tierstamm, den Chordatieren, wie die Wirbeltiere, also wir.

Die nichtmetallische Welt der Organismen

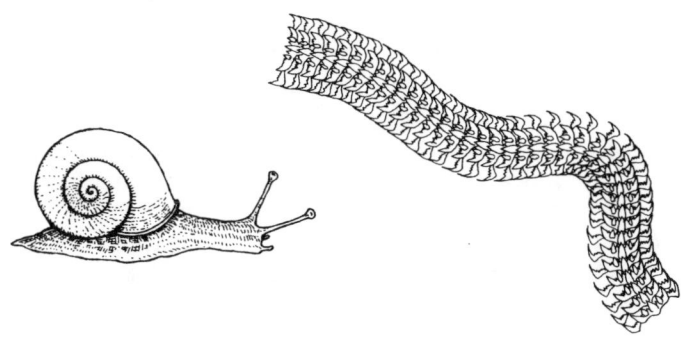

Abbildung 6.2: Eine Schnecke und ihre Radula, ein bezahntes Band, das aus dem Mund der Schnecke kommt. Die Radula bewegt sich rasch vor und zurück und kratzt dabei wie eine Feile.

Einige Organismen besitzen sogar richtige mechanische Geräte aus metallhaltigen Verbindungen. Viele Weichtiere (insbesondere Schnecken) nehmen ihre Nahrung mit Organen auf, die man Radulae nennt (Abbildung 6.2). Eine Radula funktioniert wie eine Kreuzung aus einer Katzenzunge und einer Kettensäge. Die hornige Struktur bewegt sich vor und zurück, wobei sie Nahrung von einer Oberfläche abraspelt und zum Mund führt. Das Raspeln erledigen harte Zähnchen auf der Radula, von denen einige viel Metall enthalten. Doch dieses Metall liegt in Form von Metallsalzen – Eisen- oder Kupfersalzen – vor. Diese sind zwar ausreichend hart, doch dabei handelt es sich eher um Mineralien als um metallische Werkstoffe. Radulae sind in dieser Hinsicht auch nicht einzigartig. Für Tiere, die sich von Blättern oder Holz ernähren – Kühe, Raupen und so weiter –, stellt das Kauen ein besonderes Problem dar. Im Vergleich zu ihrem Volumen enthalten diese Pflanzenteile nur wenig Nahrhaftes, sodass die Tiere große Mengen davon essen müssen. Schlimmer noch, diese Pflanzen versuchen mit erheblichem Aufwand das Abbeißen oder Zerkleinern zu erschweren. Gräser und tropische Hölzer sind voller Sand (Siliziumdioxid), und das wahrscheinlich nur, um den Pflanzenfressern das Leben schwer zu machen. Für Pflanzenfresser ist der Zahnmantel daher ein größeres Problem als für Fleischfresser. Man erinnere sich nur an die Pferdezähne aus Abbildung 2.5. Metallsalze können nichtmetallische Materialen härten. So haben pflanzenfressende Insekten Zink oder Mangan in ihren Unterkiefern, doch wiederum in Form von Salzen und nicht als metallische Werkstoffe.[3]

Vor ungefähr zwanzig Jahren verkündete ein kurzer Artikel das Vorhandensein von „eisenreichen Teilchen" in Bakterien, die sich in magnetischen Feldern orientieren und in bestimmte Richtungen bewegen können.[4] Magnete klingen zunächst nach Metall. Doch der ursprüngliche Artikel stellte keine solche Behauptung auf und gab auch keinen Hinweis auf die Art des Eisens. Es stellte sich als nichtmetallisch heraus, eine Verbindung aus Eisen und Sauerstoff, die aus naheliegenden Gründen Magnetit genannt wird. Nichts Geheimnisvolles oder Radikales – wir benutzen Verbindungen wie Magnetit zur Beschichtung von magnetischen Bändern und Disketten. Magnetit wurde mittlerweile in fast allen Organismen gefunden, wo ein magnetischer Empfindungssinn bekannt ist oder zumindest vermutet wird: im Gehirn von Vögeln, in Honigbienen (eigenartigerweise im Verdauungstrackt), in Lachs, in den Gehirnen einiger Nagetiere und sogar in unseren Gehirnen.[5] Es bleibt jedoch unsicher, ob wir eine Empfindung für magnetische Felder haben.

Warum verwendet die Natur keine Metalle?

Interessanter Weise gibt es also keine reinen Metallteile in Organismen. In gewisser Hinsicht ist dieses Fehlen metallischer Materialien ein Test für eine unserer Hauptthesen: natürliches Design unterliegt starken Einschränkungen. Wer den entgegengesetzten Standpunkt vertritt – die Natur macht nur das Beste und Klügste –, muss einen Grund dafür angeben können, warum Metalle entweder nicht verfügbar sind, ungeeignet sind, oder zumindest nicht besser als natürlich erzeugte nichtmetallische Materialien. Wie gut sind diese Gründe?

Nachschubbeschränkungen. Lebewesen empfinden Metalle vielleicht als selten, weil ihr Vorkommen auf der Erdoberfläche zu punktförmig ist. Immerhin scheint es sich vor langer Zeit auch für die Menschen gelohnt zu haben, Erze oder grob veredelte Metalle trotz ihres Gewichtes und ihrer Masse weite Strecken zu transportieren. In der Antike haben Spanien, die Bretagne und Cornwall Zinn exportiert. Zinn ist der wesentliche Zusatz, um aus weichem Kupfer harte Bronze herzustellen. Organismen bestehen aus weiter verbreiteten Elementen: Kohlenstoff (aus Kohlenstoffdioxid in der Luft mit Hilfe der Photosynthese in Pflanzen), Sauerstoff (in der Atmosphäre, wo es als Nebenprodukt der Photosynthese auftritt[6]), Stickstoff (aus der Atmosphäre mit Hilfe stickstoffbindender Bakterien und einigen anderen Helfern). Kalzium und Phosphor vervollständigen die Liste der Elemente, die mehr als ein Prozent eines Organismus ausmachen. Kalzium findet sich in vielen Gesteinen und in den meisten natürlichen Gewässern. Der Anteil von Phosphor in der Erdkruste beträgt zwar weniger als ein zehntel Prozent und ist in Meerwasser noch geringer, doch es ist überall vorhanden. Soweit scheint die Begründung für die effektive Knappheit von Metallen berechtigt.

Doch die Hauptbestandteile der Organismen entsprechen nur grob der Zusammensetzung der Erdoberfläche. Obwohl keines der genannten Elemente wirklich rar ist, gibt es andere Elemente im Überfluss, die trotzdem nur in sehr geringen Mengen (wenn überhaupt) von Organismen verwendet werden. Am bekanntesten ist Aluminium, ein vorzügliches Baumaterial. Sein Anteil in der Erdkruste ist rund acht Prozent. Eisen, für lange Zeit unser beliebtestes Billigmetall, kommt auf ganze fünf Prozent. Obwohl reiche Erzlager nur sehr vereinzelt vorkommen, sind Aluminium und Eisen in kleineren Mengen zumindest an Land weit verbreitet. Außerdem verstehen sich Organismen sehr gut darauf, Elemente aus verdünnten Quellen anzusammeln. Die Seescheiden entnehmen ihr Vanadium dem Seewasser, wo seine Konzentration nur zwei Teile auf eine Milliarde ausmacht. Bei genauerer Betrachtung ist ihre schlechte Verteilung nur ein schwaches Argument für die effektive Seltenheit der Metalle. Metalle sind weiter verbreitet, als man denkt, und Organismen gewinnen viele Elemente aus spärlichen Quellen.

Trotzdem sollte das Knappheitsargument aus mindestens zwei Gründen nicht so einfach beiseite geschoben werden. Erstens ist es etwas anderes, ob man winzige Metallmengen als Kofaktor für ein Enzym verwendet, oder ob man große Mengen für mechanische Konstruktionen benötigt. Unser Körper benutzt Eisen, doch wir benötigen weitaus weniger Eisen als beispielsweise Kalzium. Kalzium ist ein Hauptbestandteil von Knochen, und es macht zweihundertmal mehr von unserem Gewicht aus als Eisen. Vielleicht können sich Organismen die Gewinnung von größeren Eisenmengen nicht leisten. Zweitens könnte ein Überfluss in der harten Erdkruste ein schlechtes Kriterium sein, wenn die frühesten und biochemisch erfindungsreichsten Phasen der Evolution im Meer stattfanden. Meerwasser enthält nicht nur Kalzium, es ist damit sogar fast übersättigt. Das Meer gibt sein Kalzium daher freiwillig her. Eisen, Kupfer und Aluminium sind im Meerwasser wesentlich seltener vorhanden. Die Konzentration von Kalzium im Meerwasser liegt bei eins zu zweieinhalb Tausend, die für die anderen Metalle teilweise unter eins zu einhundert Millionen.

Chemische Probleme. Möglicherweise schränkt auch die Chemie den Gebrauch von Metallen ein. Organismen mögen vielseitig begabte Chemiker sein, doch nicht alle Reaktionen sind für sie gleich einfach. Mechanisch nützliche Metalle gibt es in der Natur fast nur in Verbindungen, selten in reiner Form. Sie verbinden sich mit Elementen wie Sauerstoff, Chlor, Silizium und Schwefel. Zur Metallgewinnung aus Erzen bedarf es sehr viel Energie; schlimmer noch, es bedarf einer konzentrierten Energie, wie hoher Hitze oder Spannung. Chemisch ausgedrückt müssen Metalle aus den oxidierten Verbindungen, in denen wir sie vorfinden, reduziert werden. Die sogenannte elektrochemische Spannungsreihe verdeutlicht die relativen Schwierigkeiten zur Gewinnung der reinen Metalle. Hier sind die Metalle nach dem Aufwand geordnet, der nötig ist, genügend Elektronen in die oxidierte Form stecken zu können und so den reinen Stoff zu erhalten:

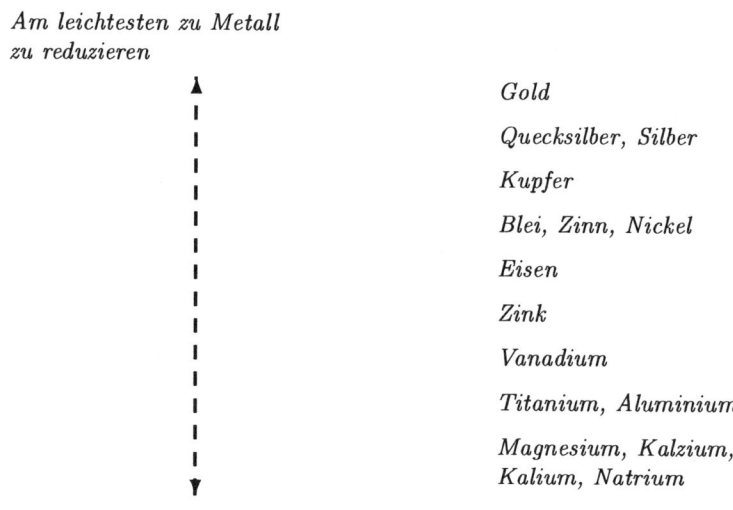

Am einen Ende dieser Skala befindet sich das sehr stabile, chemisch inaktive Gold, das gegenüber Sauerstoff so indifferent ist, dass man es noch nicht einmal regelmäßig polieren muss. Am anderen Ende ist das äußerst reaktionsfreudige Natrium, das sich mit so ziemlich allem verbindet, womit es in Kontakt kommt, und das an der Luft spontan zu brennen beginnt. Die Reaktionsfreudigkeit der chemischen Verbindungen dieser Elemente ist genau umgekehrt. Verbindungen von Quecksilber und Gold sind schwach gebunden und instabil. Die oberen drei Elemente gibt es in der Natur in freier, ungebundener Form. Kupfererze enthalten manchmal metallisches Kupfer, metallisches Blei ist sehr selten. Kupfer und Blei lassen sich jedoch leicht aus ihren Erzen gewinnen. Die Reduktion von Eisenverbindungen in die metallische Form ist schwieriger, die Reduktion von Aluminium sogar noch schwerer.

Schwer zu isolierende Metalle sind auch schwer in isolierter Form zu halten. Das Problem liegt in der spontanen Oxidation, dem Rosten. Silber läuft wenig an; Natrium reagiert sogar mit Wasser heftig. Fast reines Aluminium können wir nur deshalb benutzen, weil es einen weißen Rost bildet, Aluminiumoxid. Dieser bildet eine sehr unempfindliche Schicht, die das tieferliegende Metall schützt. Das Rosten erfolgt zwar schnell, aber es begrenzt sich selber. (Diese Tatsache nutzen wir z.B. bei Eloxieren von Aluminium zum Schutz gegen äußere Einflüsse.) Eisen oxidiert zwar weniger rasch, doch das gewöhnliche Oxid hat die unangenehme Eigenschaft abzublättern und das reine Metall freizulegen.

Die meisten Organismen sind aerob. Sie nutzen die Oxidation kohlenstoffhaltiger Substanzen durch Sauerstoff als Energiequellen. Vielleicht sind metallische Strukturen unter oxidierenden Bedingungen unpraktisch oder zumindest weniger wünschenswert als mögliche Alternativen. Mit anderen Worten, die Vermeidung von Rost bereitet möglicherweise mehr Ärger, als Metalle es wert sind.

Hinweise, dass diese chemischen Einschränkungen – der Aufwand und die Schwierigkeit der Reduktion (Hochöfen etc.) sowie die Verhinderung einer erneuten Oxidation (regelmäßiges Streichen von Stahlschiffen und Brücken) – wichtig sein könnten, sind eher indirekter Natur. Aluminium ist nach Sauerstoff und Silizium das dritthäufigste Element auf der Erdoberfläche. Jeder Lehm enthält Aluminium. Doch so weit ich weiß wird es von keinem Organismus verwertet, nicht einmal als Spurenelement oder biochemischer Kofaktor. Bei versehentlicher Aufnahme sammelt sich Aluminium als Element im Körper an, doch es sind keine pathologischen Wirkungen bekannt. Es ist weitaus weniger giftig als die schwereren Metalle.[7] Die Tatsache, dass Aluminium (und ebenso Titan) nicht genutzt werden, obwohl sie in der elektrochemischen Spannungsreihe sehr weit unten stehen, lässt vermuten, dass das weiter oben stehende Eisen nur mit Schwierigkeiten verwendet werden kann.

Zu hohe Dichte. Vielleicht verwenden Organismen keine Metalle, weil das Leben im Wasser entstanden ist. Von den Elementen, die sich für angemessene Strukturen eignen, hat nur das chemisch problematische Aluminium keine übermäßig hohe Dichte. Es ist nur 2,7 mal so dicht wie Wasser. Der entsprechende Wert für Kupfer ist 8,9, der für Eisen 7,9 und der für Zinn 5,8. Selbst Titan hat noch die 4,5 fache Dichte von Wasser. Schon mit wenigen Bauelementen aus Eisen hätte ein Organismus eine wesentlich größere Dichte als Wasser. Für einen Organismus, der am Boden eines Gewässers aufwächst, wäre die Schwerkraft somit eine ernsthafte Belastung, und an Schwimmen wäre gar nicht erst zu denken. Die Mineralien, aus denen die Natur Knochen, Schalen und Ähnliches baut, sind weniger dicht. Siliziumdioxid hat die 2,2 bis 2,6 fache Dichte von Wasser, bei Kalziumkarbonat ist der Faktor 2,7 bis 2,9 und bei Kalziumphosphat 2,2 bis 3,1. (Unter- und Obergrenzen beziehen sich auf verschiedene kristalline Formen.) Organismen, die keine Luft enthalten, sind meist dichter als Meerwasser, allerdings nur wenig. Selbst eine dickwandige Muschel sinkt langsamer als ein Brocken aus Eisen. Ein kleines Fettdepot oder ein paar winzige Gasblasen können die etwas dichteren Mineralien aufwiegen und ein Absinken des Organismus ganz verhindern. Eine umfangreichere Verwendung von Eisen oder Kupfer benötigte zum Ausgleich auch mehr Aufwand an Raum, Material und Energie.

Dieser Dichteunterschied zwischen Metallen und ihren Mineralien könnte auch für Tiere wichtig sein, die in Sedimenten an Gewässerböden leben. Nach heftigen Wasserbewegungen trennen sich die Teilchen beim Absinken nach ihrer Dichte (und natürlich Größe). Die Dichte von Sand-, Schlamm- oder Lehmteilchen liegt meist um das zwei- bis dreifache über der von Wasser, sodass Tiere aus leichgewichtigen organischen Verbindungen,[8] selbst wenn sie viele Mineralien enthalten, weniger dicht als die umgebenden Sedimente sind. Demgegenüber könnte sich ein Organismus mit größeren Mengen an Metall leicht selbst beerdigen. Dieser Lebensraum ist alles andere als unüblich. Die meisten Organismen sind klein, und eine außerordentlich reiche Fauna winziger Kreaturen lebt in den Räumen zwischen den Körnern von Seeböden, Küstenstränden und Kontinentalplatten. Doch trotz dieser vielsagenden Dichteunterschiede scheint das Gewicht der Metalle kein so schwerwiegender Faktor zu sein, dass er für ihr vollständiges Fehlen verantwortlich sein könnte.

Die Unfähigkeit zu Wachsen. Einmal bin ich dem Argument begegnet, metallische Strukturen könnten nicht so wachsen, wie die nichtmetallischen Teile von Organismen. Dieses Argument überzeugt mich nicht. Die Schalen von Weichtieren oder die Häute von Gliederfüßern wachsen ebenfalls nicht, trotzdem sind beide außerordentlich erfolgreich. Auch das Holz der Bäume wächst nicht, sondern Bäume vergrößern ihren Umfang dadurch, dass sie neues Holz in Form von Jahresringen an der Oberfläche hinzufügen. Kurz, das Argument ist ziemlich wirbeltierbezogen.

Wenn wir uns fragen, warum Tiere keine Metalle verwenden, müssen wir noch eine andere Möglichkeit berücksichtigen: Vielleicht fehlt Metallen ja etwas, und sie gar nicht so toll, wie wir denken. Zur Erkundung dieser Möglichkeit müssen wir sowohl untersuchen, was Metalle auszeichnet, als auch, wie die Technologie des Menschen sie einsetzt.

Vorteile metallischer Bauweise

Menschen haben seit langer Zeit enorme Anstrengungen zur Metallgewinnung unternommen. Die Metallkunde der alten Kulturen im Orient und am Mittelmeer ist wohlbekannt. Auch in Afrika war das Schmelzen von Eisen weit verbreitet. Die Indianer Nordamerikas kämpften erbittert um metallisches Kupfer, sofern sie welches bekommen konnten. Die Eskimos von Kap York im Norden Grönlands schlugen mit viel Mühe kleine Eisenstücke aus einem Meteorlager, um sie als Spitzen für ihre Werkzeuge zu benutzen.[9] Gab es für die menschliche Technologie keine leichter zugängliche Alternative? Anscheinend nicht. Doch was macht Metalle so nüztlich? In erster Linie können sie geformt und bearbeitet werden. Bei minimalem Bruchrisiko lassen sie sich in Formen pressen oder hämmern und zu dünnen Drähten oder Platten walzen. Gute Hämmerbarkeit und Formbarkeit – gute Duktilität – bedeutet auch einen hohen Grad

Vorteile metallischer Bauweise

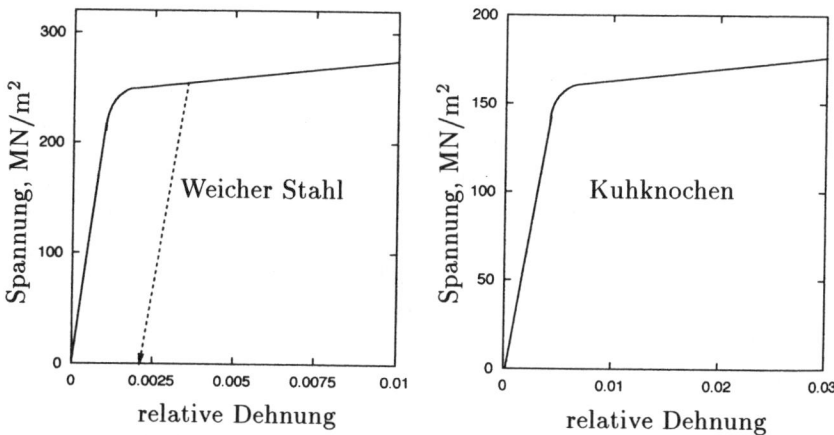

Abbildung 6.3: Spannungs-Dehnungskurven für weichen Stahl und Kuhknochen (Daten aus Currey, 1984).

an Robustheit, d.h., nach der Definition im letzten Kapitel ist viel Energie erforderlich bis sie brechen.

Die besonderen Eigenschaften von Metallen erkennt man am besten, wenn man eine Probe streckt und das Ergebnis in das Spannungs-Dehnungsdiagramm aufträgt. Abbildung 6.3 zeigt eine Kurve für Stahl: für die untere Kante eines I-Trägers, der nach unten gebogen wird oder die Außenseite einer runden Säule, die seitwärts gebogen wird. Zu Beginn trifft die Spannung auf eine hohe Rückfederung. Wird das Gewicht vom Träger oder der Druck von der Säule genommen, werden sie sofort ihre alte Form wieder einnehmen. In diesem Bereich verläuft die Kurve als gerade, ansteigende Linie. Verdoppelt sich die Spannung so verdoppelt sich auch die Dehnung. Dadurch kann ein Stück Metall zu einer guten Feder für eine Waage werden. Die Markierungen auf der Anzeigeskala einer solchen Waage haben gleiche Abstände, und wenn die Waage nicht beansprucht wird, ist die Anzeige bei null.[10] Die meisten biologischen Materialien wie Sehnen haben in entsprechenden Diagrammen gekrümmte Kurven. Doch wie wir gesehen haben, können Organismen diese Krümmungen gut einsetzen. Die gerade Linie der Metalle bedeutet nicht unbedingt eine Überlegenheit, es sei denn für die Markierungen einfacher Federwaagen. Wichtig ist nur die hohe Rückfederung.

Jenseits dieser anfänglich aufsteigenden Geraden ändern sich die Dinge und man überschreitet die sogenannte Elastizitätsgrenze. Typischerweise wird die Kurve bei einer weiteren Dehnung des Metalls plötzlich flach (oder nahezu flach). Es beginnt der plastische Bereich. Ohne große zusätzliche Belastung kann das Metall nun viel weiter gestreckt werden, was gerade die Duktilität ausmacht. Dieser waagerechte Teil der Kurve impliziert viele funktionell wichtige Eigenschaften.

Verwenden wir ein Metall in seinem rückfedernden, elastischen Bereich, dann können wir es wiederholt belasten, ohne dass es seine Form ändert. Das Metallstück toleriert häufigen Gebrauch. Wird es jedoch überladen, verformt es sich plastisch. Dadurch wird es für die weitere Verwendung vielleicht unbrauchbar, doch das Metall ist noch nicht gebrochen, und mit einem guten Design kann eine Katastrophe eventuell vermieden werden. Die Struktur trägt ihre Ladung nur in einer etwas anderen Lage. Ein Fahrradrahmen ist nach einem kleinen Unfall vielleicht verbogen, doch deswegen fällt man nicht gleich herunter und kann möglicherweise sogar noch nach Hause fahren. Die Boden- und Seitenwände meines alten Lieferwagens sind ziemlich verbeult, doch nur der Rost macht mir wirklich Sorgen. Wir hatten gesehen, dass die Fläche unter der Kurve der beim Dehnen absorbierten Energie entspricht. Wurde ein Metall versehentlich über seine Elastizitätsgrenze hinaus verbogen, so bedeutet diese Fläche auch Sicherheit. Das Metall saugt in diesem Bereich die zum Dehnen notwendige Energie auf, die andernfalls zu einem Problem werden könnte. Ein weit gedehntes, rückfederndes Material wie Gummi springt gefährlich zurück, wenn es plötzlich ohne Belastung ist. Doch in ihrem plastischen Bereich sind Metalle überhaupt nicht mehr rückfedernd. Die Deformationsarbeit wird friedlich in Wärme umgewandelt, statt als elastische Energie gespeichert zu werden. Wird Gummi wiederholt gedehnt oder verbogen, erwärmt es sich kaum wahrnehmbar (Reifen sind nach einer schnellen Fahrt etwas wärmer). Biegt man jedoch Metall wiederholt jenseits seiner Elastizitätsgrenze, so erwärmt es sich deutlich.

Man kann sich dem Problem des Brechens von einer anderen Seite nähern, wenn man die Ausbreitung von Rissen untersucht. Die Ursache der Rissausbreitung ist eine Kraftkonzentration an der Spitze. Beim Zerreißen wird Energie freigesetzt, wodurch sich der Riss weiter ausbreitet. Kraftkonzentration bedeutet, dass die Spannung an der Spitze eines Risses sehr viel größer ist als nur die auf den Gegenstand einwirkende Kraft dividiert durch die gesamte Querschnittsfläche. In ihrem plastischen Bereich reagieren Metalle auf eine erhöhte lokale Spannung mit Dehnung, nicht mit einem Riss. Dehnung verteilt die Kraft über eine größere Fläche und reduziert so die Spannung – oder zumindest führt ein Kraftzuwachs nicht zu einem entsprechenden Spannungszuwachs. Demgegenüber wird bei einem Riss der Ort hoher Spannung nur von einer Stelle zu einer anderen verschoben. Das kann die Spannung noch weiter erhöhen, da weniger intaktes Material verbleibt um der Belastung standzuhalten. Berücksichtigt man die Härte von Metallen, so sind sie ziemlich sicher. Anders ausgedrückt, Verformung ist besser als Bruch. Eine verbeulte Tasse hält das Wasser besser als eine zerbrochene.

Bei der Herstellung von Metallgegenständen nutzen wir ihre Verformbarkeit und die besondere Spannungs-Dehnungskurve ausgiebig. Drückt oder zieht man ein Metallstück genügend heftig, so zwingt man es in seinen plastischen Bereich und es verbiegt sich nach Wunsch. Ohne Belastung behält Metall seine neue Form, doch es hat jetzt einen neuen elastischen Bereich. Es folgt nun der gestrichelten Linie in Abbildung 6.3. Nach kleinen Verformungen springt das Metall wieder elastisch in diese neue Form zurück und kann für lange Zeit zuverlässige Dienste leisten. Weder die Härte noch die Festigkeit des Materials haben durch diese Behandlung sehr gelitten. Genau so wird fast jede gebogene Verkleidung an fast jedem Auto hergestellt. Mit Hilfe riesiger Pressen und Hämmer fertigen wir alle möglichen Alltagsgegenstände, beispielsweise Nägel mit Köpfen. Bei großen Gegenständen arbeiten wir mit heißem Metall, dessen plastischer Bereich größer ist. Diesen Prozess bezeichnet man als Schmieden. Auch für die Herstellung von Drähten oder hohlen Rohren nutzen wir die Verformbarkeit von Metallen.

Die Spannungs-Dehnungskurve eines Knochens, um ein wohluntersuchtes biologisches Material zu nehmen, sieht oberflächlich der Kurve von weichem Stahl sehr ähnlich. Sie hat zu Beginn einen ansteigenden elastischen Bereich und verhält sich bei größerer Ausdehnung plastisch (ebenfalls Abbildung 6.3). Belastungen liegen meist im elastischen Bereich und der plastische Anteil stellt eine gewisse Sicherheit dar. John Currey, der die Belastbarkeit verschiedener Knochenarten sehr genau untersucht hat, weist jedoch darauf hin,[11] dass sich die Vorgänge in einem Knochen wesentlich von denen in Metall unterscheiden. Knochen ist nicht verformbar sondern viskoelastisch, d.h., er wird in seinem plastischen Bereich zäh – er fließt. Schlimmer ist jedoch, dass er in alle Richtungen winzige Brüche bekommt und dadurch aufweicht. Ein so belasteter Knochen muss neu aufgebaut werden, selbst wenn er nicht richtig gebrochen ist. Ein solcher Wiederaufbau ist jedoch nur möglich, weil Knochen ein lebendes, wachsendes Material ist. Für uns ist ein Knochen ebenso gut wie gewöhnliches Metall, vielleicht sogar noch etwas besser, wenn man das für eine gleiche Belastbarkeit notwendige Gewicht vergleicht. Doch das gilt nur wegen der ständigen Reparatur des Knochens auf mikroskopischer Ebene.[12] Ohne diese Wiederaufbaufähigkeit würde Knochen sehr viel an Wert verlieren. Knochen als Material war für den Menschen schon immer zugänglich, doch er hat es nur genutzt – wie beispielsweise die Eskimos –, wenn andere Werkstoffe wie Holz, Stein oder Metalle nicht verfügbar waren.

Bevor wir die großartigen Eigenschaften von Metallen zu sehr loben, sollten wir jedoch einiges bedenken. Bei Metallen sind die Unterschiede noch größer als bei Hölzern, und kein Metall erweist sich gleichzeitig in allen Eigenschaften als perfekt. Unsere kulturelle Voreingenommenheit, die sich sowohl aus der persönlichen Erfahrung als auch der Form unseres Geschichtsunterrichts herleitet, mögen der Metallverarbeitung den uneingeschränkten Verdienst daran geben, dass unsere technologische Komplexität überhaupt erst möglich wurde. Der Gebrauch von Metallen über reinen Schmuck hinaus war ein Höhepunkt der Zivilisationen im Mittelmeerraum und im Alten Orient. Doch wir dürfen nicht vergessen, dass es an anderen Orten, insbesondere in Amerika, ebenfalls weit entwickelte nichtmetallische Kulturen gegeben hat. Darüberhinaus waren die frühen Metalle nicht besonders gut. Kupfer ist weich; es wird zwar härter, wenn man es hämmert, aber auch brüchiger. Bronze ist besser, doch seine Kanten sind immer noch stumpfer als beispielsweise eine Klinge aus Obsidiangestein. Mich hat einmal ein Anthropologe sehr beeindruckt, der mit einem selbst hergestellten Obsidianmesser aß. Er erzählte mir (und ich zweifle nicht daran), dass er sich mit einem solchen Messer sogar rasieren kann. Bronze bricht allerdings nicht so leicht bei unsachgemäßer Behandlung. Dieser letzte Punkt könnte vielleicht sogar der Schlüssel für die anfängliche Attraktivität von Metallen gewesen sein. Steinäxte sind zwar hart und Bruchstücke aus Feuersteinen scharf, doch beide sind spröde und daher leicht zerbrechlich. Beide erfordern für ihren Gebrauch sowohl Fertigkeit als auch Vorsicht.[13]

Metalle lassen sich stanzen, dehnen, schmieden, gießen, schleifen, in Scheiben schneiden und sägen. Doch lebende Systeme brauchen das alles nicht. Sie machen ihre Werkzeuge durch inneres Wachstum und Verlagerung an die Oberfläche. Unsere breite Palette an Verarbeitungstechniken ist für die Natur vielleicht gar nicht so reizvoll. Wiederum sehen wir vor uns zwei verschiedene, aber jeweils für sich gut integrierte Technologien. Ein beeindruckender Aspekt der einen ist möglicherweise für die andere kaum relevant.

Wie nichtmetallische Werkstoffe Risse vermeiden können

Organismen scheinen Metalle zu meiden, doch die Technologie des Menschen verwendet sowohl metallische als auch nichtmetallische Werkstoffe. Den größten Teil unserer Geschichte und Vorgeschichte verbrachten wir beinahe ebenso nichtmetallisch wie Organismen. Der Einsatz von Metallen in wirklich großem Stil ist weniger als zweihundert Jahre alt. James Gordon[14] betont, dass sogar der Hauptzylinder in Fultons Dampfboot aus dem Jahre 1807 aus Holz war (nicht allerdings der Kessel), und für ihn war der Preisverfall von Stahl um fast das Zehnfache eines der wichtigsten Ereignisse während der langen Regierungszeit von Königin Victoria. Die Hauptmaterialien der menschlichen Technologie waren Stein (gesucht, gemeißelt, gebrochen oder poliert), Keramiken (einschließlich Ziegel, Ton und Glas), Holz (von zusammengebundenen Bambusstangen bis hin zu abgelagertem Bauholz und verklebtem Sperrholz) und eine breite Auswahl an Naturfasern, hauptsächlich Keratin aus Tierhaaren und Zellulose aus Pflanzen. Während des vergangenen Jahrhunderts sind noch einige Dinge hinzugekommen: Gummi (ausgehend von Goodyears Vulkanisationsprozess), Kunststoff (von Bakelit zu immer vielfältigeren Polymeren), künstliche Fasern wie Nylon oder Polyester und komplexere Materialien wie Spanplatten und Glasfasern. Unser Gebrauch von Metallen hat im Verhältnis zu anderen Werkstoffen vermutlich seinen Höhepunkt überschritten. Während der rund fünfzig Jahre, die ich solche Dinge nun beobachte, wurde ein metallischer Gegenstand nach dem anderen durch einen entsprechenden Gegenstand aus Kunststoff ersetzt: Karteikästen, Schubkarren und sogar die Seitenverkleidung unseres neuen Wagens.

In dieser Hinsicht bewegt sich unsere Technologie auf die Natur zu. Doch ich meine damit nicht zurück zur Natur. Die Natur ist für uns kein wirkliches Modell, oft sogar das Gegenteil. Wie ich in Kapitel 12 erläutern werde, haben wir das Spinnen nicht von den Spinnen gelernt. Außerdem unterziehen wir natürlich synthetisierte Materialien vor ihrer Verwendung einer immer aufwendigeren Verarbeitung. Zum Beispiel fertigen wir Papier oder Kunstseide aus Holzzellulose, doch beide haben keine Ähnlichkeit mehr mit dem ursprünglichen Naturprodukt.

Interessanter ist, wie wir die Lösungen der Natur übernehmen, wenn es um einen Kompromiss zwischen Bruchfestigkeit und Härte bei Nichtmetallen geht. Wie schon erwähnt haben Metalle für beide Eigenschaften ganz beachtliche Werte. (Trotzdem bedeutet eine Verbesserung der einen Eigenschaft meist eine Verschlechterung der anderen. Hochfester Stahl dehnt sich weniger als weicher Stahl, aber er bricht auch leichter.) Nichtmetallische Systeme sind schlechter, zumindest wenn sie aus gewöhnlichen, einkomponentigen Materialien bestehen. Glas ist wunderbar hart, aber es bricht so leicht, dass es heute kaum als neues Material akzeptiert würde. Plexiglas[15] ist weniger hart, trotzdem bricht es ebenfalls ohne große Belastung. Die weichen Kunststoffe, wie das Polyvinylchlorid (PVC) von Rohren, sind ziemlich robust und „weich" ist eher eine nette Umschreibung für „weniger hart".

Etwas ist allerdings seltsam. Unsere harten, nichtmetallischen, einkomponentigen Materialien wie Glas oder Plexiglas, Ziegelsteine oder Keramikplatten sind weitaus spröder als Holz, Horn oder Knochen. Selbst spröde erscheinende natürliche Materialien sind oft fester, als sie aussehen. Weichtierschalen sehen wie Keramikplatten aus, doch sie zerbrechen viel seltener, wenn sie gestoßen oder gebohrt werden. Als im Labor einmal ein Haufen Kamm-Muschelschalen übriggeblieben waren, habe ich mir daraus eine Hängeverzierung gemacht. Es war überhaupt kein Problem und bedurfte auch keiner speziellen Werkzeuge, ein kleines Loch an der dünnen Kante in die Schalen zu boren, und keine der Schalen zerbrach dabei. Einige primitive Kulturen machen aus Schalen voll funktionstüchtige Angelhaken.[16] Irgendwie können Organismen mit der lästigen Brüchigkeit harter Materialien umgehen.

Hat man die Bruchfestigkeit eines Materials wie Stahl gemessen, dann kann man die Festigkeit von Trägern aus diesem Material berechnen. Doch zu Beginn des 20. Jahrhunderts zeigten einige schlechte Erfahrungen, dass diese Berechnungen nur grobe Richtwerte für das wirkliche Verhalten der Träger in Gebrauch lieferten. Schiffe brachen schon bei Spannungen entzwei, die ihr Stahl leicht hätte aushalten sollen. Schuld waren Kräftekonzentrationen – kleine Bereiche, wo die Spannung ungewöhnlich hoch war – und von diesen Stellen gingen Risse aus. Immerhin litt Stahl unter Rissausbreitungen weniger als viele andere, inbesondere harte, nichtmetallische Materialien. Scharfe Ecken und bereits vorhandene Risse waren die Auslöser, doch die wirkliche Natur des Problems blieb lange Zeit verborgen.

Um 1920 entdeckte der britische Ingenieur A. A. Griffith, dass man an Fasern aus Glas stärker ziehen kann als an Glasstangen – d.h., die Fasern hielten einer größeren Spannung stand. Je dünner die Fasern, umso mehr Spannung konnten sie aushalten, bis hin zu den feinsten Fasern mit einem Durchmesser von etwas mehr als einem zehntausendstel Zentimeter.[17] Anders ausgedrückt, ein Bündel feiner Fasern hält wesentlich mehr Belastung aus als eine einzelne Stange derselben Dicke, auch wenn es zu keiner Verbiegung kommt. Trotzdem war die Zugfestigkeit auch der feinsten Fasern immer noch kleiner als die Stärke ihrer chemischen Bindungen. Das eigentliche Problem war daher nicht die Stärke der Fasern sondern die Schwäche der Stangen. Der Unterschied bestand in mikroskopischen Rissen.

Griffith legte später die Grundlage für unser heutiges Verständnis der Ausbreitung von Rissen. Wie schon früher erwähnt, konzentriert sich die Kraft an der Spitze einer Bruchstelle. Dies ist in Abbildung 6.4 grob dargestellt. Wenn man eine Materialprobe zur Hälfte einschneidet und das Material dann belastet, bricht es meist schon bei einer Kraft, die wesentlich kleiner ist als die Hälfte der Kraft, die man zum Brechen der unbeschädigten Probe benötigt hätte. Durch die Kraftkonzentration dehnt sich der Riss aus, die Probe bricht tiefer ein, mehr Kraft konzentriert sich an der Spitze und schon gehört die ungebrochene Probe der Vergangenheit an. Ob sich ein Riss ausdehnt, hängt

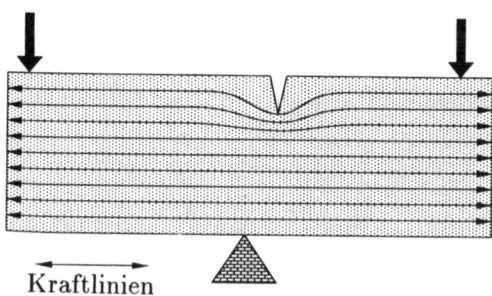

Abbildung 6.4: Kraftlinien verdichten sich gerade unterhalb einer Bruchstelle, sodass die Kraft dort konzentrierter ist (die Spannung größer).

von seiner ursprünglichen Tiefe und der Schärfe seiner Spitze ab. Je tiefer und schärfer der anfängliche Riss, umso wahrscheinlicher breitet er sich aus.

Zusätzliche Oberfläche auf einem festen Gegenstand oder einer Flüssigkeit benötigt Energie – sei es beim Brotschneiden, beim Aufbrechen von Eiern oder auch wenn die Beine eines Wasserläufers eine Delle in die Oberfläche einer Pfütze machen. Da sich bei einem Riss die Oberflächer vergrößert, wird Energie absorbiert. Aber ein Riss setzt auch Energie frei, wenn der Kraftkonzentration an seiner Spitze nachgegeben wird. Je tiefer ein Riss ist, umso mehr Kraft konzentriert sich an der Spitze. Breitet sich ein Riss aus, wird einer immer größeren Kraft nachgegeben und immer mehr Energie freigesetzt. Irgendwann ist die an der Bruchspitze freigesetzte Energie größer als die Energie, die durch die neue Oberfläche bei der Rissausbreitung absorbiert wird. Dann heißt es „Vorsicht!", denn das System ist außer Kontrolle und der Bruch kann sich mit nahezu Schallgeschwindigkeit ausbreiten. Ein sprödes Material wie Glas oder eine Fasergipsplatte kann man vorsätzlich brechen, indem man eine Rille hineinschneidet. Mit geringem Kraftaufwand bricht das Material genau an der gewünschten Stelle in zwei Hälften. Ein Stück Glas nur teilweise zu brechen ist alles andere als leicht.

Alle Gegenstände haben Brüche oder Risse. Wichtig ist die Tiefe des Bruchs, die Schärfe an seiner Spitze und die Belastung des Gegenstandes. Die Griffithsche kritische Risslänge ist erreicht, wenn sich der Riss durch die freigesetzte Energie weiter ausdehnen kann. Kleinere Gegenstände haben normalerweise auch kleinere (oberflächlichere) Risse; daher sind sie stärker und widerstandsfähiger gegen Spannung. Aus diesem Grund ist ein Bündel dünner Fasern aus Glas stärker als ein dicker Glasstab. Ein Bündel solcher Fasern statt eines einzelnen Stabes hat noch einen weiteren Vorteil. Wenn die Spannung so groß ist, dass eine Faser durchbricht, ist die Sache damit meist erledigt. Es ist sehr unwahrscheinlich, dass die nächste Faser einen bereits existierenden Riss genau an der Stelle hat, an der sich der Bruch fortsetzen würde. Wenn man ein Bündel Spaghetti bricht, brechen die einzelnen Stäbchen nicht alle an derselben Stelle.

Wird ein duktiles Metallstück belastet, so wird die Spitze eines Risses durch das plastische Dehnen abgestumpft. Aus diesem Grund sind die kritischen Risslängen in Metallen zwischen zehntausend und eine Million Mal länger als die in harten Nichtmetallen wie Glas. Auch hier kommt es zu Rissen – Schiffe brechen auseinander, daher müssen Bullaugen und Luken immer noch rund sein – doch eine Stange aus Stahl ist weitaus weniger zerbrechlich als eine aus Glas.

Wie läßt sich diese Zerbrechlichkeit bei harten, insbesondere nichtmetallischen Werkstoffen vermeiden? Eine naheliegende Lösung wären sehr dünne Fasern, von denen sehr viele wie bei einem Tau nebeneinander herlaufen. Das funktioniert, so lange sich die einzelnen Fasern relativ frei gegeneinander verschieben können. Ein Tau wird schwächer, wenn die einzelnen Stränge miteinander verklebt werden – ein Problem für gefrorene Taue. Doch Taue werden

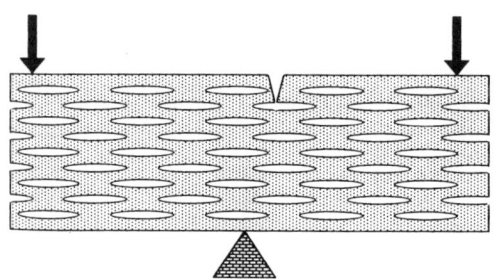

Abbildung 6.5: Längs angeordnete oder abgerundete Hohlräume können eine Rissausbreitung in einem belasteten Material erschweren.

gezogen, sie müssen sich nicht biegen. Eine zweite und (im Allgemeinen) bessere Lösung benutzt als Bruchstopper eine Grenzfläche. Eine Grenzfläche ist nichts Besonderes, nur der Ort, an dem ein Material aufhört und ein anderes beginnt. Doch eine Grenzfläche kann interessante Auswirkungen haben.

Ob ein Riss sich weiter ausbreitet oder nicht, hängt unter anderem von der Schärfe seiner Spitze ab. Man kann einen Riss oft durch ein rundes Loch an seiner Spitze aufhalten. Als ich ein Student war hat mir ein älterer Werkzeugspezialist diesen Trick gezeigt, und in Kapitel 4 wurde beschrieben, wie man ihn mit einer Aluminiumfolie demonstrieren kann. Doch wie lassen sich die Spitzen der Risse abstumpfen? Denken Sie an das allgegenwärtige Material Styropor. Für sein Gewicht ist es ein harter Stoff. Was die Stärke hoch und das Gewicht niedrig hält, sind die mikroskopisch kleinen Löcher, die Styropor zu einem Schaum machen. An den Rändern dieser Löcher kommen Kunststoff und Luft zusammen; sie bilden Grenzflächen. Ein Riss, der durch das Material hindurchläuft, wird unvermeidlich auf ein Loch treffen. Doch dadurch wird seine Spitze stumpf. Der Riss kann auf der anderen Seite des Loches keine ausreichend konzentrierten Kräfte aufbauen, um sich weiter ausbreiten zu können. Abbildung 6.5 zeigt diesen Sachverhalt schematisch. Bruchstopper lassen sich daher einfach einbauen, indem man aus dem Material einen Schaum macht. Die kleinen, festen Elemente zur Härtung und Stützung von Stachelhäutern wie beispielsweise Seesternen bestehen aus solch einen Schaum aus Kalziumkarbonat (in Form von Kristallen aus Kalkspat), einem ziemlich spröden Stoff. Doch die untereinander zusammenhängenden Löcher, mit einem Durchmesser zwischen einem tausendstel und einem zwanzigstel Zentimeter, haben runde, glatte Oberflächen, wie in Abbildung 6.6.[18]

Ein Riss kann sogar einen anderen aufhalten. Ein Riss ist nichts anderes als eine Grenzfläche zwischen dem Festkörper und der Luft, und Grenzflächen haben dieselbe abstumpfende Wirkung wie runde Löcher. Stellen Sie sich ein Material vor mit sehr vielen Längsrissen, so schmal und unscheinbar, dass man sie normalerweise nicht bemerkt. Für das Tragen von Lasten sind Längsrisse harmlos, vergleichbar mit dem Einfluss von Mittelleitplanken bei Autobahnen auf die Verkehrskapazität. Doch wenn ein Querriss, der einen Gegenstand bre-

Abbildung 6.6: Die harten Elemente (Ossikeln) von Stachelhäutern sind in Wirklichkeit ein Schaum aus Kalkspat mit abgerundeten Lücken.

chen lassen kann, in einen Längsriss läuft, wird er gestoppt – wie ein Auto, das in solche Leitplanken fährt.

Wie lassen sich Längsrisse in ein Material einbauen? Gebündelte Fasern ergeben vielleicht gute Seile, aber sie sind keine guten Träger oder Säulen. Für diese Fälle sind Grenzflächen zwischen zwei festen Materialien mit sehr verschiedenen mechanischen Eigenschaften besser als beispielsweise Grenzflächen zwischen dem festen Material und Luft. Glasfaserwerkstoffe benutzen genau diesen Trick. Das Glas trägt immer noch die Spannung, doch die Robustheit eines Glasfaserstabes ist wesentlich besser als die eine Glasstabes. Wie in Abbildung 6.7 dargestellt, sind in Glasfasern die spannungstragenden Fasern aus Glas mit relativ weicher Klebemasse verbunden. Ein Riss, der durch die harte Substanz hindurchgegangen ist, trifft auf die weiche Substanz, die sich eher dehnt, als den Riss zum nächsten harten Element weiterzuleiten.

Werkstoffe, die nach diesem Schema aufgebaut sind, bezeichnet man als Verbund(werk)stoffe, wobei der Name darauf hindeutet, dass mehrere Komponenten miteinander verbunden werden. Falls Sie einen Verbundwerkstoff herstellen wollen, mischen Sie Weizenkleie – als Faser – und Eiweiß – als Klebemasse – und backen Sie das Produkt bis es hart wird. Sie können dem Ganzen entweder vor oder auch nach der Verfestigung eine Form geben. Änderungen des Mischungsverhältnisses, der Backzeit oder der Temperatur verändern den Charakter des Produkts, wohingegen die Beigabe von Süß- oder Geschmacksstoffen ein angenehm festes, kaubares Material liefert.

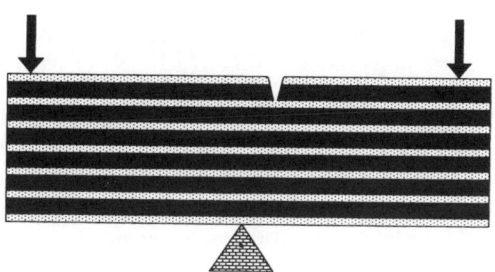

Abbildung 6.7: Robuste zusammengesetzte Materialien bestehen aus Fasern oder Schichten eines harten Materials, die durch ein wesentlich weicheres Material voneinander getrennt sind.

Glasfasern sind weder das am weitesten verbreitete noch das beste Verbundmaterial, das die menschliche Technologie entwickelt hat. Spanplatten sind Holzsplitter mit Bindemittel; das befindet sich heute unter dem Furnierholz unserer Möbel. Weicher Stahl im Stahlbeton unserer Autobahnen und öffentlichen Gebäude gleicht die Brüchigkeit von reinem Beton aus. Verbundstoffe erlauben eine vielseitige Technologie. Die einzelnen Fasern müssen nicht durch die gesamte Länge einer Struktur verlaufen; solange der Klebstoff gut bindet sind kurze Fasern (Haarkristalle) gleichermaßen effektiv. Auch müssen nicht, wie in Glasfaserangelruten, alle Fasern in dieselbe Richtung verlaufen. In zweidimensionalen Glasfaserplatten sind die Richtungen zufällig. Statt Fasern kann man, je nach Anwendung, auch dünne, flache Platten oder Folien verwenden.

Für die menschliche Technologie liegt der Hauptnachteil von Verbundstoffen in den Herstellungskosten, die meist größer als bei gewöhnlichen Metallen oder einkomponentigen Kunststoffen sind. Außerdem müssen Material und Struktur meist gleichzeitig hergestellt werden, was kompliziert und ungewohnt ist. Folien oder Rollen aus Metall können geschnitten, gebogen und zu einem Aluminiumkanu vernietet werden. Bei der Verbundtechnik werden jedoch über einer Gussform ein Filz aus gläsernen Fasern und Epoxidharzkleber zusammengebracht und so die Glasfaser und das Kanu gleichzeitig hergestellt.

Die Natur verwendet für alle ihre harten Materialien Verbundwerkstoffe, die häufig sogar recht kompliziert zusammengesetzt sind. Abbildung 6.8 zeigt nur zwei. Holz ist ein Verbundstoff aus Zellulose – einem harten, faserigen Material – und Lignin, einem Klebstoff. Die Häute von Gliederfüßern sind ein Verbundstoff aus Chitinfasern in einer Matrix aus Protein mit zusätzlichen Kalziumkarbonatsalzen zur Festigung bei größeren Krebstieren. Die Schalen der Weichtiere bestehen aus harten Mineralschichten, die durch einige wenige

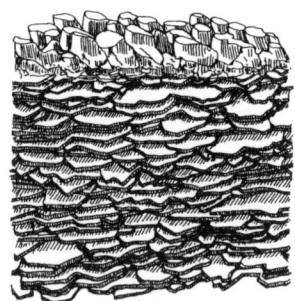 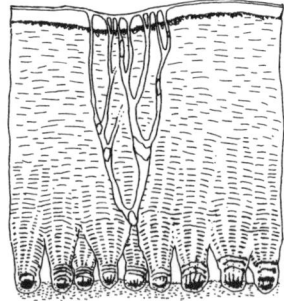

Abbildung 6.8: Natürliche Verbundstoffe: Die Schale eines Weichtieres (links) und ein Vogelei (rechts). Beide bestehen größtenteils aus spröden Kalziumsalzen mit geringen aber wichtigen Mengen eines weicheren Materials, um sie robuster zu machen und einer Rissausbreitung vorzubeugen.

aber wichtige Prozent Protein getrennt sind. Knochen ist ein Verbundstoff aus dem Protein Kollagen, einigen anderen Proteinen und Kalziumphosphat. Sogar die Zähne sind Verbundstoffe aus Mineralien und Protein; beim Bohren der Zähne sind verbrannte Proteine für den schwefelartigen Geruch verantwortlich. In allen Fällen sind die Strukturen ihren speziellen Aufgaben hochgradig angepasst. Nicht nur ist das Holz verschiedener Bäume unterschiedlich, sondern auch das Holz ein und desselben Baumes hat an den Wurzeln und am Stamm unterschiedliche Eigenschaften. Knochen ist nicht einfach Knochen, selbst bei einem einzelnen Menschen. Seine Zusammensetzung und seine Eigenschaften hängen sehr von seinen Aufgaben ab.

Eine nichtmechanische Unterbrechung

Wir wollen kurz die Welt der Materialien und Strukturen verlassen. Das Fehlen von metallischen Werkstoffen in Organismen bedingt auch weitreichende nichtmechanische Unterschiede zwischen unseren beiden Technologien. Insbesondere unterscheiden sich Metalle und Nichtmetalle hinsichtlich ihrer thermischen und elektrischen Leitfähigkeiten. Beide Arten von Leitfähigkeiten sind bei Metallen um hunderte bis tausende Male größer als bei Nichtmetallen, und beide Eigenschaften beeinflussen unseren Gebrauch vieler Dinge.

Einige Beispiele: Die thermische Leitfähigkeit von Kupfer ist über 3000 Mal größer als die von Holz, 500 Mal größer als die von Glas, 660 Mal größer als die von Wasser und 1000 Mal größer als die von frischen Blättern. Die Konsequenzen sind nicht gerade unbedeutend. Je höher die Leitfähigkeit, umso schneller breitet sich Wärme von den heißeren Teilen zu den kälteren Teilen eines Gegenstandes aus. Ein Gegenstand nimmt also sehr viel schneller eine gleichmäßige Temperatur an. Auf einem elektrischen Herd sorgen Töpfe und Pfannen mit einer hohen Leitfähigkeit für eine bessere Verteilung der Hitze. Außerdem muss ihr Inhalt weniger gerührt und ausgekratzt werden. Im Verhältnis zu seinem Volumen hat Aluminium ungefähr die zweieinhalbfache Leitfähigkeit von Eisen oder Stahl und eignet sich daher für Kochgeräte besser. Pfannen aus reinem rostfreien Stahl bereiten nur Ärger, und Gusseisen sollte in jedem Fall dick und schwer sein. Dadurch wird allerdings auch die Hitzeregulierung am Herd langsamer weitergegeben und somit ein Nachteil durch einen anderen ersetzt. Keramikgefäße erwärmen sich noch ungleichförmiger, selbst wenn sie hitzebeständig sind, und eignen sich eigentlich (entgegen den Behauptungen der Hersteller) nur für den Ofen.

Wenn das Essen den Tisch erreicht, ist eine hohe thermische Leitfähigkeit jedoch etwas Ärgerliches. Die Kälte von Metall und die Wärme von Holz – beide in Aphorismen und Redewendungen („kalter Stahl" etc.) gepriesen – sind die spürbaren Zeichen für den Unterschied in der Leitfähigkeit. Ein Stück Aluminium fühlt sich kälter an als ein Stück Ton, weil Aluminium die Hitze von Ihrer Hand schneller ableitet. Ganz ähnlich leitet eine Silber- oder Aluminiumschüssel die Hitze vom Essen ab. Dadurch vergrößert sich die Oberfläche, über die Wärme an die Luft der Umgebung abgegeben wird, und außerdem wird die Hitze an die Stellen geleitet, an denen Sie die Schüssel anfassen. Wir haben auf Pfadfinderausflügen kaltes Essen von Metallgeschirr gegessen und dabei ausschließlich das Wetter dafür verantwortlich gemacht. Tee oder Kaffee kühlt sich in einem Metallbecher schneller ab, besonders in Aluminium, Kupfer oder Silber, die die höchsten Leitfähigkeiten haben. Nach zumindest einem Reiseführer hat der Gouverneur im kolonialen Williamsburg, Virginia, von Silbergeschirr gegessen – dem schlimmsten aller möglichen Materialien. Da sich die Küche in einem Nebengebäude befand kann man davon ausgehen, dass kein Gouverneur jemals zu Hause ein schönes, warmes Essen genießen konnte. Außerdem werden Metallgriffe oft unangenehm warm. Wenn Sie eine kochende Flüssigkeit in einer Tasse mit einem Silberlöffel umrühren, spüren Sie die Nachteile einer hohen thermischen Leitfähigkeit. Andererseits eignen Metalle sich gut für Kühler von Verbrennungsmotoren und für Dampfheizungen in Häusern.

Die hohe thermische Leitfähigkeit von Metallen wäre für Lebewesen in vielen Situationen von Vorteil. Bei schweren physischen Anstrengungen produzieren große oder mittelgroße Tiere überschüssige Wärme, die sie an ihre Umgebung abgeben müssen. Eine hohe thermische Leitfähigkeit würde helfen, die Wärme schneller aus den Muskeln zur Haut zu bringen, doch die Leitfähigkeit des Menschen ist niedrig, vergleichbar mit der von Wasser. Daher machen wir eher von Konvektion und Verdunstung Gebrauch. Bei der Konvektion wird Wärme dadurch transportiert, dass ein heißer Gegenstand von einem Ort zu einem anderen bewegt wird. Überlicherweise handelt es sich bei diesen Gegenständen um Fluide – heißes Blut oder heißer Atem – und sie zu bewegen erfordert Pumpen und Energie. Bei der Verdunstung wird zunächst Wasser verdunstet und dann der Wasserdampf transportiert oder abgelassen. Auch Verdunstung erfordert Energie, die der Wasserdampf enthält. Wenn der Dampf abgelassen ist, ist der Körper kälter. Wir schwitzen und Hunde hecheln; beide verlieren wir dabei Wasser. Doch der Körper muss Wasser aufnehmen und mit sich herumschleppen, und beide Aktivitäten können problematisch sein.

Bei Blättern findet man etwas Ähnliches. Wenn der Wind nachlässt und sie sich der Sonne zuwenden, werden sie wesentlich wärmer als die Luft um sie herum, um bis zu 20 °C. In ihrer Mitte erreicht sie die noch verbleibende Luftbewegung am wenigsten, daher ist dort das Problem am größten. Solche heißen Zentren wären weniger heiß, wenn die Blätter aus leitfähigem Metall bestünden.[19] Statt dessen haben Pflanzen Lösungen gefunden, die ihre anderen Aktivitäten einschränken bzw. anderen wünschenwerten Eigenschaften ihres Designs im Wege stehen. Sie bilden gelappte Blätter aus, die sehr viel Rand im Vergleich zur Fläche haben, die dadurch aber auch weniger Licht absorbieren. Sie verbrauchen sehr viel Wasser für ihre Verdunstungskühlung, was eine gute Wasserquelle erfordert. Sie haben dickere Blätter, sodass sie sich langsamer erwärmen und längere Windpausen verkraften können, was aber auch mehr Material kostet. Und bei starker Sonne, wenig Wind und wenig Wasser lassen sich viele Blätter nach unten hängen. Dadurch sind sie zwar weniger sonnenexponiert und mehr windexponiert, aber die Photosynthese ist ebenfalls eingeschränkt.[20]

Wir nutzen auch die hohe elektrische Leitfähigkeit von Metallen. Jede elektrische Leitung ist metallisch. Die einzigen nichtmetallischen Komponenten der meisten Elektrogeräte sind entweder aktive Komponenten, wie Transistoren, oder Komponenten, deren Funktion gerade auf einer niedrigen Leitfähigkeit beruht, wie z. B. Widerstände. Was ist mit den Nerven? Wir stellen sie uns gerne als Drähte vor, weil Nervensysteme und Elektrogeräte ähnliche Aufgaben erfüllen. Doch die Analogie zwischen Nerven und Drähten ist irreführend. Ein Nervenimpuls bewegt sich nach einem anderen physikalischen Prinzip entlang der Axonen einer Nervenzelle als ein elektrischer Impuls entlang eines Kupferdrahtes. Was ist besser? Ich würde mich für den Draht entscheiden. Beispielsweise ist die Leitung durch Nerven außerordentlich langsam im Vergleich zur Leitung durch Drähte. Ungefähr 120 Meter pro Sekunde beträgt die Geschwindigkeit, mit der ein Nerv Impulse leitet. Dagegen werden elektrische Impulse in Drähten rund *fünfhunderttausend* Mal schneller übertragen.[21] Eintausend Impulse pro Sekunde ist die Obergrenze für einen Nerv; bei Drähten sind es mehrere Millionen. All die tollen Dinge, die wir mit unserem Gehirn machen können, erfordern eine umfangreiche Parallelverarbeitung, d.h., viele Nerven und eine große Anzahl von Schaltkreisen arbeiten gleichzeitig.

Wenn Robustheit unser Ziel ist, verwenden wir meist Metalle und selten Verbundstoffe. Die Natur macht ausgiebigen Gebrauch von Verbundstoffen aber überhaupt keinen von Metallen. Ich habe einige mögliche Gründe angegeben, warum die Natur keine Metalle verwendet, doch keiner war wirklich überzeugend. Zwei weitere, schon früher erwähnte Erklärungsversuche sind ebenfalls unsicher – zugegebenermaßen nicht sehr zufriedenstellend.

Vielleicht verwendet die Natur keine Metalle weil sie etwas Ebenbürtiges hat. Natürliche Verbundstoffe und Metalle haben durchaus vergleichbare Qualitäten. Ist beispielsweise das Verhältnis von Festigkeit zu Dichte wichtig, so sind Holz und Stahl ungefähr gleichwertig. Ist viel Ausdehnungsarbeit und wenig Gewicht im Vergleich zum Volumen gefordert, dann sind Eibenholz (z.B. in englischen Langbögen zum Bogenschießen), Kollagen (z.B. in römischen Katapulten und Ballisten), Knochen (von den Eskimos viel benutzt) und Horn (in chinesischen Verbundstoff-Bögen) dem Federstahl weit überlegen. Doch man kann auch andere Vergleiche wählen, bei denen unsere Werkstoffe besser abschneiden. Die robusten Werkstoffe der beiden Technologien sind zwar sehr unterschiedlich, doch insgesamt durchaus gleichwertig. Die gegenwärtige rasche Weiterentwicklung von Verbundstoffen beruht weniger auf den vorzüglichen Vorgaben der Natur als auf den guten Erfahrungen mit den bereits existierenden Verbundstoffen. Zumindest in kleinen Mengen können wir heute Verbundstoffe herstellen, die für unsere Zwecke besser sind als alles in der Natur.

Was für ein seltsamer Prozess ist doch „Design" in der Natur! Verbundstoffe sind im Guten wie im Schlechten genau das, was ein geistloses, stümperhaftes, informationsarmes und minimal koordiniertes System entwickeln würde. Da ihre Eigenschaften sehr empfindlich von den Mengen und Anordnungen auf mikroskopischem Niveau abhängen, eigenen sie sich auch sehr für's Kesselflicken. Kurz gesagt, genau solche Stoffe würde man als das Ergebnis mikroskopischer Improvisation erwarten, dem Weg der Natur, im Gegensatz zur makroskopischen Vorsätzlichkeit, dem Weg des Menschen. Und das bringt uns zur letzten Möglichkeit.

Wenn wir feststellen, dass die Natur eher Verbundstoffe als Metalle verwendet, dann schauen wir vielleicht nur auf das Ergebnis eines konservativen, wenig innovativen, „bleib-beim-Bewährten" Evolutionsprozesses durch natürliche Auslese. Nachdem sich Organismen mit nichtmetallischen Strukturen einmal durchgesetzt hatten, welche Chance hatten dann noch anfänglich unausgereifte metallische Formen? Die Evolution weiß nichts von einem zukünftigen Vorteil, sie hat nur wenig Risikokapital. Doch selbst wenn eine gewisse evolutionäre Trägheit eine vernünftige Erklärung sein sollte, so ist die Verteidigung dieser Erklärung doch schwierig. Wie könnte man einem Beweis oder einer Widerlegung jemals nahe kommen? Das Beste, das wir vielleicht machen können, ist, die Trägheit der Evolution als eine unerfreuliche aber unvermeidbare Hypothese anzusehen, auf die wir nur im Notfall zurückgreifen.

Kapitel 7

Ziehen und Drücken

Taue zeigen ihre Widerstandsfähigkeit, wenn man ihre Enden auseinanderzieht; Ziegelsteine zeigen sie, wenn ihre Enden zusammengedrückt werden. Zur Formalisierung des Unterschieds wollen wir Strukturelemente als *Bänder* bezeichnen, wenn sie einer Zugkraft widerstehen, und als *Stützen*, wenn sie einem Druck widerstehen. Als Bänder benutzen wir Kabel, Seile, Gürtel, einige Klebstoffe sowie bestimmte Metalle, Holz, Plastikstäbe und Stangen. Als Stützen benutzen wir Wände, Säulen, Stäbe und Stangen aus Stein, Beton, Holz und Plastik. Die Bänder der Natur umfassen Muskeln, Sehnen, Ligamente, Seidenfäden und Fruchtstängel. Die meisten Knochen, harte Korallen, Baumstämme und viele Außenhäute von Insekten dienen als Stützen. Diese einfache – vielleicht zu vereinfachte – Unterscheidung zwischen Bändern und Stützen wird einige Gegensätze zwischen der Technolgie der Natur und der des Menschen deutlich machen, die untereinander teilweise zusammenhängen. Die Gegensätze sind nicht so ausgeprägt wie die zwischen Metallen und Verbundstoffen, doch sie sind ebenfalls weit verbreitet und nicht weniger wichtig. Wie die Technologie des Menschen mit Zug und Druck umgeht, hat seine Ursprünge im Altertum und ist über alle Kulturen hinweg ähnlich – so gewöhnlich und vertraut, dass nur ein Blick auf eine Alternative die Besonderheiten offenbart.

Vor zwei Kapiteln wurde der Leser mit einer Unmenge an Information über mechanische Eigenschaften beladen und belastet. Dabei haben wir immer nur berücksichtigt, was passiert, wenn man an Gegenständen zieht – Spannungstests verschiedener Materialproben. Doch wenn Stöße hinzukommen, geht es nicht mehr nur um Spannung. Man kann ein Material zusammendrücken, also einen Druck ausüben, oder man kann ein Material auch scheren, verzerren, beispielsweise einen rechteckigen Block zu einem sogenannten Parallelepiped, wie in Abbildung 7.1. Drei Arten von Belastungen sind also wichtig: Zug, Druck und Scherung.

116 7. Ziehen und Drücken

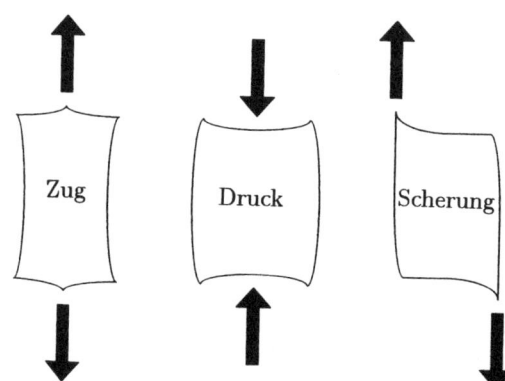

Abbildung 7.1: Drei Möglichkeiten, eine Materialprobe zu belasten.

In Wirklichkeit testet man nicht ein Material an sich sondern nur ein bestimmtes Stück mit einer bestimmten Form. Für eine Prüfung der Zugfestigkeit ist die Form kaum von Bedeutung. Hat man an einer runden Stange, einem I-Träger oder einer Sehne gezogen, dividiert man die Zugkraft durch die Querschnittsfläche des Gegenstandes und erhält die Spannung. Für die Zugspannung spielt auch die Form dieser Querschnittsfläche keine Rolle. Ein Seil, eine Stange oder ein I-Träger ergeben dieselben Ergebnisse. Bei einem Drucktest ist die Form jedoch sehr wichtig. Drückt man auf etwas kurzes, dickes, so zerbricht es in viele Teile. Drückt man auf etwas langes, dünnes, so biegt es sich zu einer Seite bevor es in zwei Hälften zerbricht. Drückt man ausreichend stark auf eine Tube mit dünnen Wänden – beispielsweise eine Milchdose – so zerknittern die Wände. Stangen mit runden, quadratischen oder flachen Querschnittsflächen von gleichem Flächeninhalt kollabieren bei unterschiedlichen Belastungen. Ziehen ist einfach, Drücken ist alles andere als das. Wenn wir verschiedene Werkstoffe vergleichen wollen, reichen (meistens) Tests zur Zugbelastbarkeit. Doch diese Werkstoffe dienen als Bestandteile von Strukturen, und um Strukturen verstehen zu können, müssen wir uns auch um Formen kümmern.

Neben Zug-, Druck- und Scherkräften gibt es noch zwei kompliziertere Kräfte, die für Strukturen wichtig sind: Biege- und Torsionskräfte. Wird eine Struktur als Ganzes entweder gebogen oder gedreht, können auf einzelne Teile alle drei der erwähnten einfachen Belastungen wirken. Stellen wir uns vor, ein vorstehender Balken wird durch ein Gewicht an seinem Ende gebogen, wie in Abbildung 7.2. Das Gewicht will nach unten zum Erdmittelpunkt, während der Balken einer solchen Bewegung zu widerstehen versucht. Bei diesem Vorgang wird die Oberseite des Balkens zumindest leicht gedehnt. Einer Dehnung wirken aber Bänder entgegen, d.h., wir können die Oberseite als ein Band ansehen. Etwas schwerer zu erkennen ist, dass die Unterseite des Balkens leicht zusammengedrückt wird, die Unterseite also als Stütze wirkt. Doch wenn wir

7. Ziehen und Drücken 117

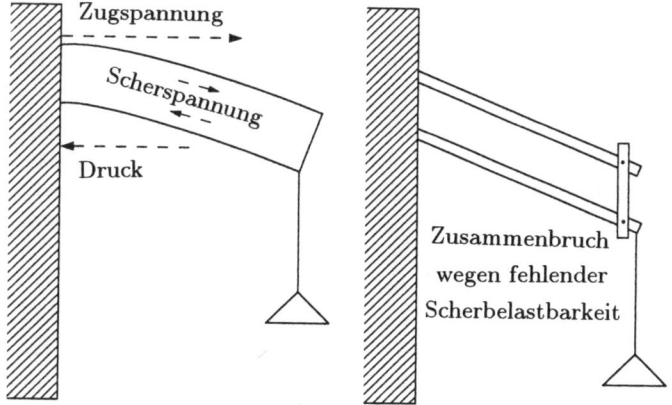

Abbildung 7.2: Die Kräfte an einem vorstehenden Balken, der durch ein Gewicht an seinem Ende nach unten gebogen wird, und was passiert, wenn der Balken keine Scherbelastbarkeit hat.

die obere und untere Hälfte des Balkens tatsächlich durch Bänder und Stützen ersetzen, gibt es eine Katastrophe: Statt dass die Bänder die Spannung halten und die Stützen den Druck, bricht die ganze Konstruktion nach unten und innen zusammen. Der ursprünglich in seiner Seitenansicht rechteckige Balken wurde zu einem Parallelogramm. Kaum erkennbar aber von großer Bedeutung musste die Mitte des Balkens Scherkräften widerstehen. Biegt sich ein Balken, wird sein Material also von allen drei Kräften – Zug, Druck und Scherkraft – belastet, und der Betrag dieser Kräfte ist von Ort zu Ort im Balken verschieden.

Etwas ganz entsprechendes passiert, wenn eine Struktur wie der Zylinder in Abbildung 7.3 gedreht wird. An der Außenseite wirken Zugkräfte, innen ein Druck. Wenn Sie ein nasses Kleidungsstück auswringen, können sie beide Kräfte sehen: Die Zugspannung an der Außenseite ist offensichtlich und der Druck im Inneren drückt das Wasser heraus. Außerdem gibt es noch Scherkräfte (außer exakt an der Mittellinie). Das wird deutlich, wenn man (wie in der Abbildung) ein Quadrat auf einen langen Ballon zeichnet und ihn dann dreht. Das Quadrat wird zu einem Parallelogramm. Wieder bewirkt eine einzelne Belastung an einer Struktur, dass alle drei Kräfte vorhanden sind.

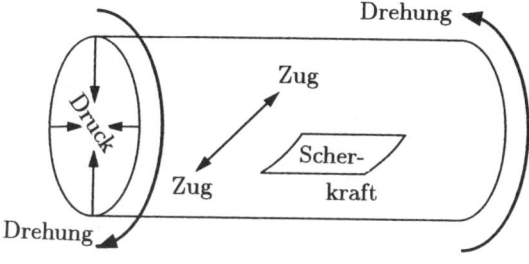

Abbildung 7.3: Die Kräfte – Zug, Druck und Scherkraft – an einem Zylinder, wenn die beiden Enden entgegengesetzt gedreht werden.

Wir Menschen ziehen aus dieser Kombination an Kräften in gedrehten Zylindern großen Nutzen. Wir legen kurze Naturfasern – Leinen, Baumwolle oder Wolle – in gleicher Richtung nebeneinander und verdrillen (spinnen) sie zu langen Fäden oder Seilen. Obwohl die Fasern an ihren Enden nicht verbunden sind, haben diese Seile eine beachtliche Stärke. Werden diese Fasern zusammengedrückt entwickeln sie einen Widerstand gegen Scherung – sie gleiten nicht aneinander – , das hält sie zusammen. Zieht man an einem gesponnenen Faden oder einem gedrehten Seil, hat das denselben Effekt wie eine Scherung: Die Fasern werden in der Mitte zusammengepresst. Nicht zu glatte Fasern brechen eher, als dass sie auseinander gleiten. Insbesondere bei weicher Wolle ist leicht erkennbar, wie sie bei Spannung zusammengedrückt wird. In vielen alten Kulturen war das Spinnen von Seilen oder Fäden (zum Weben) sehr wichtig und nahm einen Großteil der Arbeitszeit der Frauen in Anspruch, die fast immer diese Aufgabe übernahmen.[1]

Die Natur verwendet diesen Trick nicht. Ihre Fäden und Seile sind durchgehend, z.B. aus Spinnseide. Oder sie benutzt ein System aus Verschlingungen, wie bei Kletterpflanzen, das nicht auf einer schraubenförmigen Verdrillung und Reibungswiderständen zwischen Fasern beruht. Mehrfach verdrehte Helixstrukturen sind in der Natur häufig – die Doppelhelix der Mikrotubuli (Abbildung 2.2) und die Tripelhelix von Kollagen sind typische Beispiele – doch diese Strukturen erhalten ihre Zugbelastbarkeit nicht durch Scherwiderstände. Spinnen ist eine Tätigkeit des Menschen, auch wenn das Wort bei Seidenraupen und Spinnen die Extrusion ihrer Fäden bezeichnet.

Unser hervorstehender Balken hat sich bei einer Belastung an seinem Ende einfach und leicht erkennbar gebogen. Weniger offensichtlich kann fast dasselbe auftreten, wenn eine lange Struktur an ihren Enden zusammengedrückt wird. Der klassische Fall ist eine aufrecht stehende Säule, z.B. die Stützsäulen an alten ägyptischen und griechischen Tempeln. Die Schwerkraft zieht die Säule nach unten, und da die Säule nicht nach unten beschleunigt wird, müssen Kräfte dem entgegenwirken und der Boden muss nach oben drücken. Insgesamt wirkt daher auf die Säule ein Druck. Doch sobald sich die Säule biegt, entsteht an der äußeren Seite eine Zugspannung, wie in Abbildung 7.4. Die Innenseite der Biegung erfährt einen zusätzlichen Druck, und in der Säule findet man, wie beim Balken, eine Scherkraft. Außer bei sehr kurzen und dicken Säulen, wo die Gefahr eher in einem Auseinanderbrechen liegt, werden Säulen ähnlich wie Balken mit Zug-, Druck- und Scherkräften belastet. Eine Säule kann sich jedoch in jede Richtung biegen, während die meisten Balken oben und unten unterscheiden können und daher wissen, auf welcher Seite die Zugspannung und wo der Druck auftreten wird. Ein geeigneter I-Träger sollte höher als breit sein, während Säulen nicht weit von ihrer runden Form abweichen dürfen.

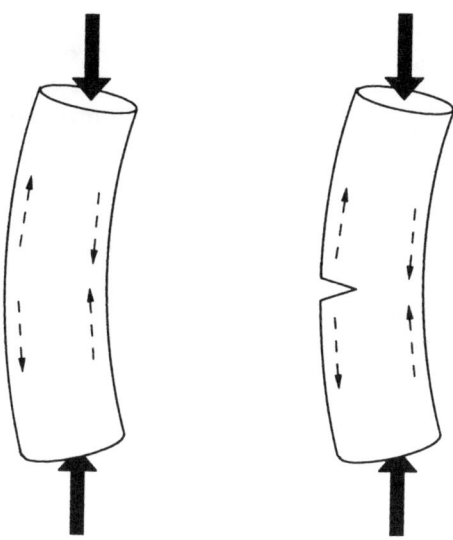

Abbildung 7.4: Entgegen unserer naiven Anschauung kann eine Säule, auf die insgesamt ein Druck wirkt, durch lokale Zugspannung brechen.

Spannung und Druck

Angenommen, Sie wollen eine Struktur entwerfen und können Stützen und Bänder nach Belieben verwenden. Nach welchen Kriterien treffen Sie Ihre Wahl? In erster Linie sind das die Eigenschaften der Werkstoffe, die Ihnen zur Verfügung stehen. Darunter wiederum sind das Verhalten unter Zug- und Druckkräften die wichtigsten.

Steine, Ziegel, Mauerwerk und andere keramische Werkstoffe haben eine ausgezeichnete Druckbelastbarkeit. Wenn oben etwas draufgestellt wird, rühren sie sich nicht von der Stelle und bleiben ganz. Ein gewöhnlicher Ziegelstein kann einige hundert Kilogramm aushalten. Andererseits beträgt die Zugbelastbarkeit dieser Keramiken weniger als ein zehntel der Druckbelastbarkeit, sie sind also vergleichsweise schwach.[2] Das hat zum Teil mit ihrer Härte zu tun: harte Materialien sind oft spröde, d.h., Risse breiten sich in ihnen gut aus. Risse sind weit eher ein Problem bei Zugbelastungen, bei denen sie auseinandergezogen werden, als bei Druckbelastungen.[3] Auch der übliche Zement oder Mörtel, mit dem Ziegelsteine verbunden werden, hält kaum Zugspannungen aus und ist selber sehr brüchig. Da in unserer unsicheren Welt reine Druckbelastungen nie garantiert werden können, zahlt sich eine kleine Versicherung gegen Zugkräfte aus. Das ist vermutlich der Grund (wie man in Exodus 5:7 lernt), warum sonnengetrocknete Ziegeln mit etwas Stroh haltbarer sind. Das ist auch der Grund, warum Simsgips Pferdehaare zugesetzt wurden.

Wenn man jedoch sicher sein kann, dass nur Druckbelastungen vorhanden sind, und falls das Gewicht keine so große Rolle spielt (wie es bei Strukturen, die sich bewegen, der Fall ist), dann sind Keramiken ausgezeichnete Werkstoffe. Wegen ihrer großen Härte kann man ihr Eigengewicht bei allen außer den größten Strukturen vernachlässigen. Die unteren Steine einer Wand werden durch die Steine darüber im Allgemeinen nicht zerdrückt. Gothische Kathedralen sind imposante Strukturen und vermutlich die größten vom Menschen jemals erbauten Dinge, die nur Druckbelastungen tolerieren.[4] Gewölbedächer drücken die Wände nach außen, äußere Strebepfeiler drücken mit fast derselben Kraft nach innen. Je leichter die Wände sind, umso besser müssen die Kräfte ausgeglichen sein, sonst kippen die einfachen Steinwände nach innen oder außen. Beim Bau einer Kathedrale mussten sehr viele Gewölbe und Streben aufeinander abgestimmt werden, damit alles unter ausgeglichenem Druck stand.[5] Während der Konstruktion gab es oft Fehlschläge, weshalb der Bau manchmal Jahrhunderte dauerte. Für den St. Peters Dom in Rom benötigte man nicht weniger als 181 Jahre, doch Saint-Pierre in Beauvais hält den Rekord. Zwei spektakuläre Einstürze unterbrachen 350 Jahre unregelmäßiger Bauzeit, und die Kathedrale ist bis heute unvollendet. Einmal korrekt errichtet erwiesen sich die Kathedralen jedoch als haltbar und bedurften selten einer Reparatur. Das Gleiche gilt für Steinbögen, Aquädukte und natürlich Pyramiden.

Seile, Kabel, Ketten und Kletterpflanzen halten Zugkräften stand, doch Druck führt zu einem unmittelbaren und schlaffen Zusammenbruch. Hängematten werden unter Zugspannung gehalten, und Hängebrücken sind abgesehen von ihren Türmen und Fahrbahnen Spannkonstruktionen. Spannkonstruktionen findet man auch in Aufzügen oder bei Kranmasten. Die Spannung in den Gummiwänden der Reifen halten zusammen mit dem Luftdruck die Autokarosserie von der Straße, und Spannung in ihren Außenwänden geben den Luftschiffen ihre Form. Doch verglichen mit Konstruktionen, die auf Druckbelastungen basieren, sind es weniger und im Allgmeinen kleinere Gegenstände, die außerdem oft an ihre Epoche gebunden sind.

Eine der besten Eigenschaften von Metallen ist, dass sie Druck und Zug nahezu gleichermaßen aushalten können. Das macht sie für viele liebgewonnene Vorrichtungen, bei denen beide Arten von Kräften in rascher, abwechselnder Folge auftreten, besonders geeignet. Nehmen Sie beispielsweise einen Rahmen, der das Gewicht und die Bewegung eines Autos auf einer holprigen Straße auffangen soll. Oder denken Sie an den Rumpf eines Schiffes bei stürmischer See. Erstreckt sich das Schiff über zwei Wellenberge, so drücken die Wellen den Rumpf an seinen Enden nach oben und die Mitte hängt durch. Sitzt das Schiff auf einer Welle, wird seine Mitte nach oben gedrückt und die Enden hängen nach unten. Wegen der besonderen Eigenschaft der Metalle, sowohl mit Druck als auch mit Zugspannung fertig zu werden, kann ein oberflächlicher Betrachter bei manchen Konstruktionen oft nicht mehr feststellen, für welche Art von Belastung ein bestimmtes Teil gedacht war.

Biologische Werkstoffe unterscheiden sich oberflächlich betrachtet nur wenig. Unsere Muskeln, Sehnen und Bänder halten ebenso wie Seile nur Zugspannung aus. Muskeln ziehen und an ihnen wird gezogen, und Sie leiden an Muskelzerrungen, nicht Muskelpressungen. Wie Stahlträger können unsere Knochen und der Knorpel sowohl Druck als auch Spannung aushalten. Es gibt jedoch auch wichtige Unterschiede. So findet man fast nie Elemente, wie beispielsweise Ziegel, die ausschließlich für Druckbelastungen gedacht sind. Selbst Zähne müssen auch Spannungen aushalten können. So wie wir unsere Zähne belasten, wären sie ansonsten sehr viel bruchanfälliger. Außerdem verhalten sich biologische Werkstoffe anders als Metall unter Druck und Spannung meist unterschiedlich. Holz als faseriger Stoff kann Zugspannungen ungefähr doppelt so gut aushalten wie Druck: Wenn man einen lebenden Zweig oder einen dünnen Holzdübel biegt, wird er sich zunächst an der Innenseite verziehen und schließlich an der Außenseite brechen.[6] Demgegenüber ist Knochen bei Druckbelastungen etwas stärker als bei Zugbelastungen. Auch die Weichtierschalen sind erwartungsgemäß stärker bei Druckbelastungen. Interessanterweise sind Schalen und andere biologische Materialien unter Zugbelastungen nur rund dreimal schwächer, das ist wesentlich weniger als die vom Menschen hergestellten Keramiken, die rund zehnmal schwächer sind.

Bänder und Stützen

Die Technologie des Menschen wie auch die der Natur verwenden sowohl Bänder als auch Stützen. Doch die praktischen Anforderungen legen das genaue Verhältnis zwischen beiden nicht fest. Der Konstrukteur eines komplexen Gebildes wie beispielsweise einer großen Brücke hat ziemliche Freiheiten in seiner Wahl, mehr auf Bänder oder mehr auf Stützen zu vertrauen. Ich denke, jede Technologie hat bei ihren Konstruktionen deutliche Vorlieben. Historisch gesehen konnte der Mensch immer besser mit Druckbelastungen umgehen. Die Natur hingegen zieht eher Bänder vor.

Eine solche Vorliebe hat drastische Auswirkungen auf die Strukturen, die man entwirft. Wenn Sie Stützen vorziehen, bauen Sie vielleicht eine Bogenbrücke (Abbildung 7.5), bei der nahezu alles unter Druckbelastung steht. Darum passen Bögen so gut zur klassischen, auf Stein basierenden Architektur. Bevorzugen Sie jedoch Bänder, dann werden Sie eher eine Hängebrücke bauen. Abgesehen von den Kosten, den Eigenschaften und den verfügbaren Werkstoffen beeinflussen noch einige andere Faktoren die Wahl zwischen Stützen und Bändern.[7]

Wieder einmal die Größe. Wenden wir unsere Aufmerksamkeit von den Werkstoffen den Strukturen zu, dann wird die Größe wieder wichtig, allerdings nicht immer so, wie wir intuitiv erwarten würden – das war der allgemeine

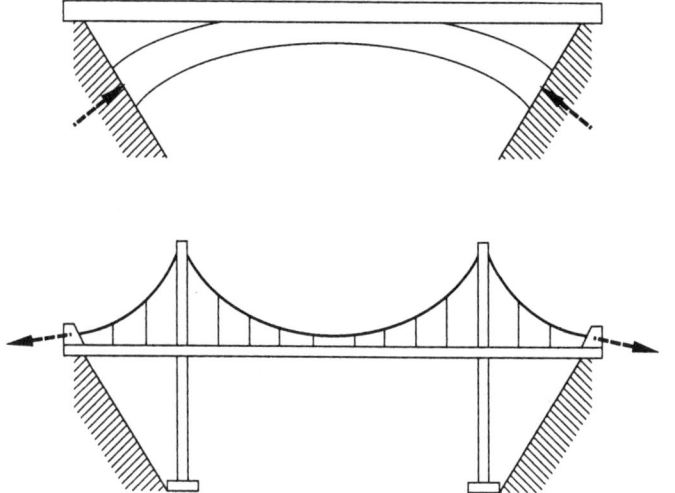

Abbildung 7.5:
Der Bogen einer
Bogenbrücke
erfährt eine
Druckbelastung,
wohingegen die
Hauptkabel und
Halterungen
einer Hänge-
brücke unter
Zugbelastung
stehen.

Punkt in Kapitel 3. Eine Angelleine mit der Aufschrift „Belastbarkeit fünf Kilogramm" kann unabhängig von der abgespulten Länge ein Gewicht von fünf Kilogramm aushalten. Um ein bestimmtes Gewicht tragen zu können, muss ein langes Band nicht dicker sein als ein kurzes, zumindest solange das Eigengewicht des Bandes vernachlässigbar ist. (Nebenbemerkung: Theoretisch kann ein Satellit ein Seil zur Erde hinunterhängen lassen und trotzdem auf seiner Bahn bleiben. Ist die Satellitenbahn geostationär, dann wird das Seil noch nicht einmal durch die Gegend gezogen. Fantastisch. Will jemand in den Orbit, klettert er einfach das Seil hinauf. Mit einem leichten Schub nach oben wird verhindert, dass der Schwerpunkt des gesamten Systems absinkt. Was ist falsch? Nich die Physik, sondern die Materialkunde macht Probleme. Kein bekanntes Material besitzt eine ausreichende Zugstärke, damit ein so langes Seil nicht reißt).[8]

Unter einer Druckbelastung sind lange Gegenständ jedoch schwächer. Durch ein Zusammendrücken der Enden ist ein kurzer Stab schwerer durchzubrechen als ein langer. Versuchen Sie es mit irgendeinem langen, harten Gegenstand wie einem Holzdübel, einem Strohhalm oder einem Spaghettistrang. Schuld ist immer das seitliche Wegbiegen, wofür ein langer Strang anfälliger ist. Wird die Dicke einer Stütze proportional zu seiner Länge vergrößert, ist das Problem noch nicht gelöst. Wie in Kapitel 3 bemerkt wurde, verdoppelt sich die Spannung in den Stützen, wenn die Größe eines Systems ohne relative Formveränderung verdoppelt wird. Damit die Spannung gleich bleibt, muss die Dicke überproportional zunehmen.

Die Natur ist sich dieses Problems bewusst. Höhere Bäumen haben einen überproportional dickeren Stamm.[9] Die Knochen großer Erdsäugetiere machen mehr vom Gesamtgewicht aus als bei kleinen Säugetieren. Das Skelett einer Katze von fünf Kilogramm wiegt rund 7 Prozent ihres Gesamtgewichts. Eine Person von 60 Kilogramm hat 8,5 Prozent Knochen, bei einem Pferd mit 600 Kilogramm sind es 10 Prozent, und das Skelett eines 7000 Kilogramm schweren Elefanten macht sogar 13 Prozent seines Gewichts aus. Doch trotz dieser Zunahme des Knochenanteils sind nicht alle Säugetiere gleich robust, und die größeren sind zerbrechlicher, als sie aussehen.[10] Oder wie D'Arcy Thompson es ausdrückt:"Elefanten und Nilpferde sind so schwerfällig wie dick, und ein Elch ist gezwungenermaßen weniger graziös als eine Gazelle."

Mit zunehmender Größe bekommen Stützen somit Probleme von denen die Bänder nichts wissen. Gibbonaffen sind ein interessanter Fall, da sie sowohl auf ihren zwei Füßen laufen, als sich auch mit ihren Armen von Ast zu Ast schwingen. Ihre Arme sind dabei fast vollständig unter Zugspannung.[11] Das Gewicht ist in beiden Fällen dasselbe, aber die Armknochen sind länger und dünner als die Beinknochen. Bänder können lang sein, doch Stützen sollten so kurz wie möglich sein.

Die Stabilität. Stützen und Bändern unterscheiden sich hinsichtlich ihrer Stabilität in einer eigenartigen aber durchaus nachvollziehbaren Weise. Hat eine Stütze einmal begonnen sich zu biegen, geht es rasch weiter und sie bricht zusammen. Die Einstürze der Kathedrale von Beauvais müssen beeindruckend gewesen sein. Das Problem: Sobald eine Stütze sich biegt, verliert sie an Stärke, sie biegt sich noch mehr und wird noch schwächer. Zum Teil beruht diese Instabilität auf einer zunehmenden Hebelwirkung, wenn sich die Stütze nach außen biegt, teilweise liegt es aber auch an der Art, wie Querrisse sich mit zunehmender Biegung rascher ausbreiten. Der Ingenieur Michael French bemerkte einmal, dass Samson die Tempelsäulen nur bis zu einem kritischen Punkt durchbiegen musste, danach erledigte das Dach den Rest.

In dieser Hinsicht ist ein Band intrinsisch stabil. Bindet man ein Seil zwischen zwei Pfosten und hängt in die Mitte ein Gewicht, wird sich das Seil nach unten durchbiegen. Mehr Gewicht bedeutet ein tieferes Durchhängen, wobei sich entweder die Pfosten zur Mitte biegen oder das Seil straffer gespannt wird. Für die Stabilität wie auch für eine allgemeine Vergrößerung der Struktur sind Bänder besser als Stützen. Wiederum reagiert die Natur vernünftig. Große Säugetiere haben vielleicht einen relativ größeren Knochenanteil, aber sie sind nicht muskulöser. Vierzig Prozent Muskeln reichen für uns alle.

Der Aufwand. Bauen mit Bändern ist trickreicher als mit Stützen. Stützen ergänzen sich leicht; sie lassen sich stapeln und die Schwerkraft ersetzt den Kleber. Wie schon einige Male erwähnt wurde, sind Bänder untereinander oder mit Stützen schwer zu verbinden. Techniken der Fixierung und Haftung waren eine

Herausforderung für jede Kultur, die nicht nur Steine oder Blöcke aufeinandergestapelt hat. In einer Kuppel lastet auf der unteren Peripherie beispielsweise eine Spannung. Schwere Eisenketten, versteckt im Mauerwerk, laufen um die große Kuppel von Brunelleschis Kathedrale Santa Maria del Fiore in Florenz.[12] Da die ringförmigen Ketten mit sich selber verbunden sind, konnte Brunelleschi das Problem einer Spannungshalterung umgehen. Ein anderes Problem für Bänder ist die Schwerkraft. Die meisten unserer Konstruktionen erstrecken sich von der Erdoberfläche nach oben. Das ist ausschließlich mit Stützen machbar, aber nicht alleine mit Bändern. Holzschiffe sind eine besondere Herausforderung, und traditionsgemäß erfreuen sich Schiffsbauer eines höheren Ansehens als Zimmermänner. Nach einem alten Sprichwort ist ein schlechter Schiffsbauer immer noch ein guter Zimmermann.

Doch auch bei gewöhnlichen Konstruktionen werden Bänder verwendet. Normale Fachwerkhäuser mit spitzen Dächern haben horizontale Träger (Dachbalken), die im rechten Winkel zum Dachfirst stehen. Sie bilden oft den Boden eines Dachgeschosses. Zwei Dachträger (Sparren) und ein Dachbalken bilden ein Dreieck (Abbildung 7.6). Durch die Schwerkraft übt das Dach eine Kraft aus, die die Wände zur Seite drücken will. Der Dachbalken dient als Band, das die Wände zusammenhält. Dachbalken sind jedoch nicht die einzige Möglichkeit, ein Spitzdach zusammenzuhalten. Eine Alternative sind wiederum Außenstreben wie in gotischen Kathedralen oder manchen Häusern mit Dreiecksrahmen. Sie drücken von außen gegen den oberen Teil der Wände und liefern so einen Gegenkraft. Eine andere Möglichkeit, die beispielsweise meinem Haus

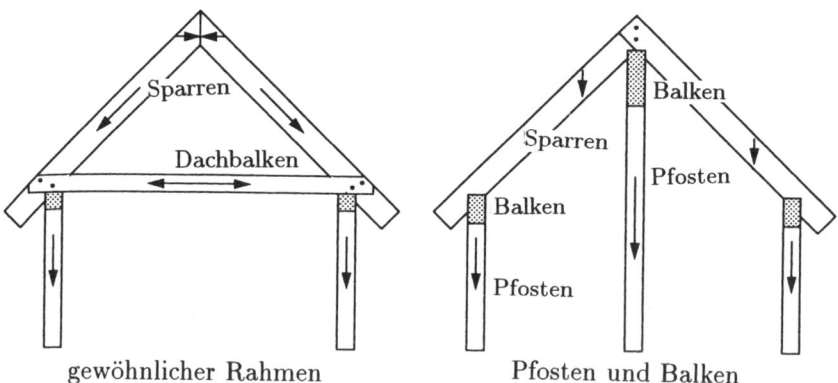

Abbildung 7.6: Ein gewöhnliches Dachgeschoss, bei dem horizontale Dachbalken als spannungsreduzierendes Element wirken, und ein Pfosten-und-Balken-Haus, das ohne horizontalen Dachbalken auskommt.

die angenehme Offenheit eines kathedralenartigen Dachstuhls gibt, besteht in einem langen, festen Balken direkt unterhalb des Firstes, der durch unauffällige vertikale Säulen getragen wird. Dieser horizontale Firstbalken (Firstpfette) verhindert das Auseinanderspreizen der Dachsparren.

Aus irgendwelchen Gründen lassen solche statischen Zugspannungsprobleme die Natur kalt. Gelegentlich reißt sich eine Sehne von einem Knochen los, doch das bekannteste Beispiel eines Bruchs durch zuviel Spannung – die Trennung von Blättern, Samen oder Früchten von ihren Mutterpflanzen – lässt sich kaum als Defekt bezeichnen.

Unsere Vorliebe für Metalle. Für eine Struktur, die weitgehend aus Bändern besteht, ist es gar nicht so leicht, die vom Menschen so geliebte Härte zu haben. Eine Kette oder ein Stahlkabel sind vielleicht hart im Sinne von zugfest, nicht aber im strukturellen Sinne: Sie lassen sich leicht biegen. Das ist die Kehrseite von Länge und Schlankheit, die bei Bändern fast beliebig sein kann. Da die Natur keinen großen Wert auf strukturelle Härte legt, kann sie die Vorteile von Bändern besser nutzen.

Nirgendwo haben wir Zugbänder für größere Konstruktionen eingesetzt als bei Hängebrücken. Abgesehen von primitiven Hängebrücken aus Kletterpflanzen ist diese Form erst möglich geworden, seit uns relativ billiges Metall – zuerst Schmiedeeisen und dann Stahl – zur Verfügung steht. (Die meisten Hängebrücken verwenden Stahldrähte sowohl für die Hauptkabel, hier als verschlungene Bündel, als auch für die Fahrbahnaufhängung. Eine nette Hängebrücke aus Schmiedeeisen spannt sich jedoch über die Schlucht des Avon bei Bristol in England. Sie nutzt keine Drähte. Die Hauptkabel bestehen aus knochenförmigen Gelenkteilen (Augenstäben), die durch querlaufende Stifte verbunden sind, und die Aufhängung besteht aus sehr langen Stangen, die von diesen Verbindungsstiften herabhängen. Sie wurde 1831 von dem großen Ingenieur Isambard Brunel entworfen. Als sie schließlich 1864 gebaut wurde, war Stahl billiger geworden und die Brücke schon veraltet.) Hängebrücken sind biegsame Konstruktionen. Vor über einem Jahrhundert empfand man sie als ungeeignet für Eisenbahnlinien. Eine Dampflokomotive ist eine schwere, bewegliche Last – eine schlechte Kombination. Zumindest bei einer Gelegenheit zeigte sich die Flexibilität einer Hängebrücke als Nachteil. Das bekannteste Brückenunglück in Amerika war der Sturz der Tacoma Narrows Hängebrücke in den Puget Sound im Jahre 1940. Der Auslöser waren heftige Schwingungen, hervorgerufen durch das Zusammenspiel des Windes aus einer bestimmten Richtung mit der Decke dieser schmalen, graziösen, aber biegsamen Brücke.[13] Der Zusammenbruch dauerte rund eine Stunde, und ein Film, den seither fast jeder Student der Ingenieurwissenschaften gesehen hat, hat dieses Ereignis verewigt.

Noch einmal Spannung und Druck

Erinnern wir uns, dass eine Belastung am Ende eines vorstehenden Trägers die Oberseite dehnt, die Unterseite zusammendrückt und die Mitte schert. Wie können wir einen effizienten Träger entwerfen? Eine verbreitete Lösung ist der I-Träger, der seinen Namen seinem I-förmigen Profil verdankt. Seine Vorzüge hängen teilweise mit der Eigenschaft von Metallen zusammen, sich unter Zug- und Druckkräften ähnlich zu verhalten. Die identischen oberen und unteren Gurte (die Serifen des I) enthalten sehr viel Material ober- und unterhalb der Mittellinie und geben dem Träger so eine hohe Biegefestigkeit. Der vertikale Steg nimmt die Scherkräfte auf.

Doch es geht noch etwas besser. Wir können den vertikalen Steg durch ein Gitter oder Fachwerk aus Diagonalelementen ersetzen. Um den Scherkräften widerstehen zu können, müssen die Elemente diagonal verlaufen, da vertikale Verbindungsstücke leicht zusammenklappen würden, wenn der einseitig eingespannte Träger in ein Parallelogramm zusammensackt; denken Sie an Abbildung 7.2. Einen solchen Träger wie in Abbildung 7.7 nennen wir auch einen Fachwerk-Träger, doch es hat sich eigentlich wenig geändert. Betrachten wir die Diagonalverstrebungen etwas genauer: Die Hälfte der Diagonalen unterliegen einer Zugspannung, die andere Hälfte einem Druck. Wie die Ober- und Untergurte können die beiden Diagonalen aus Metall gleich sein. Doch wenn wir die unter Zugspannung stehenden Stäbe durch Stahlseile ersetzen, können wir Gewicht sparen. Natürlich verlieren wir dadurch etwas an Starrheit, und außerdem müssen wir uns auf Belastungen beschränken, die nach unten gerichtet sind, da anderenfalls die Seile schlaff werden. Wir können sogar noch etwas weiter gehen. Wenn die Belastung grundsätzlich nach unten gerichtet ist, spürt der obere Gurt immer nur Zugspannung und kann ebenfalls durch ein Stahlseil ersetzt werden – wiederum auf Kosten der Starrheit. Stützen und Bänder sind nun leicht als feste Balken und Seile erkennbar.

Die Natur verwendet solche spezialisierten Trägersysteme, um die Köpfe vieler Säugetiere zu stützen, wie D'Arcy Thompson schon vor langer Zeit darlegte.

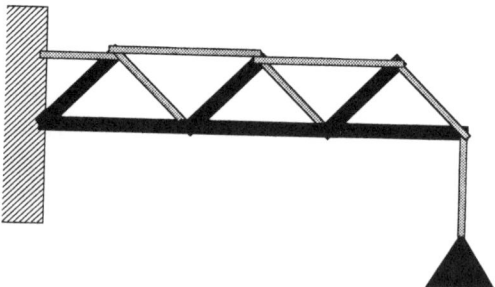

Abbildung 7.7: Ein einseitig eingespannter Fachwerk-Träger. Die unter Druck stehenden Elemente sind dunkel und dicker gezeichnet.

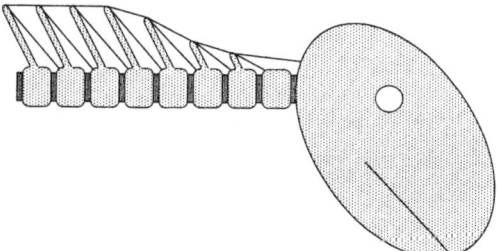

Abbildung 7.8: Ein anderer vorstehender (entsprechend idealisierter) Träger. Hier halten die Wirbel, Bandscheiben, Muskeln, Sehnen und Bänder den Kopf eines großen Säugetiers. Unter Zugspannung stehende Elemente sind als Linien gezeichnet.

Wie in Abbildung 7.8 erkennbar, besteht der untere, druckresistente Gurt aus den Wirbeln im Nacken- und Brustbereich sowie den knorpeligen Bandscheiben zwischen ihnen. Der spannungsresistente obere Gurt besteht aus Muskeln und dem in Kapitel 2 erwähnten Ligament, das sehr viel dehnbares Elastin enthält. Die unter Druck stehenden Diagonalelemente sind knöcherne Fortsätze der Wirbel, und die unter Spannung stehenden, entgegengesetzt gerichteten Diagonalelemente bestehen aus weiteren Muskeln, Sehnen und Bändern.[14] Das Ganze mag flexibel sein, doch es geht auch nicht darum, einen steifen Nacken zu haben. Die in der Technologie des Menschen verwendeten Träger unterscheiden demgegenüber selten zwischen ihren Stützen und ihren Bändern. In gewisser Hinsicht konstruieren wir nur Stützen und benutzen die Hälfte von ihnen als Bänder, wobei wir die leichte Zunahme an Gewicht wegen der einfacheren Konstruktion und der größeren Stabilität in Kauf nehmen.

Ein Pferd trägt einen Großteil seines Gewichts auf seinen Vorderbeinen. Diese sind ebenso wenig direkt mit der Wirbelsäule und dem Brustkasten verbunden wie die Räder eines Autos mit der Karosserie. Selbst die besten Straßen haben Unebenheiten, daher benötigen Fahrzeuge eine Aufhängung – zumindest Federn, vielleicht auch Dämpfer, um die Federn von wiederholter Rückfederung abzuhalten (wie im Zusammenhang mit der Spinnseide erwähnt). Wenn sich Straße und Karosserie annähern, werden die Federn zusammengedrückt; wenn sie sich voneinander entfernen, werden die Federn gedehnt. Doch sowohl das Pferd als auch das Auto haben ein Gewicht, d.h., die Federn stehen selbst bei glatter Straße unter Anspannung – die sogenannte Vorlast. Eine Aufhängung kann so entworfen sein, dass sowohl die Vorlast als auch die aktive Belastung entweder als Zugspannung oder als Druck wirken. Ein Gewicht (wie ein Reiter) oder ein Antigewicht (wie ein Schlagloch) können auf beide Arten wirken, abhängig von der Art der Aufhängung.

Pferd und Auto benutzen entgegengesetzte Prinzipien mit Belastung und Vorlast umzugehen. Wie Abbildung 7.9 zeigt, hängt der Körper eines Pferdes an seinem Schultergürtel. Kräftige Muskeln, Sehnen und Bänder spannen sich von der Scapula (beim Menschen das Schulterblatt) zum Rückgrat und Brustkorb herab. Ein zusätzliches Gewicht auf dem Pferd erhöht die Spannung

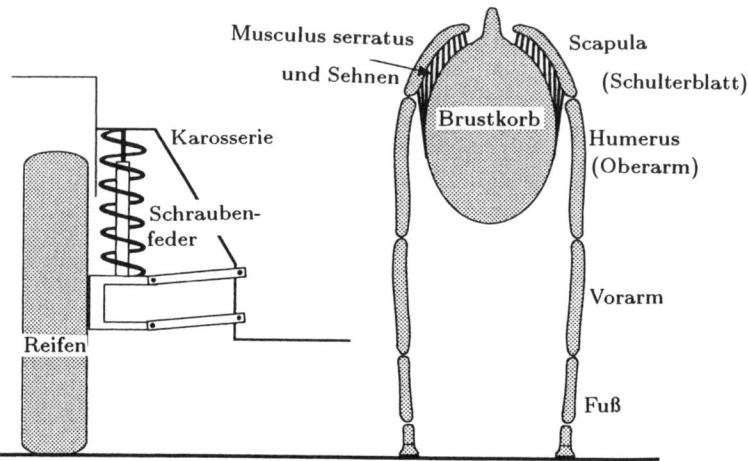

Abbildung 7.9: Autokarosserien werden gewöhnlich von zusammengedrückten Spiralfedern in der Nähe der Räder getragen, während Pferde und andere vierfüßige Säugetiere eine Zugaufhängung besitzen. Ihre Brust hängt praktisch an ihrem Schultergürtel und Vorderbein.

dieser Komponenten über ihre Vorlast hinaus. Ein Druck auf das Gesamtsystem dehnt seine Federn! Bei den meisten Autos sind Federn so angebracht, dass eine Zunahme des Autogewichts sie zusammendrückt. Metallfedern reagieren sowohl auf Druck als auch auf Spannung gut, und es wurden auch Autos gebaut, die (wie Pferde) tatsächlich an ihrer Aufhängung hängen. Solche Autos haben eine etwas irritierende Art, sich bei einer Kurve nach innen statt nach außen zu lehnen, da sich ihr Schwerpunkt unterhalb der Aufhängungsbefestigung befindet.[15] Berücksichtigt man alle anderen Vorgaben und Beschränkungen an die Konstruktion, so sind zusammengepresste Federn unter der Karosserie einfach bequemer. Wir verwenden jedoch nicht nur Zug- und Druckfedern, sondern auch Biegefedern, Verdrehungsfedern und manchmal sogar Scherfedern – Federn für alle erwähnten Belastungen.

Die Federn in der Natur zeigen weniger Vielfalt. Nur in seltenen Fällen, wie beim den Muschelschlössern, wird Energie bei Druck statt bei Dehnung absorbiert. Noch seltener dienen Knochen oder Teile eines Außenskeletts als Biegefedern, wie die Blattfedern bei manchen Autos. Ein Beispiel ist das Brustbein bei Vögeln während des Fluges.[16] Die weitaus meisten natürlichen Federn arbeiten durch Dehnung.

Eine beabsichtigte Vorlast ist jedoch mehr als nur eine kleine Annehmlichkeit bei Fahrzeugaufhängungen. Beide Technologien können so ihre Materialien effektiver auslasten. Wir nutzen die Vorlast besonders effektiv bei sogenanntem Spannbeton. Durch einen solchen Betonblock verlaufen Stahlstäbe, die vor dem Gießen gedehnt oder anderweitig unter Spannung gesetzt und während des Aushärtens des Betons unter dieser Spannung gehalten wurden. Der Stahl hat dann eine Spannungsvorlast und der Beton eine Druckvorlast. Eine Dehnung des Betons nimmt ihm lediglich etwas von seiner Drucklast und verschleiert so seine Schwäche unter Zugspannungen. Manchmal gehen wir sogar noch einen Schritt weiter. Mit gebogenen Stäben können wir langen Blöcken durch leichtes Biegen eine Vorspannung geben, die dann durch ihr Gewicht und ihre Nutzlast ausgeglichen werden. Vorspannung bedeutet nicht nur Verstärkung und Verhinderung von Brüchen, wie bei Beton, der um Stahlstäbe gegossen wird; sie hat insgesamt ihre Vorteile.

Umgekehrt kann man Materialien, die sich unter Druck schlecht verhalten, auch eine Zugspannung vorgeben. Holz ist ein solches Material, und Bäume verwenden genau diesen Trick. Der innere Teil eines Baumstammes, der bei einer Verbiegung kaum beansprucht wird, steht gewöhnlich unter höherem Druck, als es dem über ihm liegenden Gewicht entspricht. Dieser zusätzliche Druck kommt von dem äusseren Holz, das unter einer Zugspannung steht. Wenn sich der Stamm biegt wird die Außenseite des Stamms gedehnt; diese Belastung verträgt Holz recht gut. An der Innenseite der Biegung wird der Stamm jedoch zusammengedrückt, was Holz normalerweise nur schlecht aushält. Doch dieser Druck löst nur eine bereits existierende Zugspannung, wodurch der Werkstoff Holz besser genutzt werden kann.

Formen von Bändern und Stützen

Kabel und Balken lassen sich kaum verwechseln, selbst wenn sie aus demselben Material bestehen. Die günstigste Form für ein Band wird selten mit der günstigsten Form einer Stütze übereinstimmen; das dürfte kaum überraschen. Zumindest sollten unter Druck stehende Elemente möglichst kurz sein, wohingegen die Länge der Zugelemente keine große Rolle spielt. Beide Technologien kennen dieses Prinzip, doch sie wenden es auf unterschiedliche Weise an.

An Hängebrücken lassen sich unseren Bemühungen wiederum gut erkennen: Sie sind groß, ihre Erbauer wollen Kosten und Belastungen durch das Eigengewicht niedrig halten, sie benutzen sowohl Spannungs- als auch Druckelemente, und die meisten Komponenten sind offen sichtbar. Die Zugelemente – die Tragbänder und die Fahrbahnhänger – sind lang und dünn. Die Druckelemente – die Türme – sehen da schon robuster aus. Wenn sie aus Mauerwerk sind, wie im 19. Jarhundert, bilden die Türme mächtige Säulen – hoch, doch alles andere als dünn. Und selbst aus Stahl sind sie noch weitaus dicker als die Tragbänder. Stahltürme können aus gitterartigen Trägergerüsten bestehen oder aus mit Platten verstärkten Rohren. Doch wie bei kompakten Säulen sind die einzelnen Träger (bzw. ihre Gegenstücke in den Plattenwänden) ziemlich kurz. Das seitliche Wegbiegen muss verhindert werden, was bei Zugbelastungen überhaupt kein Problem ist.

Auch andere Konstruktionen folgen der allgemeinen Regel, wonach einzelne Druckelemente kurz sein sollen. Die vertikalen Pfosten in den Wänden von Holzhäusern können rund drei Meter lang sein und sind jeder für sich genommen durchaus anfällig gegen ein seitliches Wegbiegen. Doch wir nageln Seitenwände und verschiedene Verkleidungen an die Pfosten und erreichen so eine recht stabile Anordnung. Selbst dünne Seitenwände können die Pfosten am Wegbiegen hindern, da sich die anfängliche Seitenbewegung noch leicht aufhalten lässt. Im weiteren Verlauf kann dieser Prozess dann allerdings sehr kraftvoll werden.

In der Natur ist das Bild weniger deutlich, obwohl uns dort eine sehr große Vielfalt an Spannungselementen zur Verfügung steht. Reine Zugspannungselemente können im Vergleich zu ihren Längen sehr dünn sein, man denke nur an die Fäden eines Spinnennetzes oder den dreißig Meter langen Seetang. Doch Strukturen, die Druck aushalten müssen, sind nicht immer dick – z.B. die Stämme mancher Tropenbäume oder die Beinknochen von Gazellen und Storchen –, obwohl diese Strukturen im Vergleich zu ihren Längen dicker sind als die Zugelemente. Hohe, hölzerne Erdpflanzen haben sich bei mehreren Gelegenheiten entwickelt. Keine Art macht dabei ausgiebigen Gebrauch von äußeren Zugspannungselementen – Halteseilen –, trotz der großen Belastbarkeit von Holz unter Zugkräften.[17] Noch eigenartiger finde ich, dass Gliederfüßer oft sehr dünne Druckelemente benutzen. Zumindest einige Mitglieder jeder größeren Gruppe von Gliederfüßern haben scheinbar kontrapoduktiv dünne Gliedmaßen: Lange, dünne Beine kennzeichnen die Schnaken (Insekten), Weberknechte (Spinnen), Spinnenkrabben (Krebstiere), einige Hundertfüßer (Tausendfüßer) und Seespinnen (Pycnogoniden). Alle haben Gelenke und Muskeln, sie stehen also unter Druckbelastung. Abbildung 7.10 zeigt einige dieser mechanisch bizarr aussehenden Kreaturen. In unserem Buch der Biomechanik fehlen noch ganze Kapitel!

Eine Tiergruppe verdient besondere Erwähnung. Wie in Kapitel 4 beschrieben, werden die meisten Schwämme von winzigen, harten Nadeln aus Kalziumsalzen oder Quarz (im wesentlichen Glas) gestützt, die durch flexible Polster eines Proteins, ganz ähnlich dem Protein in unseren Bändern, zusammengebunden sind. Die gesamte Tiergruppe besitzt praktisch keine richtigen Muskeln, d.h., sie brauchen keine langen, steifen Träger, an denen diese Bänder ziehen. Da diese Einschränkung fehlt, ist die allgemeine Regel zu Druckelementen ausschlaggebend. Ihre harten Teile, die druckresistenten Nadeln, sind weniger als einen Millimeter lang.[18] Schwämme sind nicht alle klein oder schwach – manche werden einen Meter hoch und überleben Wirbelstürme und Taifune –, doch solche Schwämme sind ziemlich flexibel.

Formen von Bändern und Stützen

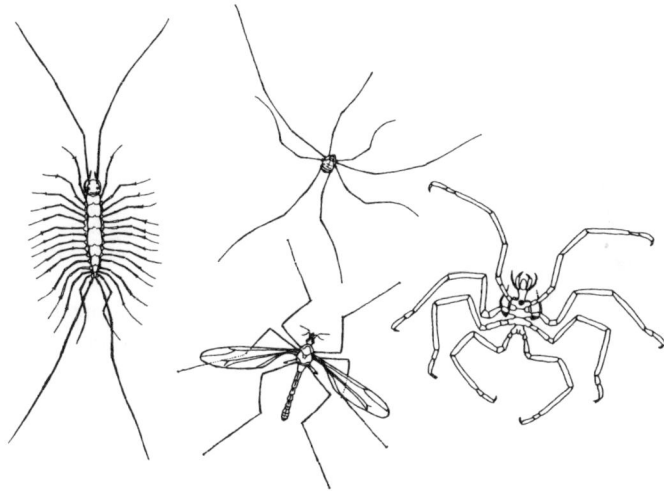

Abbildung 7.10: Einige Gliederfüßer mit sehr langen, dünnen Beinen: Spinnennassel (links), Weberknecht (Mitte oben), Schnake (Mitte unten) und eine Seespinne oder Pycnogonide (rechts, wesentlich vergrößert).

Von den Schwämmen bringt uns ein kleiner Sprung zu etwas, dem wir noch nicht begegnet sind: einem attraktiv erscheinenden Prinzip, das von keiner der beiden Technologien in größerem Stil genutzt wird. Wo Stützen und Bänder verschiedene Elemente sind, erwarten wir, dass die Stützen ein zusammenhängendes Netzwerk bilden, bei dem die Bänder hier und dort eingefügt sind. Wie sonst könnte eine Struktur etwas anderem als reinen Zugkräften widerstehen? Tatsächlich ist ein solches zusammenhängendes Netzwerk aus Stützen nicht notwendig. Es gibt Strukturen, die Biege-, Dreh- und Druckkräften standhalten, und bei denen die zusammenhängende Anordnung – man kann es kaum einen Rahmen nennen – nur aus Bändern besteht. Die Stützen müssen untereinander keinen Kontakt haben. Es ist nicht bekannt, ob solche Strukturen von einer bestimmten Person erfunden wurden, aber die wesentlichen Patente hat R. Buckminster Fuller, der dieses Prinzip Tensegrity nannte.[19] In einer für ein Patent bilderreichen Sprache redet er von „Inseln des Drucks in einem Meer aus Spannung".

Eine Zeichnung wie in Abbildung 7.11 zeigt deutlicher als Worte, wie beispielsweise ein Turm oder Mast ohne untereinander verbundene Stützen aufrecht stehen kann. Die Idee besteht darin, Bänder überall dort anzubringen, wo ein Stoßen, Biegen oder Drehen der gesamten Struktur die Zugspannungsbelastung erhöht. Bänder halten schließlich nur Zugbelastungen stand und fallen bei jeder anderen Art von Belastung hoffnungslos in sich zusammen. Türme

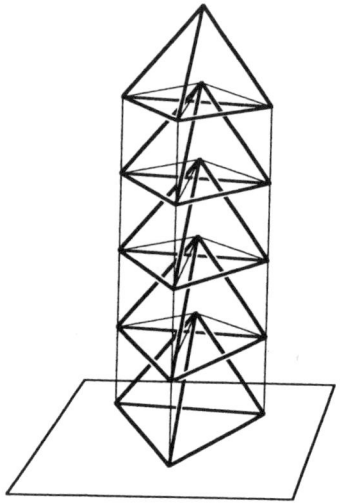

Abbildung 7.11: Ein Tensegrity-Turm oder Mast. Die stützenden Tetraeder berühren sich nicht direkt, sondern stehen nur über eine Gruppe von Bändern in Verbindung, trotzdem steht der Mast aufrecht. Man könnte sich vorstellen an einem Seil zu ziehen, und der Fahnenmast wird gleichzeitig mit der Fahne gehisst. Ein Tensegrity-Turm erlaubt solch eine intuitive Unsinnigkeit.

oder Maste sind nicht die einzig möglichen Tensegrities. Auch Kuppeldächer sind nicht schwer zu entwerfen. Ich bin sicher, dass man ein Stoffzelt bauen kann, bei dem die Taschen für die stabilisierenden Stangen untereinander nicht verbunden sind; vielleicht gibt es das schon. Die Hauptnachteile von Tensegrity-Strukturen sind generell die Nachteile von Strukturen, die auf Zugspannungselementen basieren: die fehlende Starrheit und die Abhängigkeit von Befestigern bzw. Klebstoffen. Tensegrity bleibt daher im wesentlichen eine Kunstform.

Schwämme benutzen dieses Konzept zumindest in der Hinsicht, dass ihre Nadeln im Allgemeinen nicht direkt miteinander in Verbindung stehen. Doch die Anordnungen dieser Nadeln haben nur bedingt eine Ähnlichkeit mit den Entwürfen von Fuller, vermutlich weil sogar Tensegrities immer noch steifer sind, als es für Schwämme sinnvoll wäre. Diese Tiere versuchen nicht, die Flexibilität zu minimieren, sondern sie zu akzeptieren. Nadelförmige Skelette – d.h. spannungsresistente Gewebe, in das kleine Teile aus hartem Material eingebaut sind – gibt es nicht nur bei Schwämmen. Sie treten unter anderem auch bei einigen weichen Korallen, Seegurken und Entenmuscheln auf. Doch sie haben noch weniger Ähnlichkeit mit den Konstruktionen von Fuller, sondern sehen eher wie eine Kreuzung zwischen abgeänderten Tensegrity-Strukturen und Verbundstoffen aus.[20]

Meine beste Vermutung, warum Tensegrity von der Natur nicht entwickelt wurde, ist ebenso indirekt, wie die Gründe, die ich für das Fehlen von Metallen angegeben hatte. Wo Härte wichtig ist, sind Tensegrities zu flexibel, und wo Flexibilität erlaubt ist, gibt es etwas Besseres. Damit kommen wir zur extremsten Form der Stützung durch Spannungskräfte, den hydrostatischen Systemen.

Fluide Stützen und helikale Bänder

Nun kommen wir zu einem Teil, das zumindest der Hälfte von uns sehr vertraut ist. Betrachten Sie Ihren Penis oder den ihres Partners. Im rein evolutionären Sinne hängt die Fitness von der Steifheit ab. Nicht zusammenhängende Trägerelemente waren schon seltsam, doch hier haben wir eine steife Struktur, die überhaupt keine festen Trägerelemente hat! Muss ein Träger wirklich aus festem Material bestehen, um Druckkräften standhalten zu können? Tatsächlich nein. Betrachten wir die Eigenschaften der drei üblichen Zustände von Materie. Festkörper halten Zug-, Druck- und Scherkräfte aus; Flüssigkeiten widerstehen Zug- und Druckkräften; Gase widerstehen nur Druckkräften.[21] Alle drei Materiezustände schlagen also zurück – sie widerstehen Druck – wenn sie in eine Ecke gedrängt werden. Ein Fluid, flüssig oder gasförmig, kann somit als Träger dienen. Das klingt zunächst eigenartig, doch vielleicht haben wir uns nur noch nicht ausreichend nach geeigneten Trägersystemen umgeschaut. Fluide Träger wären sicherlich wirtschaftlich; Wasser und Luft gibt es genug. Doch wie können wir solche Systeme bauen?

Die Herstellung eines fluiden Trägers ist nicht schwer. Man muss das druckresistente Fluid lediglich mit einer spannungsresistenten Hülle umgeben und erhält so eine ausreichend steife und feste Struktur mit einer wohldefinierten Form. Wir reden hier nur von einem luftgefüllten Ballon oder einem wassergefüllten Feuerwehrschlauch.[22] Doch um die Neugier nicht zu sehr zu strapazieren: Wir sprechen auch über bestimmte durch Luftdruck gestützte Luftschiffe und Gebäude, über viele Würmer, eine Unzahl an Zellen – und eine Menge Penise. Natürlich hängen die Eigenschaften der Struktur davon ab, ob sie mit einem Gas oder einer Flüssigkeit gefüllt ist. Wasser ist achthundertmal dichter als Luft und wesentlich widerstandsfähiger gegenüber Druck. Ein wassergefüllter Ballon hat ein nahezu konstantes Volumen, unabhängig von der Belastung, doch seine Form wird von der Schwerkraft bestimmt. Andererseits wird die Form eines luftgefüllten Ballons von der Schwerkraft kaum beeinflusst, doch das Volumen kann sich stärker verändern. Es gibt kein einzelnes Wort für solche aufgeblasenen, unter Überdruck stehenden, ballonartigen Strukturen: Sind sie mit Wasser gefüllt, bezeichnet man sie als hydrostatisch, sind sie mit Luft gefüllt als aerostatisch.

Gummiballons eignen sich in der Praxis jedoch nicht für solche unter Überdruck stehende Körper. Einerseits ist Gummi nicht besonders fest, d.h., die ganze Struktur wird etwas schlaff. Außerdem ist die Spannungs-Dehnungskurve von Gummi nahezu gerade, statt nach oben gekrümmt zu sein. Daher neigen Ballons zu Aneurysmen (wie in Kapitel 5 erläutert wurde); ein zylindrischer Ballon bläst sich nicht gleichförmig auf. Außerdem wird durch das Aufblasen eine gefährliche Menge an elastischer Energie gespeichert, d.h., ein Ballon zerplatzt mit Wucht. Ein weniger dehnbares Material eignet sich daher besser. In

134 7. Ziehen und Drücken

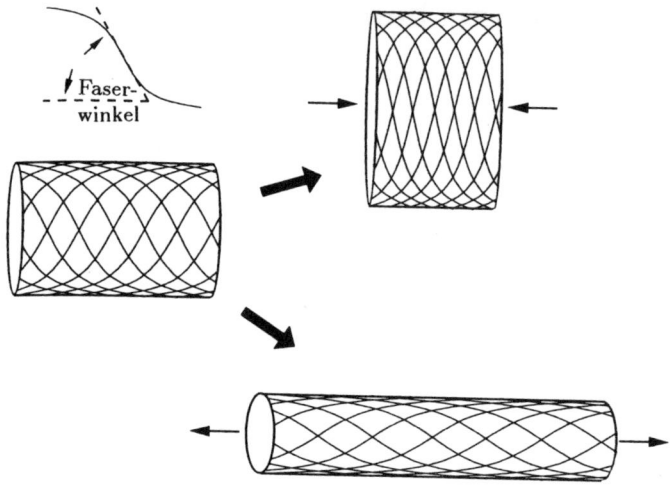

Abbildung 7.12: Wird ein mit helikalen Fasern umwickelter Zylinder zusammengedrückt, nimmt der Faserwinkel zu, wird er gedehnt, nimmt der Faserwinkel ab.

der Praxis sind komplexe, mehrkomponentige Wände aus spannungsresistenten Fasern für hydrostatische und aerostatische Strukturen weit verbreitet. Diese verlaufen meist nicht längs, sondern sie winden sich schraubenförmig um die Zylinder, helikal, wie in Abbildung 7.12.

Beide Technologien benutzen dieses allgemeine Schema, jedoch auf unterschiedliche Weise und in unterschiedlichem Ausmaß. Der Mensch wendet es nur gelegentlich an, und meist dient ein Gas als das Fluid der Wahl, wie beispielsweise in luftgestützten Gebäuden. Manchmal füllen wir das Innere jedoch auch mit einer Flüssigkeit, wie in zusammenfaltbaren Feuerwehrschläuchen und faserverstärkten Lagertanks. Die Natur nutzt diese Technik ausgiebig, und ihr Fluid der Wahl ist entweder Wasser oder ein Muskel oder Schleim. Manchmal verwendet sie auch Gas, wie bei verschiedenen schwimmenden Strukturen, beispielsweise der berüchtigten Portugiesischen Galeere.

Während die klassischen Zeppeline einen starren Rahmen hatten und in Gaszellen unterteilt waren, sind die modernen Kleinluftschiffe wirklich aerostatisch, wobei Helium der unter Druck stehende Gegenpart zu der unter Spannung stehenden Haut ist. Betritt man ein luftgestütztes Gebäude durch einen luftigen Vorraum, so überkommt einen im ersten Moment vielleicht ein seltsames Gefühl, ist man aber einmal in dem Gebäude, wird man den erhöhten Luftdruck kaum spüren. Aufblasbare Autoreifen machen eigentlich dasselbe auf kleinerer Skala und bei höherem Druck. Doch keine dieser Anwendungen ist sowohl weit verbreitet als auch groß. Noch seltener sind hydrostatische Strukturen. Abgesehen von den bereits erwähnten Schläuchen und Tanks gab noch einige entsprechend ausgestattete Lastkähne zum Transport von flüssiger Fracht und auch die Außenschichten einiger großen Raketen mit Flüssigtreibstoffen wirken wie Bespannungen.[23]

Die Natur verwendet vielleicht selten Luft, doch dafür gibt es eine Vielzahl wassergefüllter hydrostatischer Strukturen unterschiedlicher Erscheinungen und Funktionen. Einige Fälle wurden schon erwähnt. Darüber hinaus geben sie den winzigen Röhrenfüßen der Seesterne und Seeigel ihre Härte; solche Mechanismen erhöhen die vom Skelett vorgegebene Festigkeit bei schwimmenden Haien; und auch die Wasserbehälter für den Strahlantrieb von Kalmaren basieren auf diesem Prinzip. Zum Verständnis der Funktionsweise solcher Strukturen untersuchen wir, wie sich das Volumen eines zylindrischen Wasserbehälters in Abhängigkeit von seiner Länge ändert (vgl. Abbildung 7.13). Im einen Extremfall (Länge null) ist der Zylinder zu einer Scheibe ohne Volumen zusammengepresst und die Fasern laufen kreisförmig um diese Schreibe. Im anderen Extremfall (maximale Länge) wird er zu einer Linie – ebenfalls ohne Volumen – und die Fasern verlaufen in Längsrichtung. Der Zylinder hat sein größtes Volumen ungefähr in der Mitte zwischen diesen beiden Grenzfällen, wo die verstärkenden Fasern sich schraubenförmig unter einem Winkel von

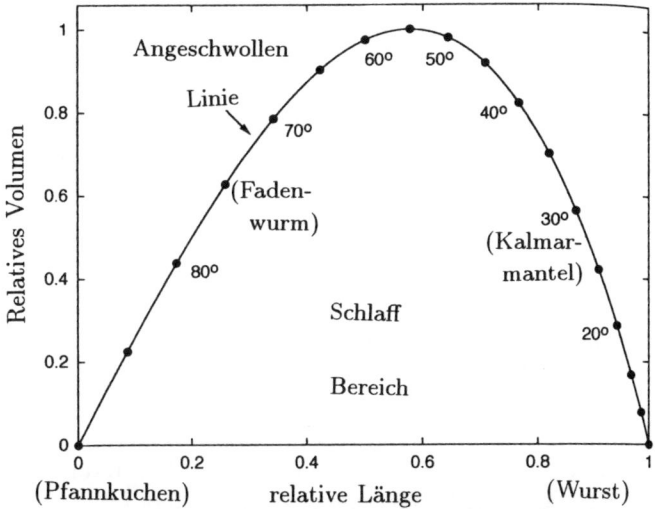

Abbildung 7.13: Die Beziehung zwischen Volumen und Länge, wenn sich der Faserwinkel (an der Kurve angegeben) verändert. Die helikalen Fasern der hydrostatischen Struktur werden als nicht dehnbar angenommen. Unterhalb der Kurve ist das System schlaff, oberhalb ist es explodiert.

fünfundfünfzig Grad – also eher kreisförmig – herumwinden. Bei diesem Winkel kann eine Erhöhung des Innendrucks mit gleicher Wahrscheinlichkeit zu einer Verlängerung wie auch Verdickung des Zylinders führen. Dieser spezielle Winkel trennt zwei verschiedene Anwendungsprinzipien, wie die Natur solche hydrostatischen Strukturen einsetzt.

Untersuchen wir zunächst, wie ein Kalmar einen Wasserstrahl herausspritzt. Er hat einen äußeren Mantel mit Muskeln, die seinen Körper nahezu kreisförmig umspannen, und helikalen Fasern, die eher längs als kreisförmig verlaufen. Zieht er die Muskeln zusammen wird der Mantel länger (wie wenn ein Zylinder aus Lehm oder Teig zusammengedrückt wird), und die Fasern verlaufen noch flacher den Zylinder entlang. Dadurch verschiebt sich das System in der Abbildung weiter nach rechts und sein Volumen wird kleiner. Wasser lässt sich nicht zusammendrücken; statt dessen spritzt es im Strahl heraus und der Kalmar ist plötzlich woanders.

Betrachten wir nun einen armen Wurm, der sich eingraben möchte. Wenn es sich um einen recht einfachen, unsegmentierten Wurm handelt, verlaufen die Fasern in seiner äußeren Hautschicht nahezu kreisförmig. Kontrahiert der Wurm seine Längsmuskeln, wird er dicker, doch dadurch verlaufen die Fasern noch reifenartiger, das System verschiebt sich in der Abbildung nach links und das Volumen des Wurms wird kleiner. Da ein Wurm ein abgeschlossenes System bildet, wird der Druck im Inneren größer und er wird steifer, was das Bohren erleichtert. Wird nur auf einer Seite ein Muskel kontrahiert, kann sich der Körper des Wurms auch krümmen. Durch Manipulation seines hydrostatischen Apparats kann ein Wurm sich somit vorwärts bewegen.[24] Für den Wurm ist das gut, für uns jedoch weniger. Denn dies ist (unter anderem) auch die Erklärung dafür, wie einige parasitische Würmer ihren Weg durch unser Fleisch nehmen können.

Bei einer weiteren Anwendung dieses Mechanismus handelt es sich nicht um einen passiven Kern aus druckresistentem Wasser, Blut oder Darminhalt, sondern alles besteht aus aktiven Muskeln. Muskeln können sich nur zusammenziehen, d.h., irgendeine Vorrichtung muss sie wieder dehnen. Hat ein Zylinder ein konstantes Volumen, wird er länger, wenn sich der Durchmesser verkleinert. Auf diese Weise können sich unsere Zungen, die Arme und Tentakeln eines Tintenfischs und sogar die Rüssel von Elefanten ausstrecken.[25] Diese „hydrostatischen Muskelsysteme" sind weit verbreitet. Die Muskeln können so angeordnet sein, dass sich der Zylinder als Ganzes relativ langsam und kraftvoll über eine kurze Distanz ausdehnen kann (wie der Rüssel eines Elefanten) oder relativ rasch und weniger kraftvoll über eine längere Distanz (wie die Tentakeln eines Tintenfischs). Eine ausführlichere Erklärung werden wir im Zusammenhang mit der Untersuchung von Hebeln geben. Hier geht es um etwas anderes: Druckresistente Elemente, also Träger, müssen nicht immer aus festen Materialien bestehen.

Fluide Stützen und helikale Bändern

Noch zwei abschließende Fragen zu aerostatischen und hydrostatischen Systemen. Erstens, warum setzt die Natur hydrostatische Tragelementen so häufig und vielfältig bei Organismen ein, die im Wasser leben, aber nur selten bei Landbewohnern? Hydrostatische Systeme können zwar nur mit Flüssigkeit funktionieren, doch auch Landbewohner sind voll davon. Unsere Zungen und Penise, einige Pflanzenzellen und kleinere Stiele sowie ein paar weitere Fälle sind nichts im Vergleich zu den vielen Wurmarten, Schnecken- und Seesternfüßen, sämtlichen Tintenfischarmen und Haien. Ich vermute, und diese Vermutung könnte für die praktische Anwendung dieser Mechanismen durch den Menschen relevant sein, dass die Gravitation ein schweres Problem darstellt. Trotz der Penise sind hydrostatische Systeme nicht besonders hart. Wenn die Schwerkraft dominiert und Organisimen sich vom Boden erheben wollen, kann das ein großer Nachteil sein. Baumstämme und lange Knochen beispielsweise dürfen sich nicht leicht biegen, wenn Bäume und Säugetiere aufrecht stehen bleiben sollen.

Die zweite Frage bezieht sich auf gewisse Unterlassungen in der Natur. Sie baut keine Luftschiffe – keine Flugmaschinen, die leichter sind als Luft. Ein Flug mit schweren Geräten, schwerer als Luft, ist nicht billig, und eine gute Verbreitung ist für das Schema der Natur wichtig. Ein Luftfahrzeug, leichter als Luft, wäre für eine passive Verbreitung ideal. Kann die Natur keinen Wasserstoff herstellen? Unwahrscheinlich – die Photosynthese in jeder grünen Pflanze beginnt damit, Wasser in Sauerstoff und Wasserstoff zu zerlegen. Jede einzelne unserer Zellen spaltet ständig Wasserstoff von Fetten oder Kohlehydraten ab, um gespeicherte Energien freizusetzen. Meine wenn auch nicht sehr überzeugende Vermutung hängt mit der Größenordnung zusammen. Die Natur beginnt mit kleinen Dingen und hält vielleicht winzige, luftschiffartige Saatkörner oder Früchte für zu kompliziert in der Herstellung oder für nicht sinnvoll. Damit die Sache nicht zu träge wird, darf die Wanddicke einen bestimmten Bruchteil des Durchmessers nicht überschreiten. Ein sehr kleines Luftschiff muss daher eine sehr dünne Wand haben, womit die Gasdurchlässigkeit und die mechanische Haltbarkeit wieder zu einem Problem werden.

In diesem Buch dient die Technologie der Natur dazu, unsere eigene Technologie unter einem neuen Blickwinkel zu sehen. Diesen Blickwinkel erhält man vielleicht auch, wenn man das analytische Denken des Wissenschaftlers einmal aufgibt und sich im synthetischen Denken eines Ingenieurs versucht. Als Übung in kreativer Synthese können Sie (auf dem Papier) versuchen, eine alternative Technologie zu entwerfen, die auf Seilen, hydrostatischen Systemen oder anderen Spannungselementen beruht. Stellen Sie sich eine Kultur vor, deren feste Materialien nur Zugspannungen, aber keinen Druck aushalten, eine Kultur in einer Welt, in der nur Fluide, flüssig oder gasförmig, einem Druck widerstehen können. Wie würden Gebäude, Fahrzeuge, Möbel und andere Alltagsgegenstände und -maschinen aussehen und funktionieren?

Kapitel 8

Maschinen für die mechanische Welt

Bisher haben wir hauptsächlich statische Systeme betrachtet. Wir haben uns die geometrischen, werkstoffspezifischen und strukturellen Aspekte von Gebäuden, Brücken und ihren lebenden Gegenstücken angeschaut. Wir wenden uns nun dynamischen Systemen zu, die sich in Teilen oder als Ganzes bewegen. Ob lebend oder nicht, die grundlegenden Prinzipien gelten für beide, doch wiederum werden sich die praktischen Unterschiede als sehr verschieden erweisen.

Eine bewegliche Maschine benötigt zwei oder drei Arten von Komponenten. Erstens muss dem System Energie zugeführt werden. Weder die Technologie der Natur noch die des Menschen *erzeugt* Energie in irgendeinem normalen Sinne, sondern beide beziehen sie aus äußeren Quellen. Etwas unüblich verstehen wir hier unter „Maschinen" alle Vorrichtungen, bei denen nichtmechanische Energie mechanischen Systemen zugeführt wird. Diese Maschinen nutzen verschiedene Energieformen, wie Wärme oder Elektrizität, um zu stoßen, zu ziehen, zu wachsen, zu schrumpfen, zu biegen, zu drehen oder zu gleiten. Zweitens muss diese Energie für eine bestimmte Aufgabe eingesetzt werden, wie galoppieren, Körner mahlen oder Gold sammeln. In einer weiteren unüblichen Definition bezeichnen wir alle notwendigen Schalt- oder Kupplungsgeräte, angefangen bei einfachen Kabeln und Schaften bis hin zu komplizierten Flaschenzügen und Zahnrädern, als Übertragungssysteme. Und drittens wird – zumindest manchmal – mechanische Energie zwischen ihrer Erzeugung durch eine Maschine und ihrem Einsatz, um etwas durch die Gegend zu bewegen, zeitweise gespeichert. Die Energie kann pulsierend zugeführt werden (wie bei den getrennten Zündungen in den Zylindern einer Maschine) oder mit Unterbrechungen (wie bei einer gewöhnlichen Handsäge), oder man braucht sie in konzentrierteren Paketen (wenn beispielsweise der langsam angewachsene Impuls eines Hammers plötzlich auf einen Nagel trifft). Alle solchen Energieakkumulatoren bezeichnen wir als Batterien. Dieses Kapitel beschäftigt sich mit Maschinen, das nächste mit Übertragungssystemen und Batterien.

Sowohl die Natur als auch der Mensch verwenden Energie noch für andere Zwecke, als nur Materie umherzubewegen: für biologisches Wachstum und die Synthese nützlicher Chemikalien, für das Aufheizen von Körpern und Gebäuden und für die Kommunikation mit Nerven oder Drähten. Abgesehen vom Big Bang, wo alles anfing, ist letztendlich die Quelle fast aller dieser Energien die Sonne. Lebende Systeme gewinnen sie mit Hilfe der photosynthetischen Aktivitäten von Pflanzen und Bakterien. Die Technologie des Menschen bezieht den größten Teil ihrer Energie aus demselben Prozess, zieht dabei aber gut gealterte Produkte – fossile Brennstoffe – vor. Beide Technologien nutzen Wind- und Wasserkraft in geringem Umfang. Im Prinzip handelt es sich dabei um andere Wege, um an die Solarenergie heranzukommen. Wir beziehen zusätzliche Energie aus Kernreaktionen und in ganz geringen Mengen aus geothermischen Quellen. Beide haben für die Natur keine Bedeutung. Und schließlich setzen wir die Maschinen der Natur selber für unsere Bedürfnisse ein – unsere eigenen Muskeln sowie die unserer Haustiere. In Abbildung 8.1 sind die verschiedenen Formen von Energietransfer schematisch dargestellt. Zwei Dinge sollen dabei deutlich werden: die zentrale Stellung der Photosynthese für beide Technologien und die größere Vielfalt der vom Menschen genutzten Prozesse.

Wieder ein Abschweifen: Wenn wir sinnvoll über Motilität – selbstständiges Bewegungsvermögen – sprechen wollen, benötigen wir noch einige zusätzliche Begriffe in ihrer wissenschaftlichen Bedeutung. Also dann...

Arbeit. Wird geleistet, wenn etwas über eine bestimmte Strecke bewegt wird, obwohl der Gegenstand sich eigentlich der Bewegung widersetzt. Quantitativ ist die Arbeit gleich der aufgewandten Kraft multipliziert mit dem Weg, über den der Gegenstand bewegt wird. Wenn Sie ein zehn Kilogramm schweres Etwas einen Meter hoch heben, dann haben sie zehn Kilopondmeter Arbeit geleistet. Der Widerstand, gegen den Sie arbeiten, ist die gravitative Anziehungskraft zwischen der Erde und der gehobenen Masse. Fünf Kilogramm um zwei Meter anzuheben erfordert dieselbe Arbeit, unabhängig wie der Gegenstand angehoben wird. Es wird auch dieselbe Arbeit verrichtet, wenn Sie mit einem Hebel, einem Flaschenzug oder einer Winde nur ein Kilopond Kraft aufwenden, aber das Ihnen zugewandte Ende der jeweiligen Hebevorrichtung um zehn Meter bewegen. Was zählt ist nur das Produkt aus Kraft und Weg, und beide müssen in dieselbe Richtung zeigen. Hebel, Flaschenzug oder Winde sind nur Übertragungssysteme.

8. Maschinen für die mechanische Welt

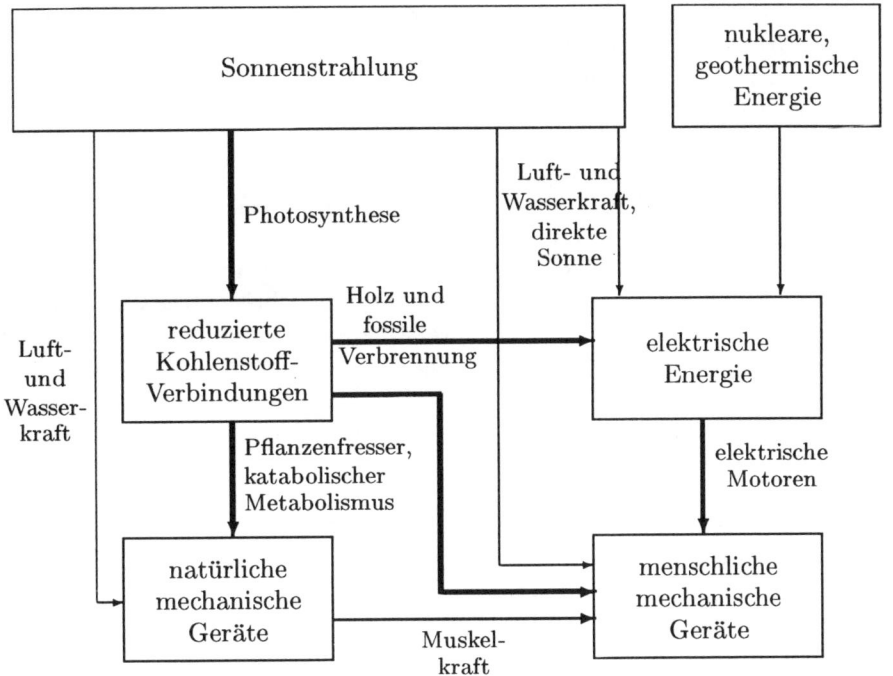

Abbildung 8.1: Wie Energie in die mechanischen Bereiche der beiden Technologien gelangt. Die Dicke der Verbindungslinien veranschaulicht die relative Bedeutung des Weges.

Energie. Das ist ein seltsamer Stoff. Doch die übliche Ausrede – „Fähigkeit zur Verrichtung von Arbeit" – wird für unsere bodenständigen Absichten ausreichen. Zwei Punkte sind hier wichtig. Erstens, Energie und Arbeit sind fast dasselbe, und wir messen auch beide mit denselben Einheiten: Kilopondmeter oder Kalorien oder (nach offiziellem wissenschaftlichen Standard) Joule. Zweitens, der Begriff der Energie erlaubt einige allgemeine Aussagen über unser physikalisches Universum. Eine davon ist ein sogenannter Erhaltungssatz: Energie wird bei keinem Prozess erzeugt oder vernichtet, sondern nur von einer Form in eine andere umgewandelt. Wenn wir davon sprechen, dass Energie „verbraucht" wurde, dann meinen wir in Wirklichkeit, dass sie von einer potenziell nützlichen Form (die Elektrizität in einer Batterie oder das hohe Wasser hinter einem Damm) in eine weniger nützliche Form (meist Wärme) umgewandelt wurde. Erhaltungssätze leisten so gute Dienste, dass Größen wie die Energie schon allein deshalb erfunden werden sollten, damit man sie formulieren kann.

Leistung. Hier geht es einfach darum, wie schnell bei einem Prozess Energie oder Arbeit verbraucht wird. Leistung ist Energie bzw. Arbeit dividiert durch die Zeit. Wir messen sie in Pferdestärken, Kilopondmeter pro Sekunde oder (offiziell) Watt. Einfach gesagt, die Leistung einer Maschine besteht darin, wie schnell sie mechanische Arbeit verrichtet, und eine Maschine hat umso mehr Leistung, je schneller sie dieselbe Arbeit verrichtet. Der Aufzug mit dem größeren Motor bringt Sie in kürzerer Zeit nach oben. Leistung kann man auch noch anders ausdrücken: Kraft mal Weg dividiert durch die Zeit ist dasselbe wie Kraft mal Geschwindigkeit. Ebenso wie eine bestimmte Arbeit aus verschiedenen Kombinationen von Kraft und Weg verrichtet werden kann, erhält man auch eine bestimmte Leistung aus verschiedenen Kombinationen aus Kraft und Geschwindigkeit. Für Dinge, die schwimmen und fliegen, ist dieser letzte Kompromiss sehr wichtig. Man kann den Treibstoff eines Flugzeugs in große, langsam rotierende Propeller oder in kleine, schnell drehende Düsentriebwerke investieren.

Wirkungsgrad. Obwohl dieser Begriff nicht kompliziert ist, müssen wir ihn vorsichtig verwenden. Der Wirkungsgrad ist das, was man aus einem Gerät herausbekommt, dividiert durch das, was man hineinsteckt. Er gibt also das Verhältnis von nutzbarer Energie zu verbrauchter Energie an. Durch den oben erwähnten Erhaltungssatz ist der Wirkungsgrad einer Maschine oder eines Systems limitiert. Man kann keinen Wirkungsgrad größer als eins oder 100 Prozent haben. Kurz gesagt, aus nichts erhält man nichts, oder noch kürzer, nichts ist umsonst. In der Realität haben alle mechanischen Geräte einen energetischen Wirkungsgrad unter 100 Prozent, d.h., ein Teil der Energie endet dort, wo er uns nichts nützt. Wenn Sie laufen, wird Ihnen warm, und Ihr Automotor benötigt ein Kühlsystem um die Hitze loszuwerden.

Die wichtigsten Daten einer Maschine sind ihre Nutzleistung (oder Leistung im Verhältnis zu Gewicht) und ihr Wirkungsgrad. Ebenfalls wichtig ist, wie sich die Nutzleistung einer Maschine verändert, wenn sich ihre Arbeitsgeschwindigkeit verändert. Viele unserer Elektromotoren haben beispielsweise nur in einem engen Geschwindigkeitsbereich eine gute Nutzleistung mit einem akzeptablen Wirkungsgrad. Die Arbeitsgeschwindigkeiten von Automotoren sind zwar weniger kritisch, aber in ihrem Bereich so eingeschränkt, dass die Maschinen teure und komplizierte Übertragungssysteme benötigen. Die altmodischen Dampfmaschinen waren wesentlich toleranter. Bei dampfgetriebenen Autos und Lokomotiven waren die Motoren direkt mit den Rädern verbunden.

Eine Vielfalt an Maschinen

Natur und Mensch nutzen Maschinen von herausragender Bedeutung und Maschinen von untergeordneter Bedeutung. Für den heutigen Menschen sind die mechanischen Hauptakteure – die ersten Beweger, wenn man will – Wärmemaschinen. Damit sind alle Kraftmaschinen mit äußerer oder innerer Verbrennung gemeint, die Treibstoff verbrennen um Dampf zu erzeugen, der dann Kolben oder Turbinen antreibt; also praktisch alle Maschinen, die wir zur Fortbewegung unserer Autos, Boote und Flugzeuge benutzen. Auch die Kernkraftwerke müssen hierzu gerechnet werden, da ihre Energie durch die Umwandlung von Wärme in unsere Systeme gespeist wird. Ein Kernkraftwerk benutzt die Wärme des Reaktors zur Erzeugung von Dampf, der wie bei einem Kohlekraftwerk Turbinen antreibt. Unsere zweite Riege besteht aus Elektromotoren. Da wir die Elektrizität jedoch nicht als solche von unserer Umwelt beziehen, lassen sie sich nicht ganz mit Wärmekraftmaschinen vergleichen. Sie brauchen Generatoren und ein System, das den Strom von einem Kraftwerk zur Küche transportiert. Neben Wärmekraftmaschinen und Elektromotoren gibt es eine lange Liste von Maschinen, deren Bedeutung jedoch eher gering ist: Wasserkraftwerke, Windmühlen, Gezeitenkraftwerke und so weiter.

Die lange Zeit wichtigste Maschine für die Menschheit war der Muskel – zunächst der menschliche Muskel, später zunehmend tierische Muskeln. Tiere mussten domestiziert und trainiert werden, und mit Hilfe von Geschirren musste ihre Kraft zum Pflügen, Schleppen oder was auch immer nutzbar gemacht werden. Geschirre – im wesentlichen Übertragungssysteme – waren vor dem Mittelalter noch sehr einfache Geräte. Die Nutzung von Wasserkraft – in Form von Wasserrädern – spielte in der klassischen Welt eine gewisse Rolle, die Nutzung von Windkraft hingegen ist, mit Ausnahme bei Segelbooten, eine junge Technologie. Im Mittelalter waren sowohl Windmühlen als auch Wasserräder verbreitet.[1] Heron von Alexandria erfand im ersten Jahrhundert n. Ch. eine Dampfmaschine, doch für die praktische Anwendung war der Entwurf nicht besonders geeignet, wie wir bei der Besprechung von Düsentriebwerken noch erläutern werden. Unsere wichtigsten Maschinen sind daher jüngeren Datums. Praktische Wärmekraftmaschinen tauchten im achtzehnten Jahrhundert auf, und Elektromotoren sind seit kaum mehr als einem Jahrhundert weiter verbreitet.

Die Maschinen der Natur zeigen kaum größere grundsätzliche Vielfalt. Die vertrauteste ist der Muskel, der, wie bereits an anderer Stelle bemerkt, rund 40 Prozent des Gewichts eines typischen Säugetieres ausmacht.[2] Es gibt auch frei bewegliche Flimmerhaare, mikroskopisch kleine Zylinder, die sich aktiv biegen können, und die dem Antrieb von Spermien und dem Transport von Schleim in unseren Atemwegen dienen. Flimmerhaare werden sowohl von großen als auch von kleinen Tieren zur Fortbewegung, zum Pumpen und zu anderen Zwecken eingesetzt. (Eigenartigerweise fehlen solche beweglichen Flimmerhaare im gesamten Stamm der Gliederfüßer – Insekten, Krebse, Spinnen, Tausendfüßer, und so weiter. Man erinnere sich in diesem Zusammenhang an die Bemerkungen in Kapitel 2 über die Einschränkungen, die durch die Abstammung auferlegt sind.) Neben diesen vergleichsweise schnellen Motoren gibt es auch einige sehr langsame aber trotzdem wichtige Maschinen, zumindest wenn wir unsere tierischen Vorstellungen von Geschwindigkeit aufgeben und den Pflanzen unsere Aufmerksamkeit zuwenden. Im Verlaufe ihres Lebens heben Maispflanzen oder Bäume das Vielfache ihres Eigengewichts an Wasser vom Boden in die Blätter. Außerdem beziehen einige Maschinen ihre Energie wie Windmühlen und Wasserräder direkt aus den Bewegungen der Luft oder des Wassers, jedoch auf andere Art und Weise.

Wenn wir Leistung relativ zum Gewicht als Qualitätskriterium nehmen, dann entsprechen die besten Maschinen in der Natur nur den einfachsten Beispielen der menschlichen Technologie. Nach diesem Kriterium sind moderne Wärmekraftmaschinen wirklich ausgezeichnet. In Tabelle 8.1 werden die Leistungen (in Watt bzw. Pferdestärken) pro Masseneinheit (Kilogramm) für einige lebende und nichtlebende Maschinen – die wir selten gleichzeitig betrachten – verglichen.

Maschine	Nutzleistung	
	(Watt/kg)	(PS/kg)
Dampfmaschine des 18. Jahrhunderts	10	0,01
Flimmerhaare	30	0,04
Skelettmuskel	200	0,27
Elektromotor	200	0,27
Automotor	400	0,54
Motorradmotor	1.000	1,36
Flugzeugmotor, Kolben	1.500	2,04
Flugzeugmotor, Turbine	6.000	8,16

Tabelle 8.1: Leistung im Verhältnis zur Masse für verschiedene Maschinen.[3]

Verbrennungsmotoren

Auf die Gefahr einer übertriebenen Vereinfachung hin kann man Wärmekraftmaschinen, d.h. Verbrennungsmotoren, auf zwei Arten unterteilen. Zum einen nach dem Ort der Verbrennung. So kann die Verbrennung außerhalb stattfinden, wobei ein Arbeitsfluid die Energie vom Erhitzer zum eigentlichen Motor bringt. Das ist bei allen Dampfmaschinen der Fall, ob kolbengetriebene Lokomotiven oder moderne Dampfturbinen. Oder sie kann in der Maschine stattfinden, wie bei unseren Automotoren, wo die Treibstoffverbrennung in den Zylindern den Druck zur Bewegung der Kolben erzeugt. Die zweite Möglichkeit der Unterteilung bezieht sich auf die Art der Bewegung. So kann die Bewegung unterbrochen bzw. wie bei Kolben hin- und hergehend sein. Oder sie ist, wie bei allen Turbinen, fortlaufend und rotierend, unabhängig davon, ob sie durch Dampfinjektion angetrieben werden, wie bei Kraftwerken, oder durch interne Verbrennung, wie bei Düsenmotoren.

Wärmekraftmaschinen gibt es nur in der menschlichen Technologie, und die Hindernisse bei ihrer Entwicklung waren beträchtlich. Es gab keine Vorgaben aus der Natur, das Verständnis der wissenschaftlichen Zusammenhänge kam langsam, und die Beschränkungen aus der Metallverarbeitung und den Metalleigenschaften machten einen beständigen Betrieb bei hohen Temperaturen für lange Zeit unmöglich.

Die frühesten praktisch nutzbaren Verbrennungsmaschinen waren dementsprechend einfach. Die während des achtzehnten Jahrhunderts sehr verbreitete Wasserpumpe für Bergwerke von Thomas Newcomen (Abbildung 8.2) war eine Kolbenmaschine mit externer Verbrennung, die Dampf bei atmosphärischem Druck als Arbeitsfluid benutzte. Die Kolbenbewegung erfolgte nicht durch die Ausdehnung des Dampfes in einem Zylinder, sondern durch den Atmosphärendruck auf die Außenseite des Kolbens, wenn Wasser in den Kessel gesprüht wurde und der Dampf durch die plötzliche Abkühlung kondensierte. Besonders hohe Temperaturen, druckresistente Verbindungsteile und sorgsam verarbeitete Kurbelwellen waren daher nicht notwendig, und die Maschine erfüllte die bescheidenen technologischen Ansprüche. Umgekehrt erforderte der geringe Druckunterschied (maximal eine Atmosphäre) zur Erzeugung der Leistung riesige Kolben, und die verschwenderische Erwärmung und Abkühlung der Zylinderwände sorgte für einen geringen Wirkungsgrad. Trotzdem haben diese großen, langsamen Maschinen gute Dienste geleistet, insbesondere wenn es darum ging, Wasser aus Kohleminen herauszupumpen, wo Treibstoffnachschub kein Thema war.[4]

Die Dampfmaschinen des neunzehnten Jahrhunderts waren wesentlich besser und effektiver hinsichtlich ihres Gewichts und Treibstoffverbrauchs, sodass sie sich und eventuell etwas Ladung zumindest auf harten Schienen und bei nur leichten Steigungen umherbewegen konnten. Ende des achtzehnten Jahrhunderts nutzte James Watt die Vorteile verbesserter Metalle und Herstellungsverfahren und baute Maschinen, bei denen der Dampf den Kolben herausdrückte, statt den Dampf im Zylinder kondensieren zu lassen und den Kolben durch die äußere Atmosphäre anzutreiben. Seine Maschinen waren auch in anderer Hinsicht besser. Gepaarte Dampfinjektionen drückten den Kolben in beide Richtungen, einlaufendes Wasser wurde durch Überschusswärme vorgeheizt, die Zylinder wurden durch kondensierenden Dampf an der Außenseite auf Temperatur gehalten und die Kolbenstangen drehten Räder statt schwingender Arme. Watt und seine Zeitgenossen träumten schon von der Dampfturbine – das Prinzip ist schließlich dasselbe wie bei einer Mindmühle oder einem Wasserrad –, doch sowohl die für eine solche Maschine notwendige Präzision als auch das Fehlen geeigneter Übertragungssysteme für solch hohe Geschwindigkeiten haben die praktische Realisierung bis ins 20. Jahrhundert verzögert.

Die Geschichte der Maschinen mit interner Verbrennung ist ähnlich, allerdings um fünfzig bis einhundert Jahre verschoben. Kolbenmotoren kamen Ende des neunzehnten Jahrhunderts in Gebrauch, Turbinen in der Mitte des zwanzigsten Jahrhunderts. Wiederum muss man die Neuartigkeit der ganzen Technologie hervorheben, die nichts Vergleichbares in der Natur kennt. Nur die Treibstoffe sind ähnlich: Kohlenwasserstoffe aus den biosynthetischen Aktivitäten von Organismen. Metalle, hohe Temperaturen, Gase unter hohem Druck, die riesigen Ausmaße der frühen Maschinen und die hohen Geschwindigkeiten der heutigen, Kolben, Kurbelwellen, Schwungräder – nichts hat sein unmittelbares Gegenstück in der Natur. Selbst die grundlegende Betriebsart dieser Maschinen ist unnatürlich: Sie arbeiten entweder mit Stößen oder mit Rotation.

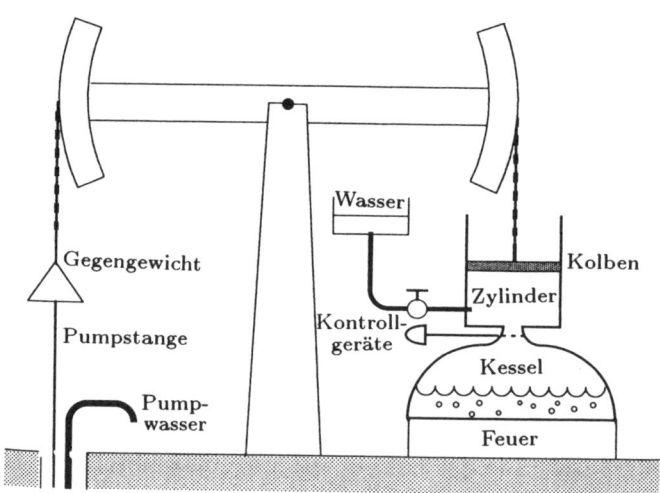

Abbildung 8.2: Die Hauptkomponenten von Newcomen's Dampfmaschine von 1712 und später. Eine riesige Kurbelschwinge verband die Kolbenkette und die Pumpkette. Der kraftvolle Schlag des Kolbens war der Schlag nach unten, wenn der Dampf durch Wasser, das in den Zylinder gesprüht wurde, kondensierte. Das Gegengewicht drückte den Kolben wieder hoch, wenn mehr Dampf in den Zylinder gelassen wurde. Bei frühen Versionen ließ eine Person an den Kontrollgeräten abwechselnd Sprühwasser und Dampf in den Zylinder.

Weshalb verwendet die Natur nichts Vergleichbares zu unseren Wärmekraftmaschinen? Weil die Grundregeln für Wärmekraftmaschinen den Lebewesen auf unserem Planeten fremd sind. Und warum das? Eine Wärmekraftmaschine benötigt nicht nur hohe Temperaturen, sondern insbesondere auch hohe Temperaturunterschiede – sowohl eine heiße Quelle als auch einen kalten Abfluss. Die Energie fließt dieses Temperaturgefälle entlang. So kühlt heißer Kaffee an der Umgebungsluft ab und Eis schmilzt in warmem Wasser. Der Temperaturunterschied begrenzt den Wirkungsgrad einer Maschine. Die grundlegende Regel ist einfach, doch sie benötigt eine Temperaturskala mit einem wirklichen Nullpunkt – der kältestmöglichen Kälte. Wollen wir Celsius-Grade in eine Skala mit einer wirklichen Null umwandeln, so müssen wir einfach 273° addieren. Mit einer solchen Skala ist der maximale Wirkungsgrad durch eins minus das Verhältnis von Abflusstemperatur zu Eingangstemperatur gegeben. (Multipliziert mit 100 ergibt den Wirkungsgrad in Prozent.) Einen perfekten Wirkungsgrad (1,0 oder 100 Prozent) kann man daher nur erhalten, wenn die untere Temperatur bei den nicht realisierbaren −273 °C oder die obere Temperatur bei unendlich liegt. Für eine Dampfmaschine ist der thermodynamische Wirkungsgrad umso größer, je heißer der injizierte Dampf und je kälter der schließlich abgelassene Dampf ist.[5]

Vergleichen wir einmal die Möglichkeiten unserer Technologie mit denen der Natur. Wir können problemlos eine Wärmequelle von 1.000 °C benutzen und als Abflusstemperatur den Kochpunkt von Wasser, 100 °C festsetzen. Der thermodynamische Wirkungsgrad ist dann 71 Prozent[6] – gar nicht so schlecht. Für die Natur könnte die Quelle kaum wärmer als 40 °C sein und die Abflusstemperatur kaum unter 0 °C, das entspricht dem maximalen Temperaturbereich, der von aktiven Tieren noch toleriert wird. Unter diesen Bedingungen läge der Wirkungsgrad der Maschine unter 13 Prozent. Für einen leichter zu realisierenden Temperaturunterschied von zehn Grad sinkt der ideale Wirkungsgrad auf vernichtende 3 Prozent. Und diese maximalen thermodynamischen Wirkungsgrade liegen weit über denen real existierender Geräte.

Das Fehlen von Wärmekraftmaschinen in der Natur kann uns etwas lehren, was zwar jedem Ingenieur vertraut ist, vielen anderen jedoch nicht. Könnten wir den Temperaturunterschied zwischen Oberflächenwasser und tiefem Wasser in Seen oder Ozeanen nutzen, um eine unbegrenzte und gefahrlose Energiequelle anzuzapfen?[7] Die Energie ist da und steht zur Verfügung, schließlich gibt es ja unzweifelhaft einen Temperaturunterschied. Aus der Energieerhaltung kann man leicht berechnen, dass dort unermessliche Energiemengen vorhanden sind. Doch dieses Ergebnis ist vollkommen irreführend. Man darf die hohe „thermodynamische Steuer" aufgrund der geringen Temperaturdifferenz nicht vergessen. Die für solche Dinge wie Pumpen verbrauchte Energie wäre vermutlich größer als die gewonnene Energie.

Elektromotoren und Generatoren

Der andere wichtige Maschinentyp unserer heutigen Technologie ist der Elektromotor. Die praktischen Ausführungen reichen von Mikrogeräten mit einer Länge von Bruchteilen eines Zentimeters bis hin zu Motoren, die viele Tonnen wiegen und beispielsweise die Propellerschrauben von großen Schiffen antreiben. Sie lassen sich mit beachtlicher Effektivität und Verlässlichkeit in sehr vielen Bereichen einsetzen. Mein nicht gerade hochtechnisierter Haushalt enthält mehr als sechzig kleine Elektromotoren. Versuchen Sie auch einmal eine entsprechende Bestandsaufnahme und vergessen Sie dabei nicht solche Geräte wie die Ventilatoren, den Kompressor oder den Entfrosterzeitschalter in ihrem Kühlschrank. Sie werden erstaunt sein, wie viele Elektrogeräte Ihr Haushalt beherbergt. Elektromotoren haben einen höheren Wirkungsgrad als Verbrennungsmaschinen und sie werden während des Betriebs nicht so heiß. Ihr hoher Wirkungsgrad täuscht aber leicht darüber hinweg, dass (wie schon erwähnt) die meisten Elektromotoren nur Endgeräte von größeren Wärmekraftmaschinen, den Kohle- und Kernkraftwerken, sind. (Wasser- und windgetriebene Generatoren liefern bisher nur einen kleinen Anteil zu unserer Stromerzeugung.) Eine komplette Buchhaltung sollte den Gesamtwirkungsgrad berücksichtigen, vom Treibstoff bis zum mechanischen Ergebnis, einschließlich der beträchtlichen Verluste in den Strom erzeugenden Kraftwerken und den Übertragungsleitungen. Wir kommen darauf noch zu sprechen.

Wieder einmal handelt es sich um eine Klasse von Maschinen, die ausschließlich dem Menschen vorbehalten ist, obwohl Elektrizität unter Organismen durchaus verbreitet ist. Jede Zelle hat beispielsweise zwischen ihrer inneren und äußeren Zellwand eine Ladungsdifferenz mit einem Potential, das bis zu einem zehntel Volt ausmachen kann. Einige Zellen in Reihe geschaltet brächten eine gute Spannung zusammen, und bei einer Parallelschaltung könnten sie einen beachtlichen Strom liefern. Bei mehreren Arten elektrischer Fische sind die Muskeln zu Anordnungen von parallelen und in Reihe geschalteten Verbindungen mit überwältigenden Leistungen modifiziert, angeblich bis zu 650 Volt.[8] Das beweist zumindest, dass die Erzeugung von elektrischem Strom auch in größeren Mengen nur eine minimale Veränderung des normalen Gewebes und Stoffwechsels erfordert. Unsere Muskeln, selbst die unseres Herzens, werden zwar elektronisch gesteuert, aber nicht elektronisch angetrieben.

Weshalb baut die Natur keine Elektromotoren? Müssen solche Motoren unnatürliche Räder und Achsen benutzen und eine unnatürliche Rotationsbewegung ausführen? Vermutlich nicht. Es ist zwar richtig, dass fast alle vertrauten Elektromotoren rotieren, doch die Rotation ist einfach Teil einer Technologie, die das Rad und die Achse leicht herzustellen vermag und die die vielfältige Verwendbarkeit von Zahnrädern und Riemen schätzt. Zu jeder Art von rotierendem Elektromotor gibt es auch ein Gegenstück, das sich linear (hin und her) bewegt. Lineare Maschinen wurden zum Antrieb von Zügen entwickelt; die eine Hälfte des Motors sind die Gleise. Kurze Hebel öffnen und schließen die Wasserleitungen an unseren Waschmaschinen. Wenn Sie den Strom einschalten, wird ein Metallkern durch eine Spule gedrückt. Die frühesten Elektromotoren von Joseph Henry in den Vereinigten Staaten und Charles Wheatstone in England in der ersten Hälfte des neunzehnten Jahrhunderts waren Geräte, die sich hin- und herbewegten. Ein solcher Motor zum Antrieb einer Pumpe arbeitete ähnlich wie die Dampfmaschine von Newcomen.[9] Vertrauter sind uns Motoren, bei denen ein Metallteil rasch hin- und hervibriert, wie bei elektrischen Rasierern, Massagegeräten und manchen Schleifmaschinen.

Ein Hindernis für die Ausbildung lebender Elektromotoren sind vermutlich die benötigten Drähte. Gute Leitfähigkeit ist ohne Metalle nur schwer zu erreichen, wie schon vor zwei Kapiteln bemerkt wurde. Die Salzlösungen der Zellen sind weit davon entfernt. Eine starke Kaliumchloridlösung (einundsiebzig Gramm pro Liter, eine sogenannte molare Lösung) ist ein besonders leitfähiges Gemisch, und trotzdem ist ihre Leitfähigkeit immer noch neun Millionen Mal geringer als die von Kupfer.[10] Ein Kupferdraht von nur einem zehntel Millimeter Durchmesser hat dieselbe Leitfähigkeit wie ein Rohr von dreißig Zentimetern Durchmesser, das mit einer Kaliumchloridlösung gefüllt ist. Im Werkstoffarsenal der Natur gibt es nichts, was auch nur annähernd geeignet wäre, die Energie vom Generator zum Rotor zu übertragen. Nur in einer metallischen Technologie sind Elektromotoren etwas Praktisches. Nervensysteme nutzen die Elektrizität auf eine Weise, die an die geringe Leitfähigkeit besonders angepasst ist. In einem Nerv fließen elektrische Ströme nur über kurze Strecken. Zum Informationstransfer über lange Strecken wird ein seltsames Prinzip benutzt, bei dem ein lokales elektrisches Ereignis ein ähnliches Ereignis in unmittelbarer Nachbarschaft auslöst – so, wie sich eine Welle im Meer ausbreitet, ohne dass sich auch nur ein Tropfen Wasser sehr weit bewegt.

Die Popularität von Elektrizität beruht darauf, dass Energie in dieser Form sehr leicht zu transportieren ist. Wir produzieren die Elektrizität an einem Ort und verschicken sie über große Distanzen bei einigen hunderttausend Volt (zur Reduzierung der Verluste). Aus Sicherheitsgründen und der Bequemlichkeit wegen transformieren wir die Hochspannung in der Nähe des Verbrauchers wieder auf niedrigere Spannungen (meist 240 oder 120 Volt).[11] Wir Wirbeltiere machen zum Antrieb unserer Muskeln fast dasselbe, allerdings nicht elektrisch, sondern chemisch. Wir transportieren den Zucker aus der Verdauung der Kohlenhydrate durch bestimmte Blutbahnen in unsere Leber, wo er gespeichert wird (als Polymer, Glykogen), um später wohldosiert in das Blutsystem abgegeben zu werden.[12] In den Muskelzellen wird vom Zucker dann ein Energietransfersystem aufgeladen, das unmittelbarer genutzt werden kann: Die Aufspaltung von Zucker zu entweder Milchsäure (kurzzeitig) oder Kohlendioxid und Wasser (bei anhaltender Belastung) wandelt Adenosindiphosphat (ADP) in Adenosintriphosphat (ATP) um. Das letztere bringt dann die Leistung in den eigentlichen Muskelmotor. Die Verbindung der Zuckerspaltung an die ATP-Synthese im Muskel hat ungefähr dieselbe Funktion wie die Umwandlung von Hoch- zu Niedrigspannung in elektrischen Transformatoren.

Wind- und Wasserkraft

Zunächst sollten wir uns daran erinnern, dass wir zur Energiegewinnung mehr benötigen als nur Luft oder Wasser in Bewegung. Eine Windmühle auf einem frei fliegenden Ballon würde sich nicht drehen, der Ballon flöge mit dem Wind. Eine Windmühle muss nicht nur ihren Rotor in der Luft haben, sondern auch auf festem Grund stehen. Die Energiegewinnung erfordert ein System, das den Unterschied zwischen zwei Geschwindigkeiten ausnutzt: zwischen Luft und Boden bei einer Windmühle, zwischen Wasser und Boden bei einem Wasserrad oder zwischen Luft und Wasser bei einem Ballon, der eine untergetauchte Turbine im Schlepptau hat. Die physikalische Grundlage ist die gleiche wie bei den zwei Polen einer Batterie, den unterschiedlichen Wasserhöhen auf den beiden Seiten eines Wasserkraftwerks in einem Damm oder der Temperaturdifferenz bei einer Wärmekraftmaschine. Diese Forderung lastet auf unseren beiden Technologien.

Die klassische wassergetriebene Maschine ist das Wasserrad, von denen Abbildung 8.3 einige nützliche Versionen zeigt. Bei oberschlächtigen Rädern läuft das Wasser über das Rad hinweg, wobei das Gewicht des Wassers (Gravitationsenergie) das Rad auf einer Seite herunterdrückt. Bei einem unterschlächtigen Rad drückt die Bewegung des Wassers (kinetische Energie) auf die Schaufeln. Bei mittelschlächtigen Rädern tritt das Wasser in der Mitte ein, und es werden beide Energiequellen genutzt. Weniger gebräuchlich sind Wasserräder mit einer vertikalen Welle, bei denen ein Wasserstrom gegen abgewinkelte Schaufeln fällt.[13] Keine dieser Anordnungen erreicht einen hohen Wirkungsgrad, und seit mindestens einem Jahrhundert hat man sie durch verschiedene Arten von

oberschlächtig   unterschlächtig   mittelschlächtig

Abbildung 8.3: Drei Arten von Wasserrädern mit horizontaler Radwelle.

Wind- und Wasserkraft

Abbildung 8.4: Unterschiedliche Windmühlen. Die oberen drei haben horizontale Wellen: klassisch holländisch, amerikanische Farm, moderne Hochleistungsform. Unten sind zwei weniger verbreitete Formen mit vertikalen Wellen: Darrieus-Turbine und Savonius-Rotor.

Turbinen – schnell drehende Rotoren in den Röhrensystemen von Wasserkraftwerken – ersetzt. Die Energiegewinnung aus Wasserkraft in kleinem Rahmen, wie bei den alten Korn- und Sägemühlen, gibt es nur noch selten. Grund dafür dürfte sowohl die allgemeine Verfügbarkeit von Elektrizität verbunden mit guten Elektromotoren sein als auch der Wandel zur Großproduktion von Mehl und Bauholz.

Der klassische windgetriebene Motor ist die Windmühle; Abbildung 8.4 zeigt verschiedene Formen. Windmühlen sind noch nicht so alt wie Wasserräder, da die technologischen Probleme schwieriger sind. Wenn viel Energie erzeugt werden soll, müssen die Rotoren groß sein, doch damit sind sie bei Sturm auch bruchanfällig. Die Geschwindigkeit atmosphärischer Winde ist sehr viel unterschiedlicher als der Wasserdruck hinter einem Damm. Außerdem ist schon der Grundaufbau komplizierter. Ein Wasserrad muss nicht ganz ins Wasser eintauchen, aber eine Windmühle muss vollständig in der Luft arbeiten.

Fast alle Windmühlen basieren auf einem von zwei physikalischen Mechanismen.[14] Die älteren hatten vertikale Radwellen und drehten sich in einer horizontalen Ebene. Wie Windmesser drehen sie sich bei Winden aus allen Richtungen. Doch dazu bedarf es Schaufeln, die auf ihrer Vorderseite einen höheren Luftwiderstand haben als auf ihrer Rückseite, ein sicherer Weg für Ineffizienz. Eine neuere Version ist der Savonius-Rotor, der sich für kurze Zeit einer gewissen Beliebtheit erfreute, da er sich aus einer längs aufgeschnittenen Metalltrommel herstellen lässt.[15] Demgegenüber haben die meisten Windmühlen des gegenwärtigen (zweiten, nicht dritten) Jahrtausends horizontale Radwellen mit propellerartigen Schaufeln, die sich in einer vertikalen Ebene drehen. Die Schaufeln nehmen zwar während der gesamten Drehung Kraft auf, aber die ganze Konstruktion muss zum Wind gerichtet sein. Aerodynamisch wird ein Auftrieb erzeugt, eine Kraft senkrecht zur Windrichtung. Doch Auftrieb ist eine subtile Angelegenheit, deren physikalische Grundlagen erst zu Beginn des zwanzigsten Jahrhunderts verstanden wurden. (Der Anstoß kam natürlich von der Suche nach guten Flügeln und Propellern für Flugzeuge.) Alte Windmühlen waren daher unter aerodynamischen Gesichtspunkten gesehen eher armselig, und der Luftwiderstand der Schaufeln und ihrer Träger war im Verhältnis zur gewonnenen Energie unnötig hoch.[16]

All diese Wasserräder, Turbinen und Windmühlen benutzten Räder und Achsen. Daher scheint es von dieser Technologie auch kein natürliches Gegenstück zu geben, und im streng mechanischen Sinne gibt es das auch nicht. Aber es gibt energetische Gegenstücke. Manchmal bezieht die Natur Energie aus Geschwindigkeitsunterschieden zwischen dem Boden und einer Wasser- oder Luftströmung. Mehrere Fälle und unterschiedliche Anordnungen sind bekannt.

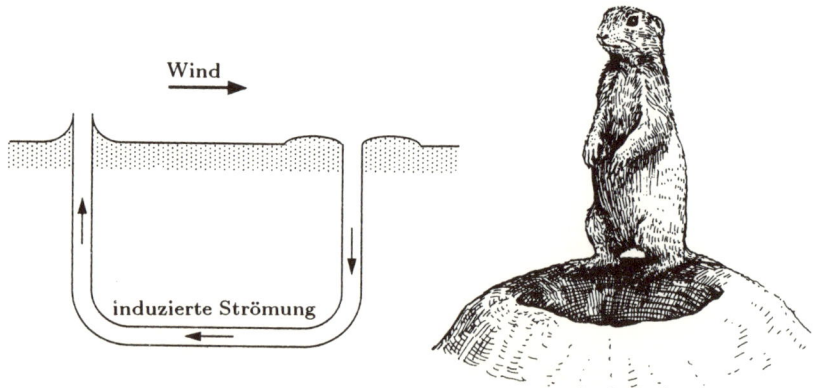

Abbildung 8.5: Prinzip zur Ausnutzung einer Umgebungsströmung, die eine zweite Strömung in einem Erdloch oder einem anderen Gang durch den Untergrund induziert, und ein Präriehund, der die Welt von der kraterförmigen Öffnung an einem Ende seines Ganges betrachtet, und der dieses Prinzip zur Ventilation verwendet.

Wind- und Wasserkraft 153

Betrachten wir, wie in Abbildung 8.5, den Einfluss von Wind über den Öffnungen eines U-förmigen, unterirdischen Rohres, dessen Öffnungen auf verschiedener Höhe liegen. Die höhere Öffnung wird gewöhnlich die schnellere Strömung spüren, und nach dem Bernoulli'schen Gesetz bedeutet eine schnellere Strömung einen niedrigeren Druck. Da jedes Fluid – Gas oder Flüssigkeit – vom höheren Druck zum niedrigeren Druck fließt (sofern man es lässt), wird die Strömung in der U-förmigen Röhre von der niedrigeren Öffnung zur höheren Öffnung fließen, unabhängig von der Richtung der äußeren Strömung.[17] Eine solche Anordnung wird von den Präriehunden in den Großen Ebenen Nordamerikas zur Ventilation ihrer langen und tiefen, mit mehreren Ausgängen versehenen Gänge benutzt. Ich war an den Untersuchungen dieses Phänomens Anfang der 70er Jahre beteiligt. Damals dachte ich, dass die Ventilation die Tiere mit Sauerstoff versorgt, doch heute bin ich mir nicht mehr so sicher. Die Ventilation ist weitaus besser, als es für diesen Zweck notwendig wäre. Vermutlich können die Tiere über den Luftstrom auch riechen, was oben los ist. Dieses Prinzip ist wie eine Art Geruchtssinn. Einige Würmer und Krebstiere benutzen eine entsprechende Anordnung mit Wasser als Strömungsfluid zur Bewässerung ihrer Gänge in der sandigen Unterschicht seichter Buchten.

Wenn Luft oder Wasser über eine Erhöhung strömt, wird die Luft oder das Wasser normalerweise an der Spitze schneller fließen; an Bergkämmen ist es windiger als in Tälern. Ist ein Tal mit dieser Spitze durch Röhren oder ein poröses Medium (beispielsweise Sand) wie in Abbildung 8.6 verbunden, wird im Inneren Luft oder Wasser vom Tal zur Spitze fließen. Die Richtung der äußeren Strömung ist dabei wiederum ohne Bedeutung und die physikalische Grundlage ist ebenfalls das Bernoulli'sche Prinzip (plus einige Nebeneffekte). Mit dieser zweiten Anordnung zieht der Wind Luft und damit Sauerstoff durch riesige Termitenhaufen in den offenen Gebieten Ost-Afrikas. Auch Schwämme,

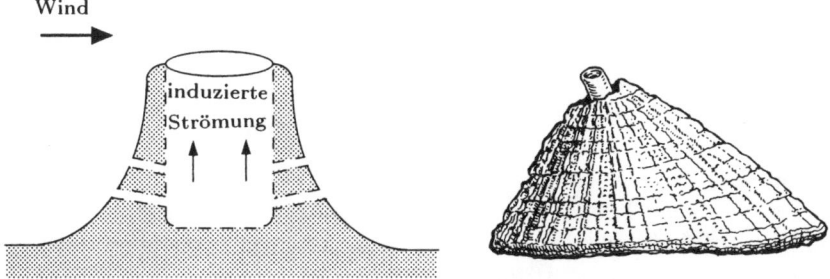

Abbildung 8.6: Ein anderes Prinzip zur Nutzung eines Umgebungsflusses, der eine zweite Strömung induziert, in diesem Fall mit Hilfe einer erhöhten Struktur. Rechts eine Lochschnecke, die mit diesem Prinzip Wasser unter ihrer Schalenkante hereinzieht, zu ihren Kiemen leitet und dann aus der Öffnung an der Spitze wieder hinauslässt.

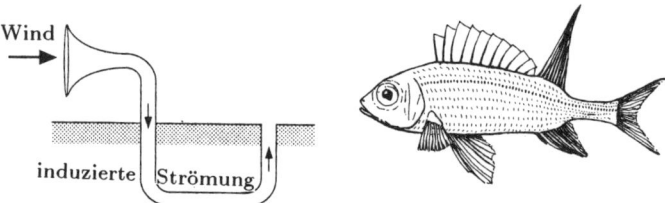

Abbildung 8.7: Ein noch wirkungsvollerer Mechanismus zur Ausnutzung einer Umgebungsströmung, die eine zweite Strömung induziert. In diesem Fall ist der Mechanismus jedoch nicht mehr unabhängig von der Richtung der Umgebungsströmung. Das Wasser strömt durch den Mund, über die Kiemen und aus dem Kiemendeckel vieler Fische, wenn sie schnell schwimmen.

die mikroskopische Organismen aus dem Seewasser herausfiltern, benutzen die Wasserströmung in ihrer Umgebung zur Senkung ihrer Filtrationskosten. Durch solche Mechanismen erhöht sich ihre Lebensfähigkeit an einem bestimmten Ort. Geschlitzte Sanddollars (Seeigel) bilden leichte Erhöhungen auf dem sandigen Untergrund in Buchten, sodass aus den Zwischenräumen im Sand Wasser und essbare Partikel von der Strömung durch ihre Schlitze hochgezogen werden.

Bei der noch einfacheren Anordnung aus Abbildung 8.7 ist eine von zwei Öffnungen gegen die Strömung gerichtet, die andere senkrecht zur Strömung. Diese dritte Anordnung bedarf jedoch der richtigen Orientierung relativ zur äußeren Strömung. Zumindest eine Art von Insektenlarve nutzt dieses Prinzip: Einige Köcherfliegen, die in Strömungen leben, bauen entsprechende Röhren im Boden und legen die Röhren noch mit Fangnetzen aus.

Wir kennen noch einige weitere Mechanismen, die die Natur bei Strömungen über einer festen Fläche zu ihrem Vorteil nutzt. Einige Seevögel beispielsweise ziehen wiederholt große, senkrechte Kreise, ohne mit den Flügeln zu schlagen. Abwechselnd hoch und niedrig zu gleiten ist eine Möglichkeit, höhenabhängige Geschwindigkeitsunterschiede auszunutzen, um ohne Energieaufwand in der Luft zu bleiben.[18] Wir ventilieren manchmal einfache Gebäude, wie Indianerzelte oder teilweise vergrabene Hügelhäuser mit demselben Trick wie Schwämme und Präriehunde. In Minen werden teilweise Ventilatoren mit umschaltbaren Rotationsrichtungen verwendet, um jede vom Wind induzierte Luftströmung nutzen zu können. Solche Strömungen treten in allen Tunneln mit mehreren Öffnungen auf, außer der Wind ist an allen Öffnungen derselbe, die Öffnungen sind geometrisch identisch und das Land ist vollkommen flach.[19]

In allen Fällen dienen äußere Wind- oder Wasserströmungen zur Erzeugung einer inneren Luft- oder Wasserströmung. Eine Strömung induziert die andere, was ein Minimum an Umwandlungsmaschinerie benötigt. Als Stück Naturgeschichte mögen diese Mechanismen interessant sein, doch als ein Weg der Natur, aus der Umwelt Energie zu gewinnen, sind sie im Vergleich zur Photosynthese unbedeutend. Außerdem erhält man keine Energie in speicherbarer Form, was die wichtigste Eigenschaft der Photosynthese ist.

Muskeln und Flimmerhaare

An diesem Punkt wird sich der Leser vielleicht fragen, ob die Natur immer nur als Zweiter abschneidet. Es gibt jedoch einen Maschinentyp, für den nur die Mannschaft der Natur in den Ring steigt. Ich beziehe mich hier auf etwas, das man als Molekularmotoren bezeichnen könnte. Die Technologie des Menschen arbeitet im Großen, mit makroskopischen Teilen aus einem Material und mit solchen Prozessen wie Schmelzen, Pressen, Schneiden, Schleifen und Stanzen. Wir bemühen uns sehr, immer kleinere Komponenten für unsere komplexen elektronischen Geräte zu enwickeln, sodass sie höhere Leistungen erbringen, ohne gleichzeitig unhandlich groß zu sein. Die Natur arbeitet genau andersherum. Sie hat eine mikroskopische, bisweilen sogar submikroskopische Technologie mit einer minimalen Integration in größere Systeme. Wenn ein Werturteil erlaubt ist, dann kann man sagen, dass Molekularmotoren die Natur von ihrer raffiniertesten und unverwechselbarsten Seite zeigen. Zwei davon – Muskeln und Flimmerhaare – erzeugen ihre schnellsten Bewegungen.

Flimmerhaare (Cilia oder Flagella, die Unterschiede sind hier nicht von Bedeutung) finden sich in nahezu unveränderter Form bei sehr vielen Tieren und Pflanzen.[20] Die kleinen haarförmigen Maschinen bewegen Dinge durch die Gegend, entweder durch schwingende, schlagende oder zitternde Bewegungen, sowohl einzeln als auch in Gruppen. Einige hängen an einzelnen Zellen – wie unsere Spermien – oder anderen winzigen Kreaturen und bewegen sie voran. Andere befinden sich auf Oberflächen (den Kiemen von Muscheln beispielsweise) und in Röhren, wo sie als Pumpen und Filter arbeiten. In den Eileitern treiben sie Eier zur Gebärmutter. Sie alle benutzen chemische Energie in der Form von Adenosintriphosphat (ATP), ebenso wie die Muskeln. Abbildung 8.8 zeigt einen vereinfachten Schnitt durch ein Flimmerhaar. Für uns sind zwei Proteine in ihrer inneren Struktur von besonderer Bedeutung. Ein Polymer des einen Proteins, Tubulin, bildet neun Doppelröhren in Längsrichtung; ein Polymer des anderen, Dynein, bildet an jedem dieser Röhrenpaare zwei Arme. Tubulin und Dynein gleiten aneinander und erzeugen so Bewegung. Die Dynein-Arme hangeln sich dabei an den benachbarten Röhren entlang. Das Flimmerhaar biegt sich, wenn dieses Gleiten nur auf einer Seite erfolgt. Das Prinzip des Motors funktioniert also so ähnlich, wie wenn eine Person ein Boot in einem seichten Fluss mit einem Pfahl forwärtsstakt.

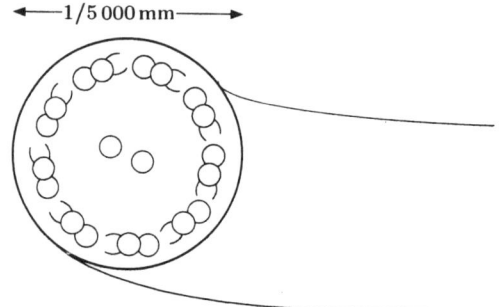

Abbildung 8.8: Ein Querschnitt durch ein Flimmerhaar (man stelle sich einen Schnitt durch ein Bündel gekochter Spaghetti vor) zeigt die typische Anordnung von neun Doppel-Mikrotubuli um ein Paar einzelner Mikrotubuli.

Ein Muskel verwendet die gleiche chemisch getriebene Sperradbewegung, auch wenn die Verkürzung des Bizeps beim Heben eines Gegenstands einen anderen Eindruck erweckt. Die Verkürzung tritt auf, weil die dünnen Filamente zunehmend ineinandergreifen, wenn sie aneinander entlangratschen, so ähnlich, wie wenn Sie die Finger der einen Hand zwischen die Finger der anderen Hand gleiten lassen (vgl. Abbildung 8.9). Die grundsätzliche Bewegung mag der von Flimmerhaaren gleichen, doch die Hauptproteine eines Muskels, Myosin und Aktin, haben sich unabhängig von Dynein und Tubulin entwickelt. Ein Muskel kann sich auch anspannen ohne sich zu verkürzen. Sowohl mikroskopisch als auch makroskopisch werden wir also durch die Bezeichnung „Kontraktion" für das, was ein Muskel macht, irregeleitet. Ein Muskel entwickelt Kraft, die seine Enden zusammenbringen und ihn dicker machen kann oder die ihn (abhängig von der Belastung) nur anspannt.[21]

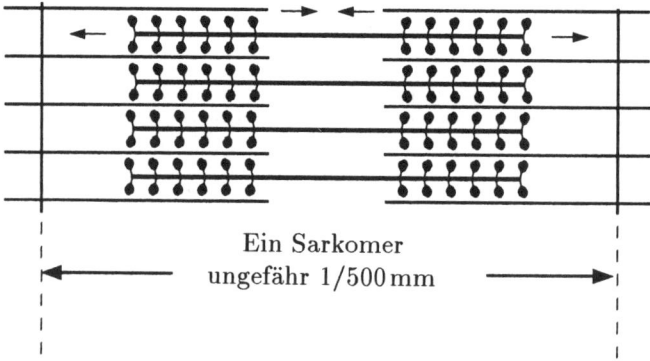

Abbildung 8.9: Die eigentliche Kontraktionseinheit eines gewöhnlichen Muskels. Querverbindungen an den dicken Myosinfasern binden und lösen sich abwechselnd von aufeinander folgenden Plätzen an den dünnen Aktinfasern. Auf diese Weise durchdringen sich die beiden Fasern zunehmend und der ganze Apparat wird kürzer.

Zur Erzeugung der Kraft braucht ein Muskel Energie, selbst wenn er sich nicht zusammenzieht und keine Arbeit verrichtet. Hierauf beruht teilweise unsere allgemeine Verwirrung hinsichtlich der Begriffe „Kraft" und „Arbeit". Doch das ist eine Besonderheit des Muskels. Die Kette eines Kronleuchters übt genügend Kraft aus, um den Kronleuchter halten zu können, doch sie benötigt auch über Jahre hinweg keinen Treibstoff. (Interessanterweise gibt es einen Muskel, der eine Kraft ohne zusätzlichen Energieverbrauch ausüben kann. Es ist der in Kapitel 2 erwähnte Schließmuskel der Schalen einer Kamm-Muschel. Der Nachteil dieser billigen permanenten Zugkraft liegt in einer Langsamkeit der Bewegung, die vielleicht nur eine Kamm-Muschel tolerieren kann.) Ein Muskel hat noch einen anderen kleinen Nachteil im Vergleich zu den Maschinen unserer Technologie. Eine aktive Kontraktion ist absolut irreversibel. Ein Muskel ist nicht nur unfähig, sich aktiv zu entspannen, sondern bei seiner Dehnung wird auch keine chemische Energie frei. Wenn Sie die Welle eines Elektromotors drehen, erhalten Sie Energie; Sie verwenden ihn als Generator. Zwingt man Kolben vor und zurück oder dreht die Rotoren von Turbinen, so arbeiten sie als Pumpen. Ein Lautsprecher lässt sich zu einem Mikrophon umfunktionieren. Doch Sie gewinnen keine Energie, wenn Sie einen Berg herunterlaufen oder einen Motor in Ihr Fitnessfahrrad einbauen, der Ihre Beine antreibt.

In zumindest einer Hinsicht verhalten sich Muskeln jedoch wie die meisten unserer Verbrennungsmotoren. Die maximale Leistung hängt bei beiden davon ab, wie lange diese Leistung aufrecht erhalten werden muss. Eine höhere Leistung erhalten wir beispielsweise durch eine Vorverdichtung des Treibstoffs beim Start eines Flugzeugs, oder indem wir kurzzeitig eine erhöhte Wärmeproduktion in den Anlassmotoren unserer Autos tolerieren. Die Natur geht noch einen Schritt weiter: Sie schneidert sich Muskeln für eine bestimmte Belastungsdauer zurecht. Für eine lang anhaltende Belastung opfert ein Muskel einige seiner kontraktilen Fasern (und somit Leistung), um so Raum für mehr sauerstoffverarbeitende Stoffwechselmaschinerie zu schaffen. Bei Vögeln oder Fischen ist das dunkle Fleisch der Muskel für anhaltende Belastungen. Helles Fleisch ist faserreicher, bringt mehr Leistung, ist aber nur mit Unterbrechungen aktiv. Sehr viel sogenanntes weißes Fleisch (seine Farbe ist etwas heller) bringt den Erfolg in einem 100-Meter Lauf. Roter Muskel produziert zwar weniger Leistung, aber er gewinnt die Langstrecken. Wieviel Sie von jeder Art ausbilden, hängt von Ihrem Trainingsprogramm ab. Die Strategie – für kurze Zeiten hohe Leistung – ist für Wärmekraftmaschinen und Muskeln somit dieselbe, allerdings ist die Taktik unterschiedlich. Unsere Wärmekraftmaschinen erhöhen ihre Spitzenleistung durch mehr Treibstoff und zusätzliche Oxidationsmittel. Ein Muskel hingegen verändert die Art, wie er den Treibstoff einsetzt, indem er beispielsweise kurzzeitig ohne Oxidationsmittel auskommt und (zu unserem Leidwesen) Milchsäure statt Kohlendioxid ansammelt.

Es gibt noch andere muskelartige Systeme bei Organismen. Alle Zellen von Nichtbakterien enthalten die Grundproteine des Motors, Aktin und Myosin. Auch der Transport von Inhalten in Pflanzenzellen oder die Fortbewegung von Amöben scheint auf den Wechselwirkungen zwischen Aktin- und Myosinfilamenten zu beruhen. Und wenn sich eine Zelle teilt, scheint Tubulin am Transport der Chromosomen beteiligt zu sein, möglicherweise aber über andere Mechanismen als in den Flimmerhaaren. (Es ist für uns immer leichter herauszufinden, welche Proteine in einem System vorhanden sind, als welche Aufgaben sie übernehmen.)

Trotz der vielen unterschiedlichen Organismen gleichen sich diese auf Proteinen basierenden Motoren sehr. Die Natur hat sehr früh einige Versionen entwickelt und ist dann dabei geblieben. Das ist vielleicht nicht allzu überraschend. Enzyme, fast alles Proteine, sind die chemischen Maschinen der Natur. Doch sie verrichten ihre Chemie auf mechanische Art und Weise: Sie packen sich andere Moleküle, manipulieren an ihnen herum und lassen sie dann wieder laufen. Myosin und Dynein sind beides Enzyme. Sie bewegen lediglich andere Proteine, Aktin und Tubulin, statt an konventionellen chemischen Transformationen beteiligt zu sein.

Keine menschliche Maschine kann so arbeiten wie ein Muskel. Das ist für die Ingenieure in der Biomedizin ein schlimmes Problem, wenn sie Prothesen für Muskelorgane entwickeln wollen. Ein Herz ist im Vergleich zu einer Niere oder Leber ein recht einfaches Ding, doch es ist im Wesentlichen ein Muskel. Wir können sehr gute Klappen herstellen (obwohl Herzklappen von Schweinen immer noch einige Vorteile haben), doch wir können bisher noch keine vollständige Prothese herstellen, die dem Original auch nur nahe kommt.

Andere natürliche Maschinen

Neben Flimmerhaaren, Muskeln und ähnlichen Systemen, bei denen Proteine aneinander entlanggleiten, hat die Natur noch einige andere Maschinentypen auf Lager. Sie sind zwar langsamer und daher für uns stürmische Menschen nicht so offensichtlich, aber sie sind zweifellos leistungsstark. Darüber hinaus gibt es zu einigen von ihnen Parallelen in unserer Technologie, und sie sind von besonderem Interesse, weil sie ohne feste bewegliche Teile arbeiten. Drei davon sind besonders verbreitet.

- Eine gewöhnliche Maispflanze hebt ungefähr fünf Liter Wasser täglich aus dem Boden. Hochheben ist Arbeit, und daher muss Mais eine Maschine haben, wie fast alle Landpflanzen. Die Hauptmaschine ist einfach aber seltsam: eine direkt arbeitende sonnengetriebene Verdunstungsmaschine. Wenn (1) mit Wasser gefüllte Rohre durchgehend von den Wurzeln bis zu den Blättern laufen, und wenn (2) das Wasser von den Blättern in die Atmosphäre verdunsten kann, ohne dass Luft eindringt, und wenn (3) die Rohre steif genug sind um nicht zu kollabieren, dann wird das durch Verdunsten verloren gegangene Wasser durch Wasser aus dem Boden ersetzt, das durch die Wurzeln, den Stamm und die Zweige aufsteigt. Die notwendigen Bedingungen scheinen erfüllt zu sein, und der Aufstieg des Wassers in einer Maispflanze oder einem Baum beruht im wesentlichen auf der Anziehung von oben.[22] Die Verdunstung erfordert allerdings sehr viel Sonnenenergie. Die Verdunstung von einem Gramm Wasser bei Zimmertemperatur kostet sogar mehr Energie als das Verkochen von einem Gramm Wasser in einem heißen Topf. Wir werden in Kapitel 10 nochmals auf diese bemerkenswerte Maschine zu sprechen kommen, die ohne irgendwelche beweglichen Teile gegen einen Druck von mehr als einhundert Atmosphären (fast einhundert Kilogramm pro Quadratzentimeter) eine Zugkraft ausüben kann.

- Die meisten Kohlenhydrate (im wesentlichen Stärke) und Proteine sind hydrophil, d.h., sie ziehen Wasser an. Genau das machen Maisstärke und Gelatine auch in der Küche, und deshalb setzen wir sie auch als Verdickungsmittel ein. Legt man Stärke oder hydrophiles Protein in Wasser, so werden sie unwiderstehlich anschwellen. Werden trockene Saatkörner zwischen Betonplatten nass, kann ihre Ausdehnung das Pflaster zersprengen. Keimende Samen benutzen diese Maschine, um ihre Schalen aufzubrechen und in die Erde einzudringen. Ein Beispiel dieser sogenannten Imbibition ist auch bei Tieren bekannt: Männliche Stechmücken nässen Proteinkissen, um die Haare auf ihren Antennen aufzurichten und so den Ort eines wohlriechenden, empfangsbereiten Weibchens ausmachen zu können.[23]

- Wie alle Moleküle in Gasen oder Flüssigkeiten diffundieren Wassermoleküle umher – d.h., sie bewegen sich ständig ziellos hin und her und vermischen sich dabei. Diese zufällige Bewegung kann auf folgende Weise Arbeit leisten. Wenn Wasser an einem Ort konzentrierter ist als einem benachbaren Ort, dann wird sich mehr Wasser von dem Ort mit hoher Konzentration zu dem anderen Ort bewegen als umgekehrt, einfach, weil an dem ersten Ort mehr Wasser *ist*. Wie können wir das erreichen? Wir können Wasser verdünnen, indem wir Zucker oder Salz hinzufügen. Anschließend gießen wir das verdünnte Wasser in eine Kammer, die von einer anderen, mit reinem Wasser gefüllten Kammer durch eine Wand getrennt ist, durch die nur Wasser hindurchtreten kann (vgl. Abbildung 8.10). Die Kammer mit der aufgelösten Substanz wird anschwellen, da mehr Wasser in sie eindringt, als sie verlässt. Auch wenn sie nur langsam anschwillt, geschieht dies doch mit sehr viel Kraft, und sie arbeitet so als Expansionsmaschine. Die giftigen Fäden (Nematozysten) von Quallen werden von ihren Mutterzellen mit einem Druck hinausgestoßen, der durch einen solchen Mechanismus erzeugt

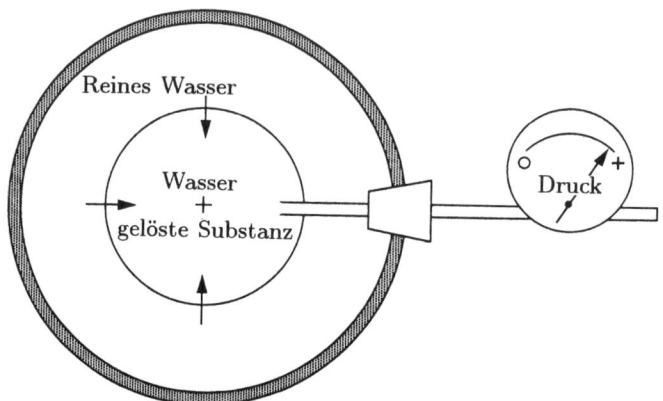

Abbildung 8.10: Das Grundprinzip einer druckerzeugenden osmotischen Maschine. Wasser dringt in einen Behälter ein, in dem es durch einen gelösten Stoff verdünnt wird. Es passiert dabei eine Barriere, die für den gelösten Stoff undurchdringlich ist.

wird. Mit Hilfe einer anderen Version dieser Maschine absorbieren Wurzeln das Wasser aus der Erde und pumpen es in die Stämme. Die Bewegungen von Blättern und anderen Pflanzenteilen werden durch Druckänderungen in weichen Zellen gesteuert. Diese Druckänderungen entstehen durch Konzentrationsänderungen gelöster Stoffe in den Zellen; die Diffusion macht den Rest.

Vergleich der Wirkungsgrade

Sowohl die Leistung relativ zum Gewicht als auch der energetische Wirkungsgrad sind ein Maß für die Qualität von Maschinen. Doch auch zusammen genommen sind sie noch kein vollständiger Maßstab, und für manche Maschinen, wie beispielsweise die gerade beschriebenen Verdunstungsmaschinen, Imbibitionsmaschinen und osmotischen Maschinen, ist keines der beiden Maße besonders aufschlussreich. Trotzdem verdient der energetische Wirkungsgrad dieselbe Aufmerksamkeit wie die Nutzleistung in Tabelle 8.1. Bei Elektromotoren sollte man noch den Wirkungsgrad des Generators berücksichtigen. Für keine der Maschinen ist es leicht, die Kosten für die Gewinnung und Verarbeitung der Treibstoffe festzulegen. Und die Transportkosten von Treibstoffen unterliegen großen Schwankungen. Der Nutzen der Überschusswärme oder „verschwendeten" Wärme bei der Temperaturregulierung in Warmblütern (sowie einigen großen, aktiven Fischen und fliegenden Insekten) oder bei Gebäudeheizungen lässt sich ebenfalls schwer einschätzen. Mit diesen Einschränkungen

Vergleich der Wirkungsgrade 161

im Hinterkopf wollen wir uns einige Zahlen zum energetischen Wirkungsgrad anschauen.[24]

Kolbenmotoren haben viele Vorteile, doch der Wirkungsgrad ist bei ihnen nicht sehr hoch. Automotoren erreichen maximal 25 Prozent, doch im Allgemeinen nutzen wir sie weit unterhalb ihrer optimalen Leistungen. Dieselmotoren sind etwas besser, aber auch ihr Wirkungsgrad wird oft durch die Art ihrer Nutzung gedrückt. Für Dampfkolbenmotoren, wo sich der Dampf in aufeinander folgenden Zylindern ausdehnt, betrug der Wirkungsgrad um 1900 rund 17 Prozent, gegenwärtig liegt er bei 19 Prozent. (Die einstufigen Motoren von Watt erreichten rund 2 Prozent.)

Effizienter sind Turbinen, die die Kolbenmaschinen in Kraftwerken, großen Schiffen und den meisten Flugzeugen verdrängt haben. Ein Kohlekraftwerk kann einen Wirkungsgrad von 40 Prozent erreichen, ein Kernkraftwerk (das aus Sicherheitsgründen etwas kühleren Dampf verwendet) hat einen Wirkungsgrad von 32 Prozent und eine Gasturbine (innere Verbrennung) von 26 Prozent.

Betrachten wir nun ein elektrisches System, das aus einer Turbine, einem Generator und einem Motor besteht. Die Turbine hat einen Wirkungsgrad von 40 Prozent oder weniger, sie stellt somit einen großen Leistungsverlust dar. Große Generatoren können einen Wirkungsgrad von über 95 Prozent haben, an dieser Stelle geht also sehr wenig verloren. Elektromotoren sind sehr unterschiedlich, angefangen bei rund 20 Prozent für den Motor eines kleinen Ventilators bis hin zu beeindruckenden 90 Prozent für einen 100 PS starken mehrphasigen Induktionsmotor bei optimaler Belastung. Der Gesamtwirkungsgrad der besten Systeme wird daher kaum über 30 Prozent liegen. Wasserkraft schafft etwas mehr: Wasserturbinen können rund 90 Prozent der Strömungsenergie des Wassers auf die Generatoren übertragen. Doch da nicht immer ein Staudamm vorhanden ist, sind diese Vorteile nicht überall anwendbar.

Wie steht es mit dem Muskel? Er ist nicht gerade effizient, wenn auch funktional. Selbst wenn wir die Verluste im Bewegungsapparat unberücksichtigt lassen, liegt sein Wirkungsgrad unter 25 Prozent, manchmal sogar wesentlich darunter. Der Kontraktionsmechanismus ist gar nicht so schlecht, die Verluste entstehen bei den chemischen Prozessen, bei denen Energie vom Zucker auf das Adenosintriphosphat und damit das Myosin übertragen wird. Außerdem hängt der Wirkungsgrad bei Muskeln (wie bei anderen Maschinen) sehr von der Betriebsgeschwindigkeit ab, die von Muskel zu Muskel, Tier zu Tier und Augenblick zu Augenblick sehr verschieden sein kann. Muskeln werden keinen Preis gewinnen, aber andererseits sind sie auch keine Katastrophe.

Die Technologien von Natur und Mensch räumen dem energetischen Wirkungsgrad bei ihrem Design einen ziemlich hohen Stellenwert ein. Für die natürliche Technologie sind die Indizien dafür zwar nicht so offensichtlich, aber trotzdem überzeugend: Die meisten Struktur- und Verhaltensformen der Organismen können nur dann als sinnvoll eingestuft werden, wenn Energie als etwas

Wertvolles angesehen wird. Für die menschliche Technologie haben wir gute historische Zeugnisse, angefangen bei Verbesserungen des Geschirrs von Zugtieren bis hin zur historischen Entwicklung der Dampfmaschinen. Die Ähnlichkeit der Wirkungsgrade ist überraschend, wenn auch Zufall – im Bereich von 20 bis 30 Prozent liegen Gasturbinen, Dampf- oder Benzinkolbenmotoren, elektrische Systeme und Muskeln. Falls eine Technologie einen leichten Vorsprung hat, dann eher unsere. Außerdem machen wir diesbezüglich Fortschritte, was bei der Natur vermutlich nicht der Fall ist.

Wenn wir alle Details beiseite lassen, was können wir dann über die Vor- und Nachteile all dieser Maschinen sagen? In unserer Technologie dominieren Wärmekraftmaschinen und Maschinen, die sich ausdehnen oder rotieren. Maschinen, die bei konstanter Temperatur arbeiten und sich verkürzen oder scheren, überwiegen in der anderen. Unsere Technologie transportiert Energie über große Distanzen, entweder als Elektrizität oder als Treibstoff. Die andere Technologie transportiert Energie nur über kurze Distanzen und verwendet Elektrizität nur zur Signalübertragung. In Bezug auf den energetischen Wirkungsgrad ist die menschliche Technologie nur unwesentlich besser, aber wir sind zweifellos der Sieger, wenn es um Leistung relativ zu Gewicht geht. In dieser Hinsicht reicht nichts an die modernen Flugzeugmotoren heran.

Trotzdem können wir mit Neid auf den Muskel schauen, der überragenden großen und schnellen Maschine der Natur. Ein einzelner Muskel eines winzigen Insekts wiegt vielleicht ein Mikrogramm, ein großer Muskel eines ausgewachsenen Wales kann bis zu hundert Kilogramm schwer werden. Der Unterschied zwischen diesen Massen ist ein Faktor von einhundert Milliarden, 10^{11}, und trotzdem lassen die Leistungen an keinem der beiden Extreme merkbar nach. In beiden Technologien gibt es nur wenig, das über solch einen riesigen Größenbereich so hervorragend arbeitet.

Außerdem kann man Muskeln gut essen. Das soll keine boshafte Bemerkung zum Abschluss sein. Teilnehmer von Expeditionen mit Lasttieren waren manchmal gezwungen, diese zu verspeisen. Bei der Expedition von Lewis und Clark in den Nordwesten der Vereinigten Staaten mussten die Pferde geschlachtet werden, und ein Jahrhundert später verspeisten die Mitglieder der Südpolexpedition von Amundsen ihre Hunde nach einem festen Plan. Versuchen Sie das einmal mit Ihren Verbrennungsmotoren.

Kapitel 9

Maschinen bei der Arbeit

Wenn ein Motor effektiv arbeitet, so bedeutet das nicht, dass er auch sinnvoll arbeitet. Er muss zu der ihm zubestimmten Arbeit angeleitet werden. In seltenen Fällen bringt uns Klugheit oder reines Glück dazu, einen Motor direkt mit einer Maschine zu koppeln, wenn beispielsweise die Motorwellen gleichzeitig die Schaufeln von Rasenmähern, Ventilatoren oder Mixern tragen. Weitaus häufiger benötigen Maschinen irgendwelche Dinge, die den Motor mit dem Endgerät verbinden – Übertragungssysteme. Während die von uns entworfenen Maschinen meistens Übertragungssysteme benötigen, brauchen muskelgetriebene Maschinen sie *immer*. Unsere rotierenden Maschinen können ihre vollen Umdrehungen aus eigener Kraft verrichten, Muskeln können das nicht: Ein Muskel verrichtet seine Arbeit durch Kontraktion, doch er benötigt immer etwas, das ihn auf seine ursprüngliche Länge zurückbringt. In der Technologie des Menschen sind Übertragungssysteme weit verbreitet, in der Natur sind sie universell.

Die wichtigen Faktoren für Motoren sind das Verhältnis von produzierter Leistung zu verbrauchter Leistung, das Verhältnis von produzierter Leistung zum Gewicht und die Leistungsstärke in Abhängigkeit von der Betriebsgeschwindigkeit. Für Übertragungssysteme ist das einzig Relevante die Maximalkraft, die sie aushalten können. Ihr Gewicht liegt in der Regel unter, ihr Wirkungsgrad über dem von Motoren. Zwei Dinge sind für Übertragungssysteme jedoch wichtig. Zum einen geht es um die spezielle Verteilung von Kraft und Weg (bei gegebener Arbeit) oder Kraft und Geschwindigkeit (bei gegebener Leistung). Sie starten einen Wagen mit einer Übertragung im unteren Bereich, d.h., Sie benötigen viel Kraft (zur Beschleunigung) bei geringer Geschwindigkeit des Autos. Dann wechseln Sie (oder Ihr Wagen) zu einem höheren Bereich mit weniger Kraft aber größerer Geschwindigkeit. Der Motor arbeitet dabei jedoch in einem engeren Geschwindigkeitsbereich (U/min). Andererseits müssen die Bewegungen des Motors und die der äußeren Komponenten aufeinander abgestimmt sein. Das bezeichnet man als die Kinematik von Maschinen – z.B. die Art, wie der Hüftknochen mit dem Oberschenkelknochen verbunden ist. Mit der richtigen Kinematik kann ein Kolben, der sich hin- und herbewegt, Räder drehen und können die Rotoren eines Elektromotors ein Sägeblatt vor- und zurück bewegen.

In beiden Technologien gibt es mehr Typen von Übertragungssystemen als von Motoren. Doch jede Technologie hat ihre Favoriten, und es gibt weniger Gemeinsamkeiten zwischen den beiden, als man zunächst vermuten könnte. Die Übertragungssysteme sind nahezu ebenso verschieden wie die Motoren. Das liegt teilweise an den unterschiedlichen Komponenten, aus denen sie zusammengesetzt sind, teilweise an den unterschiedlichen Motorentypen und teilweise an den unterschiedlichen Aufgaben der Maschinen.

Hebelkräfte

Vermutlich ist kein mechanisches Gerät älter als der Hebel. Hebel sind einfach und vielseitig und zweifelsohne älter als wir Menschen. Der Anwendung von Hebeln begegnet man bei den Finken auf den Galapagos-Inseln, die mit Dornen Insekten aus einer Baumrinde holen, oder bei den Schimpansen, die einen Erdhügel voller köstlicher Termiten vor sich haben. Hebel können sehr viel Kraft übertragen – Archimedes hat kaum übertrieben, wenn er behauptete, er könne die Erde aus ihren Angeln heben, wenn man ihm nur einen Stütz-

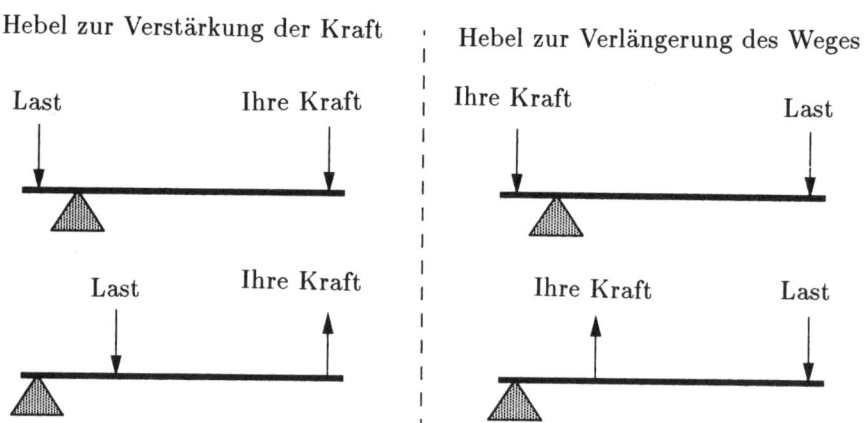

Abbildung 9.1: Zwei Grundvarianten von Hebeln. Der wesentiche Unterschied zwischen beiden ist der relative Abstand zwischen Stützpunkt und Belastungspunkt (Lastarm) bzw. Angriffspunkt der Kraft (Kraftarm).

Hebelkräfte

punkt für seinen Hebel gäbe – und man findet sie fast überall. Wie könnten Sie ohne Hebel einen Flaschendeckel aufstemmen, eine Dose öffnen, eine Nuss zerdrücken, einen Lichtschalter bedienen...?

Ein Hebel besteht im Grunde genommen aus einem harten Stab, an dem drei Punkte ausgezeichnet sind. Einer ist der Stützpunkt, der Punkt, um den sich der Hebel dreht. Ein zweiter ist der Belastungspunkt, wo das, was bewegt werden soll, den Stab berührt. Und schließlich ist da noch der Punkt, wo die arbeitende Kraft angreift. Es gibt zwei entgegengesetzte Versionen von Hebeln, die beide in Abbildung 9.1 zu sehen sind. Die linke Version ist ein Kraftverstärker. Hier ist der Abstand zwischen Stützpunkt und Kraftpunkt größer als zwischen Stützpunkt und Last. Die andere Version vergrößert den Weg oder die Geschwindigkeit. In diesem Fall ist der Abstand zwischen Stützpunkt und Kraftpunkt kleiner als der zwischen Stützpunkt und Last. (Über Geschwindigkeit reden wir später.)

Ein Hebel ist eines der einfachsten Übertragungssysteme. Er verrichtet keine Arbeit, die wir als Kraft mal Weg definiert hatten. Er verändert nur die spezielle Aufteilung von Kraft und Weg bei einer Maschine (Muskel oder Motor) in ein nützlicheres Verhältnis der beiden. Mit einem Hebel kann die arbeitende Kraft kleiner als die Kraft der Belastung sein (wie bei einem Flaschenöffner). Man kann den Weg der arbeitenden Kraft auch kürzer als den Weg der Last machen (wenn man beispielsweise einen Golfschläger oder Baseballschläger schwingt).

Hebel sind nur die einfachsten Versionen in einer großen Gruppe von Geräten, die Kraft gegen Abstand „eintauschen" und als Übertragungssysteme Anwendung finden. Sie alle lassen uns die Wahl zwischen einer Kraftverstärkung und einer Wegverlängerung. Abbildung 9.2 zeigt einige, die in der menschlichen Technologie Anwendung finden: Eine Winde, bei der Seile um verschieden große, gekoppelte Räder laufen, ein sogenannter Flaschenzug, bei dem ein Seil über mehrere Rollen läuft, und ein Riemenantrieb, der Rollen

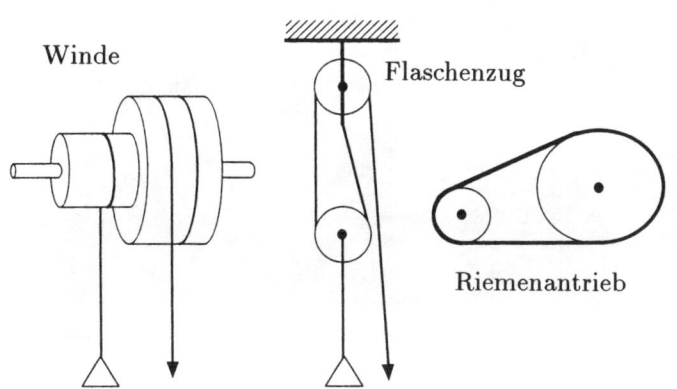

Abbildung 9.2: Geräte mit Hebelwirkung, bei denen der Betrag von Kraft und Abstand oder Geschwindigkeit umverteilt wird.

unterschiedlicher Größe verwendet. Die Winde ähnelt sowohl in ihrer Struktur als auch in ihrer Arbeitsweise einem einfachen Hebel. Bei den anderen sollten die strukturellen Unterschiede nicht über die funktionale Äquivalenz hinwegtäuschen. In der Technologie der Natur sind Hebel weit verbreitet, doch die Analoga, wie der Flaschenzug, sind nicht so offensichtlich.

In dieser Unterscheidung zwischen Kraftverstärkern und Wegverlängerern liegt ein interessanter Unterschied zwischen der natürlichen Technologie und den Geräten, die wir Menschen benutzen. Wir ziehen kraftverstärkende Apparate vor, einige davon sind in Abbildung 9.3 abgebildet. Unsere Gliedmaßen bewegen sich zwar weit, aber sie sind nicht besonders kraftvoll, daher verwenden wir Kraftverstärker, um die sogenannte „Hebelwirkung" auszunutzen. Schauen Sie sich in Ihrer Küche um. Fast alle Handgeräte sind Kraftverstärker. In unserer Küche sind die einzigen abstandsvergrößernden Geräte eine Salatzange, bei der das Gelenk zwischen den kurzen Griffen und den langen Zangenstielen ist, und eine Holzzange, bei der das Gelenk an einem Ende ist und die wir zum Herausfischen der Englischen Muffins aus den Tiefen unseres Toasters benutzen.

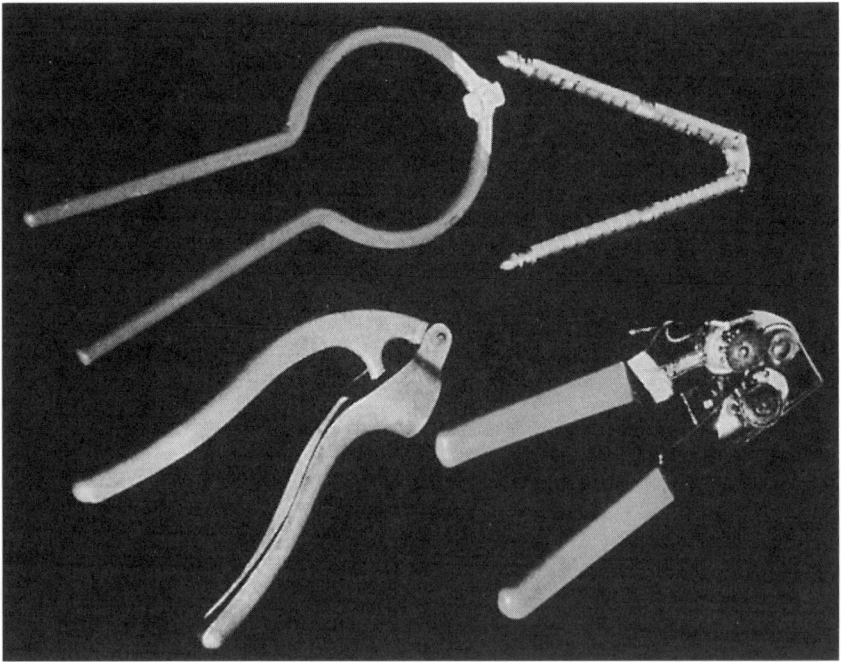

Abbildung 9.3: Küchengeräte mit Hebelwirkung, bei denen die Kraft auf Kosten des Weges oder der Geschwindigkeit verstärkt wird: Glasdeckelöffner, Nussknacker, Knoblauchpresse und Dosenöffner.

Hebelkräfte

Abbildung 9.4: Die Muskeln zur Betätigung des Unterarms sitzen zu beiden Seiten des Oberarmknochens. Mit dieser Anordnung bewirken kurze und kraftvolle Kontraktionen der Muskeln weite, aber weniger kraftvolle Bewegungen des Unterarms.

An unserer Werkzeugbank sind Schraubenzieher, eine Brechstange, Kneifzangen, Metallscheren, Gabelschlüssel und Kombizangen – alles Kraftverstärker. Der einzige Wegverlängerer unter unseren Gartengeräten ist eine kleine Rasenschere, mit der das Gras an den Stellen geschnitten werden kann, wo der Rasenmäher nicht hinkommt. Alle anderen Geräte sind Kraftverstärker.

Handbetriebene Kraftverstärker verwenden wir auch, wenn wir etwas kurbeln.[1] Wenn Sie ein Boot auf einen Anhänger ziehen, benutzen Sie die Handkurbel einer Winde. Viel Bewegung des Arms wird über die Kurbel zu sehr viel Kraft am Draht. Türgriffe und Wasserhähne sind nichts anderes als kleine Kurbeln. „Hebelübersetzung" ist für uns fast gleichbedeutend mit „Kraftverstärkung".

Ein Biologe würde das anders sehen. In der Natur sind Wegverlängerer vorherrschend. Der Grund liegt darin, dass Muskeln Kurzhubmaschinen sind; sie können sehr viel Kraft aufbringen, aber nur über einen kurzen Weg. Ein Muskel kann die meiste Arbeit (Last mal Weg) verrichten, wenn er sich nur um rund 10 Prozent seiner Länge verkürzt, obwohl sich die meisten Muskeln mit geringeren Belastungen bis zu 30 Prozent zusammenziehen können. Damit Arme und Beine sich über einen großen Bereich bewegen können, damit ihre äußersten Enden größere Strecken zurücklegen können, damit Muskeln nahe an den Knochen verlaufen können, die sie bewegen, dazu bedarf es Wegverlängerer. Betrachten Sie die Muskeln und Knochen, mit denen Sie Ihren Unterarm anheben bzw. herablassen, wie in Abbildung 9.4. Sowohl der Bizeps auf der Vorderseite Ihres Oberarms als auch der Trizeps hinter Ihrem Oberarmknochen sind beträchtliche Wegverlängerer.[2]

Unsere Muskeln sind also Kraftspezialisten, und unsere Körper kompensieren das mit wegverlängernden inneren Hebeln aus Sehnen und Knochen. Dadurch werden unsere Gliedmaßen zu Wegspezialisten, was unsere Technologie mit kraftverstärkenden Handwerkzeugen kompensiert – unseren Dosenöffnern und Kneifzangen. Es mag paradox sein, vielleicht sogar irrational, aber wir benutzen unsere Werkzeuge, ohne uns vorher chirurgisch anpassen zu lassen.

Wird trotzdem sehr viel Kraft benötigt, verringert die Natur die Wegverlängerung, beispielsweise bei der Aufhängung der Muskeln an den Vorderarmen eines Maulwurfs, der sich durch Erde graben muss. Seine Knochen sind kürzer und die Befestigung der Muskeln weiter von den Gelenken entfernt, als es bei uns der Fall ist. Ganz ähnliche Gründe bestimmen die relative Lage der Kiefermuskeln und Zähne bei Säugetieren und Reptilien.[3] Die Frontzähne eines hervorstehenden Kiefers schnappen mit sehr viel Distanz, aber wenig Kraft nach Beute, während sich die Backenzähne näher am Schließmuskel des Kiefers befinden und daher mit großer Kraft zerkleinern können. Trotzdem bleiben die Vorderarme eines Maulwurfs und die Backenzähne eines Löwen Wegverlängerer, sie sind nur weniger stark ausgeprägt als bei unseren Vorderarmen oder den Schneidezähnen des Löwen. Wird jedoch ein großer Abstand (oder eine große Geschwindigkeit) benötigt, werden die Wegverlängerer wirklich extrem. Die Flugmuskeln vieler Insekten verkürzen sich um weniger als 5 Prozent ihrer Länge – solch ein kurzer Schlag könnte bei Insekten notwendig sein, um eine höhere Schlagfrequenz der Flügel zu erreichen –, und da die Muskeln an den Brustkörben der Insekten befestigt sind, müssen sie kurz sein. Die Wege von Insektenflügeln sind um das hundertfache länger als die Verkürzung ihrer Muskeln.

Um Körperteile entweder weiter oder schneller bewegen zu können, verbessert die Natur die Abstandsverhältnisse, indem sie die Muskeln auf eine besondere Art und Weise zusammenbaut. In diesem Fall verlaufen die Fasern nicht geradewegs von der Sehne am einen Ende zur Sehne am anderen Ende, sondern sie sind kurz und verlaufen schräg, meist von zwei äußeren Sehnen zu einer inneren, wie in Abbildung 9.5. Die äußeren Sehnen sind mit einem

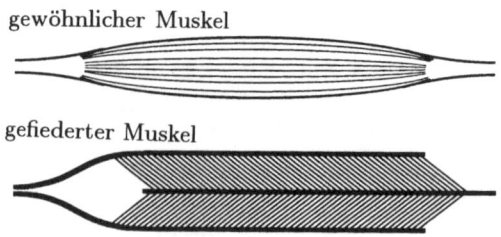

Abbildung 9.5: Ein gewöhnlicher Muskel, wie der in der vorherigen Abbildung, und die für besonders große Kräfte und kurze Distanzen ausgerichtete Anordnung eines gefiederten Muskels.

Skelettteil verbunden, die innere Sehne mit einem anderen. Diese Anordnung beschränkt die Verkürzungsstrecke der Muskelfasern erheblich, aber sie vergrößert die Gesamtquerschnittsfläche der Fasern, von der die Kraft abhängt. Diese Anordnung findet man besonders häufig bei Insekten oder Krebstieren, bei denen die Muskeln innerhalb ihrer röhrenförmigen Skelette verlaufen. In diesem Fall ist es fast unmöglich, einen größeren Abstand zwischen Gelenk und Muskelaufhängung zu haben. Die Muskeln können sich einfach nicht sehr verkürzen, daher müssen sie sehr viel Kraft produzieren und den Rest einer Wegverlängerung überlassen. Ein schönes Beispiel dafür ist eine Hummerschere, bei der die Zange mit einem solchen gefiederten Muskel geschlossen und mit einem anderen geöffnet wird. Ein Blick auf die wesentliche Anatomie könnte eine angemessene Ausrede sein, einen Hummer zu verspeisen,[4] anderenfalls muss Abbildung 9.5 ausreichen. Ein anderes Beispiel ist der dickste Teil am Hinterbein eines Grashüpfers. Die Faserrichtungen sind außen als Furchen erkennbar.

Die Natur verwendet noch einige andere Mechanismen, damit sich Dinge weiter, schneller und weniger kraftvoll bewegen als es der unmittelbaren Muskelanordnung entspricht. Gegen Ende des 7. Kapitels haben wir eine Reihe von hydrostatischen Vorrichtungen aus Muskeln angesprochen. Als Beispiele hatten wir die Tentakeln und Arme von Tintenfischen erwähnt, verschiedene Zungen und die Rüssel von Elefanten. Da die Tentakel eines Tintenfischs nahezu ausschließlich aus Muskeln besteht und sehr lang und dünn ist, bewirkt eine geringe Verkleinerung des Durchmessers einen großen Längenzuwachs. Wenn eine Muskelkontraktion den Durchmesser eines inkompressiblen Zylinders um 10 Prozent verkürzt, kann sich der Zylinder um bis zu 24 Prozent verlängern. Doch eine Tentakel ist bereits lang und dürr. Wenn ihre Länge das Fünfundzwanzigfache ihres Durchmessers beträgt, dann wird bei einer Abnahme des Durchmessers um eine Einheit (absolut gerechnet, nicht in Prozent) die Länge um beinahe sechzig Einheiten zunehmen. Für die Kraft wird das Verhältnis natürlich umgekehrt sein, eine Abnahme um das Sechzigfache vom Input zum Output. Tintenfische schnappen nach schwimmender Beute, indem sie ihre Tentakeln weit und schnell, aber nicht sehr kraftvoll ausstrecken.[5]

Ein sehr verbreiteter und für jeden von uns lebenswichtiger Trick, aus einer eingeschränkten Verkürzung das Beste zu machen, besteht darin, einen dicken Mantel aus inkompressiblem Muskel um eine kugelförmige Kammer zu legen, wie beispielsweise bei einem Herzen. Hat die Wand ein doppelt so großes Volumen wie die Kammer, so zeigt eine kurze Rechnung, dass eine Verkürzung der Muskelfasern um 6 Prozent bereits die Hälfte des Kammerinhalts herausdrückt, eine Verkürzung um 13 Prozent leert die Kammer vollständig. Sechs bis 13 Prozent sind gerade der effektive Bereich für Muskelkontraktionen.[6] Ganz ähnliche Rechnungen lassen sich für muskelumspannte Zylinder wie unseren Darm anstellen (der Leser mag es versuchen). Die Wand ist dünner, der Muskel muss sich mehr verkürzen, und wir benutzen auch eine andere Art von Muskel, aber das Prinzip ist dasselbe.

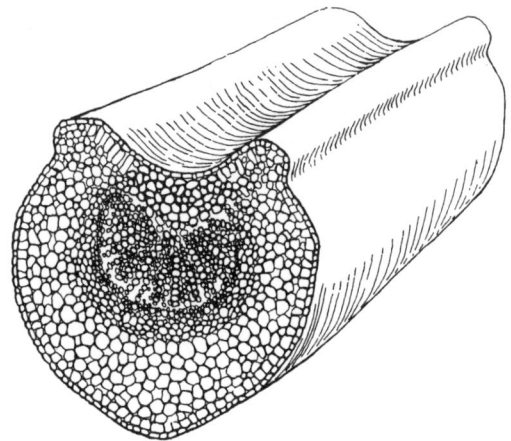

Abbildung 9.6: Osmose kann sehr hohe Drücke erzeugen. Ein leichtes, aber kraftvolles An- oder Abschwellen der großen Zellen im unteren Teil dieses Blattstängels (Petiolus) kann die Blattfläche aufrichten oder herabhängen lassen, entsprechend dem Bedarf an Sonnenlicht und Wasser.

Das Problem, große Kräfte in große Wege umzuwandeln, betrifft nicht nur muskelgetriebene Maschinen. Die Proteine, die in Flimmerhaaren aneinander entlang gleiten, befinden sich nahe des Haarzentrums, sodass ein kurzer Gleitweg bereits eine erhebliche Biegung des Haars bewirkt. Das Welken eines Pflanzenblattes von einer horizontalen zu einer vertikalen Haltung wird durch einen kleinen Verlust an Volumen einiger weniger Zellen in seinem Stängel hervorgerufen, wie in Abbildung 9.6 verdeutlicht wird.

Bei den Maschinen unserer Technologie gibt es größere Unterschiede hinsichtlich ihres Kraft-Weg-Verhaltens als bei Muskeln, Flimmerhaaren oder anschwellenden Zellen. Doch in den meisten Fällen legen ihre beweglichen Teile größere Strecken mit weniger Kraft zurück – genau das Gegenteil zu den lebenden Maschinen. Was gerade die heutigen Maschinen – Verbrennungs- oder Elektromotoren – auszeichnet, sind ihre hohen Geschwindigkeiten. Große Geschwindigkeiten haben ähnliche Konsequenzen wie große Distanzen: Leistung ist Kraft mal Geschwindigkeit, ebenso wie Arbeit Kraft mal Weg ist. Um höhere Geschwindigkeiten zu erreichen, müssen die Maschinen kleiner und leichter sein. Beispielsweise verwenden wir besondere Hochgeschwindigkeitsmotoren zum Antrieb sowohl von Werkzeugen, die wir in der Hand halten, als auch von Flugzeugen. In beiden Fällen müssen die Größe und das Gewicht möglichst klein gehalten werden. Höhere Geschwindigkeit bedeutet meist auch, dass die Maschine stärker belastet wird. Und es bedeutet, dass wir zwischen Motor und Anwendung oft Dinge abbremsen müssen, aber geschwindigkeitsreduzierende Übertragungssysteme sind gleichzeitig kraftverstärkend.

Kurz gesagt, Muskeln brauchen oft wegverlängernde Systeme wie Sehnen und Knochen, um sie an ihre Aufgaben heranzuführen, während Rotationsmotoren zum Antrieb nützlicher Maschinen meist kraftverstärkende Getriebe brauchen.

Doch Weg und Geschwindigkeit sind nicht ganz dasselbe. Unsere Arme und Beine bewegen sich relativ weit, während sich unsere Maschinen relativ schnell bewegen. Daher ist es selten sinnvoll, handbetriebene Maschinen zu motorisieren. Vor Jahren hatte beinahe jeder Haushalt einen Zerkleinerer, der von einem willigen Arm gedreht werden musste. Heute übernehmen diese Aufgabe Elektromixer, die auf einem vollkommen anderen Prinzip basieren und direkt mit einem Elektromotor verbunden sind. Weniger verbreitet sind motorgetriebene Zerkleinerer nach altem Prinzip. Wir besitzen einen, und seine Leistungen sind nicht sehr beeindruckend.

Wenn allerdings eine einfache Motorisierung funktioniert, ist ein Vergleich recht aufschlussreich. Nehmen wir als Beispiel die handgetriebenen und elektrischen Versionen von Fleischwölfen und Eismaschinen. Für den Handbetrieb benutzen wir eine lange Kurbel, also den üblichen Kraftverstärker, um die Wegverlängerung zwischen den Armmuskeln und unserer Hand rückgängig zu machen. Die motorisierten Versionen ersetzen den langen Hebel durch Motoren, die sich zwischen fünfzig und hundertmal pro Sekunde drehen. Die überhöhten Wege werden also durch überhöhte Geschwindigkeiten ersetzt. Damit das Gehäuse oder sein Inhalt sich nicht sofort verflüssigt, muss ein Satz von Zahnradgetrieben zur Reduktion der Geschwindigkeit und Verstärkung der Kraft eingebaut werden. Auch Textilfäden fertigen wir mit Maschinen nicht auf dieselbe Art wie mit den alten Spinnrädern. Rasch rotierende Sichelmäher haben den alten motorisierten Rollenrasenmäher ersetzt, und die effektivsten Bohrspitzen bei Elektrobohrern unterscheiden sich von denen, die bei handgetriebenen Kurbelbohrern am besten sind.

Räder

Die Technologie des Menschen dreht sich um das Rad. Mit Ausnahme des Schlittens fahren alle unsere Landfahrzeuge auf Rädern. Unsere Schiffe werden von rotierenden Schaufelrädern oder Propellern angetrieben und unsere Flugzeuge haben rotierende Turbinen mit und ohne Propeller. Schneefräsen, Bagger, Förderbänder und Kettensägen drehen sich um Achsen. Im Inneren von Maschinen verwenden wir Kurbelwellen, rotierende Elektromotoren, Seilscheiben, Zahnräder, Ankerwinden, Kugellager, Nockenwellen, Winden, Sperrräder, Rollenlager und Spindeln – um nur die offensichtlichsten zu nennen. Die Natur verwendet keine Räder – mit einer Ausnahme. Nur beim Metall finden wir einen vergleichbaren Gegensatz.

Zu meiner Studienzeit war die Sache einfach: „Die Natur hat das Rad nie erfunden", hieß es in den Lehrbüchern. Doch die Wissenschaft macht Fortschritte und heute wissen wir, dass es in der Natur ein richtiges Rad mit einer Achse gibt. Neu ist das jedoch nur für uns, denn die Organismen mit diesen Rädern sind außerordentlich alt. Seit Howard Berg und seine Mitarbeiter in den 70er Jahren dieses Rad entdeckt haben[7] dürfen wir nicht mehr fragen, warum die Natur das Rad nicht erfunden hat, sondern warum sie es nur in einem einzigen Fall verwendet. Zunächst schauen wir uns aber diesen Fall an.

Bei unserer Diskussion der Flimmerhaare und Geißeln im letzten Kapitel haben wir stillschweigend die Geißeln (Flagellen) der Bakterien ausgeschlossen. Sie sind sehr viel kleiner als die Standardausstattung bei höheren Organismen, und ihnen fehlt auch der „normale" innere Antrieb, mit dem sich Flimmerhaare aktiv bewegen können. In der hohen Auflösung eines Elektronenmikroskops erscheint eine Bakteriengeißel wie ein sehr sorgfältig gezeichneter, regelmäßiger, offensichtlich starrer Wellenzug. Geißeln sind starre Schrauben, vergleichbar mit einem Korkenzieher. Statt durch Verbiegung eine Welle entlang seines Körpers zu schicken, dreht sich die Geißel bis zu einhundert Mal in der Sekunde, wie in Abbildung 9.7 skizziert. Der Sockel der Geißel bildet eine Achswelle, die durch die Zellmembran geht und die Geißel mit einem Drehmotor verbindet. Die Membran dient dabei als Lager und Halterung. Sowohl in ihrer Erscheinung als auch in ihrer Arbeitsweise hat die Maschine eine überraschende Ähnlichkeit

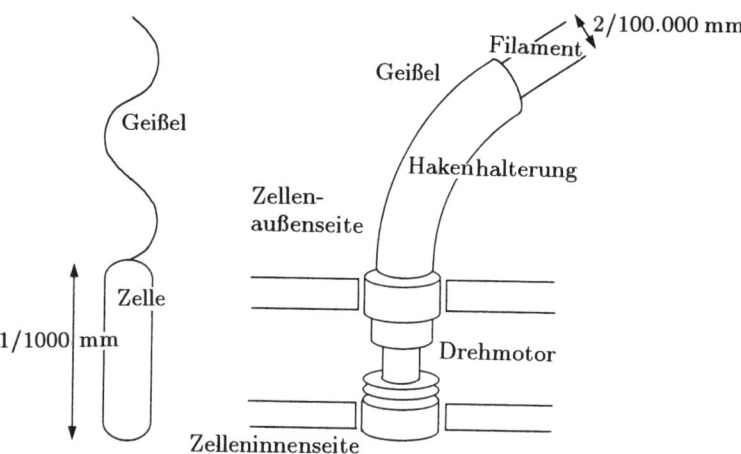

Abbildung 9.7: Ein Bakterium mit seiner Geißel und Einzelheiten zur Halterung einer Geißel, wie wir sie gegenwärtig verstehen. Die Vergrößerung ist extrem hoch, ungefähr das Dreihunderttausendfache, sodass bestimmte Details aus Flecken interpretiert wurden. Wie dieser Drehmotor arbeitet, ist nicht vollkommen geklärt.

Räder

mit unseren Elektromotoren. Ihre Drehrichtung lässt sich sogar umkehren. Das Ganze – Maschine und Schaubenzieher, entweder einzeln oder in Gruppen – schiebt oder zieht ein Bakterium auf eine ähnliche Weise, wie ein Propeller ein Schiff schiebt oder ein Flugzeug zieht.

Wie gut ist eine Bakteriengeißel? Ausgedrückt durch Leistung pro Gewichtseinheit ist sie fünfzigmal besser als ein Muskel, besser sogar als eine Gasturbine. Trotzdem schwimmen Protozoen, die nur wenig größer als ein typisches Bakterium sind, mit einer gewöhnlichen Geißel, deren Prinzip auf dem bereits früher beschriebenen und weitaus leistungsschwächeren Tubulin-Dynein-Motor basiert. Das ist wirklich verblüffend. Könnte es sein, dass wesentliche Information einfach nie auf die nichtbakterielle Welt übertragen wurden? Doch wie in Kapitel 2 schon erwähnt wurde, haben manche höheren Organismen andere Teile der bakteriellen Maschinerie übernommen und sich dabei des drastischen Schritts einer symbiotischen Enteignung des Bakteriums bedient.[8] Vielleicht kann der bakterielle Motor aus irgendwelchen Gründen nicht vergrößert werden: Probleme bei der Herstellung größerer Lager, Schwierigkeiten bei der elektrischen Übertragung über größere Distanzen in einer nichtmetallischen Welt, oder vielleicht auch aus ganz anderen Gründen.

Unter Rädern verstehen wir hier ein richtiges Rad und eine Achsvorrichtung, die relativ zum Rest der Maschine unbegrenzt rotieren können. Wenn Sie einen Abhang hinunterrollen, ist Ihr ganzer Körper vielleicht so etwas wie ein Rad, aber Sie bilden kein Rad-Achse-System. Wir sprechen hier also nicht von den amerikanischen Steppenrollern oder den winzigen Kotkugeln, die Mistkäfer für ihre Larven nach Hause rollen, oder über die wenigen Krebse, die sich rollend fortbewegen. Es geht auch nicht darum, wie weit wir unsere Fäuste um unsere Arme oder unsere Köpfe über unsere Schultern drehen können. Auch unter „Rotieren" bzw. „Drehen" vestehen wir etwas Bestimmtes. Wenn Sie auf einem Blatt Papier einen Kreis zeichnen, dreht sich dann Ihre Hand? Sie bewegen Ihre Hand vielleicht im Kreis, aber Sie drehen sie nicht wirklich; Ihre Hand zeigt immer in dieselbe Richtung. Die Räder eines Fahrrades rotieren, doch Ihre Füße und die Pedale führen nur eine Kreisbewegung aus. Ein Riesenrad rotiert als Ganzes, aber die Kabinen und Menschen folgen nur einem Kreis. In dieser präzisen Bedeutung – kein Rollen als Ganzes und keine einfache Kreisbewegung – ist die Bakteriengeißel der einzig bekannte Fall von einem Rad mit Achse in der Natur.

Traditionell halten wir Räder für etwas Großartiges und glauben, dass die Natur (abgesehen von den Bakterien) aus ihnen keinen Nutzen ziehen kann. Stephen Jay Gould betonte in diesem Zusammenhang[9] jedoch die Schwierigkeiten, Nähr- und Aufbaustoffe in Strukturen zu bringen, die nur eine gleitende Verbindung mit dem Rest eines Organismus haben. Das passt genau zu einem meiner Hauptanliegen: Die Technologie des Menschen und die der Natur müssen in ihrem jeweiligen Zusammenhang gesehen werden. Zusätzlich erwähnte er noch das Problem der Kontinuität in der Evolution. Welchen Vorteil könnte eine Kreatur von einem unvollständig entwickelten Rad haben? Dieses Argument mag ebenso wie das ähnliche Argument, das wir im Zusammenhang mit den Metallen vorgebracht haben, sehr attraktiv klingen, aber es ist nicht wirklich überzeugend. Die ganze Diskussion dreht sich bei Gould allerdings auch um die uneingeschränkte Überlegenheit eines beräderten Transports.

Wie so oft zeigen sich bei genauerer Betrachtung auch Probleme. Zumindest zwei Leute, Michael LaBarbera und George Basalla, ein Biologe und ein Historiker,[10] haben gegen die Gould'sche Annahme von der Überlegenheit des Rades Einsprüche erhoben. Sie geben zu, dass ein Transport auf Rädern billiger ist als auf Beinen. Fahrrad fahren ist immer noch effektiver als Laufen, und fünfzehn Kilo passiver Maschinerie reduzieren die Transportkosten um ein Vielfaches. Doch sie machen auch darauf aufmerksam, dass der Vorteil von Rädern von der Gallheit der Oberflächen – Straßen oder Böden – abhängt. Ein Rad an einem Gefährt kann Hindernisse nur überwinden, wenn diese kleiner als ein Viertel des Raddurchmessers sind, und selbst diese Hindernisse treiben die Transportkosten in die Höhe. Die Prärie-Planwagen hatten riesige Räder, viel größer als die der gewöhnlichen Straßenfahrzeuge. Damit beräderter Transport sinnvoll genutzt werden kann, muss eine Kultur ausreichend sesshaft und organisiert sein, um in angemessenem Umfang Straßen bauen zu können. Für die meisten Organismen, die wesentlich kleiner sind als wir, besteht die natürliche Welt aus noch größeren Hindernissen.

Räder mögen zwar weit verbreitet sein, doch eine menschliche Technologie definieren sie nicht. Es scheint, dass sie zunächst im Alten Orient vor ungefähr fünftausend Jahren bei zwei Anwendungen aufgetreten sind: beräderte Fahrzeuge und Töpferscheiben. Ob es einen Zusammenhang zwischen diesen beiden gibt oder ob das Rand bei mehr als einer Gelegenheit erfunden wurde, bleibt unklar. In der Neuen Welt gab es jedoch vor Kolumbus keine Räder. Für den Transport benutzte man Lasttiere und Schlitten, und selbst achsensymmetrische Tongefäße entstanden nicht auf rotierenden Tonscheiben, sondern aus langen, dünnen Zylindern aus nassem Lehm, die gerollt wurden. Der Besuch eines Museums mit Gebrauchsgegenständen der Inkas oder der mittelamerikanischen Kultur sollte jeden davon überzeugen, dass es sich hierbei nicht um technologisch primitive Kulturen gehandelt hat. Außerdem kannten sie das Rad. Man hat Spielzeuge der Mayas und Azteken gefunden, bei denen die Tiere auf Rädern standen.[11] Die westliche Hemisphäre war außerdem nicht der einzige Ort mit Kulturen, die keine Räder verwendeten. Auch die Bewohner Zentralafrikas, Südostasiens und Australiens kamen ohne Räder aus.

Für einen sinnvollen Transport auf Rädern müssen die Straßen breit genug sein, damit ein Zugtier mit Karren wenden kann, denn diese Kombination kann keine weiteren Strecken rückwärts fahren. Zugtiere von ausreichender Größe müssen domestiziert werden, was im vorkolumbianischen Amerika nicht der

Fall gewesen zu sein scheint. Außerdem müssen die Straßen hart sein. Plüsch oder ein weicher Teppichboden können einen Rollstuhl fast lahm legen, weshalb in den Vereinigten Staaten in öffentlichen Gebäuden per Gesetz keine dicken Teppiche liegen dürfen. Fahrzeuge auf Rädern wurden in Nordafrika und dem Mittleren Osten zwischen dem dritten und siebten Jahrhundert (nach Christus) aufgegeben und waren dann für fast tausend Jahre nicht mehr in Gebrauch. Unter den gegebenen Bedingungen schienen zahme Kamele, die Lasten tragen, statt sie zu ziehen, eine bessere Alternative zu sein.[12]

Man kann daher zu Recht Behauptungen hinsichtlich der Überlegenheit des beräderten Transports skeptisch gegenüberstehen. Doch die obigen Argumente gelten nicht für die anderen Einsatzmöglichkeiten von Rädern in unserer Technologie. Meiner Meinung nach liegt hier die Nützlichkeit von Rädern und Achsen klar auf der Hand. Auf Rädern basierende Übertragungssysteme sind vielseitig verwendbar und effizient. Einfache Zahnradpaare (Abbildung 9.8) übertragen die Leistung mit einem Wirkungsgrad von über 99 Prozent von einer Welle auf eine andere. Der Wirkungsgrad von Kegelrädern (die zueinander senkrecht stehende Wellen verbinden), Riemen- und Kettengetrieben

Abbildung 9.8: Eine alles andere als erschöpfende Auswahl von Übertragungssystemen, im wesentlichen Zahnradgetriebe (im Uhrzeigersinn von oben links): Stirnräder, eine Nocke, ein Schneckenradgetriebe und Kegelräder.

liegt zwischen 95 und 99 Prozent. Bei Schneckengetrieben gleitet ein langer, zylinderförmiger Antrieb (die Schnecke) durch die Zähne eines Zahnrades (das Schneckenrad), doch selbst diese Konstruktion hat noch einen Wirkungsgrad von rund 80 Prozent.[13]

Straßen schränken vielleicht den Gebrauch von Rädern bei Transportmitteln ein, aber es sind die Lager, die ihre allgemeine Verwendung als mechanische Elemente ermöglichen. Ohne Lager verbleiben nur noch unattraktive Anwendungsformen, beispielsweise freie Rollen (wie Baumstämme), die man unter ein Objekt legt und die immer, wenn sie hinter dem Objekt frei werden, nach vorne transportiert werden müssen. Die Erbauer alter Monumente haben sicherlich auf diese Weise große Steinblöcke transportiert, und ich finde die Methode auch nützlich, um große Holzklötze über eine kurze Strecke zu verschieben. Doch andererseits kann ein Fahrzeug einfach rollen. Bei richtigen Fahrzeugen müssen jedoch gewisse Teile an anderen Teilen entlanggleiten, die Gleitflächen werden belastet und Reibung zwischen den Gleitflächen kostet Kraft. Ein Auto braucht deshalb Lager, die sich weich drehen, entweder zwischen den Rädern und ihren Achsen oder zwischen den Achsen und der Karosserie.

Alles hängt also von den Lagern ab sowie den damit zusammenhängenden Problemen der Reibung und Haltbarkeit. Diese müssen sehr viel Ärger bereitet haben, bevor vor einigen hundert Jahren Metalldrehbänke mit einer akzeptablen Präzision entwickelt wurden. Das eigentliche Problem ist tückisch. Eine dickere Achse hat eine gute Tragfähigkeit mit wenig Materialbelastung, aber die Lageroberflächen bewegen sich mit einer höheren Geschwindigkeit umeinander und erzeugen so mehr Wärme und verschleißen stärker. Bei einer dünnen Achse bewegen sich die gegenüber liegenden Flächen langsamer gegeneinander, erzeugen somit weniger Wärme und Abrieb, aber die Beanspruchung ist größer und die Achse kann leichter brechen. Gute Lager sind wie Elektrodrähte nichts Aufregendes, aber sie sind wesentliche Bestandteile, die wir meist erst dann beachten, wenn sie sich festgefressen haben oder kreischend nach Schmiermitteln rufen; oder zu Kriegszeiten, wenn Kugellagerfabriken zu Zielen höchster Priorität werden.

Obwohl die Natur keine Räder verwendet, hat sie einige beeindruckende Lager. An den Enden unserer Knochen befinden sich Schichten aus porösem Knorpel, durch die ein Schmiermittel (Synovia) sickert, sodass sich benachbarte Knochen nie wirklich berühren. Die verbleibende Reibung ist so gering wie bei der besten Technik – es sei denn, Sie leiden an Arthritis oder Bursitis. Man kann sich von der beeindruckenden Gleitfähigkeit der Gelenke ein Bild machen, wenn man den Muskel und das Bindegewebe am Knie oder der Hüfte eines Lamms entfernt und dann die Knochen auf beiden Seiten des Gelenks bewegt, wobei man sie gleichzeitig so fest wie möglich zusammenpresst. Es lässt sich praktisch keine Reibung verspüren.[14] Die Lager der Natur sind nicht für das Fehlen von Rad und Achse verantwortlich.

Bei der Entwicklung von Geräten mit Rädern hatte der Mensch in der Natur kein Vorbild. Ihr weit verbreiteter Gebrauch zeigt ihren technologischen Wert besser als jedes verbale Argument oder jede Berechnung. Ihr Fehlen in der Natur lässt sich jedoch nicht so leicht erklären. Zumindest verstehen wir noch nicht wirklich, welche Faktoren letztendlich dafür verantwortlich sind. Sind Räder für eine auf weichen Materialien basierende Technologie in einer holprigen Welt weniger nützlich? Sind sie schwer zu entwickeln und zu halten? Waren sie bereits überholt als die Größe der Organismen über einen tausendstel Millimeter hinausging?

Wie verbindet man Motoren und Rotoren?

Das Fehlen von Rädern und Drehbewegungen bei Organismen einerseits und ihre weite Verbreitung bei den Geräten unserer Technologie andererseits führt uns auf ein eigenartiges Problem: Wie dreht man eine Drehmaschine? Wenn der Motor nicht rotiert, wie das bei Menschen oder Tieren der Fall ist, muss eine lineare Bewegung in eine Rotationsbewegung umgesetzt werden. Wir betreiben mechanische Artenmischung, wenn unser Schieben und Ziehen eine rotierende Maschine bewegt. Doch dieses Umsetzungsproblem betrifft nicht nur muskelgesteuerte Antriebe.

Wie kann ein Schub-Zug-Motor, ob mit Muskeln oder Kolben, eine Drehung erzeugen? Unsere Automotoren verwenden Kolbenstangen zum Drehen von Kurbelwellen, und einige von uns erinnern sich vielleicht an die Kurbelschleifen an den Antriebsrädern von Dampflokomotiven. Doch solche Vorrichtungen wurden erst gegen Ende des achtzehnten Jahrhunderts üblich, nachdem James Watt eine Version der Kurbelwellen entwickelt hatte, mit der seine ortsfesten Dampfmaschinen Räder drehen konnten.[15] Watt war jedoch nicht der Erste, der mit einer linearen Maschine etwas in Rotation versetzte. Eine der Balancierdampfmaschinen von Newcomen diente demselbem Zweck. Der Mechanismus war heroisch aber ineffizient: Die Maschine trieb eine Pumpe an, die Wasser emporhob, das dann über ein oberschlächtiges Wasserrad abfloss.

Das Problem, mit Muskelkraft eine anhaltende Rotationsbewegung zu erzeugen, hat eine besonders einfache Lösung, wenn der Motor selber im Kreis läuft, z. B. wenn ein Tier an einen langen Kurbelarm gebunden wird und stur im Kreis herumgeht. Ansonsten braucht man Kurbeln wie an unseren Kolbenmaschinen. Moderne Kurbeln wurden vermutlich von Archimedes um 200 v. Ch. erfunden. Eine unabhängige Entwicklung wird im Jahr 31 n. Ch. in der chinesischen Literatur erwähnt. Die Idee geht aber auf die alten Ägypter zurück, deren Version einer Kurbel für einen effektiven Gebrauch allerdings Erfahrung und Übung verlangte. Der Unterschied zwischen ihren und unseren Kurbeln liegt in der möglichen Bewegungsfreiheit der Hauptwelle. Die meisten unserer

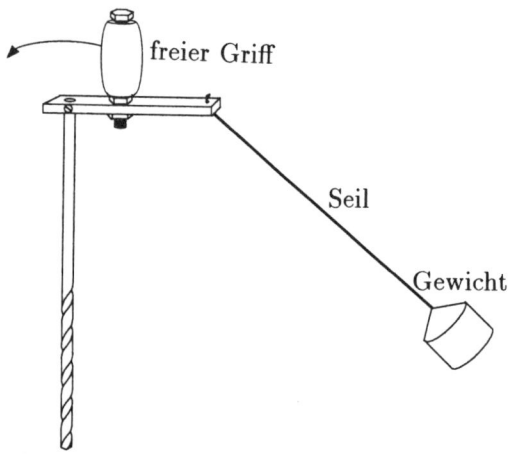

Abbildung 9.9: Eine teilweise geführte Kurbel, in diesem Fall eine Eigeninterpretation der Mechanik eines alten ägyptischen Bohrers. Die Einzelheiten sind weniger authentisch, sondern ergaben sich aus meinen ersten Versuchen. Der Griff wird im Kreis bewegt, wobei man darauf achten muss, dass der Bohrer vertikal bleibt und nicht wackelt. Das mitschwingende Gewicht macht die Bewegung gleichförmiger und drückt den Bohrer nach unten.

Kurbeln arbeiten mit eng geführten Rotoren, bei denen ein Satz von Lagern die Hauptwelle an jeder anderen Bewegung außer der Rotation um ihre Achse hindert. Die Hand oder der Fuß der Person, die die Maschine bedient, wird entlang eines festen Kreises geleitet, wie bei den altmodischen Fleischwölfen oder einem Fahrrad. Das andere Extrem, ein ungeführter Rotor wie z.B. ein Lasso, verlangt wirkliches Können.

Dazwischen liegt ein teilweise geführter Rotor. Etwas von dieser Art scheinen einige ägyptische Reliefskulpturen darzustellen. Wie in Abbildung 9.9 skizziert, ist ein Ende fest und das andere schwingt entlang einer kreisförmigen Bahn. Das Ganze ist sehr wackelig, und da nur ein Ende fixiert ist kann die Welle hin- und herschwingen. Mit etwas Übung wird die Vorrichtung zu einem recht guten Bohrer, der sich am besten für weniger tiefe Löcher eignet.[16] Wir verwenden auch heute noch einige nur teilweise geführte Rotoren. Bei einem gewöhnlichen Windenbohrer muss der Benutzer den Bohrer ausrichten. Doch bei dieser Ausrichtung dient die Hand als oberes Lager, statt einem bestimmten Kreis zu folgen. Einen solchen Windenbohrer muss man allerdings mit beiden Händen bedienen, während das Gerät der Ägypter noch eine Hand für den Gegenstand freiließ, der bearbeitet werden soll. Ein einfacher Schneebesen ist ebenfalls ein nur teilweise geführter Rotor und auch er verlangt etwas Übung.

Ein heute überholtes Gerät ist der Bogenbohrer, mit dem ein muskelgetriebener Arm einen Rotor antreibt. Wie in Abbildung 9.10 erkennbar, verbindet ein Seil die Enden eines Bogens. Dieses Seil windet sich einmal um den zu drehenden Schaft. Das untere Ende dieses Schafts hält einen Bohrer, während sich das obere Ende gegen ein Drucklager dreht, das man in der Hand hält. Zieht man den Bogen vor und zurück, so dreht sich der Schaft abwechselnd in die eine und die andere Richtung. Eine wirkliche Umwandlung in eine Drehbewegung findet eigentlich nicht statt, da sich die Drehrichtung ständig ändert. Trotzdem

Hydraulische Verbindungen

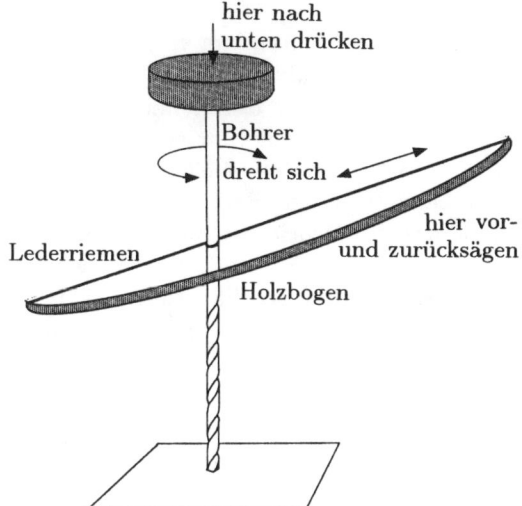

Abbildung 9.10: Ein Bogenbohrer mit einem modernen Bohrstift. Der obere Block wird von der Hand gehalten und hat an seiner Unterseite eine leichte Innenwölbung zur Führung des Bohrers. Es ist leicht, sich einen solchen Bohrer zu bauen und zu benutzen, allerdings muss man die Oberfläche des Bohrstiftes anrauen, damit das Leder nicht rutscht.

werden die meisten Vorteile einer Drehbewegung realisiert, wie beispielsweise das Bohren. Bogenbohrer sind alt und waren in vielen Kulturen vertreten. Die Indianer Nordamerikas, die ansonsten keine rotierenden Geräte benutzten, erzeugten damit ausreichend Wärme (durch Reibung mit der unteren Lagerfläche) zum Anzünden von Feuern, eine nette und nicht offensichtliche (wie ein Patentbüro es ausdrücken würde) Erfindung.

Hydraulische Verbindungen

Bei einer hydraulischen Vorrichtung wird ein fester Gegenstand von einer Flüssigkeit bewegt. (Wenn ein Gas den Druck ausübt, handelt es sich um eine pneumatische Vorrichtung, aber das Prinzip bleibt dasselbe.) Wir sind solchen Geräten schon verschiedentlich begegnet. In Kapitel 7 haben wir uns hydrostatische und aerostatische Stützsysteme angeschaut, wie Würmer und Luftschiffe. In Kapitel 8 untersuchten wir den Wassertransport, die Wasserabsorption und Verdunstungsmaschinen (hauptsächlich bei Pflanzen); und in diesem Kapitel haben wir über hydrostatische Systeme aus Muskeln gesprochen, wie beispielsweise über die Tentakeln von Tintenfischen. Abgesehen von einigen aerostatischen Flugschiffen und Gebäuden bezogen sich alle Beispiele auf Organismen, angefangen bei Einzellern bis hin zu Bäumen und Walen. Für die Natur scheint es sich um eine „einfache" Technologie zu handeln. Das sollte uns auch nicht überraschen, denn die Natur pumpt auch zu anderen Zwecken sehr viel Fluide umher. Außerdem genügt ein Muskel, der eine kugelförmige Kammer oder eine zylinderförmige Röhre umschließt, als Druckgeber.

Unter den hydraulischen Geräten sind uns Autobremsen am vertrautesten. Wenn Sie auf ein Bremspedal treten, pressen Sie dadurch einen Kolben in einen Zylinder. Bremsflüssigkeit wird aus dem Zylinder durch Leitungen in einen zweiten Zylinder gedrückt, wo die Flüssigkeit wiederum einen Kolben nach außen presst. Dieser zweite Kolben drückt die Bremsbeläge gegen die Bremstrommel (oder Scheibe), und die dabei entstehende Reibung bremst das Auto ab. Ein solches System funktioniert, weil ein Druck, der an irgendeinem Punkt auf ein geschlossenes, mit Flüssigkeit gefülltes System ausgeübt wird, sofort an alle anderen Stellen dieses Systems unvermindert übertragen wird.

Die Handlichkeit hydraulischer Systeme beruht auf ihrem Grundprinzip. Der Druck in dem hydraulischen Fluid ist gleich der Kraft auf die Kolben dividiert durch die Fläche seines Kopfes, und dieser Druck ist überall in dem System derselbe. Wir können also durch eine Veränderung der Kopffläche der Kolben sehr große Kraftunterschiede erzeugen. Wenn Sie, wie in Abbildung 9.11, einen Kolben mit einer Kraft von 10 Kilopond in einen Zylinder mit einem Durchmesser von einem Zentimeter drücken, dann wird ein anderer Kolben in einem Zylinder mit vier Zentimetern Durchmesser mit eine Kraft von 40 Kilopond nach außen gepresst. Das klingt zunächst vielleicht so, als ob man aus nichts etwas zaubert, doch Arbeit und Energie sind erhalten. Der Kolben in dem dicken Zylinder bewegt sich zwar mit mehr Kraft, aber dafür nicht so weit. Wenn Sie den kleinen Kolben um 4 Zentimeter nach innen drücken, wird der große nur um einen Zentimeter nach außen kommen. Kurz gesagt, die Vorrichtung arbeitet wie ein Hebel. Was für eine bequeme Art, Kraft, Arbeit oder Leistung von einem Ort zu einem anderen zu transportieren und dabei Kraft und Weg (oder Kraft und Geschwindigkeit) nach Belieben gegeneinander auszutauschen!

Wo verwendet die Natur hydraulische Übertragungssysteme? Stellen Sie eine frisch angeschnittene Blume in eine Vase mit Wasser, und das Wasser wird hydraulisch den Stängel hochgezogen. Ein Seestern bewegt sich auf rund tausend winzigen Röhrenfüßen; dabei handelt es sich um hydraulische Geräte in einem hydraulischen System mit Niedrigdruck. Ein Wurm adjustiert den Druck

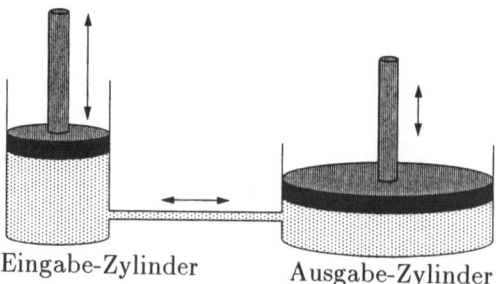

Abbildung 9.11: Eine hydraulische Verbindung mit einer vierfachen Kraftverstärkung.

Eingabe-Zylinder   Ausgabe-Zylinder

Hydraulische Verbindungen 181

in seinen verschiedenen Kammern, sodass er mit Hilfe einiger nach hinten gerichteter Borsten durch die Erde kriechen kann. Eine Spinne knickt ihre Beine mit gewöhnlichen Muskeln ab, doch sie kann ihre Beine hydraulisch verlängern. Sie drückt Ober- und Unterseite ihres Körpers (Cephalothorax) zusammen, erhöht dadurch den Blutdruck und streckt ihre Beine. Wenn sich ein Schmetterling aus seiner Pupillenhaut befreit, zieht er seine Unterleibssegmente zur Erhöhung des Blutdrucks kurz nach innen. Dadurch werden die Venen seiner Flügel aufgepumpt und ihre Membranen entfaltet. Die Filteranlage (Glomeruli) in unseren Nieren funktioniert hydraulisch. Mit Hilfe des hohen Blutdrucks in den Arterien drücken wir Blutplasma (aber keine Blutzellen) durch winzige Poren und machen so den ersten Schritt zur Herstellung von Urin. Das ist mit ein Grund, warum ein guter Flüssigkeitshaushalt von einem guten Herzen abhängt. Männer und einige, aber nicht alle, männlichen Säugetiere benutzen denselben Blutdruck zur Erektion ihrer Penise. Das ist zumindest ein Teil des Mechanismus, Ventile und lokale Muskelaktivitäten bringen den Druck schließlich auf noch höhere Werte. Hydraulische Vorrichtungen sind unter Organismen also sehr verbreitet.

Für die menschliche Technologie stellten hydraulische und pneumatische Systeme jedoch ein Problem dar. Wir haben keine bequeme Presse wie den Muskel und die meisten unserer Röhren sind starr. Druck erzeugen wir mit Kolben, und tatsächlich benutzen wir Kolben fast ausschließlich zu diesem Zweck. Doch Kolben müssen ihren Zylindern exakt angepasst werden, wenn sie sich frei bewegen und trotzdem nicht undicht sein sollen. (Bei einem Automotor lassen sich Lecks mit einem Kompressionstest aufspüren.) Eine solche Präzision war im Altertum noch nicht möglich und hydraulische Geräte beschränkten sich auf Saugheber und andere kolbenfreie Mechanismen, die fast bei Atmosphärendruck arbeiten. Undichtigkeiten zwischen Kolben und Zylindern begrenzten auch den Arbeitsdruck in den frühen Dampfmaschinen. Heute sind solche Undichtigkeiten kein Problem mehr, und hydraulische und pneumatische Systeme finden eine immer breitere Anwendung. Diese Technologie hatte vielleicht große Anfangsschwierigkeiten, aber sie ist wunderbar bequem. Obwohl unsere Anwendungen denen der Natur gleichen, sehen unsere Maschinen vollkommen anders aus.[17]

Betrachten wir nochmals die Bremsen eines Autos. Heutzutage betätigt das Bremspedal aus Sicherheitsgründen gleich zwei Zylinder, wodurch das System weniger leckanfällig wird. Bei Bremskraftverstärkern dient der Unterdruck im Ansaugkrümmer als pneumatisches Element zur Erzeugung eines hydraulischen Drucks. Hat das System ein kleines Leck, so fügen Sie etwas Bremsflüssigkeit in die Reserve oder Entlüften das System. Manche Autos benutzen auch hydraulische Verbindungen für das Kupplungssystem. Damit lassen sich Modelle konstruieren, die sowohl für Rechts- als auch Linksverkehr gebaut werden. Traktoren haben gewöhnlich ein hydraulisches System zum Anheben bzw. Absenken verschiedener Geräte, wobei der hydraulische Druck von einer motorgetriebenen Pumpe erzeugt wird. Bei Flugzeugen werden die Steuerflächen – Seitenruder, Höhenruder, Querruder und Klappen – und das einziehbare Fahrwerk meist hydraulisch gesteuert. Schwere Bauteile führen zu immer neuen Anwendungen hydraulischer Übertragungssysteme. Türschließer, Stoßdämpfer und handbetriebenen Spritz- oder Sprühdosen sind hydraulische oder pneumatische Geräte aus unserem Alltag.

Eine besonders raffinierte Anwendung der hydraulischen Kraftübertragung liegt beinahe jedem Automatikgetriebe zugrunde. Diese Flüssigkeitskupplungen sind nicht besonders effizient – ältere Automatiksysteme benötigten eine Wasserkühlung zur Abführung der Abwärme –, doch sie haben die nette Eigenschaft bei langsamem Lauf gut zu schleifen. Der Fahrer kann so in den Leerlauf schalten, ohne den Motor mechanisch von den Rädern zu trennen (wie es bei einem Schaltgetriebe erforderlich wäre). Das Prinzip einer Flüssigkeitskupplung ist in Abbildung 9.12 skizziert. Es funktioniert folgendermaßen: Erstens zieht jede Masse es vor, sich geradeaus zu bewegen, anstatt sich im Kreis zu drehen. Wenn man sich dreht und dabei ein Seil mit einem Gewicht am anderen Ende hält, wird dieses Gewicht nach außen fliegen und das Seil straffen. Flüssigkeiten haben eine Masse, und wenn sich eine Flüssigkeit in einer Kammer dreht, wird sie nach außen gepresst. Sie erfährt dabei das, was man gewöhnlich die Zentrifugalkraft nennt. Zweitens rotiert ein System schneller, wenn Teile seiner Masse zur Drehachse gezogen werden. Das kennt man von den Eisläufern, die ihre Drehgeschwindigkeit erhöhen, indem sie ihre Arme an ihren Körper heranziehen. (Für die Einzelheiten können sie unter „Drehimpulserhaltung" nachschlagen.) Wenn sich Flüssigkeit durch die Rotation einer Geberwelle nach außen bewegt und gleichzeitig auf der anderen Seite, die an eine Nehmerwelle gekoppelt ist, wieder nach innen bewegt, dann wird die Nehmerwelle beschleunigt. Rotationsbewegung und Kraft (zusammen Drehmoment) wurden so vom

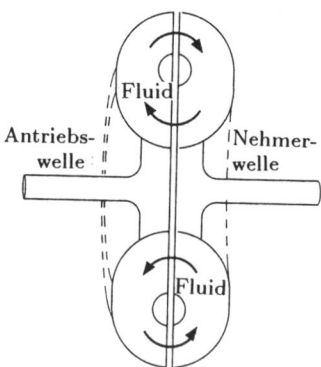

Abbildung 9.12: Eine Flüssigkeitskupplung. An der Geber- und Nehmerwelle befinden sich jeweils hohle Halbtori, die sich mitdrehen. Diese mit Öl gefüllen Halbringe sind aufeinander gepresst, können aber frei gegeneinander gleiten. Man denke an amerikanische Bagels, die in der Mitte aufgeschnitten, an den Innenseiten mit viel Butter belegt und dann zusammengedrückt werden.

Antrieb zum Abtrieb übertragen. Je schneller sich die Geberwelle innerhalb bestimmter Grenzen dreht, umso effektiver ist die Kupplung.[18] Je stärker Sie den Motor beschleunigen, desto schneller drehen sich somit die Räder.

Kurzzeitbatterien

Zum Beschleunigen oder Abbremsen eines massiven Gegenstands benötigt man eine Kraft. Kraft entlang eines Weges auszuüben kostet Arbeit und das bedeutet den Verbrauch von Energie. Trotzdem wird ein Pendel in seiner Bewegung ständig nach unten beschleunigt und nach oben abgebremst, aber es bedarf nur leichter periodischer Anstöße, um es in Bewegung zu halten. Woher kommt die Energie des Pendels? Ein Pendel verbraucht eigentlich keine Energie, sondern es verlagert sie nur, und zwar viermal während einer vollen Schwingung. Wenn es hochschwingt und langsamer wird, zieht es Energie aus der Bewegungsenergie (kinetische Energie) ab und wandelt sie in Gravitationsenergie um. Nur ein sehr kleiner Anteil (der durch den gelegentlichen Anstoß nachgeliefert werden muss) wird in Wärme verwandelt. Schwingt das Pendel wieder nach unten, wird die Gravitationsenergie eingelöst und erscheint wieder in Form von höherer Geschwindigkeit. Dann schwingt es auf der anderen Seite hoch und tätigt noch zwei weitere Energietransfers. Im Grunde genommen speichert das Pendel regelmäßig seine kinetische Energie in einer gravitativen Batterie.

Wie können wir Energie noch speichern? Ein ebenfalls nahe liegender Mechanismus ist die elastische Rückfederung, d.h. die reversible Deformation eines Materials – wie bei den Federn in unseren Autos. Wieder aufladbare Batterien benutzen wir unter anderem in Autos, Taschenradios und den Uhren in Computern. Schließlich können wir auch die Trägheit als Energiespeicher nutzen, indem wir beispielsweise ein Schwungrad drehen. Eine Maschine kann von einem solchen Schwungrad angetrieben werden, wobei das Rad langsamer wird. Alte Töpferscheiben brauchten oftmals nur einen gelegentlichen Anstoß, der sie in Bewegung hielt.

Die menschliche Technologie nutzt alle vier Speicherarten: Gravitation, Elastizität, Elektrizität und Bewegung. Pendel dienten lange Zeit zur Geschwindigkeitsregulierung von mechanischen Uhren, und in Fensterrahmen und Aufzugschächten können wir mit Gegengewichten schwere Dinge anheben, indem wir die beim vorherigen Absenken freigesetzte Energie einsetzen. Bei mittelalterlichen Katapulten wurde Energie zunächst langsam durch das Anheben eines Gegengewichts gespeichert. Ließ man es herunter fallen, konnte die plötzlich freigesetzte Energie zum Wurf eines Geschosses verwendet werden. Bei der Elektrizitätsgewinnung benutzen die Ingenieure manchmal den gravitativen Speicher in einem Mechanismus, den man als Pumpspeicherverfahren bezeichnet. Unser Stromverbrauch schwankt beträchtlich – allerdings kalkulierbar –

mit der Tageszeit, d.h., die Versorgungsbetriebe sollten die Produktion anpassen können. Kernkraftwerke sind hier keine große Hilfe. Ihre Errichtung kostet so viel Geld und ihr Betrieb ist so billig, dass sie am besten ständig mit voller Kapazität laufen. Kohlekraftwerke können einem schwankenden Verbrauch zwar besser angepasst werden, doch auch sie haben für einen Großteil des Tages ungenutzte Kapazitäten. Und Elektrobatterien zum Ausgleich der Anforderungen wären unwirtschaftlich groß. Ein Pumpspeichersystem erzeugt keine neue elektrische Energie. Es nutzt lediglich bei geringer Nachfrage die vorhandenen Kapazitäten und pumpt Wasser in ein höher gelegenes Reservoir. Ist die Nachfrage groß, arbeitet es als Wasserkraftwerk. Voraussetzung sind jedoch ein entsprechender Berg und Anwohner, die ein solches Reservoir mit täglich schwankenden Wasserhöhen tolerieren.

Elastische Energiespeicherung ist weit verbreitet, obwohl die meisten Federn in unseren Fahrzeugen eher unserer Bequemlichkeit dienen und einfachere Konstruktionen ermöglichen; große Energiemengen speichern sie nicht. Mechanische Schreibmaschinen waren mit vielen Federn ausgestattet, und auch Spülmaschinen, Kassettenrekorder und Kameras haben einige. Als wirklicher Energiespeicher dienen sie unter anderem in Uhren und ähnlichen Geräten, die aufgezogen werden, wie beispielsweise Spielzeug oder auch der Starter mancher Rasenmäher. Vor einigen Kapiteln hatten wir erwähnt, dass Metalle eine hohe Rückfederung haben und auch viele Arten von Deformationen vertragen: man kann sie ziehen, drücken, biegen und drehen. Federn können jedoch auch nichtmetallisch sein (z.B. Gummibänder), sogar gasförmig. Presst man ein Gas wie Luft zusammen, wird es sich fast ohne Energieverlust wieder ausdehnen. Bevor Explosivstoffe in Gebrauch kamen, waren elastische Energiespeicher besonders für Waffen von großer Bedeutung: Ein Pfeil wird durch die Energie eines gespannten Bogens angetrieben, und die großen, felsenschleudernden Ballisten des Mittelalters verwendeten verdrillte Rindersehnen. Doch elastische Energiespeicher sind im Vergleich zu der folgenden Form zurückgegangen.

Bis vor kurzem wurden wiederaufladbare Batterien fast ausschließlich zum Starten von Verbrennungsmotoren eingesetzt. Heute findet man sie in vielen Geräten, obwohl sie im Verhältnis zu der gespeicherten Energie sehr schwer sind. Ihr Gewicht ist auch genau das Problem bei Elektroautos. Außerdem altern Batterien weitaus schneller als Federn und Pendel. Vor einigen Jahren gab es – vielleicht als Modeerscheinung – nette mechanische Rasierapparate zum Aufziehen, die im Auto oder der Aktentasche gelassen werden konnten und mit Ladegeräten oder der örtlichen Voltzahl nichts am Hut hatten.

Und schließlich benutzen wir gelegentlich auch Schwungräder – eine große Masse, die im Kreis rotiert. Diese einfachsten aller Kurzzeit-Energiespeicher sind vermutlich auch die ältesten; Töpferscheiben sind schon seit fünftausend Jahren in Gebrauch. Wir verwenden Schwungräder, um den unruhigen Lauf von Motoren zu glätten, beispielsweise in Plattenspielern oder Kassettenrekordern, und wir verwenden sie in Spielzeug, z.B. bei Kreiseln, Jo-Jos und kleinen Modellautos. Gelegentlich hört man von Plänen, Autos mit Schwungrädern auszustatten und dafür kleinere Verbrennungsmotoren einzusetzen, die bei hohen und gleichmäßigen Geschwindigkeiten effizienter arbeiten. Zum Beschleunigen oder bei einer Fahrt bergauf liefert das Schwungrad dann kurzzeitig Energie.

Zwei dieser vier Möglichkeiten – die gravitative und die elastische Energiespeicherung – sind auch in der Natur weit verbreitet, wahrscheinlich sogar noch mehr als in unserer Technologie. Bei nahezu allen Fortbewegungsarten von Tieren - Gehen, Laufen, Springen, Fliegen, Schwimmen – wird einer der beiden Mechanismen benutzt. Drei der eigenartigen Schwächen der Natur schreien förmlich nach Kurzzeit-Energiespeichern. Da ist erstens das Fehlen von Rädern und die daraus resultierende vermehrte Verwendung von Geräten, die pulsieren oder sich hin- und herbewegen, wie Beine und Flügel. Zweitens ist das die Unfähigkeit des Muskels, sich aus eigener Kraft wieder zu strecken. Gesucht ist also eine einfache Möglichkeit, seine Kontraktion wieder rückgängig zu machen; ein Gegenmuskel ist schwer und kostet Kraft. Und drittens schließlich kann sich ein Muskel nicht beliebig schnell zusammenziehen, und chemische Explosionsstoffe gehören nicht zur üblichen Ausstattung der Natur. Eine Bewegung mit einer hohen Anfangsbeschleunigung hat aber offensichtliche Vorteile: Die meisten Raubtiere, von den Alligatoren bis zu den Katzen, fangen ihre Nahrung durch einen schnellen Sprung vorwärts. Ein langsamer Aufbau und eine plötzliche Freigabe der gespeicherten Energie erlauben solche kraftvollen Leistungsimpulse.

Elastische Energiespeicherung muss weiter verbreitet sein als gravitative Speicherung, weil letztere nur bei Landbewohnern mit ausreichendem Gewicht eingesetzt werden kann, und weil die meisten Geschöpfe auf unserer Erde Wassertiere oder klein oder beides sind. Ein einzelnes Tier muss sich jedoch nicht für eine der Alternativen entscheiden; es kann auch beide Speicherarten nutzen.

Überlegen wir einmal, wie wir auf unseren Hinterbeinen voran kommen. Die Fortbewegung auf Beinen ist nicht besonders effizient – ein Fahrrad bringt uns leichter von einem Ort zum anderen –, doch ohne Energiespeicherung wäre alles noch schlimmer. Gravitativ oder elastisch? Wie in Abbildung 9.13 erkennbar, benutzen wir beides, und wir wechseln die Speicherformen problemlos und beinahe unbewusst. Das Gehen erleichern wir uns mit einer gravitativen, pendelartigen Speicherung zwischen den Schritten. Gehen wir schneller, schwingen wir unsere Beine eher weiter hin und her, als dass wir die Frequenz erhöhen. Für eine gegebene Beinlänge ist wie bei einem Pendel eine bestimmte Frequenz „natürlich" bzw. am effizientesten. Irgendwann kann die Anatomie eine größere Auslenkung natürlich nicht mehr mitmachen, und wir wechseln in ein leichtes Joggen, eine vollkommen andere Gangart. Bei einem durchschnittlichen Menschen passiert das bei einer Geschwindigkeit von rund acht Stundenkilometern.

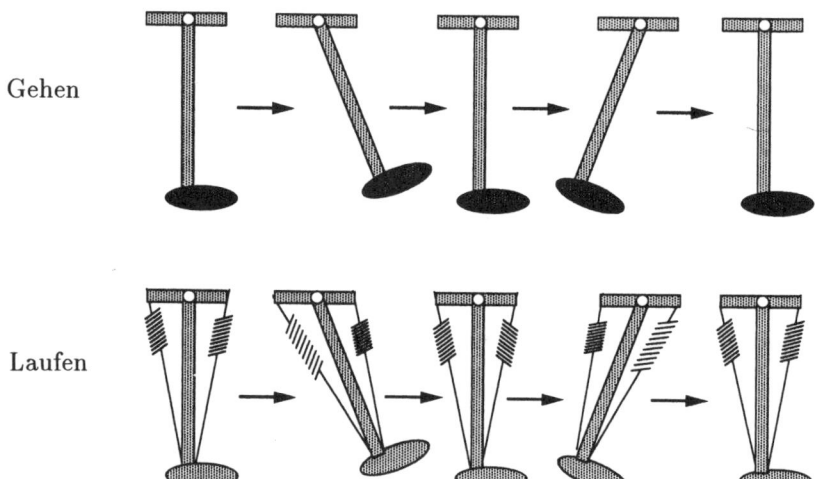

Gehen

Laufen

Abbildung 9.13: Der wesentliche Unterschied zwischen Gehen und Laufen. Beim Gehen ist das Gewicht der Gliedmaßen wichtig, weil die Energiespeicherung zwischen den Schritten gravitativ ist. Beim Laufen übernimmt die Elastizität der Sehnen die Speicherung und Freigabe der Energie.

Die wohl besten Untersuchungen über die Mechanik des Gehens und Laufens stammen von R. McNeill Alexander von der Leeds Universität. Er fand auch heraus, an welchem Punkt der Gangartwechsel stattfindet. Abgesehen von einer Konstanten ist die Gleichung dieselbe wie jene, die auch die Schwingungsdauer eines Pendels angibt. Ob es sich um Kühe oder Kängurus handelt, die vom Gehen in ein Hüpfen wechseln, oder um Menschen oder Hunde (oder sogar Insekten), die vom Gehen in ein Laufen wechseln, sie alle folgen dem Alexander'schen Gesetz. Der Übergang findet statt, wenn das Quadrat der Geschwindigkeit ungefähr halb so groß ist wie die Erdbeschleunigung multipliziert mit dem Abstand zwischen den Hüften und dem Boden. Für einen mittelgroßen Menschen sind das ungefähr acht Stundenkilometer. Für ein kleineres Tier ist die Übergangsgeschwindigkeit niedriger. Ein kleines Kind, ein Hund oder eine Katze müssen schon traben um mithalten zu können, wenn Sie noch gehen.[20]

Gravitative Speicherung hat oberhalb der Übergangsgeschwindigkeit keine Vorteile mehr, trotzdem findet noch eine Energiespeicherung statt. Wenn Sie joggen oder laufen, dienen ihre Sehnen als elastischer Energiespeicher. Die Speicherart ist eine andere, und auch die beiden Gangarten sind eindeutig verschieden. In gewisser Hinsicht ist die gravitative Speicherung der Spezialfall, der nur für das Schwingen der Beine beim Gehen benutzt wird. Alle anderen gebräuchlichen Gangarten – Traben, Galoppieren, Hüpfen und so weiter

– beruhen auf elastischer Speicherung. Ein hüpfendes Känguru beispielsweise erhält 40 Prozent der beim Landen absorbierten Energie zurück, wenn es wieder abspringt. Indem es die Energie durch das Dehnen der Sehnen speichert, verwendet ein Känguru das Protein Kollagen als Batterie – denselben Stoff also, der im Mittelalter für die Ballisten aus Kuhsehnen verwendet wurde und der das Hauptmaterial unserer Sehnen ist. Kollagen hat eine Rückfederung von ungefähr 93 Prozent, d.h., 7 Prozent der Energie, die beim Strecken hineingesteckt wird, kommt beim Entspannen nicht mehr als mechanische Energie heraus. Das ist nicht schlecht, besser jedenfalls als das gewöhnliche Gummiband, das wir aus dem Saft der Gummibäume gewinnen. Doch die eigentliche Stärke von Kollagen ist die speicherbare Energiemenge im Verhältnis zu seinem Gewicht – fast zwanzigmal so viel wie bei einer Stahlfeder.

Das Problem von Gliedmaßen, die wiederholt ihre Richtung ändern, betrifft nicht nur die Fortbewegung mit Beinen auf dem Lande. Die kleinsten Insekten schlagen ihre Flügel bis zu tausendmal in der Sekunde hin und her. Wir kennen diese beachtlichen Raten schon seit langem. In den 40er Jahren erstellte ein ungewöhnlich begabter finnischer Erfinder, Olavi Sotavalta, eine Liste von Schlagfrequenzen von Flügeln, indem er ihnen einfach zuhörte. Ganz so einfach war das allerdings nicht: Sotavalta hatte nicht nur ein absolutes Gehör, sondern er hatte auch gelernt, Grundtöne von Obertönen zu unterscheiden, um, wie er es nannte, den „Sopran-Tenor-Fehler" zu vermeiden. Gewöhnliche Leute, so wie ich, greifen auf Mikrophone, Tonbänder und andere elektronische Hilfsmittel zurück. (In meiner Jugend habe ich Fruchtfliegen mit feinen Drähten an Plattenspielernadeln gebunden.) Sotavaltas Daten waren immer verlässlich. Übrigens kann man die Frequenz noch erhöhen, indem man das System entlastet – die Enden der Flügeln wegschneidet. Der Rekord liegt bei 2.218 Schlägen pro Sekunde, gemessen (und durch andere von einer Tonbandaufnahme überprüft) von eben jenem Olavi Sotavalta.[21] Das ist die bei weitem schnellste alternierende Bewegung, die ein Organismus je gemacht hat.

Ähnlich wie die Schrittfrequenz beim Gehen ist auch die Frequenz der Flügelschläge eines bestimmten Insekts ziemlich konstant, und die Fluggeschwindigkeit wird eher über die Amplitude und andere Variable gesteuert. Eine scharfe optimale Frequenz charakterisiert fast alle gravitativen und elastischen Energiespeichersysteme. Aus diesem Grund verwenden wir auch entweder Pendel oder winzige Federn zur Regulierung unserer mechanischen Zeitmesser.

Fliegende Insekten speichern Energie elastisch, und in ihren Flügelgelenken sind Polster aus dem besten elastischen Polymer, das wir in beiden Technologien kennen: Resilin. In Kapitel 2 wurde es schon einmal kurz erwähnt. Resilin wurde um 1960 von dem großen dänischen Wissenschaftler Torkel Weis-Fogh entdeckt, der seine Rückfederung zu erstaunlichen 97 Prozent bestimmte. Resilin verliert also nur 3 Prozent der zugeführten Energie, unser Kollagen kam immerhin auf 7 Prozent. Der Unterschied hinsichtlich der Wirtschaftlichkeit der Leistungen ist jedoch vermutlich vernachlässigbar, denn 97 Prozent ist nur wenig besser als 93 Prozent. Wichtiger ist allerdings ein anderes Problem, das mit jedem Energieverlust einhergeht: Die Energie verwandelt sich in Wärme, und 3 Prozent ist weniger als die Hälfte von 7 Prozent. Ein solcher muskelbetriebener Motor kann daher wesentlich intensiver laufen, ohne sich selber zu braten.

Die Rückdehnung des Muskels hatten wir als weiteres Beispiel genannt, wo eine kurzzeitige Energiespeicherung sinnvoll ist. Wenn wir einen Arm heben, nutzen wir eine gewisse gravitative Speicherung. Doch meist verwenden wir unsere Muskeln paarweise oder in Gruppen, sodass ein Muskel einen anderen zurückdehnen kann. Der Bizeps an der Vorderseite unseres Oberarms (vgl. Abbildung 9.4) dient sowohl zum Anheben des Unterarms als auch zur Dehnung des Trizeps an der Hinterseite. Dieser Trizeps wiederum kann sowohl den Unterarm nach unten bewegen als auch den Bizeps dehnen. Energiespeicherung spielt eine wichtigere Rolle bei bestimmten Muschelarten. Die beiden Schalenhälften werden durch Muskeln zusammengeklappt und zusammengehalten; elastische Schlossbänder öffnen die Schalen und dehnen den Muskel wieder. Das geschieht bei Kamm-Muscheln sehr rasch, wenn sie bei ihren kurzen Schwimmattacken die Schalen mehrfach zusammenklappen und Wasser herausspritzen. Ihre Schlossbänder enthalten das Protein Abductin und haben immerhin respektable 91 Prozent Rückfederung. 9 Prozent Abgabe in Form von Wärme sollte für eine wassergekühlte Maschine, die immer nur für wenige Sekunden in Betrieb ist, kein Problem sein.

Ein wichtiger Fall von elastischer Energiespeicherung tauchte in Kapitel 5 auf. Unsere Herzen schlagen, sie sind pulsierende Pumpen. Sie verrichten Arbeit, die zum Teil dafür genutzt wird, unser Blut direkt durch das Kreislaufsystem zu pumpen. Zum Teil werden mit dieser Arbeit auch die Wände unserer Arterien gedehnt, wobei Blut als hydraulisches Fluid eingesetzt wird. Zwischen den Schlägen ziehen sich die Arterien elastisch wieder zusammen und drücken das Blut weiter vorwärts. Auf diese Weise reduziert die Elastizität unserer Arterienwände die extremen Blutdruckschwankungen, die von unseren Herzschlägen erzeugt werden, und lassen das Blut gleichmäßiger durch die Kapillaren und andere kleine Gefäße strömen.

Und schließlich kann Energiespeicherung für sehr große Beschleunigungen eingesetzt werden, was besonders für kleine Kreaturen wichtig ist. Um eine große Strecke zurücklegen zu können, muss ein Projektil eine hohe Anfangsgeschwindigkeit haben. Dabei spielt es keine Rolle, ob das Projektil springt oder gestoßen oder geschossen wird. Die Geschwindigkeit eines Projektils ist in dem Moment am größten, wo es sich von dem stoßenden Objekt trennt. Je kleiner die Kreatur ist, umso kürzer ist die Distanz, in der diese Geschwindigkeit (bei einer Feuerwaffe die „Mündungsgeschwindigkeit") erreicht werden muss. Eine kürzere Distanz erfordert jedoch für dieselbe Endgeschwindigkeit eine größere

Beschleunigung. Ein Floh, ein Grashüpfer und ein Känguru haben alle ungefähr dieselben Absprunggeschwindigkeiten, doch der Floh benötigt dafür ungefähr die hundertfache und der Grashüpfer ungefähr die zehnfache Beschleunigung des Kängurus. Ein Känguru kann größtenteils mit direkter Muskelkraft springen, doch Flöhe und Grashüpfer benutzen ihre Muskeln zur Energiespeicherung, indem sie ein elastisches Material – Resilinpolster bei Flöhen und chitinhaltige Deckhaut bei Grashüpfern – verbiegen. Über einen Auslösemechanismus setzen sie die angesammelte Energie innerhalb einer kurzen Zeitspanne frei. Viele Pflanzen machen das Gleiche, wenn sie ihre Samen wegschleudern. Die Einzelheiten zeigen eine wunderbare Vielfalt, doch auf die ein oder andere Weise pumpen sie alle Energie in elastisches Material. Das Freisetzen der Energie kann beispielsweise durch Wassertropfen, einen bestimmten Trockenheitsgrad oder Kontakt mit einem Tier erfolgen.

Im Allgemeinen verwenden wir vier verschiedene Möglichkeiten, um mechanische Energie über kurze Zeiträume zu speichern: Gravitation, Elastizität, Elektrizität und Trägheit. Die Natur verwendet nur zwei: Gravitation und Elastizität. Wieder einmal erscheint unsere Technologie vielseitiger. Trotzdem ist für die Natur die Kurzzeit-Energiespeichung wichtiger. Warum? Weil die meisten Kurzzeitbatterien der Natur Probleme lösen können, die wir mit unseren rotierenden Geräten, Explosivstoffen und anderen ähnlichen Tricks gewöhnlich gar nicht erst haben.

Ich möchte noch zwei allgemeine Bemerkungen über die Motoren und Übertragungssysteme der beiden Technologien machen. Erstens zeigt schon die Kompliziertheit der Alternativen in der Natur die Nützlichkeit von rotierenden Geräten. Zweitens beeinflussen sich das Verhalten der Motoren und die charakteristischen Eigenschaften der Übertragungssysteme gegenseitig. Beide Technologien verwenden viele unterschiedliche Übertragungssysteme, vermutlich weil beide auf ihre Weise einige wenige Motoren mit teilweise ähnlichen Funktionsweisen für sehr unterschiedliche Aufgaben einsetzen.

Kapitel 10

Von Pumpen, Strahltriebwerken und Schiffen

Wie kann die Technologie des Menschen uns helfen, die Welt der Natur zu verstehen? Wir stellen diese Frage jetzt im Zusammenhang mit komplexeren Anordnungen, als wir sie bisher betrachtet haben. Statt einzelner Komponenten wollen wir nun vollständige Systeme untersuchen. Insbesondere betrachten wir drei Fälle, bei denen wir die Wege der Natur aus den physikalischen Gesetzen und der praktischen Erfahrung des menschlichen Konstrukteurs heraus verstehen können. „Verstehen" soll hier bedeuten, dass wir eine Ordnung in der Vielfalt sehen und Regeln erkennen, die hinter den bloßen Zufällen der Entwicklung liegen. Die drei Fälle beziehen sich (1) auf Pumpen zum Transport von Fluiden, (2) den Antrieb mit Hilfe von Strahltriebwerken und (3) das Schwimmen auf der Wasseroberfläche. Alle drei gehören in den Bereich der Physik, nicht der Biologie. Doch wenn wir aus diesen Vergleichen das meiste herausholen wollen, sollten wir mit physikalischen Phänomenen beginnen und zunächst Pumpen, Strahltriebwerke und Schiffe betrachen, und nicht Herzen, Kalmare und Enten.

Pumpen

Unser Blut zirkuliert, Pflanzensäfte steigen auf, eine Kamm-Muschel filtert Nahrung, und ein Kalmar spritzt Flüssigkeit. Diese Beispiele haben etwas gemein: In allen Fällen bewegt eine Pumpe ein Flüssigkeit. Trotzdem verschwinden fast alle Hinweise auf Gemeinsamkeiten hinter der Fassade der Unterschiede. Diese Unterschiede sollten uns nicht überraschen. Unter der großen Anzahl pumpender Kreaturen findet man Pumpen, deren Leistungen sich um sieben Größenordnungen unterscheiden.[1]

Was ist das Prinzip einer Pumpe? Sie erhöht den Druck eines Fluids, das durch sie hindurchfließt. Drei Dinge sind also wichtig: die erbrachte Leistung, der Druckanstieg und die Strömungsrate. Die Leistung ist gleich dem Druckanstieg multipliziert mit dem pro Zeiteinheit geflossenen Fluidvolumen. Mit anderen Worten, eine Pumpe treibt ein Fluid durch ein System (Belastung), durch das es ohne Pumpe nicht gehen würde. Ist der Belastungswiderstand groß, beispielsweise wenn das Fluid durch eine lange und dünne Röhre fließt, erzeugt auch ein hoher Druck nur einen bescheidenen Fluss. Ist der Belastungswiderstand jedoch klein – wie bei einem kurzen und dicken Rohr –, dann erzeugt bereits wenig Druck einen großen Schwall. Offensichtlich benötigt eine Pumpe ausreichend Kraft, um diese Arbeit verrichten zu können. Etwas weniger offensichtlich ist, dass eine Pumpe dem Belastungswiderstand entsprechend angepasst werden muss.

Der Konstrukteur hat nun die Wahl. Eine Pumpe kann einen großen Druck erzeugen, aber mit einer relativ kleinen Flussrate arbeiten. Eine andere Pumpe kann ihre Leistung in eine hohe Flussrate stecken, dabei aber nur einen kleinen Druckanstieg produzieren. Wenn Sie eine Pumpe, die sehr viel Druck erzeugt, für eine Anwendung einsetzen, bei der im Wesentlichen eine hohe Flussrate verlangt wird, dann läuft die Sache schief. Ich sage das mit der Überzeugung von jemandem, der aus Erfahrung klug geworden ist. Vor langer Zeit habe ich als Umlaufpumpe für ein Bewässerungsbecken eine Zentrifugalpumpe mit zwei Pferdestärken verwendet. Mehr konnte der Stromkreis in diesem Raum nicht aushalten. Doch diese Pumpe schaffte nur siebeneinhalb Liter pro Sekunde. Einige Jahre später habe ich ein Bewässerungsbecken mit einem Schiffspropeller gebaut. Der Motor mit einer halben Pferdestärke brachte es auf über einhundert Liter pro Sekunde. Die Flussrate im Verhältnis zur Leistung war also um das sechzigfache größer, und Flussrate ist das, was in einem Bewässerungsbecken zählt.

Meine erste Pumpe wäre eine gute Wahl gewesen, wenn ich das Wasser um fünf oder zehn Meter hätte hochpumpen oder durch einen engen Ausguss spritzen müssen. Sie erzeugte unnötig hohen Druck bei zu schacher Strömung. Der Propeller hingegen arbeitete bei niedrigem Druck, ließ aber sehr viel Volumen hindurchströmen. Zumindest war ich nicht der erste, der eine Pumpe mit der falschen Kombination von Druck und Volumen benutzte. Vor der Invasion in der Normandie 1944 wurden Hafenteile vorfabriziert und dann zum Schutz vor Sturmschäden mit Wasser geflutet und vor der Südküste Englands versenkt. Die Pumpen, die sie für ihre Fahrt über den Kanal leerpumpen sollten, waren zwar groß genug, aber von der falschen Sorte und konnten nicht genügend Druck erzeugen. Ein verantwortlicher Marineoffizier versuchte vergeblich mit

Pumpen

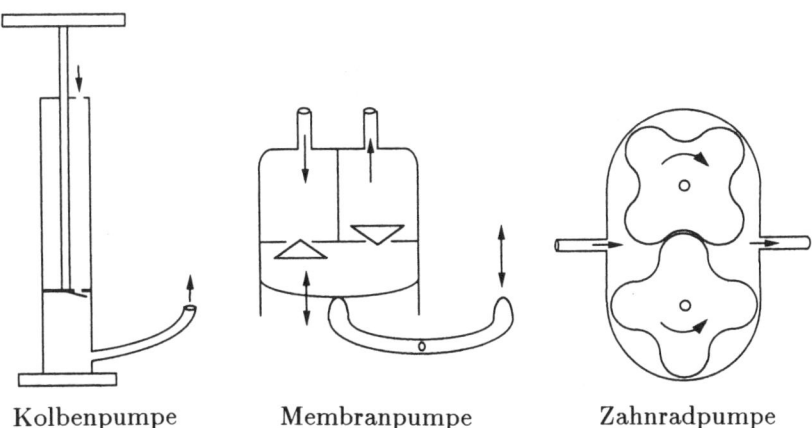

Kolbenpumpe   Membranpumpe   Zahnradpumpe

Abbildung 10.1: Einige gebräuchliche Verdrängungspumpen. Die Kolbenpumpe ist natürlich eine Reifenpumpe. Mit einer Membranpumpe wird oft Treibstoff in einen Automotor eingespritzt, und die Zahnradpumpe bewegt das Schmieröl.

einer Demonstration seine Vorgesetzten von dem Problem zu überzeugen. Man borgte sich schließlich die Pumpen der Londoner Feuerwehr, was in Zeiten der Luftangriffe ein mehr als selbstverständliches Entgegenkommen erforderte.[2]

Zwei allgemeine Klassen von Pumpen lassen sich hinsichtlich ihrer Verteilung von Druck und Strömungsmenge unterscheiden. Die erste umfasst die sogenannten Verdrängungspumpen oder auch fluidstatische Pumpen; einige Beispiele zeigt Abbildung 10.1. Zu ihnen zählen die Kolbenpumpen, die wir oft als handbetriebene Reifenpumpen benutzen, die Membranpumpen, die in den meisten Autos als Treibstoffpumpen dienen, und die Drehkolben- oder Zahnradpumpen, die das Schmieröl in Autos bewegt. In allen Fällen wird entweder das Volumen einer Kammer verkleinert und so das Fluid durch eine dafür vorgesehene Öffnung herausgepresst, oder die Lage der Kammer selber wird verschoben und damit auch das Fluid in ihr.

Die Pumpen der zweiten Klasse bezeichnet man als fluiddyamische Pumpen, Kreiselpumpen oder kinetische Pumpen; Abbildung 10.2 zeigt einige Beispiele. Bei manchen handelt es sich einfach nur um eingeschlossene Versionen von Flugzeugpropellern, die das Fluid durch Röhren drücken. Andere (wie meine Zentrifugalpumpe) drehen das Fluid im Kreis und schleudern es so nach außen. Wieder andere haben selber keine beweglichen Teile, sondern nutzen die Strömung eines Fluids zur Erzeugung einer zweiten Fluidströmung. Eine Version davon ist die Treibmittelpumpe. Der Strahl eines Fluids, das aus einer Düse gespritzt wird, zieht ein anderes Fluid mit sich. Ein anderer Typ ist die Ansaugpumpe, wie der Vergaser in einem Auto. Die Bewegung eines Fluids erzeugt hier einen Unterdruck, der ein anderes Fluid ansaugt. In Kapitel 8 haben wir

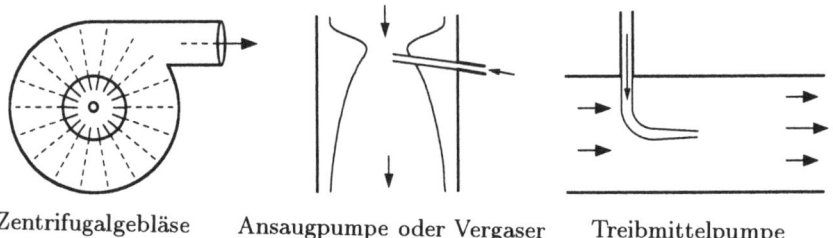

Zentrifugalgebläse　　Ansaugpumpe oder Vergaser　　Treibmittelpumpe

Abbildung 10.2: Einige fluiddynamische Pumpen. Zentrifugalgebläse werden bei kleinen Ventilatoren verwendet oder auch bei großen Zirkulatoren von Umluftöfen. Bei einer Ansaugpumpe (die sich in jedem Auto befindet) wird der Treibstoff durch die Luftströmung hinter einer Ausflussöffnung angesogen, und bei einer Treibmittelpumpe zieht die sehr schnelle Strömung eines Fluids aus einer kleinen Öffnung das Fluid in einem größeren Rohr mit sich.

dieses Prinzip bei Schwämmen, den Gängen von Präriehunden und ähnlichen Systemen kennengelernt.

Obwohl „fluiddynamisch" in Vergleich zu „fluidstatisch" überlegen klingt, gibt es keinen Gewinner in irgendeinem Sinne. Jede dieser Pumpen eignet sich für eine bestimmte Anwendungsform. Verdrängungspumpen erzeugen einen hohen Druck bei niedrigen Flussraten, eignen sich also für hohe Belastungswiderstände. Mit einer solchen Pumpe können Sie Wasser aus einem tiefen Loch emporheben. Fluiddynamische Pumpen haben meist höhere Flussraten bei niedrigeren Drücken. Innerhalb jeder Klasse decken verschiedene Pumpen nochmals einen großen Druckbereich ab. So war die sehr drucklastige Pumpe bei meinem alten Bewässerungsbecken trotzdem eine fluiddynamische Pumpe. Außerdem gibt es Ausnahmen. Bevor die Luft in ein Strahltriebwerk eintritt, passiert sie einen Axialverdichter (Abbildung 10.5), eine fluiddynamische Pumpe, die sehr hohe Drücke erreicht. Die Luft wird dabei stufenweise zusammengepresst, indem sie durch eine lange Reihe von abwechselnd rotierenden und feststehenden Schaufeln hindurchtritt.

Wie steht es mit lebenden Pumpen? Können die Unterscheidungskriterien unserer Pumpen uns helfen, unter den natürlichen Pumpen solche mit gemeinsamen Eigenschaften zu finden? Die Pumpen der Natur haben keinerlei Ähnlichkeit mit unseren Pumpen, aber auch sie bewegen Flüssigkeiten und Gase unter entsprechend breit gefächerten Betriebsbedingungen. Tabelle 10.1 fasst den Charakter und die Leistungsfähigkeit einiger biologischer Pumpen zusammen.

Die biologische Pumpe, die gegen den höchsten Widerstand arbeitet, ist zweifellos diejenige, die das Wasser in die Blätter von Bäumen und Kletterpflanzen pumpt, wo es verdunstet.[3] Sie und gewöhnliche Pumpen können kaum unterschiedlicher sein, trotzdem handelt es sich um eine richtige Verdrängungs-

Pumpen

Pumpentyp	Kategorie	System-widerstand	Beispiele
Verdunstung	Verdrängung	sehr hoch	Pflanzensaftsauger
osmotisch	Verdrängung	sehr hoch	Wurzelsaftdrücker
Ventil und Kammer	Verdrängung	hoch	Herz, Vogellunge, Kalmarstrahl
peristaltisch	Verdrängung	hoch	Darm, einige Herzen
Kolben	Verdrängung	mittel	einige Würmer
Fahne oder Zahnrad	Verdrängung	mittel	andere Würmer
ventillose Kammer	Verdrängung	mittel	Quallenstrahl Säugetierlunge
Schaufeln	fluiddynamisch	mittel	Krebstiere in ihre Gängen
Propeller	fluiddynamisch	niedrig	Bienenstockventilierung durch Honigbienen
Flimmerhaare	fluiddynamisch	niedrig	zweischalige Weichtierkiemen
Geißeln	fluiddynamisch	niedrig	Schwämme, die ihre Zellen pumpen
Venturi-Ansaugpumpe	fluiddynamisch	sehr niedrig	Präriehundgänge

Tabelle 10.1: Verschiedene Pumpmechanismen in biologischen Systemen, angeordnet nach abnehmendem Systemwiderstand.

pumpe. Erinnern wir uns nochmal an ihr Prinzip. Eine zusammenhängende Wassersäule erstreckt sich in Röhren (Xyleme) mit einem Durchmesser von weniger als einem Millimeter von den Wurzeln bis zu den Blättern. Verdunstung durch das Fasernetzwerk der Zellwände in den Blättern verkleinert das Saftvolumen in den Blättern, wodurch Wasser von unten hochgezogen wird. Eine Wassersäule von etwas mehr als zehn Metern Höhe übt an ihrer Basis einen Druck von einer Atmosphäre aus. Pro zehn Meter seiner Höhe muss ein Baum also Wasser gegen einen Schweredruck von einer Atmosphäre hochpumpen. Tatsächlich muss er noch gegen zwei andere Widerstände arbeiten. Die dünnen Leitungsröhren haben einen hydrodynamischen Strömungswiderstand, der ungefähr so groß ist wie ihr gravitativer Widerstand. Außerdem hält die Erde um die Baumwurzeln (besonders wenn sie trocken ist) das Wasser sehr hartnäckig fest. Wasser aus der Erde zu ziehen ist ähnlich wie ein nasses Handtuch auszuwringen: Je weniger Wasser noch drin ist, umso schwerer ist es, weiteres Wasser herauszuholen. Irgendwann wechseln wir unsere Strategie und verlassen uns auf die Verdunstung, und das Handtuch trocknet schließlich. Doch ein Baum kann nur flüssiges Wasser hochziehen, sodass seine Wurzeln diese Strategie nicht anwenden können. Wüstenpflanzen haben die trockenste Erde und müssen am schwersten arbeiten, teilweise gegen einen Druck von rund einhundert Atmosphären.[4] Das entspricht dem Druck am Fuße einer Wassersäule von eintausend Metern Höhe bzw. dem Druck auf die Hülle eines Unterseebootes in eintausend Metern Tiefe.

Eine weitere Verdrängungspumpe ist die osmotische Pumpe, die in Kapitel 8 angesprochen wurde. Wie die Verdunstungspumpe hat sie keine beweglichen Teile und mutet uns als Maschine seltsam an. Schon bei gewöhnlichen Konzentrationsunterschieden kann es zu einer Druckdifferenz von einigen Dutzend Atmosphären kommen,[5] so dass eine osmotische Pumpe gegen einen hohen Belastungswiderstand arbeiten kann. Am weitesten verbreitet sind osmotische Pumpen in kleinen Systemen aus nur wenigen Zellen, wo trotz eines hohen Drucks nur vergleichsweise geringe Spannungskräfte auftreten (man erinnere sich an das Laplace'sche Gesetz aus Kapitel 4). Sie spielen jedoch auch eine wichtige Rolle bei der Wassersekretion in unserer Bauchspeicheldrüse, der Wasserabsorption in Wurzeln, und beim Hochpumpen von Saft in Blumenstängeln. Dieser letzte Prozess findet bei relativ niedrigem Druck statt und ist komplementär zum Ansaugen des Saftes durch die Verdunstungspumpe.

Die bekannteste Verdrängungspumpe ist ein Herz aus Klappen und Kammern, dargestellt in Abbildung 10.3. Die Grundelemente sind eine Muskelkammer zwischen zwei Leitungsrohren und jeweils eine Einwegklappe, wo die Rohre an die Kammer anschließen. Die Klappen sind so geschaltet, dass durch das eine Rohr Flüssigkeit nur in die Kammer hinein fließen kann und durch das andere Rohr nur aus der Kammer heraus. Solche Pumpen erzeugen oft einen höheren Gesamtdruck, wenn mehrere Pumpkammern in Reihe arbeiten – z.B. Vorkammer und Hauptkammer –, doch keine erreicht auch nur annähernd den Druck von Verdunstungspumpen. Unsere Herzen beispielsweise schaffen kaum mehr als eine viertel Atmosphäre. Der höchste Druck wird von Giraffenherzen und in Kalmarstrahlen erreicht und beträgt immer noch weniger als eine halbe Atmosphäre. Die Kiemen vieler Fische und die Lungenpumpen von Fröschen verwenden ebenfalls ein solches System aus Klappen und Kammern. Alle Strahlmaschinen von Tieren scheinen Verdrängungsgeräte zu sein. Einige haben Klappen (z.B. Kalmare), andere (wie Quallen und die Analstrahlen von Libellenlarven) haben einzelne, klappenlose Leitungsrohre, durch die sowohl ein Strahl herausgespritzt als auch umgekehrt nachgefüllt werden kann, wie bei

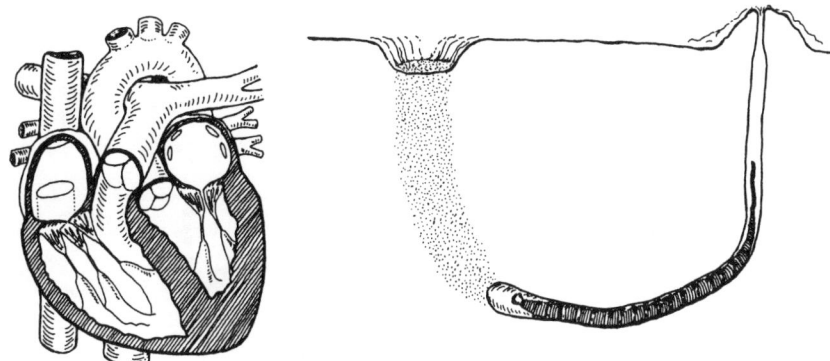

Abbildung 10.3: Verdrängungspumpen in der Natur: ein menschliches Herz mit seinen Klappen und Kammern und ein Meereswurm (Arenicola), der im Sand lebt. Mit Kontraktionswellen, die seinen Körper entlang laufen, pumpt er Wasser durch den Sand nach unten und durch seinen Gang wieder nach oben.

einer gewöhnlichen Spritze. Die aus Klappen und Kammern bestehenden Pumpen der Natur ähneln unseren Kolben- und Membranpumpen, obwohl gewisse Gleitteile wie Kolbenringe oder ein äußeres kontrahierendes Element wie unser Muskel in der Natur fehlen.

Eine weitere Verdrängungspumpe treibt unsere Nahrung auf dem Weg der Verdauung durch unsere Gedärme. Bei einer solchen peristaltischen Pumpe laufen Wellen von Muskelkontraktionen eine Röhre entlang und schieben dabei Blasen aus Flüssigkeiten, Gasen oder Brei vor sich her. Viele Würmer haben Herzen – bzw. große Blutgefäße, die Unterschiede sind hier nicht so scharf –, die peristaltisch pumpen. Der hässliche Köderwurm, *Arenicola* (Abbildung 10.3), pumpt mit Hilfe von peristaltischen Wellen, die seinen Körper entlang laufen, Wasser durch seinen teilweise mit Sand gefüllten (hoher Widerstand!) Gang. Peristaltische Pumpen finden nur begrenzt technologische Anwendung (wir werden in Kapitel 13 auf sie zurückkommen, und in Abbildung 13.1 ist eine solche Pumpe zu sehen), meist in Fällen, wo das Fluid die leitende Röhre nicht verlassen soll und wo die Ineffektivität der Anlagen (ohne geeigneten Muskelersatz) kein großer Nachteil ist.

In unserer Technologie arbeiten fluiddynamische Pumpen meist mit Rädern und Achsen, d.h., die Versionen der Natur (einige sind in Abbildung 10.4 dargestellt) sehen den unsrigen nicht sehr ähnlich. Außerdem sind unsere fluiddynamischen Pumpen groß und schnell, sodass die stoßenden Teile, wie Ventilatorschaufeln, gut arbeiten. Demgegenüber sind die meisten fluiddynamischen Pumpen der Natur kleiner und langsamer. Propellerartige Schaufeln zum Stoßen sind daher hydrodynamisch weniger effektiv.[6] Das eigentliche Stoßen funk-

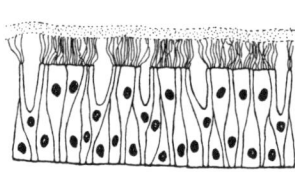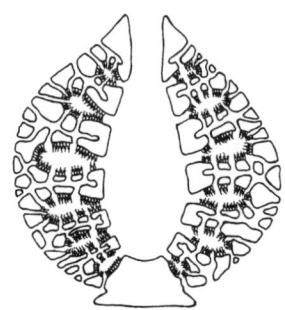

Abbildung 10.4: Fluiddynamische Pumpen in der Natur: eine Haut mit Flimmerhaaren (wie in unseren Atemwegen), die eine Schicht aus Schleim über sich hinweg transportieren, und ein Schwamm im Querschnitt, bei dem Kammern aus begeißelten Zellen Wasser durch die allgemeine Oberfläche hineinziehen und weiter durch die zentrale Kammer zur oberen Ausströmöffnung stoßen. Dieser Schwamm ist sehr schematisch wiedergegeben, da die Kammern und Öffnungen viel zu klein sind, um in einer Gesamtansicht sichtbar zu sein.

tioniert hier besser nach Art unseres Ruderns: Abwechselnd wird etwas (ein Ruder) mit der Strömung in einer Position mit hohem Widerstand (unter Wasser) bewegt und anschließend entgegen der Strömung in einer Position mit geringem Widerstand (über der Wasseroberfläche) zurückgebracht. Seit der Erfindung der Schaufelräder hat die menschliche Technologie dieses Prinzip nicht mehr benutzt. Wenn Propeller groß genug sind, blasen sie Ruder beiseite. Doch trotz dieser unterschiedlichen Erscheinungen und Betriebsarten sind sich die Grundprinzipien und die Anwendungen der natürlichen und der vom Menschen geschaffenen fluiddynamischen Pumpen ebenso nahe wie bei den Verdrängungspumpen.

Ob lebend oder nicht, fluiddynamische Pumpen arbeiten in Systemen mit geringem Widestand. In einigen extremen Fällen denken wir gar nicht mehr an Pumpen. Beispielsweise wenn ein äußeres Fluids statt eines inneren verschoben wird. Ich denke hier an das Schwimmen oder Fliegen mit Hilfe von Gliedmaßen, die bewegt werden, seien es Flügel, Paddel, Flimmerhaare oder Geißeln. Bei all diesen Fortbewegungsarten müssen riesige Fluidmengen bearbeitet werden, es findet jedoch nur ein sehr kleiner Druckanstieg statt. Mit einem etwas höheren, aber immer noch vergleichsweise geringem Widerstand haben es fluiddynamische Pumpen (meist Oberflächen mit Flimmerhaaren) zu tun, die Schleim umherschieben. Die meisten anderen fluiddynamischen Pumpen der Natur sind mit der Filterung von Schwebeteilchen zur Nahrungsaufnahme beschäftigt. Viele Tiere ernähren sich auf diese ruhige, aber sehr aufwendige Weise – angefangen bei den einfachsten Schwämmen bis hin zu den größten Walen. Die meisten natürlichen Gewässer enthalten essbare Partikel, allerdings oft nicht in sehr hohen Konzentrationen. Schon für wenig Nahrung müssen daher große Wassermengen verarbeitet werden. Damit die Arbeitskosten nicht größer sind als die Einnahmen über die Nahrung, kann sich das Filtersystem keine großen Druckdifferenzen leisten. Eine solche Aufgabe verlangt daher fluiddynamische Pumpen. Für Organismen, die sich auf diese Weise ernähren, besteht das Leben aus einem ständigen Kampf um die effizienteste Nahungsmittelextraktion, und der Gewinner ist der, der die meiste Energie für Wachstum und Fortpflanzung aufbringen kann und die wenigste zur Nahrungsmittelgewinnung abgeben muss.

Wir haben viele Daten zu dieser Form der Ernähung bei Strudlern, hauptsächlich, weil sie von den ökonomisch und kulinarisch so wichtigen Muscheln benutzt wird. Die Pumpen von Weichschalenmuscheln und Miesmuscheln schaffen mit Anstrengung ungefähr ein zweitausendstel einer Atmosphäre, arbeiten jedoch (ebenso wie die Schwämme) unter normalen Betriebsbedingungen bei ungefähr einer hunderttausendstel Atmosphäre. Doch obwohl diese Drücke eher bescheiden klingen, verarbeiten sie beeindruckende Volumenmengen. *Pro Sekunde* schaffen sie Wassermengen von der Hälfte ihres Körpervolumens. (Unser Herz pumpt selbst bei heftiger Anstrengung weniger als ein Prozent unseres Körpervolumens pro Sekunde durch den Kreislauf, also fünfzigmal weniger.) Ähnlich niedrige Druckdifferenzen findet man bei Schwämmen, die mit Hilfe örtlicher Wasserströmungen ihr Pumpsystem unterstützen, oder bei Präriehunden, die ihre Gänge ventilieren. Nur Systeme mit sehr geringen Widerständen können die Umgebungsströmungen ausnutzen. Eine weitere, bei ähnlichen Druckverhältnissen arbeitende fluiddynamische Pumpe ist der Bienenstockventilator der Honigbienen. Die Bienen befinden sich dabei vor ihrem Stock und schlagen mit den Flügeln in Richtung des Eingangs. Hier kann es sich sogar, wie bei den Kompressoren eines Düsentriebwerkes, um eine mehrstufige Pumpe handeln, da die Bienen oft hintereinander stehen. Ohne ein geeignetes Röhren- bzw. Leitungssystem eignet sich diese Pumpe jedoch nur für Arbeiten bei geringem Widerstand.

Die Einteilung unserer mechanischen Pumpen in zwei allgemeine Klassen hilft uns somit, auch eine gewisse Ordnung bei den unterschiedlichen Pumpen der Natur zu erkennen. Es sind die gleichen widerstandsbedingten Unterschiede in der Arbeitsweise, nach denen beide Technologien ihre Wahl für einen bestimmten Mechanismus treffen. Doch wir brauchen Hilfe, wenn wir die Natur verstehen wollen. Einzig die Annahme, dass die natürliche Auslese zu gutem Design führe, bringt uns nicht sehr weit. Organismen unterscheiden sich nicht nur drastisch hinsichtlich ihrer Größe und Anatomie, sondern ihre unterschiedlichen Entwicklungslinien bilden auch getrennte technologische Mikrokosmen. Dem Herzen eines Wirbeltieres steht keine Verdunstungspumpe der Bäume zur Verfügung und umgekehrt kann eine Pflanze keine Muskeln anheuern. Doch einige tausend Jahre menschlicher Technologie lassen uns trotz lauter Bäume auch den Wald sehen. Zumindest hilft uns die gewonnene Erfahrung, eine unnatürliche Einteilung der natürlichen Systeme zu überwinden. Diese Einteilung wurde ursprünglich von Menschen getroffen, die verschiedene Organismen untersuchten, die verschiedene biologische Funktionen untersuchten, die in verschiedenen Zeitschriften publizierten und die verschiedene Kapitel in verschiedenen Lehrbüchern schrieben.

Solche Überlegungen helfen uns auch zu verstehen, warum bestimmte Anordnungen in der Natur nicht auftreten. Unser Kreislaufsystem verwendet winzige Röhrchen – Kapillargefäße – zum Materialaustausch zwischen Blut und Zellen, und es verwendet große Röhren – Arterien und Venen – als Verbindungen zwischen verschiedenen kapillaren Netzen. Für das Pumpen sind Herzen aus Muskeln zuständig, die an die größten Gefäße angeschlossen sind. Warum gibt es kein Kreislaufsystem, bei dem die Pumpleistung statt von Muskelherzen von Flimmerhaaren in den Kapillaren übernommen wird? Schließlich fließt das Blut durch die Kapillaren mit Geschwindigkeiten, die einer Flimmerhaarpumpe entsprechen, und Muscheln pumpen riesige Wassermengen mit Flimmerhaaren. Vor einigen Jahren haben Michael LaBarbera und ich vermutet, dass Flimmerhaare einfach weniger effizient als Muskeln sind und dass dieses Prinzip daher unpraktikabel teuer wäre – trotz der Vorteile einer Dezentralisierung der Pumpfunktion.[7] Wir hätten jedoch argumentieren sollen, dass Flimmerhaare als fluiddynamische Pumpen den hohen Widerständen in einem Kreislaufsystem nicht gerecht werden können. Damit der Widerstand für Flimmerhaarpumpen niedrig genug bliebe, bedürfte es riesiger Verbindungsgefäße mit großen Blutmengen sowie sehr kurzen Kapillaren – falls dieses System überhaupt in den Körper passen würde.

Die folgende, abschließende Bemerkung über die Fluidpumpen in der Natur wäre uns ohne den Vergleich mit der Technologie des Menschen vermtlich gar nicht in den Sinn gekommen. Der Biologe untersucht eben das, was es gibt, nicht das, was es nicht gibt, denn was es nicht gibt, kann man auch nicht untersuchen.[8] Doch die Vergleiche in diesem Buch haben unsere Aufmerksamkeit schon mehrmals auf Unterlassungen in der natürlichen Welt gerichtet, die zunächst seltsam anmuten. Entweder haben wir daraus etwas gelernt oder sind auf neue provokative Fragen gestoßen. Es geht daher um eine weitere eigenartige Unterlassung der Natur.

Eine potenzielle Fehlbesetzung, beispielsweise der Einsatz von Flimmerhaaren für den Bluttransport bei Säugetieren, lässt sich mit Vorrichtungen beheben, die Druck gegen Strömungsvolumen austauschen. Das ist nicht schwieriger als das, was Hebel mit Kraft und Weg oder Elektrotransformatoren mit Spannung und Strom machen. Unsere Technologie verwendet viele solche Konverter schon seit dem Altertum. Ein Gerät aus der römischen Antike, eine sogenannte Noria, ist in Abbildung 10.5 wiedergegeben. Eine Noria nutzt die Strömung

Pumpen

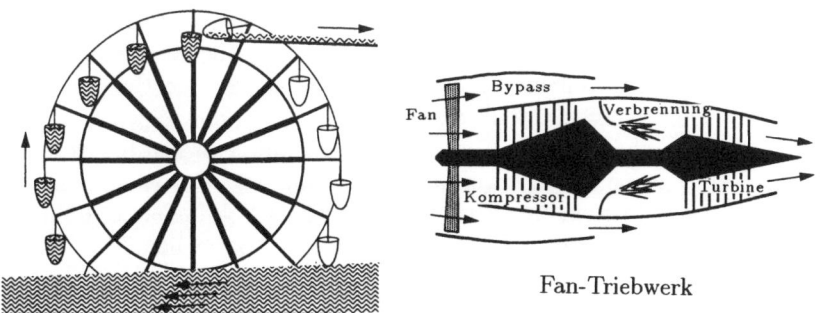

Noria mit unterschlächtigem Wasserrad

Fan-Triebwerk

Abbildung 10.5: Alte und neue Wege, Druck gegen Volumen auszutauschen. Eine Noria, angetrieben durch ein unterschlächtiges Wasserrad, erhöht den Druck und vermindert den Fluss, sodass die Strömung eines Flusses Wasser in ein Bewässerungssystem heben kann. Ein Fan-Triebwerk verringert den Druck und erhöht den Fluss zur Verbesserung der Effektivität bei Unterschallgeschwindigkeiten. Die Luft tritt vorne herein und der Treibstoff wird direkt in die Verbrennungskammer gepumpt.

eines Flusses entweder zum Antrieb von Schaufeln, durch die wiederum eine rotierende Kette mit Eimern in Bewegung gehalten wird, oder zum Antrieb eines unterschlächtigen Wasserrades, das mit Eimern ausgestattet ist. In beiden Fällen dient das große Strömungsvolumen im Fluss dazu, ein kleineres Volumen auf eine größere Höhe zu bringen – hoher Druck und wenig Strömung aus niedrigem Druck und viel Strömung. Ein sogenannter hydraulischer Widder, gelegentlich immer noch in Gebrauch, erreicht dieselbe Umsetzung auf eine andere Art. Ein flussabwärts fließender Strom bewirkt, dass eine kleine Wassermenge sehr viel höher stromaufwärts fließt, in diesem Fall durch Ausnutzung der freiwerdenden Energie, wenn ein Teil des abwärts fließenden Wassers angehalten wird. Das plötzliche Stoppen einer Wasserwelle treibt – wiederholt – ein kleineres Wasservolumen auf ein höheres Niveau. Ein Bestseller der späten 40er Jahre, *The Egg and I*, erzählt, wie sich das Leben auf einer Farm verbesserte, nachdem die Familie ihren Widder hatte. Der moderne Stadtbewohner wird sich vermutlich über die seltsame Anspielung wundern. Alle Klappen-und-Kammer-Pumpen in der Natur erzeugen pulsierende Strömungen, doch ein hydraulischer Widder ist uns in der Natur bisher nicht begegnet.

Wir reduzieren Druck und erhöhen Strömungsvolumen und umgekehrt. Ein Bypass-Fan-Triebwerk wie in Abbildung 10.5 presst mit Hilfe eines großen Fans am Vorderteil zusätzliche Luft durch eine Umgehung (Bypass), die um den Motor verläuft. Auf diese Weise erhält man einen größeren Volumenfluss bei geringeren Gesamtdruckdifferenzen. (Das „Warum" sehen wir gleich). Tiere nutzen oft eine Strömung zur Erzeugung einer zweiten, doch weder Kalmar noch Qualle verwenden solche Konverter. Die Kombination aus langen, festen Flügeln und kleinen Propellern an einem Flugzeug bewirkt die gleiche Umwandlung. Der Propeller erzeugt einen Antrieb, indem er den Druck der schwachen Strömung durch seine Schaufeln erhöht. Der lange Flügel nutzt diesen horizontalen Antrieb, um eine große Luftmenge ein klein wenig nach unten umzulenken. So konvertiert dieses System eine Strömung mit wenig Volumen aber hohem Druck in eine Strömung mit wenig Druck aber großem Volumen, die in eine andere Richtung fließt. Doch unter den fliegenden Tieren gibt es nur bei Käfern eine solche Trennung von Propeller und Flügel.

Die Natur kennt viele Vorrichtungen, bei denen Strömungen durch eine veränderte Rohrdicke beschleunigt oder verzögert werden. Die Düse am Strahlrohr des Kalmars beschleunigt das Wasser nach demselben Prinzip wie die Düse an einem Gartenschlauch. Doch in allen Fällen wird Geschwindigkeit gegen Querschnittsfläche getauscht, nicht Druck gegen Strömungsvolumen. Das Fehlen von Druck-Fluss-Konvertern in der Natur ist ein Rätsel. Entweder übersehen wir etwas oder wir betrachten diese Systeme aus dem falschen Blickwinkel. Vielleicht benötig die Natur gar keine Konverter, da ihre Pumpen einen riesigen Druckbereich abdecken. Doch dahinter steckt die unwahrscheinliche Annahme, dass der natürlichen Auslese immer eine große Auswahl an Pumpen zur Verfügung stand. Bei kleinen und langsamen Strömungen fordert die Viskosität einen hohen Zoll von der Effektivität fluidmechanischer Systeme. Vielleicht kann die Natur einfach keine Konverter bauen, die effizient genug sind um sich zu tragen.

Strahlantrieb

Was könnte einfacher sein? Stoße ein Fluid in eine Richtung heraus und du wirst in die entgegengesetzte Richtung angetrieben. Wird ein Fluid (meist Luft) aus der Umgebung verwendet, nennen wir die Maschine einen Strahlantrieb, kommt das Fluid vollständig von innen, nennen wir sie Rakete. Der Unterschied spielt hier keine große Rolle, sodass wir in allen Fällen von einem Strahlantrieb sprechen werden. Ein Flugzeug kann so angetrieben werden, ein Schiff oder auch ein Unterseeboot. Das Prinzip funktioniert sogar im Vakuum. Was könnte für ein Tier natürlicher sein? Man lege einen Muskel um eine mit einem Fluid gefüllte Tasche und quetsche die Tasche zusammen, und schon spritzt das Fluid durch irgendein absichtlich oder zufällig vorhandenes Loch heraus. In irgendeiner Form wird dieses Prinzip von nahezu jedem Tier verwendet, das wir mit bloßem Auge wahrnehmen können. Durch den Druck unseres Herzens wird das Blut heraus gepresst, und die Kontraktion unserer Beinmuskeln trägt dazu bei, es wieder zum Herz zu bringen. Ein peristaltischer Kontraktionsring der Speiseröhre schiebt die Nahrung zum Magen, und eine ähnliche Kontraktion des Darms trägt die verarbeitete Masse weiter zum After. Würden wir das Fluid herausspritzen statt nur herausdrücken, hätten wir einen Strahlantrieb.[9] Außerdem ist das verbreitetste Fluid, flüssiges Wasser, herrlich dicht und leichtflüssig, wodurch es besonders gut dafür geeignet ist. Wasserraketen aus Plastik sind wunderbare Spielzeuge: Man füllt die Rakete zur Hälfte mit Wasser und pumpt Luft in den verbleibenden Raum. Beim Abschuss der Rakete treibt die expandierende Luft das Wasser nach unten, und der Rückstoß schickt die Rakete einige hundert Meter in die Luft. Ein erfahrener Betreiber wird durch die ausströmende Flüssigkeit auch kaum nass.

Die Natur besitzt viele solcher Maschinen. Vermutlich kein anderes Antriebsprinzip ist unabhängig voneinander in so vielen unterschiedlichen Entwicklungslinien entstanden. Quallen verwenden es, ebenso die Kopffüßer – Kalmar, Krake und Kuttelfisch. Eine Kamm-Muschel wird in kurzen Schüben von zwei Strahlen auf beiden Seiten ihres Schalenschlosses vorwärts getrieben. Eine junge Libelle schwimmt auf einem Teich, indem sie Wasser aus ihrem Anus spritzt. Froschfische pressen Wasser durch ihre Kiemen und spritzen es zum Manövrieren durch seitliche Düsen. Und so weiter.

Alle diese Strahltriebwerke funktionieren wie Wasserraketen. Ein Kalmar, der Champion unter den strahlgetriebenen Kreaturen der Natur, hat eine wassergefüllte Höhlung zwischen einem äußeren Muskelmantel (der früher schon als hydrostatisches Skelett aufgetaucht ist) und seinen verschiedenen Eingeweiden. Wenn ein Kalmar seinen Mantel zusammenzieht, wird das Wasser durch eine Düse nach außen gedrückt und das Tier kommt rasch woanders hin. Um die zehn Stundenkilometer ist für ein Wassertier von weniger als 30 cm Länge ziemlich beeindruckend. Auf der Flucht vor einem Fressfeind kann der Kalmar mit Ausnahme von Walen oder den schnellsten Fischen alles hinter sich zurück lassen. Er kann über fünf Meter hoch aus dem Meer herausschießen oder in einem Bogen über zwanzig Meter weit fliegen.

Strahltriebwerke scheinen also etwas Großartiges zu sein. Doch obwohl sie einfach und weit verbreitet sind, gibt es kein strahlgetriebenes Tier, das sich sowohl schnell als auch weit fortbewegt. Kalmare können ihre Höchstgeschwindigkeit für kaum länger als einige Schläge durchhalten. Quallen schwimmen zwar gleichmäßiger, aber sie erreichen auch nur rund 0,4 Stundenkilometer. Froschfische schaffen ungefähr das Doppelte, was für einen Fisch ziemlich langsam ist. Libellenlarven schwimmen etwas schneller als anderthalb Stundenkilometer und Kamm-Muscheln erreichen fast zweieinhalb Stundenkilometer. Beide bewegen sich wie Kalmare nur stoßweise vorwärts. Wo liegt das Problem? Ist die Beschränkung biologischer oder fluidmechanischer Natur?

Es ist sehr aufschlussreich zu untersuchen, wie wir Strahltriebwerke einsetzen. Strahl- und Raketentriebwerke sind vermutlich die ältesten Antriebssysteme, die Treibstoff verbrennen, im Prinzip sind sie die einfachsten aller Wärmekraftmaschinen. Die erste Dampfmaschine war eine Art Strahltrieb-

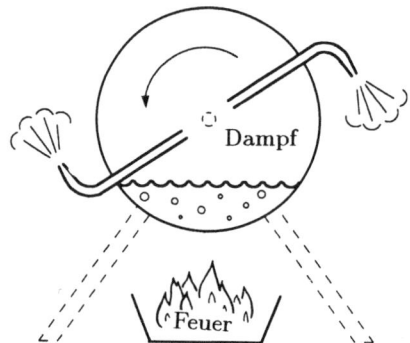

Abbildung 10.6: Das Prinzip der Dampfmaschine, die Heron von Alexandria, 1. Jahrhundert n. Ch., zugeschrieben wird. Durch ein Feuer unter einer Metallkugel wird ein Gemisch aus Wasser und Dampf durch die Düsen herausgespritzt und dreht so die Kugel.

werk. Sie hatte nur ein bewegliches Teil und es bedurfte zu ihrem Bau nur geringer Präzision. Es war die berühmte Maschine des Heron von Alexandria im ersten nachchristlichen Jahrhundert, wiedergegeben (mit den notwendigen künstlerischen Freiheiten) in Abbildung 10.6). Ein Feuer erhitzte das Wasser in einer kugelförmigen Kammer. Die Kammer besaß zwei tangential gerichtete Düsen, durch die der Dampf entweichen konnte. Durch diese Dampfstrahlen wurde die Kammer gedreht. Doch Herons Maschine kam nie über ein heroisches Dampfpfeifen hinaus und hatte, wie wir sehen werden, keinen Einfluss auf die römische Kultur.[10] Die Dampfmaschinen der Industriellen Revolution basierten auf einem vollkommen anderen Prinzip.

Selbst nach fünfzig Jahren der Entwicklung verwenden wir Strahltriebwerke praktisch nur für sehr schnelle Flugzeuge und fast nie für Autos, Züge oder Boote. Warum verhalten sich sowohl die Technologie der Natur als auch die des Menschen so distanziert gegenüber einem scheinbar einfachen und trotzdem leistungsstarken Prinzip? Weil dieses Prinzip einen großen und grundsätzlichen Nachteil hat!

Das zentrale Problem ist der niedrige Wirkungsgrad von Strahltriebwerken unter fast allen Bedingungen. Indem es ein Fluid – und somit Impuls – nach hinten herausstößt, erzeugt ein Strahltriebwerk eine nach vorne gerichtete Kraft. Ausschlaggebend für die Größe dieser Kraft ist das Produkt aus der Massenflussrate und der Geschwindigkeit des ausgestoßenen Fluids. Ein Kilogramm Luft oder Wasser pro Sekunde mit einer Extrageschwindigkeit von zwei Metern pro Sekunde liefern denselben Antrieb wie zwei Kilogramm Luft oder Wasser pro Sekunde mit einer zusätzlichen Geschwindigkeit von einem Meter pro Sekunde.

Doch der Wirkungsgrad bzw. die Effizienz dieses Antriebs hängt sehr von Menge und Geschwindigkeit des herausgestoßenen Fluids ab. Für eine gegebene Flussrate ist der Antrieb direkt proportional zu der Geschwindigkeit, mit der das Fluid ausgestoßen wird. Doch die für diesen Stoß benötigte Energie wächst nicht direkt proportional mit der Geschwindigkeit, sondern mit dem Quadrat der Geschwindigkeit. Verdopplung der Geschwindigkeit bedeutet eine Verdopplung des Antriebs, kostet aber das Vierfache an Energie. Die Geschwindigkeit des ausgestoßenen Fluids sollte also so niedrig wie möglich gehalten werden. Minimierung der Kosten verlangt somit den Verbrauch von sehr viel Fluid bei einer möglichst kleinen Rückstoßgeschwindigkeit. Hier liegt das Problem. Das ist genau das Gegenteil von dem, was Strahltriebwerke und Raketen machen: Sie stoßen kleine aber schnelle Strömungen heraus.

Wie erreicht man, dass eine Maschine sehr viel Fluid verwendet? Bestimmt nicht dadurch, dass man alles Fluid nur durch eine enge Düse zwängt. So geht nur eine kleine Fluidmenge hindurch, und die muss sich sehr schnell bewegen. Das Gegenteil muss man machen. Statt wenig Fluid durch die Maschine hindurchzupressen, muss man das Fluid um die Maschine herumleiten. Es ist besser, wenn sich die Maschine durch das Fluid bewegt, als das Fluid durch die Maschine. Wie erreicht man das? Man befestige lange, bewegliche Teile an der Maschine – Flossen, Flügel, Paddel oder Propellerschaufeln. Sie alle werden in Bezug auf den Wirkungsgrad einem Strahltriebwerk überlegen sein. Sie alle sind jedoch komplizierter als die Heron'sche Maschine oder die einfache Spritzmaschine einer Qualle. Doch diese Kompliziertheit zahlt sich aus. Eine Forelle, die ihren Körper und Schwanz hin- und her bewegt, hat es mit zehnmal mehr Wasser pro Zeiteinheit zu tun als ein strahlspritzender Kalmar derselben Größe. Das Ergebnis: Die Forelle braucht nur die halbe Leistung um doppelt so schnell voranzukommen.

Sollten Strahltriebwerke wegen ihrer Einfachheit und Ineffizienz als zu primitiv aufgegeben werden? Handelt es sich nur um die schlechten Karten, die einem Tier von seinen Vorfahren mitgegeben wurden? Das ist ebenso falsch wie unfair. Soll eine (lebende oder tote) Maschine fliegen oder schwimmen, indem sie ein Fluid nach hinten wegstößt, muss diese Rückstoßgeschwindigkeit größer sein als ihre eigene.[11] Die Geschwindigkeit, mit der das Fluid aus ihrem Triebwerk gestoßen wird, bestimmt somit die maximale Geschwindigkeit der Maschine. Doch uns erscheinen Strahltriebwerke wesentlich attraktiver, wenn es darum geht, sich sehr schnell zu bewegen, beispielsweise in Flugzeugen: Wir benutzen sie für kleine und große Flugzeuge, aber nicht für langsame. Grundsätzlich dasselbe macht ein Kalmar. Er hat kleine Flossen an seiner Rückseite und somit die Wahl zwischen zwei Antriebssystemen. Für langsames Schwimmen, z.B. zur Nahrungsaufnahme, benutzt er hauptsächlich seine Flossen. Doch wenn er von einem Fisch oder Wal angegriffen wird, setzt er sein Strahltriebwerk in Gang und zischt davon. Bei einem raschen Manöver auf Leben oder Tod baut auch die biologische Fitness nicht mehr auf energetische Effizienz!

Aus diesem Grund haben sich die Strahltriebwerke kommerzieller Flugzeuge in den letzten Jahrzehnten ziemlich geändert. Sie verarbeiten heute immer größere Luftmengen und reduzieren dafür die mittleren Ausstoßgeschwindigkeiten. Durch die Kombination mit turbinengetriebenen Mantelgebläsen wurden die reinen Strahltriebwerke zu Bypass-Fan-Triebwerken (Abbildung 10.5), wie wir sie schon im Zusammenhang mit Druck-Fluss-Konvertern erwähnt hatten. Frühe Strahltriebwerke hatten kleine Einlassöffnungen und die gesamte Luft strömte durch einen ventilatorartigen Kompressor, bevor sie mit Treibstoff versetzt wurde. Fan-Strahltriebwerke haben eine weite Einlassöffnung mit großen, auffallenden Eingangsfans. Die Konstrukteure haben sich einiges einfallen lassen, um das sogenannte Bypass-Verhältnis – das Verhältnis der um die Verbrennungskammer außen herumgeleiteten Luftmenge zu der Luftmenge, die durch die Verbrennungskammer hindurch geht – zu erhöhen. Dadurch erreicht man einen besseren Wirkungsgrad mit weniger Treibstoffverbrauch sowie größere Reichweiten und Nutzlasten.

Wegen des ineffizienten Antriebs eignen sich Strahltriebwerke nicht für Flugmaschinen, die in Geschwindigkeit und Größe mit Tieren vergleichbar sind. Wir wissen von keinem lebenden Flugobjekt mit Strahlantrieb, und mit ziemlicher Sicherheit hat die Natur auch nie eines hervorgebracht – außer in manchen Science-Fiction-Werken. Doch seltsamerweise sind Strahltriebwerke gar nicht so schlecht für langsames Schwimmen. Bei gleichmäßiger Geschwindigkeit sind Antrieb und induzierter Wasserwiderstand gleich. Doch dieser Widerstand ist bei geringen Geschwindigkeiten unverhältnismäßig niedrig, sodass zum Ausgleich nur wenig Antrieb benötigt wird. Für größere Wanderungen benutzen manche Kalmare ihren Strahlantrieb, allerdings bei Geschwindigkeiten von ungefähr einer Körperlänge pro Sekunde, also weniger als einem Kilometer pro Stunde. Auf der Minimierung des Widerstands durch eine langsame Fortbewegung beruht vermutlich auch der Erfolg anderer Jetter, beispielsweise der Quallen.

Die Bewegungen durch Luft und Wasser unterliegen zwar denselben fluidmechanischen Gesetzen, trotzdem ist Fliegen ungleich schwerer als Schwimmen. Wegen der geringen Dichte von Luft kommt ein Fahrzeug zwar leichter vorwärts, aber es benötigt auch eine zusätzliche Kraft um oben zu bleiben. Diese zusätzliche Kraft ist sehr groß (außer bei Luftschiffen und Ballons), selbst wenn sich das Fluggerät gar nicht voranbewegt. Beim Fliegen ist es unwirtschaftlich, sich zur Verringerung des Luftwiderstands langsam zu bewegen. Zu den Reisekosten kommen noch die Kosten für das Obenbleiben hinzu, und langsamer Flug bedeutet längere Zeit in der Luft. Kurz gesagt, das widerstandsvermindernde langsame Schwimmen von Quallen oder Froschfischen ist kein Modell für irgendeine Flugmaschine, die schwerer ist als Luft.[12]

Strahlantrieb 207

Um oben zu bleiben, muss ein Flugzeug Luft nach unten drücken. Die Geschwindigkeit von Luft muss also erhöht werden, allerdings geht es nun um die nach unten gerichtete Geschwindigkeit. Wiederum besteht die Wahl zwischen einer großen Luftmenge, deren Geschwindigkeit nur wenig erhöht wird, und einer geringen Luftmenge, die einen großen Geschwindigkeitszuwachs erfährt. Die relevante Geschwindigkeit des Flugzeugs ist nun seine Steiggeschwindigkeit, und die ist (wenn nur die Höhe gehalten werden soll) gleich null. Je kleiner die Geschwindigkeit und je größer das Volumen der nach unten gedrückten Luft, umso besser. Ein kleiner, nach unten gerichteter Luftstrom hoher Geschwindigkeit – ein Strahl – ist daher eine besonders ineffiziente Art oben zu bleiben. Ein kleiner Propeller, der die Luft nach unten bläst, ist auch nicht viel besser.

Darum haben Hubschrauber lange Rotoren und das ist auch der Grund, warum man zum Schweben die Propellerebene nicht einfach von horizontal zu vertikal kippt. Ein Militärflugzeug, der Harrier, kann mit seinem Strahlantrieb schweben, doch dabei werden riesige Mengen an Treibstoff verschlungen. Das Gegenteil wäre ein Hubschrauber mit unendlich langen Rotorschaufeln. Er könnte praktisch umsonst schweben!

Aus dieser Problematik der Antriebseffizienz erklärt sich auch der grundlegende Unterschied zwischen fliegenden Tieren und gewöhnlichen Flugzeugen. Vögel, Fledermäuse und Insekten erhalten sowohl ihren Vorwärtsantrieb als auch ihren Auftrieb durch ihren Flügelschlag. Ihre Flügel schlagen gewöhnlich nicht einfach auf und ab, sondern in gewissem Umfang auch vor und zurück. Je langsamer der Flug, umso weniger bewegen sich die Flügel auf und ab. Vögel drehen einfach die Ebene ihrer Flügelschläge nach unten, wenn sie langsamer werden, wie in Abbildung 10.7. Wenn ein Kolibri vor einer Blume schwebt, hält er seinen Kopf hoch, seinen Schwanz nach untern, und seine Flügel bewegen sich

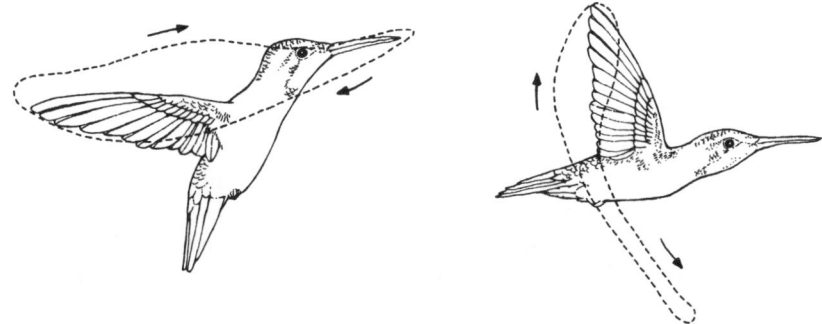

Abbildung 10.7: Ein Kolibri wechselt vom ruhigen Schweben zum Vorwärtsflug, indem er die Schlagebene seiner Flügel von horizontal (vor und zurück) zu vertikal (auf und ab) ändert.

hauptsächlich vor und zurück. Ein Hubschrauber macht nahezu dasselbe: Wie die Flügel eines Kolibris bewegen sich die Rotoren eines in der Luft stillstehenden Hubschraubers in einer horizontalen Ebene, und zum Vorwärtsflug kippt der Pilot die Rotorebene vorne etwas nach unten. Doch gewöhnliche Flugzeuge benutzen die Propeller für den Vorwärtsantrieb und feste Flügel, um in der Luft zu bleiben. Gute Flugzeuge gab es schon fünfunddreißig Jahre früher als gute Hubschrauber, und immer noch haben Hubschrauber einen verschwenderischen Treibstoffverbrauch. Flugzeuge konnten wir erst bauen, nachdem wir das Vogel- oder Hubschrauberprinzip aufgegeben hatten und Flügel auf zwei verschiedene Weisen am selben Flugkörper verwendeten. (Ein Schnitt durch einen Propellerflügel zeigt die gleiche Form wie ein Schnitt durch eine Tragfläche; es handelt sich um das gleiche Prinzip.)

Ein gewöhnliches Flugzeug erzeugt seinen Antrieb, indem es die Luft mit einer Geschwindigkeit nach hinten wegstößt, die größer als seine Fluggeschwindigkeit ist. Es erzeugt seinen Auftrieb, indem seine langen, festen Flügel einer großen Luftmenge einen kleinen Stoß nach unten geben. Interessant ist die Kraftquelle, mit der die festen Flügel diesen Stoß ausführen. Es kann sich dabei nur um den Propeller handeln, denn nur er ist an einen Motor angeschlossen. Die Kraft, die das Flugzeug in der Luft hält, wird von Propeller und Motor als ein zusätzlicher Widerstand empfunden, der mehr Antrieb erfordert. Wenn ein Flügel (der nicht gerade unendlich lang ist!) einen Auftrieb erzeugt, hat er einen größeren Luftwiderstand, als wenn er einfach in die Luft gesteckt wird. Aus diesem Grund geben wir Flugzeugen auch für ihren Vorwärtsantrieb entweder kleine Propellerflügel oder Strahltriebwerke, die bei hohen Horizontalgeschwindigkeiten arbeiten. Einen Teil dieses Antriebs wird mit den großen Flügeln, die bei sehr geringen Vertikalgeschwindigkeiten arbeiten, in Auftrieb umgewandelt, wie wir schon früher im Zusammenhang mit den Druck-Fluss-Konvertern erwähnt hatten. Dieses System ist recht effizient. Deshalb haben wir lange bevor die ersten guten Hubschrauber entwickelt wurden Flugzeuge gebaut, die für ihre hohen Takeoff-Geschwindigkeiten eine lange Startbahnen benötigen.

Weshalb kommen Vögel, Fledermäuse und Insekten dann so gut mit nur einer Art von Flügeln aus? Die schon in Kapitel 3 angedeutete Begründung beruht auf den jeweiligen Größen der Flugmaschinen beider Technologien. Der Auftrieb eines Flügels ist proportional zu einer Fläche. Doch eine Flugmaschine benötigt einen Auftrieb proportional zu seinem Gewicht. Schließlich müssen sich bei einem gleichmäßigen, höhenkonstanten Flug Auftrieb und Gewicht die Waage halten, ebenso wie Antrieb und Luftwiderstand. Betrachten wir die Folgen, wenn die Größe einer Flugmaschine ohne Form- oder Dichteänderung verdoppelt wird. Alle Längen – Gesamtlänge, Flügelspannweite, etc. – verdoppeln sich. Alle Flächen – die gesamte äußere Oberfläche, die Flügelfläche, etc. – werden sich vervierfachen. Doch das Volumen und Gewicht werden um nicht weniger als das Achtfache zunehmen. Das Verhältnis von Gewicht zu Fläche verdoppelt sich somit; die größere Flugmaschine hat im Vergleich zu ihrer Flügelfläche das doppelte Gewicht. Sie hat somit vergleichsweise weniger Auftrieb, was einem Flug alles andere als dienlich ist.

Zwei Auswege bieten sich an. Der erste besteht in überproportional größeren Flügeln für ein größeres Flugzeug. Der ursprüngliche Flieger der Gebrüder Wright aus dem Jahre 1903 hatte riesige Flügel, ebenso wie die besonders raffinierte Gossamer Serie der muskelgetriebenen Fluggeräte.[13] Doch beide sind mit Absicht langsam und verschmähen so die zweite Möglichkeit, nämlich schneller zu fliegen. Verdoppelt sich die Fluggeschwindigkeit, so vervierfacht sich der Auftrieb eines Flügels. (Eine Verdopplung des Gewichts lässt sich somit durch eine 1,4-fache Zunahme der Geschwindigkeit ausgleichen.) Im Vergleich zu ihren Flügelflächen wiegen gewöhnliche Flugzeuge mehr als Vögel, aber sie fliegen schneller. Nur wenige große Vögel erreichen im höhenkonstanten Flug mehr als achtzig Stundenkilometer, während nur wenige spezialisierte Flugzeuge so langsam fliegen können. Mehr Größe erlaubt nicht nur höhere Geschwindigkeiten (weniger Gesamtfläche gegen den Luftwiderstand im Vergleich zum Volumen), sondern erfordert sie sogar (weniger Auftriebsfläche im Vergleich zum Volumen). Umgekehrt verlangt eine höhere Geschwindigkeit einen schnelleren und kleineren Luftrückstoss. Durch die Trennung von Flügeln und Propellern gewinnen Flugzeuge an Effizienz. Für die kleineren und damit langsameren Vögel ist ein langsamerer Luftrückstoss mit größeren Geräten praktikabler. Sie könnten mit festen Flügeln für den Auftrieb und zusätzlichen schlagenden Flügeln für den Antrieb wenig anfangen.[14]

Doch sogar fliegende Tiere haben ihre Probleme. Große Tiere wiegen im Vergleich zu ihren Flügelflächen mehr als kleine. Große Vögel fliegen vielleicht schneller als kleine, aber zum „in der Luft stehen" fehlt ihnen die Flügelfläche. Ihr Antriebssystem ist nicht geeignet, die erforderlichen Luftmassen zu bewegen. Größere Meeresvögel müssen oft lange Strecken über ihre „Startbahn" – die Meeresoberfläche – laufen, bis sie ihre Takeoff-Geschwindigkeit erreicht haben. Eine Taube kann für wenige Sekunden flatternd an einem Ort bleiben, doch für mehr fehlt ihr die Kraft. Nur Kolibris sind dafür geeignet. Für kleine Fluginsekten hingegen ist ortsfestes Schweben reine Routine. Bei diesen kleinen und langsamen Kreaturen ist das Verhältnis von auftrieberzeugender Flügelfläche und auftriebforderndem Gewicht sehr groß. Mit dieser großen Flügelfläche stoßen sie beachtliche Luftmengen nach unten, was daher nicht sehr schnell geschehen muss.

Zwei Dinge haben wir gelernt: Erstens, Strahltriebwerke zum Antrieb von weder großen noch schnellen Flugmaschinen werfen die unromantische aber unausweichliche Frage nach der Antriebseffizienz auf. Das wiederum lässt eine gewisse Skepsis gegenüber Vorschlägen für Strahltriebwerke an Rucksäcken, Booten oder Ähnlichem aufkommen. Zweitens ein Punkt, der oft betont wurde:

In manchen Situationen sind feste Flügel am besten, in anderen Situationen erweisen sich schlagende Flügel als praktischer. Jeder Vergleich zwischen diesen beiden Situationen führt uns auf den subtilen, allgegenwärtigen und vielleicht sogar schädlichen Einfluss der Größe. Nur allzu oft scheitert ein wertender Vergleich zwischen dem, was wir machen, und dem, was die Natur macht, an den Größenunterschieden.

Schwimmen an der Wasseroberfläche

Zwei Arten von Maschinen schwimmen, Schiffe und Unterseeboote, und beide Arten gibt es sowohl in der Technologie des Menschen als auch in der Natur. Dass jedes von uns gebaute Unterseeboot auch an der Wasseroberfläche schwimmen kann, sollte uns nicht über einige grundlegende Unterschiede zwischen diesen beiden Arten des Schwimmens hinwegtäuschen. Man könnte zunächst meinen, Oberflächenschwimmen sei leichter. An der Oberfläche können Teile, die unter Wasser zum Antrieb nach hinten weggedrückt werden, in der widerstandsarmen Luf über Wasser wieder in ihre Ausgangslage versetzt werden. Ruderboote, Kanus und Schaufelraddampfer verwenden dieses Prinzip, doch unsere besseren und alle natürlichen Boote ignorieren es. Es kann also nicht so wertvoll sein. Entscheidender ist ein Unterschied, der für das Oberflächenschwimmen eher von Nachteil ist, und der mit den verschiedenen Widerständen zusammenhängt, die sich im Wasser den Bewegungen eines Schwimmers entgegen setzen. Unterhalb der Oberfläche gibt es nur den gewöhnlichen Wasserwiderstand, der durch eine geeignete Stromlinienform minimiert werden kann. Ein Oberflächenschiff muss jedoch zusätzlich mit dem Widerstand durch Oberflächenwellen kämpfen. Da nur ein geringer Anteil seiner Außenhülle unter Wasser ist, vermeidet es einen Teil des Wasserwiderstands, doch diese Ersparnis wird durch den welleninduzierten Widerstand mehr als aufgebraucht. Ein Unterseeboot kommt mit weniger Treibstoff schneller voran als ein Oberflächenschiff derselben Größe.

In beiden Technologien gibt es beide Arten von Schwimmern, doch ein Unterschied ist offensichtlich: Die Schwimmer der Natur sind fast alle Unterseeboote; an der Oberfläche findet man nur gelegentlich eine Ente, Bisamratte oder einen Wasserschneider. Unsere Schwimmer sind nahezu ausschließlich Oberflächenschiffe. Unterseeboote mit eigenem Antrieb gibt es erst sei knapp zwei Jahrhunderten. Und selbst heute finden Unterseeboote fast nur bei den egal-was-es-kostet militärischen Zwecken Verwendung. Somit ergeben sich zwei Fragen: Warum sind Unterseeboote nichts für uns, und warum ist Oberflächenschwimmen nichts für lebende Boote?

Die erste Frage ist leichter zu beantworten, aber auch nicht so interessant wie die zweite. Zum einen atmen wir gerne Luft bei einem Druck, wie er an der Meeresoberfläche herrscht, daher statten wir unsere Unterseeboote mit starren, druckfesten Hüllen aus. Solche Hüllen müssen sehr starr sein, da ein Unterseeboot wegen der Luft im Inneren auf seltsame Weise instabil ist. Mit zunehmender Tauchtiefe versucht ein immer größerer Wasserdruck sowohl die Hülle als auch die Luft zusammenzudrücken. Dadurch nimmt die Gesamtdichte des Unterseebootes zu und es hat die Tendenz, noch tiefer zu sinken. (Wale und Taucher haben Luft nur in ihren Lungen; allerdings stellt der zunehmende Luftdruck in den Lungen und der damit zusammenhängende Stickstoffaustausch ins Blut ein ernsthaftes Problem dar.) Außerdem atmen auch die meisten unserer Maschinen Luft, und sie verbrauchen mehr Sauerstoff als die Menschen. Unterseeboote wurde daher ursprünglich von Hand angetrieben, später von Elektromotoren mit Batterien und heute meist von Kernreaktoren mit Dampfturbinen.

Stünden kernkraftgetriebene Motoren kommerziell zur Verfügung, könnten wir Unterseeboote zumindest zum Transport von sperriger und inkompressibler Ladung, beispielsweise Öl, über größere Distanzen verwenden. Dadurch würde weniger Treibstoff verbraucht, die Sturmanfälligkeit wäre geringer und die walförmigen Schiffe selber wären kompakter als heutige Supertanker. Eine kleine Druckhülle müsste es natürlich für die Mannschaft geben.

Kniffliger ist das Problem, warum die Schwimmer der Natur so selten ihre Köpfe über Wasser halten. Nach Möglichkeit wird die Wasseroberfläche gemieden. Enten schwimmen zwar auf der Oberfläche, aber sehr langsam; untergetaucht oder im Flug sind sie wesentlich schneller. Luftatmer wie Pinguine, Seehunde und Wale schwimmen die meiste Zeit unter Wasser, obwohl sie zum Atmen an die Oberfläche kommen müssen. Die Größe der natürlichen U-Boote schwankt beträchtlich, angefangen von kleinsten Mikroorganismen bis zu den größten Walen. Natürliche Oberflächenschiffe hingegen haben eine Länge von etwas unter einem Zentimeter bis zu weniger als einem Meter. Halten wir uns demgegenüber einmal vor Augen, wie alt und erfolgreich unsere Oberflächenschiffe sind, wie verschieden in ihrem Material und ihren Formen, wie unterschiedlich die Kulturen, die sie gebaut haben, und wie viele Plätze auf der Erde schon vor langer Zeit von Leuten besiedelt wurden, die mit Schiffen kamen. Warum sind Oberflächenschiffe ein Problem für die Natur, oder baut sie einfach so gute Unterseeboote, dass Oberflächenschiffe überflüssig sind?

Die Schuldigen – Wellen – sind für schwimmende Tiere ein größeres Problem als für Schiffe. Es sind nicht die vom Wind erzeugten Wellen, die den meisten Ärger bereiten, sondern die Wellen, die der Oberflächenschwimmer selber macht. Weder eine Ente noch ein Ozeandampfer können bei ihrer Fahrt Wellen vermeiden. In Abbildung 10.8 erkennt man, dass ein schwimmendes Objekt zwei Wellenzüge erzeugt, die grob durch die Länge der Wasserlinie getrennt sind: die sogenannte Bugwelle und die Heckwelle. Die Länge der Wasserlinie

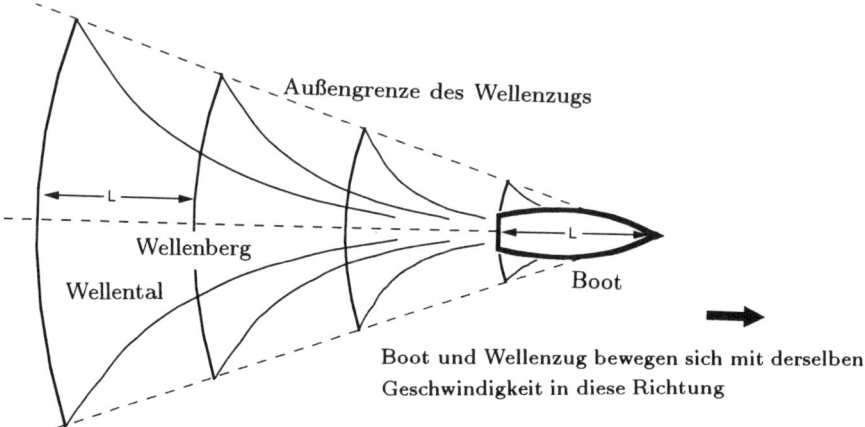

Abbildung 10.8: Ein gewöhnliches Boot erzeugt durch seine Bewegung zwei Wellenberge, eine Bugwelle und eine Heckwelle, die ungefähr um die Bootslänge (hier durch „L" gekennzeichnet) getrennt sind.

(des Rumpfes) bestimmt somit den Abstand zwischen den Wellen, die Wellenlänge. Eine Welle breitet sich immer aus, und die Ausbreitungsgeschwindigkeit wird durch ihre Wellenlänge bestimmt. Seit mindestens einem Jahrhundert weiß man, dass die Ausbreitungsgeschwindigkeit einer Welle mit der Quadratwurzel der Wellenlänge zunimmt. Verdoppelt man die Wellenlänge, so erhöht sich die Wellengeschwindigkeit um das rund 1,4-fache. Größere Boote erzeugen somit die schnelleren Wellen. Mit einem Seil, einer Stoppuhr und einigen (eventuell beschwerten) Spielzeugbooten kann man diese Behauptung in jedem Swimmingpool überprüfen.

Der Ärger entsteht, weil es für gewöhnliche Schiffe oder Schwimmer schwer ist, sich schneller als die von ihnen erzeugten Wellen zu bewegen. Versuchen sie es trotzdem, so sehen sie sich einem Berg von Wasser gegenüber, und sie müssen sich entweder ihren Weg durch diesen Berg schneiden oder ständig bergauf bewegen, wie in Abbildung 10.9 erkennbar. Ein Schiff hat daher eine praktische Geschwindigkeitsbeschränkung, seine sogenannte Rumpfgeschwindigkeit. Oberhalb dieser Rumpfgeschwindigkeit wächst sein Widerstand plötzlich und beträchtlich. Da die Rumpfgeschwindigkeit von der Rumpflänge abhängt, können größere Schiffe auch schneller fahren, bevor sie diese Grenze erreichen. Die Form des Rumpfes kann zwar einen Einfluss auf die Geschwindigkeit haben, bei der die Widerstandszunahme einsetzt, doch das eigentliche Problem lässt sich nicht leicht umgehen. Ein Schiff von 30 Metern Länge hat eine Rumpfgeschwindigkeit von rund fünfundzwanzig bis dreißig Stundenkilometer. Für unsere kleinsten Boote mit einer Länge von rund drei Metern beträgt sie knapp acht Stunden-

Abbildung 10.9: Ein kleines Boot erreicht seine Rumpfgeschwindigkeit bei geringen Geschwindigkeiten. Für diese Gummiente, die durch ein Basin gezogen wird, geht es bei über anderthalb Stundenkilometern nur noch bergauf. Man beachte die leichte Neigung der Ente bei der höchsten gezeigten Geschwindigkeit.

kilometer, und für eine 30 Zentimeter lange Ente sind es nur zweieinhalb Stundenkilometer. Das ist wenig für ein Tier, das mit fünfzig Stundenkilometern fliegen kann. Eine Bisamratte hat eine noch kleinere Rumpfgeschwindigkeit. Selbst der Mensch, alles andere als stromlinienförmig, kann sich unter Wasser schneller fortbewegen als an der Oberfläche, obwohl er seine Arme nicht mehr an der Luft nach vorne bringen kann. Die Vorteile des Unterwasserschwimmens sind so groß, dass sein übermäßiger Missbrauch bei Wettkämpfen verboten werden musste. Fanatische Teilnehmer wären sonst leicht gefährdet gewesen; bei harter Arbeit ist es eben gesünder zu atmen.

Diese Grenze lässt sich durch Aufschwimmen – Gleiten über die Wasseroberfläche – umgehen. Das machen wir bei ruhigem Wasser mit Motorbooten bis zu einer mittleren Größe. Einige Vögel, beispielsweise Alken und Seetaucher, können für kurze Distanzen über Wasser gleiten. Doch das ist keine praktische Methode, große Massen über akzeptable Distanzen zu transportieren. Das Problem ist also die Größe. Oberflächenschiffe sollten groß sein, und der grundlegende Unterschied zwischen beiden Technologien besteht wieder einmal in den verschiedenen Größenverhältnissen.

Gleichsam als Ausgleich oder Fairplay gibt es noch eine zweite Art, auf einer Wasseroberfläche voranzukommen, und die funktioniert für die Natur besser als für unsere Technologie. Kleine Taumelkäfer (Abbildung 10.10) rasen so über Bäche und Teiche. Eine gewöhnliche Oberflächenwelle unterliegt zwei Einflüssen, die die entgegengesetzte Wirkung haben. Die Trägheit des Wassers hält die Oberfläche wellig,[15] während die Schwerkraft sie zu glätten versucht. Die Wechselwirkung zwischen diesen beiden Phänomenen bestimmt die Geschwindigkeit der Wellen. Die Schwerkraft ist allerdings nicht der einzige Faktor, der die Oberfläche zu glätten versucht; sie ist aber der wichtige Faktor bei großen

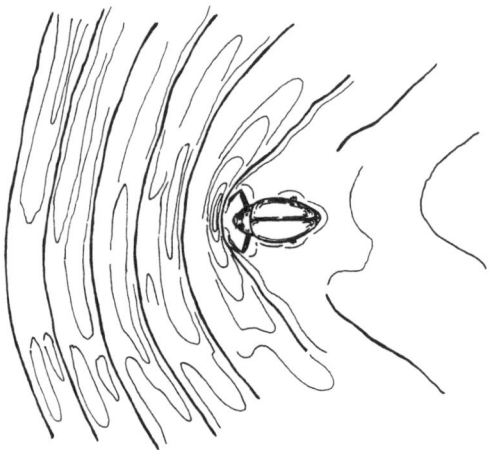

Abbildung 10.10: Ein Taumelkäfer auf einem Teich ist ein so kleines Schiff, dass die Geschwindigkeiten der Wellen, mit denen er es zu tun hat, eher durch die Oberflächenspannung als die Schwerkraft bestimmt werden.

Wellen. Ein zweites Phänomen, durch das Tropfen rund werden, durch das Wasser auf einer Wachsoberfläche perlig wird, durch das eine saubere Nadel auf der Wasseroberfläche in einer Schüssel liegen bleibt, das wir mit Seifen und Waschmittel zu verringern suchen – die Oberflächenspannung – glättet ebenfalls eine Wasseroberfläche. Die Schwerkraft arbeitet auf großen Skalen, die Oberflächenspannung wird erst für kleine Dinge wichtig. Das Verhalten kleiner Wellen – kürzer als zwei Zentimeter – wird daher weniger durch die Wechselwirkung zwischen Trägheit und Schwerkraft als durch die Wechselwirkung zwischen Trägheit und Oberflächenspannung beeinflusst.

Wäre nur die Schwerkraft wichtig, so könnte ein Schwimmer von einem Zentimeter Länge nur etwas über zwölf Zentimeter pro Sekunde zurücklegen. Doch einschließlich der Oberflächenspannung steigt die Geschwindigkeitsbeschränkung auf beinahe fünfundzwanzig Zentimeter pro Sekunde. Für einen Rumpf von einem halben Zentimeter wird der Unterschied durch die Oberflächenspannung sogar noch größer: er kann eine Geschwindigkeit von dreißig statt neun Zentimeter pro Sekunde erreichen. Die Geschwindigkeitsbeschränkungen sind daher für Kreaturen mit einer Rumpflänge im Millimeter- bis Zentimeterbereich gar nicht so schlecht, wie man zunächst vielleicht vermutet hätte. Hier bedeutet kleiner sogar schneller, nicht langsamer.

Trotzdem gibt es neben den Taumelkäfern nur wenige Bewohner in dieser Welt der kleinen Schiffe. (Wasserschneider, Springschwänze und einige andere Kreaturen laufen eher auf der Oberfläche, als dass sie in unserem Sinne schwimmen.) Die Ausnutzung der Oberflächenspannung verlangt ziemlich ruhiges Wasser.[16] Für Tiere, die weniger als einige Millimeter lang sind, ist dies auch keine freundliche Welt. Für solche Tiere ist die Geschwindigkeitsbeschränkung überhaupt kein Thema. Die Oberflächenspannung selber wird hier zur Falle, wie Sie vielleicht schon einmal beobachtet haben, wenn eine winzige Fliege auf die Wasseroberfläche eines Teichs oder einer Pfütze gefallen ist. Streuen Sie etwas Puder in eine Wasserschale und Sie sehen das Problem. Puder ist um ein Vielfaches dichter als Wasser, trotzdem sind die Teilchen an der Oberfläche gefangen.

Pumpen, Strahlantrieb und Oberflächenschwimmen werden von beiden Technologien genutzt. Was haben wir durch die Vergleiche gelernt? Beide Technologien machen von den unterschiedlichsten Pumpen ausgiebig Gebrauch; in beiden Fällen sind es dieselben Regeln, die das Grundprinzip mit der praktischen Anwendung verknüpfen. Beide nutzen den Strahlantrieb aus denselben Gründen, allerdings nicht immer mit voller Überzeugung. Strahltriebwerke werden nur verwendet, wenn es wichtige Gründe gibt, sie trotz ihres geringen Wirkungsgrads einzusetzen, beispielsweise der Wunsch nach hohen Geschwindigkeiten, die Notwendigkeit eines kurzen Geschwindigkeitsschubs, die Akzeptanz sehr geringer Geschwindigkeiten, oder die Einfachheit, mit der bereits existierende Konstruktionen modifiziert werden können. Beide Technologien nutzen Oberflächenschwimmen, doch die Technologie des Menschen findet es wesentlich attraktiver als die der Natur. Das Problem der Natur liegt in der Größe. Kleinen Schiffen, die schnell fahren wollen, werden von der Mechanik der Wellenausbreitung einige Schwierigkeiten in den Weg gelegt.

Pumpen, Strahlantriebe und Schiffe haben uns wieder einmal gezeigt, dass trotz der verschiedenen Ziele und Formen die zugrundeliegenden Beschränkungen und Vorschriften für Mensch und Natur gleich sind.

Kapitel 11

Fertigung und Wartung

Bevor Dinge arbeiten können, müssen sie erst einmal hergestellt werden; damit sie dauerhaft arbeiten können, müssen sie gewartet und eventuell repariert werden. Wir haben uns eingehend – sogar ausschließlich, wird der Leser vielleicht einwerfen – damit beschäftigt, *was* die Technologien von Natur und Mensch herstellen. Wir müssen uns jedoch auch fragen, *wie* sie ihre Dinge produzieren und am Laufen halten. In keinem anderen Bereich sind die Unterschiede größer. Bei diesem Thema wird die Biologie im Vordergrund stehen. Wir sind zwar kompetente Organismen, doch deshalb haben wir noch lange keinen inneren Sinn für unsere Funktionsweise! Eine gewisse Aufmerksamkeit sollten wir jedoch auch der menschlichen Technologie entgegenbringen. Auch wenn wir Teil einer modernen Industriegesellschaft sind, so haben wir meistens nicht viel Verständnis für ihre Technologie.

Die lebende Fabrik

Wir großen Kreaturen operieren auf zwei verschiedenen Ebenen. Auf der einen Seite setzen sich unsere Teile zu einem einzelnen Produkt zusammen, einem Organismus, der gegen andere Organismen auf dem freien Markt der natürlichen Auslese getestet wurde, mit einer erfolgreichen Fortpflanzung als Kriterium. Auf der anderen Seite ist die Fabrik, die unsere Teile herstellt: die Zelle. Winzige Organismen mögen aus einer einzelnen Zelle bestehen, doch die Tiere und Pflanzen, die wir um uns herum sehen, setzen sich aus sehr vielen Zellen zusammen. Ein Mensch enthält 100.000.000.000.000 Zellen (einhundert Billionen oder 10^{14}). Bei einem typischen Durchmesser von einem hundertstel Millimeter würden diese Zellen aneinandergereiht eine Strecke von einer Millionen Kilometer ergeben. Als dünne Linie würden sie die Erde ungefähr fünfundzwanzig Mal umrunden. Die Länge dieser mikroskopischen Produktionseinheiten schwankt nur wenig. Es ist kein Zufall, dass das alte Symbol der Biologie – das Lichtmikroskop – Strukturen von gerade dieser Größenordnung auflöst. Lehrbücher der Biologie diskutieren verschiedene Organisationsstufen wie Organe oder Gemeinschaften, doch nur eine Spezies reicht in ihrer Bedeutung an die Zelle und den Organismus heran.

Sollte Ihnen dieser Dualismus zwischen Zelle und Organismus als theologisch oder metaphysisch anmuten, streichen Sie diese häretischen Gedanken; ich betreibe hier keine Analyse im Sinne des New Age, sondern ich berichte. An dieser Stelle interessiert uns weniger, warum die Natur eine zelluläre Organisationsform beibehalten hat, selbst als sich neue makroskopische Organismen entwickelten. Hier geht es um die seltsamen Eigenschaften eines Produktionssystems, dessen Produkte größer sind als seine Fabriken. Es handelt sich um eine ausgesprochene Heimindustrie, und das hat weit reichende Auswirkungen auf die Art, wie die Natur ihre Dinge herstellt und in Schuss hält und was für spezielle Dinge sie produziert.

Vom Kleinen zum Großen. Die elementaren Produktionseinheiten – Zellen – bauen Dinge, die größer sind als sie selber – Organismen – aus Teilen, die kleiner sind als sie selber – Molekülen. Das natürliche Gegenstück zu einem einzelnen geschnittenen, gegossenen oder gepressten Bauteil ist ein Proteinmolekül. Wäre eine Zelle ausschließlich mit solchen Molekülen angefüllt, enthielte sie ungefähr 10.000.000.000 (zehn Milliarden oder 10^{10}). Proteine sind trotz ihrer winzigen Größe sehr komplexe Bauteile. Ein Protein kann ein Polymer aus einigen hundert aneinandergereihten monomeren chemischen Einheiten sein, doch es unterscheidet sich in zwei wesentlichen Eigenschaften von irgendeinem industriell hergestellten Polymer. Die monomeren chemischen Einheiten (Aminosäuren) sind nicht alle gleich, und die Reihenfolge, in der verschiedene Aminosäuren aufeinander folgen, ist ausschlaggebend. Es geht also nicht nur um die relativen Anteile, sondern die spezielle Reihenfolge ist wichtig. Die Komplexität beginnt mit den Molekülen selber.

Die Herstellung von Proteinen ist die wichtigste Aufgabe der Zellen. Diese Proteine kommen entweder innerhalb der Zelle selber zum Einsatz, oder sie werden exportiert, hauptsächlich zum Aufbau von Strukturen oder als Bestandteil von Flüssigkeiten zwischen den einzelnen Zellen. Die Montage von subzellulären Strukturen, die aus verschiedenen Proteinen bestehen, erfolgt natürlich nicht automatisch. Doch das sollte für eine Zelle weitaus weniger schwierig sein als die Herstellung von Dingen, die größer sind als sie selber. Hinweise aus Mikrofossilien in den ältesten Gesteinen stützen diese Vorstellung: Die meiste Zeit, in der es auf der Erde Leben gegeben hat, blieben überzelluläre Strukturen auf locker verklebte Anhäufungen einiger weniger Zellen beschränkt.[1]

Dieser von der molekularen Ebene ausgehende Fertigungsprozess spiegelt sich auch in den größeren von Organismen hergestellten Dingen wieder. Ein

Die lebende Fabrik

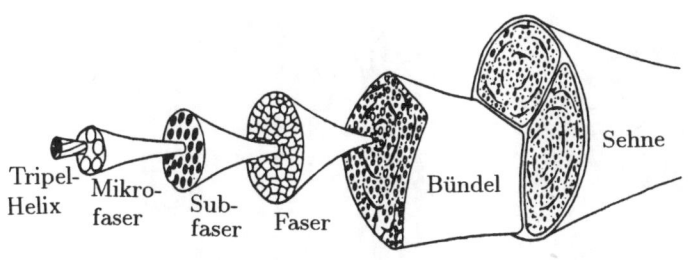

Abbildung 11.1: Die hierarchische Struktur einer Sehne.

Stahlträger besteht einfach aus Stahl, doch ein Ast eines abgestorbenen Baums zeigt viele strukturelle Ebenen. Wir streben bei der Herstellung von Kunststoffen oder Metallen eine materielle Homogenität an, doch lebende Systeme scheinen eine starke Abneigung gegen homogene Materialien zu haben. Homogenität findet man erst weit unterhalb zellulärer Dimensionen. Eine Sehne (Abbildung 11.1) beispielsweise ist nicht einfach nur ein festes elastisches Band. Sie besteht aus einzelnen Bündeln, die aus Fasern aufgebaut sind. Diese Fasern wiederum bestehen aus Subfasern, die aus Mikrofasern zusammengesetzt sind. Diese letzteren sind im wesentlichen Bündel aus Tripel-Helices aus Aminosäureketten. Sogar Haar, das aus einem einzigen Protein – Keratin – besteht, zeigt einen hierarchischen Aufbau. Für die Natur ist organisatorische Komplexität auf mikroskopischer Ebene eine routinemäßige und einfache Angelegenheit, zumindest im Vergleich zu den Schranken, die sich aus unseren Herstellungsverfahren ergeben.

Die Natur verwendet Verbundstoffe für all ihre festen Materialien, wohingegen wir auf jeden Verbundstoff stolz sind, der im nichtmilitärischen Bereich konkurrenzfähig ist. Vielleicht macht die Natur nur das natürliche, wobei sie den Vorteil ausnutzt, der sich aus der Übereinstimmung der Zellgröße mit der idealen Größe für die Bestandteile guter Verbundstoffe ergibt. Etwas Koordination zwischen den Zellen führt schon zu hoch anisotropen Verbundstoffen, bei denen die Komponenten regulär – nicht zufällig – angeordnet sind und deren Eigenschaften von der Orientierung der Belastung abhängen. Wir machen das bei Glasfaserplatten, wo die Fasern alle in derselben Ebene liegen, bzw. Glasfaserstangen, wo sie alle parallel ausgerichtet sind. Doch selbst die aufwendigsten Glasfaserstrukturen sind im Vergleich zu Holz oder Knochen (Abbildung 11.2) noch monoton.

Bei der Herstellung biologischer Verbundstoffe kommt es zu einer vorteilhaften Verschmelzung unterschiedlicher Erzeugnisse einer Vielzahl von Mikrofabriken. Für andere biologische Produkte ist es nicht so eindeutig, ob eine zelluläre Synthese einer makroskopischen überlegen ist. Es steht jedoch außer Zweifel, dass eine zelluläre Synthese Auswirkungen weit über die innere Zusammensetzung der Baustoffe hinaus hat. Betrachten wir beispielsweise einen Muskel: Er unterscheidet sich auf eine bisher noch nicht erwähnte Art und Wei-

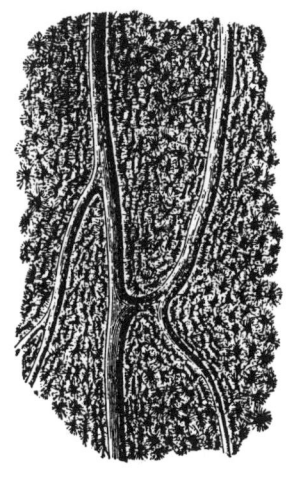 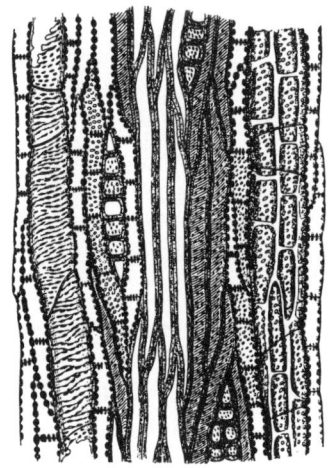

Knochen
(menschlicher Oberschenkel)

Holz
(Ailanthus)

Abbildung 11.2: Schon seit langem sind die komplexen Strukturen von Knochen und Holz bekannt. Die obigen Mikrozeichnungen von Längsschnitten stammen aus der 1878er Ausgabe der Anatomie des Menschen von Gray und der Pflanzenphysiologie von Sachs aus dem Jahre 1882.

se von einem Elektromotor. Der Motor ist eine einfache Maschine. Lässt man irgendein Teil weg, wird er im Allgemeinen nicht mehr funktionieren. Ein halber Motor kann nicht laufen. Der Muskel andererseits ist eine Verschmelzung von kleinen, identischen Einheiten, den Sarkomeren (Abbildung 8.9). Jedes ist ungefähr zwei Mikrometer (zwei tausendstel Millimeter) lang, und ob eines davon arbeitet ist unabhängig davon, ob sich auch die anderen an der Arbeit beteiligen. Wir nutzen diese Unabhängigkeit, indem wir die Anzahl der aktiv arbeitenden Elemente – etwas größere operative Einheiten als die Sarkomere – der jeweiligen Muskelbelastung anpassen.

Der Muskel ist nicht die einzige lebende Maschine, bei der „größer" gleichbedeutend mit „mehr Basiseinheiten" ist. Eine Niere, ein Darm oder eine Leber bilden jeweils ein ganzes Organ, dessen Arbeitsweise in den Lehrbüchern beschrieben wird. Doch die Arbeitsweise dieser Organe setzt sich aus den Funktionen identischer Bauelemente einzelner Zellen oder kleiner Zellgruppen zusammen. Bei Organen denken wir leicht an eine gewisse Individualität, kaum jedoch bei einzelnen Zellen. Und doch sind wir in mancher Hinsicht eine Konföderation dieser winzigen Elemente. Selbst bei den komplexesten Organismen wird wesentlich mehr Information innerhalb der Zellen bewegt, als zwischen den Zellen ausgetauscht. Selbst unsere Gehirnaktivitäten spielen eher eine Nebenrolle im

Die lebende Fabrik   221

Vergleich zu der Rate, mit der Information aus dem genetischen Material die Proteinsynthese innerhalb unserer Zellen steuert.

Mit anderen Worten, die Natur hat etwas Großartiges erschaffen, als sie vor etwas mehr als einer halbe Milliarden Jahren integrierte, multizelluläre, makroskopische Organismen erfand.[3] Die Natur baut eher auf, setzt zusammen, statt zu verkleinern. Mit wenigen Ausnahmen bedeutet mehr Größe auch mehr Spezialisierung, sei es in der Art, wie Kreaturen funktionieren, wie sie als Individuen heranreifen, oder wie sich sich entwickeln. Große Dinge hat die Natur mehrfach hervorgebracht, aber die wichtigen evolutionären Veränderungen ereigneten sich meist in kleinen Organismen.[4] Kurz gesagt, große Kreaturen stammen gewöhnlich von kleinen Vorfahren ab, nicht umgekehrt.

Kochrezept oder Plan? „Goldbraun anbraten." „Unter ständigem Umrühren zum Kochen bringen." „Hitze zurückdrehen bis zum leichten Sieden." Jede dieser Anweisungen spezifiziert eher einen Endpunkt als einen genauen Weg. Sie sollen etwas beobachten und als Ergebnis dieser Beobachtung auf den Vorgang einwirken. In allen Fällen handelt es sich dabei um eine Rückkopplung, weil Sie Information über den Zustand eines Prozesses zu dessen Steuerung nutzen und so diesem Prozess wieder zuführen.[5] In den ersten beiden Fällen bestimmen Sie den Prozess, während Sie im dritten Beispiel etwas adjustieren. In Analogie zu Kochbüchern bezeichnen wir solche Vorschriften als Kochrezept, selbst wenn Kochrezepte nicht notwendigerweise eine Rückkopplung beinhalten müssen. Demgegenüber können die Instruktionen auch unabhängig von irgendeinem Ergebnis sein und ohne eine entsprechende Informationsschleife. Solche Vorschriften bezeichnen wir als Plan. Der Grad an Genauigkeit spielt dabei keine Rolle, wichtig ist nur, ob die Vorschrift von Ergebnissen abhängt oder nicht. Abbildung 11.3 zeigt das ergebnisabhängige Prinzip in allgemeiner Form.

Eine Rückkopplungssteuerung kann auch automatisch erfolgen, ohne menschliches Zwischenglied in der Rückkopplungsschleife. Nach Mayr[6] sind die ältesten Beispiele einer automatischen Steuerung einige Schwimmerventile in den frühen islamischen Zivilisationen. Diese arbeiteten so ähnlich wie die Ventile zur Steuerung der Wasserhöhe in den Wassertanks unserer Toiletten: Das steigende Wasser hebt einen Schwimmer, der bei einer bestimmten Höhe die Wasserzufuhr abstellt, wie in Abbildung 11.4. Im frühen siebzehnten Jahrhundert entwickelte der überaus produktive, aber weitgehend unbekannte holländische Erfinder Cornelius Drebbel thermische Kontrollmechanismen für Öfen und Brutkästen. Hohe Temperaturen verminderten dabei die Zuflussraten der Verbrennungstreibstoffe. Eine der interessantesten Errungenschaften von James Watt war ein Kontrollsystem für eine Dampfmaschine: Bei einer zu hohen Geschwindigkeit der Ausgangswelle wurde die Dampfzufuhr zur Maschine reduziert. Rückkopplungssysteme gibt es heute überall: Temperaturregler

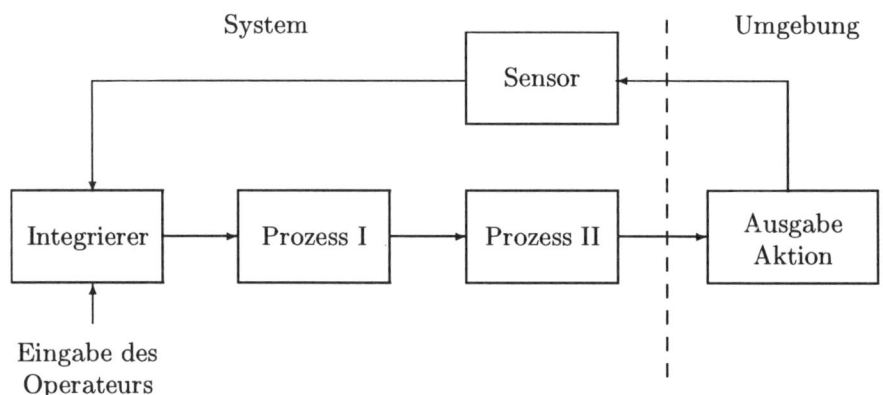

Abbildung 11.3: Der springende Punkt eines Rückkopplungssystems ist die Fähigkeit, die eigenen Aktionen an äußere Bedingungen anzupassen, wobei diese äußeren Bedingungen wiederum vom Ergebnis der eigenen Aktionen abhängen können. Rein mechanisch und formal gesehen hat das System eine Selbstwahrnehmung.

für Öfen und Kühlschränke; automatische Fehlerberichtigung in Modems; belastungsabhängige Geschwindigkeitskonstrolle bei Motoren und so weiter. Auch Rückkopplungssysteme mit menschlichem Zwischenglied gibt es immer noch. Wenn Sie ein Auto steuern, schließen Sie eine Rückkopplungsschleife. Geht der Wagen zu weit nach links, steuern Sie die Vorderräder etwas nach rechts; geht er zu weit nach rechts, drehen Sie nach links. Keine Straße ist so gerade, dass Sie für längere Zeit Ihre Augen schließen könnten.

Bei Organismen ist die Rückkopplung in physiologischen Systemen von großer Bedeutung. Die Anspannung in einem Beinmuskel, die Herz- oder Atemfrequenz und der Pupillendurchmesser werden durch die Ergebnisse gesteuert. Wenn Sie ein Bein anheben, werden die Muskeln im anderen Bein die zusätzliche Belastung registrieren und sich zum Ausgleich stärker anspannen. Ohne diese ständige Rückkopplung würden Sie zu Boden sinken. Allgemein weniger bekannt ist das Ausmaß, in dem Rückkopplung schon den eigentlichen Entstehungprozess eines Organismus steuert. Oft bezeichnet man die DNA, das genetische Material, als Plan für den Aufbau eines Organismus. Versteht man unter „Plan" einen detaillierten und vollständigen Satz von Vorschriften, der von der synthetischen Maschinerie nur gelesen zu werden braucht, dann ist dieser Begriff irreführend.[7]

Die lebende Fabrik   223

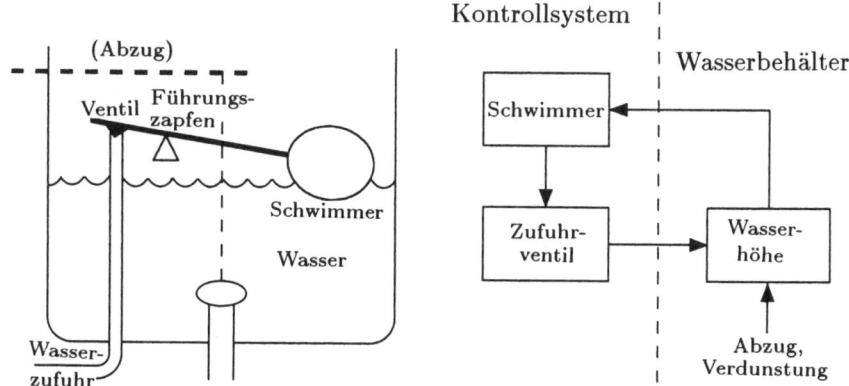

Abbildung 11.4: Ein spezielles Rückkopplungssystem als Vorrichtung und als formales Schema – die Wasserhöhenkontrolle einer Haustoilette. Das System stellt die Wasserhöhe nicht nur nach der Benutzung wieder ein, sondern gleicht auch die Verdunstung aus dem Behälter aus. Außerdem ist es unabhängig vom Wasserdruck.

In unserem Sinne ist die DNA eher als Kochrezept zu verstehen. So präzise könnten Vorschriften nicht sein, dass etwas so komplexes wie ein Organismus ohne wiederholte Anpassung des Prozesses an Zwischenergebnisse zusammengebaut werden könnte. Man kann vielleicht ein Auto so programmieren, dass es einige hundert Kilometer fährt, ohne von der Straße abzukommen, doch dazu muss man es mit Bodensensoren ausstatten, die ihre Ergebnisse an das Lenksystem rückmelden. Anderenfalls könnten schon eine kleine Druckveränderung in den Rädern, eine minimale Temperaturänderung der Straße durch eine vorbeiziehende Wolke oder ein leichter Seitenwind das Ganze zunichte machen. Chemische Prozesse, wie sie für die Entwicklung eines Organismus wichtig sind, hängen sowohl von der Konzentration der Reaktionspartner als auch der Temperatur ab, und verschiedene Reaktionen zeigen unterschiedliche Abhängigkeiten von diesen Parametern. Eine minimale Änderung der Umgebungstemperatur, der Konzentration irgendeines Ions, oder einer der vielen anderen Variablen würde die Entwicklung endgültig zum Scheitern verurteilen. Ohne aufwendige Rückkopplungsmechanismen gäbe es kaum Aussicht auf Erfolg.

Die Erkenntnis, wie selbstregulierend die Entstehungsprozesse von Organismen sind, war für die Biologie und die Philosophie zum Teil schockierend. Im Jahre 1891 untersuchte der deutsche Embryologe Hans Driesch befruchtete Seeigeleier. Nach der ersten Teilung in zwei Zellen trennte er die beiden Zellen und beobachtete die weitere Entwicklung. Zu seiner eigenen Überraschung (einige Jahre zuvor hatte Wilhelm Roux bei Froscheiern das gegenteilige Ergebnis erhalten) entwickelte sich jede Zelle zu einer perfekten, wenn auch etwas kleineren Larve. Dass jede einzelne Zelle ihr Entwicklungsprogramm in dieser Form erkannte, machte aus Driesch, der bisher eine mechanistische Auffassung von Leben vertreten hatte, einen überzeugten Anhänger des Vitalismus – der Vorstellung, wonach das Leben unter anderem auf Kräften beruht, die nicht durch Physik und Chemie erklärbar sind. Die Biologie jener Zeit konnte sich einfach keine Rückkopplungsmechanismen auf zellulärer Ebene vorstellen.

Bis zu diesem Punkt scheint die Entwicklung eines Organismus gar nicht so verschieden von unserer modernen industriellen Praxis, wo Maschinen und Operateure mit vielen Rückkopplungen für eine Fehlerkorrektur sorgen. Doch die Natur geht noch einen Schritt weiter, und der Begriff „Kochrezept" wird noch treffender. Die Produkte eines modernen Herstellungsprozesses sind in Form und Funktionsweise so identisch, weil sie aus vollkommen gleichen Teilen auf die vollkommen gleiche Art aufgebaut sind.[8] Demgegenüber gleichen sich zwei Organismen selbst bei identischem Genmaterial nur oberflächlich. Je genauer man hinschaut, umso größer sind die Unterschiede. Die größeren Blutgefäße haben eigene Namen, nicht jedoch die kleinen; diese sind von Individuum zu Individuum verschieden. Der Natur geht es um Fitness, nicht um vollkommen identische Produkte, und jedes Entwicklungsstadium ist eher zielorientiert als exakt vorprogrammiert. Man kann oft größere Teile eines Embryos ohne nennenswerte Spätfolgen entfernen. Verschiedene Individuen unterscheiden sich jedoch auch hinsichtlich ihrer DNA. Die Natur toleriert und unterstützt sogar (in einem evolutionären Sinne) Vielfalt. Daher können wir durch eine Untersuchung der DNA aus Blutproben oder anderen Körperteilen Individuen erkennen. Bei Arten mit Sozialverhalten könnten die individuellen Unterschiede sogar zum gegenseitigen Erkennen der Mitglieder genutzt werden. Wir hätten vermutlich Probleme, wenn wir alle gleich aussähen. Die meisten Detailunterschiede dienen keinem besonderen Zweck; sie werden toleriert, weil sie keinen Einfluss auf unsere Fitness haben.

Ohne das Gen könnte sich die Gesamtstruktur nicht entwickeln – Gene sind also zweifelsfrei notwendig. Doch Gene allein sind nicht ausreichend, selbst als reine Informationsträger nicht. Als die Entwicklungsbiologen (angefangen mit Driesch) erkannten, wieviel Missbrauch mancher Embryo vertrug, ohne dass die Lebensfähigkeit des entstehenden komplexen Organismus darunter litt, prägten sie für dieses Phänomen einen (heute nur noch selten verwendeten) Namen – Äquifinalität, die Entstehung des gleichen Endzustandes trotz geänderter Anfangsbedingungen. Begriffe sind oftmals ein schlechter Ersatz für Verständnis, doch in diesem Fall wurde zum Ausdruck gebracht, wie die Natur mit Hilfe von Rückkopplungsmechanismen Maschinen baut, die in Bezug auf ihre strukturellen Einzelheiten sehr verschieden, hinsichtlich ihrer Leistungen aber sehr ähnlich sind.

Die lebende Fabrik 225

Regelmäßige Wartung. Praktisch keine Maschine erreicht bei voller Arbeit ihr Pensionsalter, ohne dass man auf ihr Wohlergehen achten müsste. Auch ohne Unfälle oder unvorhergesehene Ereignisse werden sich einige Teile abnutzen. Filter oder Dichtungen können ausgetauscht werden, ohne dass der gesamte Apparat verschrottet werden muss. Die Funktion anderer Teile beruht gerade auf dem Prinzip der Abnutzung, beispielweise die Scheibenbremsen an einem Auto. So macht ein routinemäßiger Gebrauch der Maschine die Reinigung von Filtern oder die regelmäßige Zugabe von Schmierstoffen notwendig. Benötigen lebende Maschinen ebenfalls eine regelmäßige Wartung? Wegen Reparaturarbeiten vorübergehend außer Betrieb zu sein könnte einen Organismus die Existenz kosten. Schwache, kranke oder verletzte Organismen sind weder gute Räuber noch schwer fassbare Beute. Schlaf, bei manchen Tieren auch Winterschlaf, spielt bei der Wartung vielleicht eine Rolle, doch die meisten Organismen machen weder das eine noch das andere. Sind Organismen vielleicht so konstruiert, dass eine Wartung sie nicht außer Betrieb setzt?

Was hier passiert ist wirklich erstaunlich. Nahezu alles in einem Organismus wird permanent erneuert! Dieses Phänomen ist so unerwartet und unauffällig, dass es lange Zeit nicht bemerkt wurde. Es wurde gegen Ende der 30er Jahre des 20. Jahrhunderts von Rudolph Schoenheimer entdeckt als er Mäuse mit Verbindungen fütterte, die isotop gekennzeichnet waren. Sein Bericht mit dem Titel *Der dynamische Zustand der Bestandteile des Körpers* ist immer noch lesenswert. Nur wenige Einzelheiten sind ihm entgangen und der größte Teil seiner Arbeit besitzt immer noch Gültigkeit. Schoenheimer starb 1941, kurz nachdem er die Vorlesungen gehalten hatte, aus denen sein Buch entstanden war. Vermutlich hätte er den Nobelpreis erhalten, aber leider wird der Preis nicht posthum vergeben.

Bei der isotopen Kennzeichnung werden einzelne Atome markiert, sodass sie sich von anderen, chemisch identischen Atomen unterscheiden lassen. Schoenheimer fütterte Speisen mit markierten Stickstoffatomen und konnte so verfolgen, was der neue Stickstoff in den Tieren machte. Eigentlich wollte er sehen, wie der neue Stickstoff wieder herauskam, in welcher Art von Exkrementen die gekennzeichneten Atome waren. Genaugenommen fütterte er ausgewachsenen Mäusen Proteine mit gekennzeichnetem Stickstoff. Zusätzliche Proteinverabreichung führte in Form von Harnstoff auch zu vermehrter Proteinausscheidung. Dieses Resultat hatte man auch erwartet. Unerwarteterweise tauchte aber ein Großteil des gekennzeichneten Stickstoffs nicht im Urin der Mäuse auf, sondern war durch nicht gekennzeichneten Stickstoff ersetzt worden. Dieser nicht gekennzeichnete Stickstoff konnte nur von dem bereits im Körper der Mäuse existierenden Protein herkommen. Da die Mäuse auch nicht kleiner wurden oder sich ihr Zustand anderweitig verschlechtere, mussten sie ihrem Körper viel von dem neuen Protein zugeführt haben. Dieses neue Protein war in Menge und Zusammensetzung dem alten Stoff gleich, der zu Harnstoff verarbeitet und ausgeschieden wurde. Diese Vermutung wurde bestätigt, als man – post mortem – den gekennzeichneten Stickstoff in den Körperproteinen der Mäuse fand.

Eine andere Schlussfolgerung ist nicht möglich. Ein Organismus ist keine Maschine, die über die Nahrung ihre Energie erhält und ansonsten nur das Material, das für Reparaturarbeiten benötigt wird. Im Gegenteil, ein Großteil der Nahrung wird zu einem Teil der lebenden Maschine, selbst wenn diese nicht mehr wächst. Gleichzeitig wird ein entsprechend großer Anteil der Maschine abgebaut und ausgeschieden. Dieser Austausch findet in allen Organismen praktisch permanent statt, und er betrifft nahezu jedes Material in den Zellen. Das ist doch beachtlich: Zellmaterial wird ständig ersetzt, ohne dass sich die Gesamtzusammensetzung der Zelle oder des Organismus ändert. Der Organismus behält seine Struktur und auch dieselbe Art von Molekülen, doch einzelne Moleküle bleiben nur für kurze Zeit im Körper. Daher Schoenheimers Ausdruck „dynamischer Zustand der Bestandteile des Körpers".

Dieser dynamische Zustand zeigt einen grundsätzlichen Unterschied zwischen lebenden und nichtlebenden Systemen. Dieselben Moleküle, aus denen die alten Ägypter vor über viertausend Jahren die Pyramiden erbaut haben, sind auch heute noch da, aber Sie sind nicht dieselbe Person wie vor einem Jahr – organisatorisch, ja, doch nicht materiell. Die Organisation eines individuellen Organismus besteht weit länger als sein Material. Und bei diesem Ersetzungsprozess wird nicht einfach das kopiert, was zur Demontage freigegeben ist, sondern es handelt sich um eine vollkommen neue Synthese. Die Vorschriften zum Aufbau unseres wichtigsten und komplexesten Materials, Protein, werden ständig neu aus dem genetischen Material herausgelesen. Dazu müssen sich Zellen nicht teilen, und dieser dynamische Zustand zeigt sich nicht an morphologischen oder mikroskopischen Strukturen des Organismus.

Warum kümmert uns das? Und warum erwähnen wir den Austausch von Proteinen – eine biochemische Angelegenheit – und den dynamischen Zustand der Bestandteile unseres Körpers – eine physiologische Angelegenheit – in einem Buch über Biomechanik? Zunächst sind Proteine nicht die stabilsten Verbindungen, und ihre Stabilität nimmt mit steigender Temperatur ab (sie verrotten schneller). Warmblüter – hauptsächlich Säugetiere und Vögel – halten eine Körpertemperatur, bei der Proteine in beachtlichem Umfang zerstört werden,[9] doch auch andere Organismen haben mit einer langsameren Version dieses spontanen Zerfalls zu kämpfen. Damit wird Wartung zu einem Muss. Der Zeitplan der Ersetzung sagt uns viel über dieses Problem der Organismen. Die stabileren Proteine sind auch am sesshaftesten, die weniger stabilen Proteine werden am schnellsten ersetzt. In diesem Zusammenhang ist es ganz nützlich, den Begriff der „Halbwertszeit" einzuführen, den die Physiker zum Vergleich der Zerfallsgeschwindigkeiten von verschiedenen radioaktiven Isotopen verwenden. „Halbwertszeit" ist hier die Zeit, in der ein gegebenes Material

Die lebende Fabrik 227

zur Hälfte ersetzt wird. Die Halbwertszeit der Proteine im Rumpf einer Ratte – Muskeln, Sehnen und Knochen – beträgt einundzwanzig Tage, die Halbwertszeit der Proteine in ihrer Leber und ihrem Blutplasma nur sechs. Die mittlere Halbwertszeit der Proteine in einem ausgewachsenen Menschen beträgt rund achtzig Tage. Dieser Ersetzungsprozess ist so perfekt, dass Sie sich trotzdem an Ereignisse erinnern, die viele Jahre zurückliegen.

Alle intrazellulären Proteine nehmen an diesem dynamischen Prozess teil. (Demgegenüber werden spontane Veränderungen im genetischen Material, der DNA, meist nicht vollständig ersetzt.) Extrazelluläre Stoffe wie Haare werden ständig hergestellt und wieder abgestoßen. Die roten Blutkörperchen werden mit einer Halbwertszeit von 120 Tagen als Ganzes ausrangiert. Doch hierbei handelt es sich auch nicht wirklich um Zellen. Sie haben keinen Kern und können daher die Synthese ihrer Proteine nicht selber steuern. Wir müssen sie daher als Ganzes erneuern.

Kurz gesagt, die Natur erneuert ihre Bauteile immerzu in einer endlosen Sisyphusarbeit. Nochmals, warum kümmert uns das? Die Instabilität der Proteine erfordert vermutlich eine permanente Wartungsarbeit, wenn sie im Körper eingesetzt werden sollen. Und weil Proteine aus speziellen Sequenzen von Aminosäuren bestehen, sind sie so komplex und reich an Information, dass diese Wartung von keinem Fehlersuchsystem übernommen werden kann. Die Kombination aus Komplexität und Instabilität lässt den Organismen vermutlich keine andere Wahl, als auf ein regelmäßiges ganzheitliches Ersetzungsprogramm zu bauen.

Unvorhergesehene Wartung und dynamische Veränderungen. Neben den zufallsbedingten molekularen Veränderungen erfahren Organismen auch größere Verletzungen oder Beschädigungen – Knochenbrüche, Hautrisse oder abgebissene Gliedmaßen. Manchmal überdeckt ein kontrolliertes Wachstum benachbarter Zellen die Wunde mit Narbengewebe, doch manchmal werden die Verletzungen auch vollkommen präzise und ohne bleibende Zeichen repariert. Trotz der modernen Medizin hat uns das Leben bis zum Erwachsenenalter gezeichnet. Das Ausmaß an Reparatur und Regeneration hängt sehr vom jeweiligen Organismus und den betroffenen Teilen ab, doch alle mehrzelligen Tiere und Pflanzen können sich bis zu einem gewissen Grad selber restaurieren.

Reparatur und Regeneration sind uns vielleicht vertraut und werden meist als selbstverständlich angesehen, doch diese Aufgabe ist alles andere als leicht. Selbst die Herstellung von etwas Narbengewebe an der Bruchstelle eines Astes oder bei einem Schnitt oder einer Verbrennung der Haut erfordert von dem System eine außerordentliche Selbstkenntnis. Das Zellwachstum muss stimuliert, geeignet gesteuert und schließlich wieder abgestellt werden. Für eine vollständige Regenerierung, die wir Menschen nicht besonders gut beherrschen, müssen alle möglichen Zellarten zum richtigen Zeitpunkt an die richtige Stelle gesetzt werden, Blut- und Nervenleitungen müssen wieder zusammenlegt werden, die äußeren Schutzschichten müssen entsprechend zusammenwachsen, und so weiter, alles *so, wie es einmal war*. Irgendwie müssen nahezu autonome Zellen entsprechend ihren individuellen Instruktionen diese komplizierte Aufgabe in präziser Koordinierung ausführen. Verletzte Wirbeltiere sind gegenüber Infektionen oder hohem Blutverlust besonders gefährdet, doch sie können sich nach ernsthaften Gewebeschäden meist selber wieder zusammenflicken. Salamander und Eidechsen können einen verlorenen Schwanz wieder vollständig regenerieren; ein Salamander kann sogar ein ganzes Bein wieder neu bilden. Unter den Wirbellosen findet man noch spektakulärere Dinge. Ein Seestern beispielsweise kann über die Hälfte seines Körpers wieder regenerieren. Das war eine unangenehme Überraschung für einige Austernsammler, die entgegen ihrer Absichten die Anzahl ihrer Konkurrenten vermehrt hatten, weil sie die austernfressenden Seeigel durchgeschnitten und die Hälften wieder ins Wasser geworfen hatten. Einige einfache Plattwürmer und Seeanemonen, die auf ausreichend hartem Grund leben, verwechseln manchmal Reproduktion und Regeneration: Sie teilen sich, wenn die eine Hälfte in eine andere Richtung ziehen möchte als die andere.

Ersatz und Regeneration sind nicht die einzigen Mittel der Natur für ihre permanente Pflege. Andere sind so vertraut, dass wir ihre Besonderheiten vergessen. Wenn Sie einen Muskel trainieren, wird er größer. Legen Sie einen Arm für einen Monat in eine Schiene, so bilden sich die Muskeln zurück, während der Körper die Bestandteile an anderer Stelle wieder verwendet. Ganz ähnlich reagieren Knochen, die ohne Belastung Mineralstoffe verlieren und aufweichen, oder bei zusätzlicher Belastung in ihrer Dichte zunehmen. Erhöhen Sie – beispielsweise durch ein trainingsbedingtes Wachstum der Kapillaren – die Blutzufuhr zu einem Organ, so werden sich die Blutgefäße zur Versorgung dieses Organs weiten.[10] Viele degenerative Erscheinungen im Zusammenhang mit dem Alterungsprozess könnten eher mit falschen oder fehlenden Belastungen als dem Altern selber zusammenhängen. Längere Raumflüge verursachen alle möglichen physiologischen Zerfallserscheinungen, von denen allerdings die meisten reversibel sind. Die verschiedenen Teile von Tieren wie uns passen sich veränderten Beanspruchungen immer wieder an.

Gebrauchsbedingte strukturelle Veränderungen gibt es nicht nur bei Tieren. Hängen Sie an einen Ast ein Gewicht und er wird dicker. Biegen Sie einen Ast zum Boden und beschweren ihn, so wird er (falls das Gewicht nicht zu schwer oder der Ast nicht beschädigt ist) das Gewicht langsam vom Boden anheben. Fällen Sie einen Baum, so werden die Äste an den Nachbarbäumen zur neuen Lichtquelle wachsen. Belasten Sie eine Seite eines Baumes, so wird der Stamm zum Ausgleich der Spannung gezielt zusätzliches Holz entwickeln.[11] Bevor Darwin seine Evolutionstheorie entwickelt hatte, gab es eine recht weit verbreitete, auf Lamarck zurückgehende Idee, wonach der vermehrte Gebrauch gewisser Eigenschaften unmittelbar zu deren vererbbarer Verstärkung führe. Hier wurde dieses vertraute Phänomen vom Individuum auch auf die Abkömmlinge übertragen. Eine solche Erweiterung ist durchaus naheliegend, aber für das Leben auf der Erde einfach nicht richtig.

Wir wissen heute sehr viel über die Responsfähigkeit der Organismen, doch die Einzelheiten sind weniger relevant als zwei wichtige Beobachtungen. Erstens steht das Selbstverständliche solcher Reaktionen bei lebenden Maschinen in scharfem Kontrast zum Fehlen solcher oder äquivalenter Mechanismen bei nichtlebenden Maschinen. Will ein Archäologe entscheiden, ob ein bestimmter Felsbrocken als Werkzeug diente, auf welche Weise ein Werkzeug genutzt wurde oder ob ein Gegenstand dekorativ oder zum Gebrauch bestimmt war, so sucht er nach Abnutzungen und untersucht die Art dieser Abnutzungen. Will jedoch derselbe Archäologe etwas über bestimmte, oft wiederholte Bewegungsabläufe der Menschen lernen, beispielsweise die Art des Kornmahlens, so untersucht er die Knochen nach Hypertrophie – Vergrößerungen der Zellvolumina durch funktionelle Mehrbelastung. Nur extrazelluläre Teile, die in den Tagen ihrer Belastung nicht wirklich lebten, nutzen sich durch Gebrauch ab – beispielsweise Zahnoberflächen und Muschelschalen.

Zweitens können Reparatur, Regeneration und anforderungsbedingte Veränderungen nur auf geeigneten Rückkopplungsmechanismen beruhen. Das System muss den Soll-Zustand mit dem Ist-Zustand vergleichen, und dazu bedarf es der Information über das, was getan oder unterlassen wurde. Der gesamte Prozess ist darauf ausgerichtet, die Differenz zwischen gegenwärtigem Zustand und angestrebtem Ziel zu minimieren, und genau das definiert eine Rückkopplung. Die Schlüsselelemente des Systems sind die Sensoren, die es über den gegenwärtigen Zustand informieren. Mehr als alles andere verdeutlichen sie den Unterschied zwischen der natürlichen Technologie und der unsrigen. Wir kennen die Sensoren ziemlich gut, mit denen die Positionen unserer Gliedmaßen oder die Rate unserer Herzschläge kontrolliert werden – Teile eines neuromuskulären und neuroendokrinen Hochgeschwindigkeits-Rückkopplungssystems. Wir wissen auch viel über die informationstragenden Verbindungsstücke wie Chemikalien, die von einem Sensor wegdiffundieren oder im Blut oder anderen internen Fluiden treiben. Man denkt nur selten an Sensoren in Pflanzen. Doch ein Wachstum von der Erde weg beruht auf Gravitationssensoren, und Wachstum zum Sonnenlicht wäre ohne Photorezeptoren nicht möglich – um nur einige zu nennen.

Organismen kontrollieren sich auf einer noch elementareren Ebene. Mit wenigen Ausnahmen enthält jede Zelle den gesamten Satz der genetischen Instruktionen – das vollständige Kochbuch. Die meiste Zeit bleibt der größte Teil der Information in den meisten Zellen jedoch ungenutzt, selbst unter den drastischen Anforderungen der Regeneration. Von einigen wenigen Ausnahmen abgesehen – die bekannteste ist das Klonen – können wir die Information nicht in eine funktionierende Software umwandeln. Organismen sind hochgradig eingeschränkt, unterdrückt. Damit nicht alles auf einmal in Angriff genommen wird, müssen fast alle Möglichkeiten unter Verschluss gehalten werden. Dieser Verschluss kann defekt sein, beispielsweise in Krebszellen, die in einer reproduktiven Orgie zu einem Geschwulst heranwachsen. In gewisser Hinsicht findet man diese unterdrückte Totipotenz nicht nur in der Biologie – allerdings vorwiegend dort. Vor langer Zeit hob der Neurobiologe Sir Charles Sherrington (in Analogie zum Gehirn) hervor, dass es beim Telefonieren weniger darum geht, die richtige Verbindung zu bekommen, sondern eher darum, die gesamte Welt der falschen Nummern zu vermeiden.

In der Natur sind die Prozesse von Produktion und Instandhaltung derart vermischt, dass eine klare Trennung nicht möglich ist. Einige individuelle Organismen (wie wir) wachsen vielleicht bis zu einer bestimmten Größe, während andere (wie viele Bäume oder Fische) ihr gesamtes Leben weiter wachsen, doch in beiden Fällen hört die Entwicklung nie auf.

Wie gut ist gut genug? Lebende Maschinen stehen ständig unter Konkurrenzdruck und führen offene oder versteckte Kämpfe um Nahrung, Energie, Lebensraum oder Partner. Im Konkurrenzkampf gibt es Gewinner und Verlierer, fitte und weniger fitte. Die Konflikte ähneln denen in uneingeschränkten kapitalistischen Wirtschaftssystemen so sehr, dass sie zu der verwerflichen Doktrin des sozialen Darwinismus Anlass gaben. Diese behauptet im wesentlichen, dass es bestimmten erfolgreichen Individuen, Rassen oder Nationen nur deshalb besser gehe, weil sie biologisch fitter sind, und auch wenn die weniger Erfolgreichen unsere Sympathie verdienen, wird jeder Versuch, ihre Not zu lindern, unweigerlich an ihrer geringeren Fitness scheitern.[12] Die Verwendung des Fitness-Begriffs in Bezug auf die menschliche Gesellschaft in irgendeinem anderen als dem evolutionären Sinne ist ein fataler Fehler und leider ein Nachteil diesese Begriffs.

Doch der Konkurrenzkampf in der Natur führt uns auf eine andere Parallele zu den menschlichen Aktivitäten. Wie gut ist biologisches Design? Die Annahme eines guten Designs in der Natur, zumindest im Rahmen ihrer Möglichkeiten, steckt hinter vielen Untersuchungen zur Funktionsweise von Tieren. Ob man diese Annahme durch eine natürliche Auslese oder göttliche Allmacht rechtfertigt, macht praktisch kaum einen Unterschied.

In den vergangenen Jahren wurde die These eines guten Designs mehrfach aufgestellt, kritisiert, qualifiziert und einer quantitativen Analyse unterworfen. Die strikte Optimalität (was man als Perfektionismus bezeichnen könnte) hat von den Evolutionsbiologen einen wohlverdienten Schlag erhalten.[13] In vielen Fällen wurde jedoch eine Vogelscheuche kritisiert. Gutes Design ist kein strenges Prinzip, sondern eine Arbeitshypothese der Physiologen. Wir wissen, dass Organismen keine Muster an Perfektion sind – schließlich konnte sich kein biologisches System für eine unendliche Zeit uneingeschränkt entwickeln. Die Annahme jeoch, dass wir recht vernünftig und ohne einen Wust an nutzlosen Eigenschaften ausgestattet sind, ist ein guter Ausgangspunkt für die Untersuchung der Funktionsweisen unserer Eigenschaften. So gefährlich die Annahme eines guten Design auch sein mag, wir scheinen recht gut angepasst zu sein. Das praktische Problem bei der Untersuchung unserer Funktionsweise liegt darin, dass die meisten Strukturen mehrere Funktionen haben, und es ist selten offensichtlich, welche dieser Funktionen für das Design der Struktur den Ausschlag gegeben hat.[14]

Eine gute Anpassung oder ein gutes Design bedeutet jedoch keine absolut präzise Produktion; wir sind einfach nicht so aufgebaut. Unsicherheiten und Streuungen bei wissenschaften Daten beruhen oft auf ungenauen Messungen, doch in der Biologie reflektieren sie mindestens ebenso oft auch Unterschiede bei den ausgemessenen Dingen. Die Lichtgeschwindigkeit oder die Masse des Kohlenstoffatoms sind konstant und Schwankungen in ihrem Messwerten beruhen auf unseren unvermeidbaren Messfehlern. Doch der Durchmesser menschlicher Leberzellen schwankt intrinsisch. Dem wird oft nicht viel Beachtung geschenkt. Außerdem scheint die Natur bei verschiedenen Strukturen auch verschieden tolerant gegenüber Schwankungen zu sein. Manche Dinge macht sie sehr präzise, andere mit größeren Unterschieden. Die natürliche Auslese betrifft auch die Schwankungen selber.

Viele Dinge in der Natur variieren weniger, als es ohne Verlust der biologischen Fitness möglich wäre. Wenn eine übertriebene Standardisierung keine höheren Kosten verursacht, sollte sie sich durchsetzen. So verändern viele Substitutionen in den Aminosäuresequenzen der Proteine kaum deren Funktionsweise.[15] Doch die meisten dieser Substitutionen treten nur selten auf; die synthetische Maschinerie hat nicht die Freiheit, statt einer Aminosäure eine andere einzusetzen, wenn die eine häufiger vorhanden ist und die Folgen einer solchen Veränderung keine Bedeutung haben. (Auf der anderen Seite können individuelle Schwankungen auch die Fitness erhöhen. Wenn Nachkommen in eine unsichere Umwelt – klimatisch oder was auch immer – entlassen werden und nur einige wenige überleben, dann wird Klonen nicht immer zur höchsten Anzahl an Überlebenden führen. Das ist eines der Argumente, die gewöhnlich zur Erklärung der allgegenwärtigen zweigeschlechtlichen Reproduktion herangezogen werden.)

Wir können die Qualität des natürlichen Designs auch noch aus einem anderen Blickwinkel betrachten. Ein kluger Ingenieur, der den Abschätzungen und Vorausberechnungen misstraut, entwirft alles etwas besser als unbedingt notwendig. Macht die Natur das auch? Das Verhältnis der Belastung, die zu einem Zusammenbruch führt, zu der erwarteten maximalen Belastung im Gebrauch bezeichnet man als Sicherheitsfaktor. Jeder Sicherheitsfaktor größer als eins bedeutet, dass wir über das Notwendige hinaus gebaut haben.[16] Doch eine Bestimmung der Sicherheitsfaktoren in der Natur ist alles andere als einfach. Zum einen plant die natürliche Auslese nicht für die Zukunft, wohingegen Sicherheitsfaktoren in ihrer üblichen Bedeutung ein Vorausahnen möglicher Fehlfunktionen implizieren. Zweitens ist es nicht leicht, die größte zu erwartende Belastung einer natürlichen Struktur abzuschätzen. Manche Dinge werden regelmäßig und absehbar belastet, während andere sehr unterschiedlichen Belastungen ausgesetzt sind. Und schließlich schwankt das Dienstalter natürlicher Produkte erheblich. Schlimmer noch, sowohl die Lebensgeschichte als auch die Lebensspanne einzelner Organismen ist unterschiedlich. Eine Eiche, die in ihrem zehnten Jahr umfällt, verliert ihre gesamte biologische Fitness, wenn sie normalerweise erst nach zwanzig Jahren beginnt ihre Eicheln zu produzieren. Kletterpflanzen an dieser Eiche verlieren wesentlich weniger, wenn sie schon seit dem fünften Jahr ihre Samen verstreuen. Die meisten Erzeugnisse des Menschen sind von Beginn an im Dienst, während bei Organismen der eigentliche Profit erst mit der Reproduktion beginnt.

Trotz dieser erheblichen Schwierigkeiten hatten einige Biologen den Mut, das Problem der Sicherheitsfaktoren sowie eine diesbezügliche Kosten-Nutzen-Rechnung anzugehen. Der Verlust eines Astes kostet einen Baum wenig, das gleiche gilt für den Verlust eines Schwanzes bei einer eine Eidechse, und in beiden Fällen handelt es sich um gewöhnliche Ereignisse. Zweige und Eidechsenschwänze haben daher keine hohen Sicherheitsfaktoren. Die Schwebekammern zweier Tiefseetintenfische – Kuttelfisch und Nautilus – können durch den äußeren Wasserdruck kollabieren. Im Vergleich zu dem gewöhnlichen Druck ihrer Umgebung ist der Sicherheitsfaktor 1,4, doch dieser Druck ist ziemlich konstant und vorhersehbar. Knochen und Sehnen haben höhere Sicherheitsfaktoren, zwischen 2 und 6, wobei Sehnen im Allgemeinen niedriger liegen als Knochen. Fliegende Tiere haben leichtere Knochen als nicht fliegende. Ihre Knochen haben vermutlich geringere Sicherheitsfaktoren, weil für fliegende Kreaturen jedes zusätzliche Gewicht einen Nachteil darstellt. Der Sicherheitsfaktor von Baumstämmen liegt bei ungefähr 4, der von Stängeln von Jahrespflanzen bei 2, obwohl es nur wenige und ungenaue Daten gibt.[17] Das Verhalten von Pflanzen interessiert uns sehr, da wir sie vorsätzlich für landwirtschaftliche Zwecke verändern. Stürme sind bekanntermaßen unterschiedlich stark, und von Zeit zu Zeit werden ganze Getreidefelder und Baumplantagen verwüstet.

Die nicht lebende Fabrik

Nur wenige von uns betreten jemals ein Fabrikgebäude. Unsere Produktionsformen sind uns daher kaum vertrauter als die der Pflanzen. Das ist schade, denn wir leben von den Produkten der Arbeitsteilung, der Massenproduktion und der Fließbänder. Das Handwerk existiert fast nur noch für den gelegentlichen

Gebrauch, es sei denn wir akzeptieren drastisch schlechtere ökonomische Bedingungen. In der Landwirtschaft lassen sich dieselben wirtschaftlichen Tendenzen zur Spezialisierung, zum Großbetrieb und zur Arbeitsminimierung erkennen. Und in wieder einem anderen Bereich finden wir dieselben Bestrebungen in Form von Fast-Food-Ketten.

Obwohl im antiken Ägypten, Rom oder China eine große Vielfalt an Gegenständen hergestellt wurde, ist die Massenproduktion eine neuere Erscheinung. Die Entwicklungsgeschichte der modernen Fabrik wurde besonders in Amerika von vielen Historikern beschrieben; die Neue Welt war in dieser Hinsicht vielleicht sogar ein Vorreiter für die Alte. Die industrielle Revolution in Nordamerika unterscheidet sich in mancher Hinsicht von der in Nordeuropa. Sie ist weniger durch Dampfmaschinen als durch Wasserkraft gekennzeichnet, weniger durch große Ballungszentren an Eisenbahnknotenpunkten als durch kleine Städte, bei denen schnelle Bachläufe in beschiffbare Flüsse strömten, und durch den Ansporn teure Arbeit zu mechanisieren. Zu dieser Geschichte gehören Persönlichkeiten, die wir als Helden verehren.[18] Wir treffen auf Eli Whitney und seine revoutionäre Idee, dass sich Teile durch einfache Arbeitskräfte präzise genug herstellen lassen, um austauschbar zu sein. Wir treffen W. Taylor und die Gebrüder Gilbreth mit ihren Zeit- und Bewegungsstudien, mit deren Hilfe sich die Organisation der Fertigungssysteme selber systematisieren ließ. Und wir treffen auf Henry Ford und die Integration hintereinandergeschalteter Fließbänder zur Herstellung großer Produkte. Als chauvinistische Amerikaner ignorieren wir solche großen Gestalten wie Marc Brunel, der während der Napoleonischen Kriege für die Royal Navy die Massenproduktion hölzerner Flaschenzüge möglich machte.

Trends in der Größe. Bei uns machen große Dinge kleine. Die Fabrik – selbst die Fabrik, in der unsere größten Flugzeuge zusammengesetzt werden – stellt an Größe das Produkt in den Schatten. Bei manchen Ausnahmen, z.B. Großkonstruktionen oder dem Aufbau eines globalen Telekommunikationsnetzes, könnte man argumentieren, dass die Begriffe „Fabrik" und „Produkt" neu zu definieren sind. In jedem Fall geht es dort nicht um irgendeine Form der Massenproduktion.[19] Wir versuchen auch, die Dinge kleiner zu machen, wohingegen in der Natur nach der Cope'schen Regel die Größe der Dinge im Verlauf der Evolution einer Art meist zunimmt. Frühe Dampfmaschinen waren riesige, langsame Teile. Zu Beginn waren sie so langsam, dass die Ein- und Auslassventile noch von Hand bedient werden konnten. Denken Sie an die Newcomen'sche Maschine in Abbildung 8.2. Präzisere Herstellungstechniken erlaubten größere Druckdifferenzen und schnelleren Betrieb, und immer kleinere Maschinen erbrachten dieselbe Leistung. Frühe Wasserräder waren riesig und langsam, moderne Turbinen sind klein und schnell. Zwischen 1930 und 1950 wurden die Elektronenröhren immer kleiner und es begann eine drastische Miniaturisierung der Elektrogeräte. Die Entwicklung digitaler integrierter Schaltkreise setzte nur einen bereits bestehenden Trend in das zunächst Unvorstellbare fort.

Kontrolle. Im Vergleich zur Komplexität der Aufgaben benutzt die Industrie vermutlich genauere und detailliertere Instruktionen als die Natur. Umgekehrt machen wir weniger Gebrauch von Rückkopplungssystemen, zumindest hinsichtlich der Anzahl der Schleifen bei der Ausführung einer bestimmten Aufgabe. Natürlich sind Rückkopplungssysteme wichtig, und moderne Fertigungsprozesse sind ohne sie kaum noch denkbar.[20] Diese Verwendung von Rückkopplungen hat jedoch eine interessante Vergangenheit. In gewisser Hinsicht gab es die ausgiebigste Nutzung von Rückkopplungen schon lange, bevor es Fabriken gab. Die stückweise Herstellung von Gegenständen in Handarbeit beruht wesentlich auf dem Gespür des Künstlers, wobei sämtliche Sinne – Seh-, Tast-, Gehör- und sogar Geschmacks- und Geruchssinn – wichtig sein konnten. Solch feine und ausgereifte Sensoren haben Maschinen nicht, daher müssen sie mit weniger und einfacheren Schleifen auskommen. Letztendlich hängt jedoch auch die Präzision und Flexibilität einer Maschine vom Niveau der Rückkopplungssysteme ab – von ihrer Wahrnehmung dessen, was auf jeder Stufe erreicht wurde. Überprüfungen, ob das Endprodukt gewissen Standards gerecht wird, sind lediglich etwas Nachträgliches. Der Wechsel von manueller zu maschineller Herstellung wird zu einem Ansporn, Maschinen mit der sensorischen Ausrüstung und dem Urteilsvermögen eines erfahrenen Operateurs auszustatten.[21] Robotik ist zum größten Teil genau das: sensorische Ausstattung, schnelle und aufwendige Berechnungen und Rückkopplungsschleifen.

Wartung. Nur in einem sehr entfernten Sinne gibt es in der Technologie des Menschen etwas, das dem permanenten Materialaustausch von Organismen vergleichbar wäre. Ab und zu ersetzen wir Teile nach einem Zeitplan, der durch ihre zu erwartende Lebensdauer bestimmt wird. Je aufwendiger ein technisches Gerät ist, umso gefährlicher kann ein Defekt sein. Je größer die Kosten für ein aufwendiges Design oder für unvorhergesehene Ausfallzeiten sind, umso eher sind wir auch bereit Teile auszutauschen, bevor sie im üblichen Sinne defekt sind. Was ich hier beschrieben habe, gilt beispielsweise für ein kommerzielles Flugzeug. Nachdem sich die grundlegende Technologie nicht mehr wesentlich ändert und Flugzeuge daher nicht mehr so schnell veraltet sind, versuchen wir sie möglichst lange in Diensten zu halten. Doch nach zehn oder zwanzig Jahren wird außer dem Rahmen kaum ein Flugzeugteil vom Jungfernflug übriggeblieben sein. Auch anderorts tauschen wir Dinge aus, die noch funktionstüchtig sind. So habe ich mir sagen lassen, dass in manchen großen Gebäuden die Glühbirnen regelmäßig gewechselt werden, auch wenn sie nicht defekt sind.

Qualitätskriterien. Reproduktive Fitness ist eine rein biologische Eigenschaft, doch die Eignung für eine bestimmte Aufgabe ist ein ähnlich allgemeines

Kriterium. Für die Natur ist Gleichförmigkeit nur dann von Bedeutung, wenn sie mit Fitness einhergeht, und in dem Phänomen der Äquifinalität begegnen wir einer Welt, die weit jenseits unserer technologischen Erfahrung liegt. Für die Technologie des Menschen ist die Gleichförmigkeit im Detail jedoch von besonderer Bedeutung. Eine gleichförmige Funktionsweise hängt von übereinstimmender Konstruktion ab, und die Austauschbarkeit von Teilen verlangt ein entsprechend hohes Maß an Übereinstimmung. Demgegenüber macht sich die Natur nichts aus Austauschbarkeit, ja, sie wehrt sich sogar aktiv dagegen. Zur Abwehr von Krankheitserregern haben wir ein so wirkungsvolles Immunsystem entwickelt, dass wir es fast zerstören müssen, wenn wir Gewebeteile oder Organe zwischen einzelnen Personen austauschen wollen. Die Transplantation eines Herzens ist weniger schwierig als den Körper zur Akzeptanz des neuen Herzens zu bewegen. (Diese Abwehrmechanismen gibt es jedoch nicht überall in der Biologie. Bei Insekten lassen sich beispielsweise Drüsen oder andere Organe problemlos transplantieren. Und europäische Weinreben wachsen auf amerikanischen Wurzeln, die wiederum gegen einen bestimmten Krankheitserreger resistent sind.)

In der menschlichen Technologie hat die Qualität einen ähnlichen Stellenwert wie die biologische Fitness. „So gut wie möglich" ist weder für Teile noch für eine ganze Maschine immer das Sinnvollste. Eine Maschine muss gut genug sein, um ihre Aufgabe zufriedenstellend zu erfüllen. Zahlt es sich aus, sie etwas besser zu machen? Hat man wirklich etwas gespart, wenn man sie etwas schlechter macht? Für ein Bauteil auf einem Fließband ist wichtig, wie weit es von einem Ideal abweichen kann und trotzdem noch zufriedenstellend funktioniert – eine andere Bedeutung von „Fitness". Ein wesentliches Kriterum für das Design aufwendiger Geräte sind die tolerierbaren Schwankungen bei ihren Einzelteilen. Das bessere Design arbeitet mit weniger präzisen Teilen.

Sicherheitsfaktoren. Diese haben in der Technologie des Menschen natürlich eine lange und ehrbare Vergangenheit. Der Biomechaniker borgt sich dieses Konzept, muss es aber bis fast zur Unkenntlichkeit verzerren. Ob es sich um Unsicherheiten bei den möglichen Belastungen handelt oder um Unsicherheiten bei den Berechnungen zu unserem Entwurf,[22] moderne Technik ist ohne Sicherheitsfaktoren undenkbar. Absolute Wahrheiten und Sicherheiten gibt es nur bei Rechtsanwälten und Theologen. Alle anderen müssen sich mit einer unvollkommenen Welt mit rein statistischen Vorhersagen, vereinfachenden Annahmen und unaufmerksamen Inspektoren abfinden. Aus schlechten Erfahrungen lernen wir sehr gut, doch wir ziehen eine andere Form der Ausbildung vor.

Wir sollten noch einen weiteren Aspekt der menschlichen Fertigungsprozesse erwähnen. Im Verlauf ihrer Entwicklung hat die Technologie des Menschen die direkte Verwendung von Naturstoffen verringert und die Modifikation von Naturstoffen vor ihrem Gebrauch erweitert. Das liegt zum Teil an unseren verbesserten Methoden in der Metallverarbeitung und der Polymerchemie. Doch zum Teil wird auch hier der Tatsache Rechnung getragen, dass Naturstoffe auf natürliche Weise nach ihrer Eignung für natürliche Strukturen ausgewählt wurden und nicht für unsere Anwendungen. Unverarbeitet sind sie oft weniger geeignet für moderne Fertigungsverfahren, die homogene Verbindungen mit aufeinander abgestimmten Eigenschaften benötigen. Naturstoffe verlangen förmlich die liebevolle Bearbeitung durch einen Künstler und nicht die schnelle und gleichförmige Verarbeitung am Fließband. Holz wächst zwar von alleine, doch ein Kanu aus Aluminium oder Glasfasern ist billiger als eines aus Holz. Steine müssen nur im Steinbruch abgebaut werden, wohingegen Ziegel erst geformt und gebrannt werden müssen, doch eine Wand aus Ziegeln ist immer noch billiger als eine aus Stein.

Die anfänglichen Bemerkungen lassen sich wiederholen. Schon der erste Eindruck zeigt, dass die Produktionsmethoden von Mensch und Natur verschieden sind, und eine genauere Analyse und Suche nach den zugrunde liegenden Prinzipien hat dies bestätigt. Diese sind so unterschiedlich, dass sich oft sogar eine gemeinsame Terminologie als unzuverlässig erweist. Alltagsbegriffe wie „Montage", „Polymer", „Plan", „Sicherheitsfaktor", „Design" und „beabsichtigte Anwendung" entstammen unserem Produktionssystem, und wenn wir sie auf natürliche Systeme übertragen, laufen wir in Gefahr einer Selbsttäuschung. Umgekehrt beschreiben „Auslese", „Fitness", „Regenerierung", „dynamischer Zustand" und „Unterdrückung" biologische Phänomene, und bei ihrer Übertragung auf menschliche Produktionssysteme riskieren wir eine gefährliche sprachliche Irreführung.

Kapitel 12

Die Natur kopieren? – Ein Rückblick

Bioemulation – die Herstellung besserer Bauteile durch Nachahmung der Natur – ist kein neuer Begriff. In der klassischen Mythologie fliehen Daedalus und Ikarus aus kretischer Gefangenschaft mit Flügeln, die sie den Vögeln abgeschaut hatten: „Dann verknüpft er mit Garn die Mitte der Federn, die Kiele klebt er mit Wachs und gibt, es nachzuahmen dem echten Vogel, mäßige Schweifung dem Ganzen." In seinen *Metamorphosen* macht Ovid (43 v. Chr.–17 n. Chr.) noch eine zweite Bemerkung zur Nachahmung. Nach dem Tode des Ikarus (seine Wachsflügel waren nicht flugtauglich) nimmt Daedalus einen zwölfjährigen, außergewöhnlich begabten Lehrling zu sich: „[Der Knabe] nahm sich auch die im Innern der Fische geschauten Wirbel zum Muster und schnitt in geschärfte eiserne Blätter Zahn an Zahn und hat den Gebrauch der Säge erfunden."[1]

Abgesehen von legendären Vorteilen erscheint uns die Nachahmung der Natur zumindest in dreifacher Hinsicht attraktiv. Da ist zunächst der Eindruck ihrer Überlegenheit, der auf der Vielfalt und Komplexität ihrer Technologie beruht. Ein großer Baum im Sturm, ein rennendes Pferd, das Netz einer Spinne, ein fliegender Vogel, ein hüpfender Floh – die Vertrautheit der Bilder verdeckt die fantastischen mechanischen Leistungen kaum. Und auch eine genauere Untersuchung ändert nichts an diesem ersten Eindruck eines ausgezeichneten Designs. Jedes Gerät der Natur macht etwas, das für unsere Technologie nicht leicht zu verwirklichen ist.

An zweiter Stelle steht eine eher kuriose Motivation, die mit unserer heutigen Einstellung verbunden ist. Die meiste Zeit in der Geschichte standen sich die Welt des Menschen und die der Natur feindlich gegenüber. Die Natur war etwas, das gezähmt und nutzbar gemacht werden musste. Unsere Einstellung glich der von Organismen gegenüber anderen Arten. Heutzutage empfindet man die Natur als weniger störend und beginnt sogar, sie wieder zu verehren.

Und warum nicht? Wenn man seine Nahrung im Geschäft kaufen kann, wenn Heuschrecken keine Maisernte mehr bedrohen und wenn zentrale Wärme- und Wasserversorgung die Norm sind, empfinden wir die Schönheiten der Natur als angenehmer. Wir erfahren heute wieder eine Art von Pantheismus, oder, um den weniger voreingenommenen Begriff von E. O. Wilson zu verwenden, „Biophilie".[2] Diese Hingezogenheit zur Natur ist der Motor für unsere Bestrebungen, sie in letzter Minute doch noch zu erhalten. Auf ihr beruht auch unser Eindruck einer natürlichen Rechtschaffenheit, einer moralischen Überlegenheit in der Art der Natur, die Dinge zu machen.

Der dritte Grund reflektiert eine Verbindung aus Kultur und Wirtschaft. Die Förderung von Wissenschaft und Technologie beruht mindestens ebenso sehr auf deren expliziten Versprechungen wie auf den Erfolgen der Vergangenheit. Was auch immer die wirklichen Motive der Beteiligten sein mögen, solche Versprechungen zeigen den größten Erfolg, wenn man die praktische Anwendbarkeit der Projekte betont, nicht die mögliche intellektuelle Erkenntnis oder spirituelle Erleuchtung. Einige Versprechungen erweisen sich dabei als besonders effektiv: wirtschaftlicher Profit, Linderung von Krankheiten und militärische Überlegenheit. Zu allen passt die Vorstellung, dass wir durch eine Nachahmung der Natur große Fortschritte erzielen können.

„Nachahmen" oder „Kopieren" klingt allerdings nicht nach einem idealen Motto, dem man folgen sollte, also prägte man bessere Begriffe. Zuerst kam „Bionik", definiert 1960 von J. Steele als die „Wissenschaft von Systemen, deren Funktionen auf lebenden Systemen basieren, oder die charakteristische Eigenschaften lebender Systemen haben, oder diesen ähnlich sind".[3] Zu Beginn haben sich hauptsächlich Ingenieure, für die der Begriff „System" natürlich klang, auf diesem Gebiet engagiert. Neurale Systeme und physiologische Kontrollsysteme waren die biologischen Gegenstücke zur Kybernetik und Systemtheorie der menschlichen Technologie. Besondere Aufmerksamkeit erfuhren zu Beginn die Mustererkennung und Rückkopplungsmechanismen. Heute spricht man nicht mehr so oft von „Bionik". „Robotik" oder „künstliche Intelligenz" stehen eher im Mittelpunkt. Eine noch jüngere Bezeichnung ist „Biomimetik", die sich explizit mit mechanischen Problemen beschäftigt – beispielsweise Verbundstoffen und gehenden Fahrzeugen.[4]

Doch funktioniert das? Nicht ganz so gut, wie es uns jedes Buch, jeder Artikel und jedes Symposium über Bionik und Biomimetik Glauben machen möchte. Die meisten der netten Anspielungen auf vergangene Erfolge bestehen eher in der Anerkennung gewisser mechanischer Gemeinsamkeiten. Dass ein Strahltriebwerk einen Kalmar nachahmt oder ein Saugnapf die Saugrüssel einer Krake kopiert, sollten wir nicht als Beispiele anführen. Weitaus häufiger liegt ein gemeinsamer physikalischer Hintergrund den technologischen Gemeinsamkeiten zugrunde. Daher tun wir der menschlichen Kreativität mehr als Unrecht, wenn wir vorgeben, in der Vergangenheit ausgiebig und erfolgreich kopiert zu haben.

Ich behaupte statt dessen, dass es nur wenige erfolgreiche Nachahmungen gibt. Es ist für mich allerdings nicht leicht, diese negative Aussage gegen die reizvollere positive Behauptung zu verteidigen. Die einzige Möglichkeit besteht für mich darin, nach guten Beispielen der Nachahmung zu suchen. Zusammen mit der professionellen Bibliothekarin, mit der ich verheiratet bin, habe ich die historischen Quellen sorgfältig durchforscht.

Zur Einengung unserer Suche haben wir einige Grundregeln aufgestellt. Das vorliegende Buch handelt von der Mechanik, dementsprechend haben wir unser Tätigkeitsfeld eingeschränkt. Die Nachahmung sollte sowohl vom Konzept her glaubwürdig erscheinen als auch in der Praxis dokumentiert sein. Das Ergebnis sollte ein Gegenstand sein, der eine gewisse Verbreitung gefunden hat, kein Prototyp oder Vorschlag. Schließlich blieben uns rund ein Dutzend akzeptable Fälle von Bioemulation.[5] Diese stellten sich jedoch als so interessant heraus, dass wir sie nicht nur aufzählen wollen.

Idyllische Romantik?

Beginnen wir jedoch zunächst mit drei oft zitierten Beispielen, die einer genaueren Untersuchung nicht standhalten. Sie alle stammen aus England und aus ungefähr der gleichen Zeit.

Die Eiche und der Eddystone Leuchtturm. Auf einem Felsen etwa zwanzig Kilometer vor Plymouth, England, steht der Eddystone Leuchtturm, der die Schiffe für dreihundert Jahre in den englischen Kanal leitete. Der erste Eddystone Leuchtturm kippte während eines Sturms, der zweite (aus Holz) brannte nieder. Zwischen 1756 und 1759 erbaute der große britische Bauingenieur John Smeaton den dritten Leuchtturm (Abbildung 12.1) aus ineinandergreifenden Steinen, die in Plymouth vorbereitet wurden. Smeaton entschied sich weder für den rechteckigen Querschnitt der Vorgänger noch für einen gleichförmig zusammenlaufenden Kegel, wie er heute gebräuchlich ist, sondern er wählte die anmutige Verjüngung einer, wie er sagte, „großen, kraftvollen Eiche". Smeaton schreibt dazu 1791: „Betrachten wir nun seine eigenartige Gestalt. Verbunden mit seinen Wurzeln, die unter dem Boden versteckt liegen, erhebt er sich von der Oberfläche mit einer breiten, ausgebauchten Basis, die sich auf einer Höhe von einem Durchmesser durch eine elegante, für das Auge konkave Kurve um mindestens ein Drittel des Durchmessers, und manchmal sogar auf die Hälfte der ursprünglichen Basis, allgemein verjüngt. Von dort an erfolgt die Verjüngung langsamer, die Seiten werden dem Winkel nach senkrecht und bilden für eine gewisse Höhe einen Zylinder."[6]

Gegen die Nachahmung sprechen zwei Argumente. Erstens sind die Angaben für technische Standards viel zu vage. „Allgemein verjüngt", „mindestes

Abbildung 12.1: Der dritte Eddystone Leuchtturm, erbaut zwischen 1756 und 1759 von John Smeaton.

ein Drittel", und „manchmal sogar auf die Hälfte" sind alles andere als ausführliche Vorschriften – vielleicht Analogie oder Inspiration, aber kein quantitatives Modell. Auf das andere Problem hat Alan Stevenson 1850 hingewiesen. Danach würde kein erfahrener Ingenieur eine Eiche nachahmen.[7] Die Hauptbelastung einer Eiche stammt vom Luftwiderstand ihrer Blätter, die Belastung ist also eher mit der eines einseitig eingespannten Trägers vergleichbar statt mit einer aufrechten Säule. Außerdem besteht eine Eiche aus leichtem, spannungsresistentem Holz statt aus schwerem, druckresistenten Stein. Smeaton versucht mit dieser Beschreibung beim Leser ein Bild zu erzeugen, das dem Leuchtturm genügend gleicht um eine Abbildung, die der Darstellung fehlt, zu ersetzen. Der Leuchtturm existiert übrigens immer noch, allerdings an einem anderen Ort. Der Fels, auf dem er ursprünglich erbaut war, begann aufzubrechen, sodass man den Leuchtturm im Jahre 1882 entfernte und ihn an anderer Stelle durch einen größeren ersetzte. Der obere Teil wurde jedoch wieder aufgebaut und steht heute als Denkmal für Smeaton auf einer Landzunge über der Küste von Plymouth.

Idyllische Romantik? 241

Der Schiffsbohrwurm und das Tunnelschild. Zu Beginn des neunzehnten Jahrhunderts bohrte Marc Isambard Brunel einen Fahrzeugtunnel unter der Themse hindurch, der heute immer noch von der Londoner U-Bahn genutzt wird. Zu jener Zeit hatte man wenig Erfahrung mit Tunnelbauten unter Flüssen. Erste Bohrungen ließen einen Flussboden vermuten, der trockener, stabiler und insgesamt für einen Tunnel wesentlich geeigneter schien, als es im nachhinein der Fall war. Tatsächlich lief während der siebzehn Jahre zwischen Beginn und Fertigstellung so ziemlich alles schief, was schief laufen konnte – Geld, Arbeitskräfte, Brunels Gesundheit, und so weiter – alles, außer der Tunneltechnologie von Brunel. Sie gipfelte in der Entwicklung eines neuen Tunnelschilds, das während der Arbeiten praktisch kaum verändert werden musste.[8] Mit Hilfe des Schildes (Abbildung 12.2) konnten sechsunddreißig Arbeiter gleichzeitig an der voranschreitenden Tunnelfront arbeiten bei einem Minimum an ungesicherter Ausschachtung.

Angeblich diente die Bohrausrüstung eines Schiffsbohrwurms als Vorlage für dieses wichtige Schild. Strenggenommen handelt es sich bei dem Schiffsbohrwurm gar nich um einen Wurm, sondern um eine berüchtigte Muschel, deren Schalen wesentlich kleiner als der Rest des Tieres sind und ihm als Hartteile bei seinen Ausflügen durch Holz dienen. Ein jüngerer Ingenieur, der mit Marc Brunel am Tunnel gearbeitet hatte, schreibt dazu in einer Biographie:

> Wie er mir selber mitteilte, wurde seine Aufmerksamkeit eines Tages, als er durch die Docks ging, auf ein altes Stück Schiffsholz gelenkt, das durch den wohlbekannten

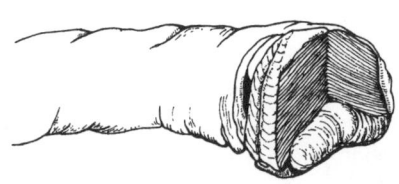 

Abbildung 12.2: Das Vorderteil des Schiffsbohrwurms *Teredo* mit seinen kratzenden Schalenhälften, und die Zeichnung von Marc Brunels Tunnelschild in der Biographie von Beamish aus dem Jahre 1862.

Zerstörer von Bauholz, den Teredo navalis, perforiert worden war. Er untersuchte zunächst die Perforationen und anschließend das Tier. Er fand es am Vorderende mit einem Paar schalenförmiger Klappen ausgestattet, und mit seinem Fuß als Stützpunkt konnte es mit kraftvollen Muskeln diesen Schalen eine Drehbewegung geben, die auf das Holz wie ein Bohrer einwirkte und es langsam aber stetig eindringen ließ. ... Brunel untersuchte, ob er die Funktion dieses Tieres nachahmen könnte.[9]

Das klingt zwar herrlich spezifisch, kann aber einfach nicht wahr sein. Das Bohren des *Teredo*s entzieht sich der Beobachtung und wurde (nach vielen Problemen) erst ein Jahrhundert später von einem Zoologen beschrieben.[10] Es geschieht auch nicht durch eine rotierende Bohrbewegung, sondern die Schalen werden wie Raspeln schnell vor und zurück bewegt, wobei Holzteile abgekratzt und anschließend verspeist werden. Außerdem hat weder das, was Brunel angeblich gesehen haben soll, noch die wirkliche Bohrweise des *Teredo*s irgendeine Ähnlichkeit mit der Funktionsweise des Tunnelschildes. Innerhalb des Schildes entfernte ein Arbeiter ein einzelnes Brett, grub vielleicht ein fußbreit aus, brachte das Brett wieder an seine Stelle und machte das gleiche mit dem nächsten. Das Schild selber wurde mit Hebeschrauben millimeterweise vorangestoßen. Der Schiffsbohrwurm muss hartes Holz durchdringen, kein weiches Sedimentgestein, und als reines Meerestier hat er keine Probleme mit einer Luft-Wasser-Grenze oder Druckunterschieden. Brunel stand vor einem ganz anders gearteten Problem: durch ein allzu weiches Substrat hindurchzukommen, ohne den Fluss hereinzulassen. *Teredo* mag eine Inspiration für den Tunnelbau gewesen sein, doch der Rest ist Mythologie. Brunel gebührt der ganze Verdienst.

Die Große Seerose und der Kristallpalast. Im Jahre 1850 entwarf und baute Joseph Paxton in London eine riesige Ausstellungshalle, den Kristallpalast. Diese Konstruktion – Abbildung 12.3 – war in jeder Hinsicht außergewöhnlich.[11] Die Eröffnung fand weniger als ein Jahr nach der Genehmigung des Entwurfes statt, und in noch nie dagewesener Weise wurde von Glas und Fertigteilen Gebrauch gemacht. Die Erscheinung war beeindruckend und widersprach vollkommen dem Stil der Zeit, und das Gebäude wurde später erfolgreich an eine andere Stelle versetzt. Paxton wurde oft als Gärtner bezeichnet. Obwohl das richtig ist, vermittelt es doch einen falschen Eindruck von seinen Leistungen und seinem Ruf.[12] Er hatte überragende Erfindungen im Bereich der Treibhauskonstruktionen gemacht und unter anderem auch ein Patent auf das Berg-und-Tal-Dachsystem, mit dem sich größere Flächen mit einem horizontalen, selbstentwässernden Glasdach überdecken lassen, und das ein charakteristischer Teil des Kristallpalastes war.[13]

Dieses Überdachungssystem wird oft als erfolgreiche Nachahmung der Natur angeführt, insbesondere der in Südamerika lebenden Großen Seerose, *Victoria amazonica* (früher *V. regia*).[14] Hier handelt es sich nicht um eine gewöhnliche Lilie. Ihre Blätter werden bis zu zwei Metern groß und können ein Kind

Idyllische Romantik? 243

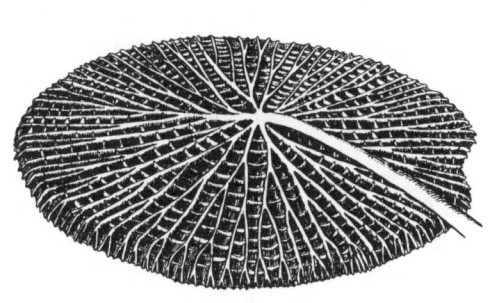 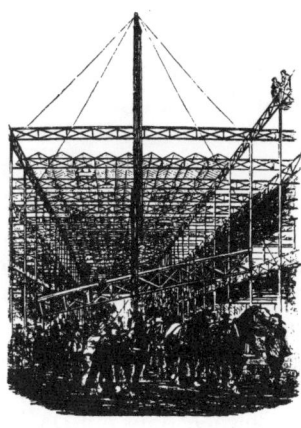

Abbildung 12.3: Die Unterseite des schwimmenden Blattes der *Victoria amazonica* und Paxtons patentiertes Berg-und-Tal-Dachsystem, das während der Konstruktion des Kristallpalastes installiert wurde – aus der Illustrated London News, 19. Oktober 1850.

tragen. Ein elegantes System untereinander verbundener Träger an der Unterseite geben dem flachen Blatt eine gewisse Steifigkeit. Trotzdem handelt es sich um eine schwimmende Struktur, und die Träger dienen als Stütze gegen kleine Wellen und die seitwärts gerichteten Kräfte der Strömung und nicht gegen die nach unten gerichtete Schwerkraft. Paxton war der erste, der diese Lilien in England züchtete. Dazu hatte er für seinen Gönner, den Duke of Devonshire, ein spezielles Gebäude errichtet, wobei das eigentlich Neue ein Becken war, in dem langsam zirkulierendes Wasser eine kontinuierliche Strömung erzeugte.

Die Behauptung, von der Natur kopiert zu haben, stammt aus erster Hand, nämlich aus einer Rede Paxtons vor der Royal Society of Arts zur Zeit der Konstruktion des Kristallpalastes. Das folgende Zitat stammt aus der *Times* (London), vom 14. November 1850:

Im Jahre 1836 wurde beschlossen, ein neues krummliniges Gewächshaus zu errichten, 60 Fuß lang und 26 Fuß breit. ... Dieses Haus wurde nachträglich für die Victoria Regia umgebaut, und in diesem Zusammenhang entwarf ich ein Wasserrad, um das Wasser, in dem die Pflanze wuchs, in Bewegung zu halten. Und in diesem Haus blühte diese außergewöhnlich schöne Wasserpflanze zum ersten Mal in diesem Land am 9. November 1849. [Er zeigt nun ein Blatt.] Sie werden erkennen, dass die Natur in diesem Fall der Ingenieur war. Wenn Sie dieses Blatt untersuchen und es mit den Zeichnungen und Modellen vergleichen, werden Sie sehen, dass die Natur es mit längsgerichteten und querverlaufenden Stützen und Trägern ausgestattet hat, nach demselben Prinzip, das ich – der Pflanze entliehen – für dieses Gebäude übernommen habe.

Doch genaugenommen bestätigen die Worte Paxtons die übliche Geschichte nicht. *Victoria* verwendet ein Stützsystem, bei dem alle Träger unabhängig von ihrer Richtung mit der Blattfläche in Kontakt bleiben. Das ist ein wesentlicher Unterschied zu Paxtons Berg-und-Tal-System. Horizontale Eisenträger erstrecken sich in zwei zueinander senkrechte Richtungen und tragen das Berg-und-Tal-Dach des Kristallpalastes, doch bei diesen Trägern liegt der eine Teil über dem anderen, nicht in derselben Ebene, wie bei der Lilie. Umgekehrt findet man von dem neuartigen Berg-und-Tal-System bei der *Victoria* keine Anzeichen, obwohl großflächige Blätter anderer Pflanzen durchaus in genau dieser Form gefaltet sind (vgl. Abbildung 4.3). Doch etwas anderes ist falsch. „Dieses Gebäude" in der letzten Zeile des obigen Zitats bezieht sich nicht auf den Kristallpalast von 1850, sondern auf sein Gewächshaus aus dem Jahre 1836. Wenn er dem Gewächshaus ein Dach in der Form des beabsichtigten Bewohners gegeben hat, so befriedigt das mehr die Ästhetik, als das es ein Konstruktionsproblem löst. Und schließlich wird die *Victoria* mit keinem Wort in der Beilage zur *Illustrated London News* mit dem Titel „Mr. Paxtons Geschichte des Gebäudes für die Große Ausstellung von 1851" erwähnt.[15]

In allen drei Fällen mag die Natur eine gewisse Rolle gespielt haben, doch man sollte ihren Beitrag auch nicht zu hoch einschätzen und dadurch glanzvolle technische Errungenschaften unterbewerten. Vielleicht wurden diese Legenden erst durch eine antitechnokratische und idyllische Romantik verbreitet, die zusammen mit der industriellen Revolution aufkam und in den Novellen, Gedichten und Gemälden im England des achtzehnten und neunzehnten Jahrhunderts nur zu offensichtlich ist. Der Dichter William Blake dachte kaum an Lob als er die Aufmerksamkeit auf „jene dunklen satanischen Mühlen" lenkte.

Wo Nachahmung gut ging

Nachdem der Leser nun skeptischer geworden ist, können wir uns einer Reihe überzeugenderer Beispiele zuwenden. Jawohl, es gibt die Erfolge, und sie sind als solche sehr beeindruckend.

Forellen, Delfine und stromlinienförmige Körper. Ein Körper, der sich durch Wasser oder Luft bewegt, erfährt einen geringeren Widerstand, wenn er vorne abgerundet ist und sich nach hinten in der bekannten, stromlinienförmigen Gestalt von Thunfischen oder Walen verjüngt.[16] Beobachten Sie einmal, wie ein wirkliches Meerestier – Fisch, Seehund, Tümmler oder Pinguin – unter Wasser dahingleitet. Es ist keine Einbildung: Das Tier bewegt sich fast mühelos, weil es auf nur wenig Widerstand stößt, ungefähr zehnmal weniger, als es bei einer Kugel oder einer Person von derselben Größe der Fall wäre.

Wie kann diese spezielle Form – abgerundetes Vorderteil und ein verlängertes, zusammenlaufendes Hinterteil – den Widerstand so drastisch reduzieren? Dieser subtile Punkt konnte erst zu Beginn des zwanzigsten Jahrhunderts geklärt werden. Doch schon lange vorher, um 1809, hatte Sir George Cayley das erste stromlinienförmige, widerstandsarme Profil entwickelt. Er orientierte sich dabei an Tieren, die sich sehr rasch durch Fluide bewegen. Er war in dem, was er tat, sehr explizit: „Im Experiment wurde festgestellt, dass die Form des hinteren Teils des Rumpfes für eine Verringerung des Widerstandes ebenso wichtig ist, wie die des vorderen Teils. ... Ich befürchte jedoch, dass diese ganze Geschichte noch so sehr im Dunkeln liegt, dass man sie besser im Experiment untersucht als durch Argumente, und da von beiden schlüssige Hinweise fehlen, scheint der einzige naheliegende Weg darin zu bestehen, die Natur zu kopieren. Dementsprechend werde ich den Rumpf der Forelle und der Waldschnepfe als Beispiel anführen."[17]

Cayley maß den Umfang einer Forelle an mehreren Stellen ihres Körpers, dividierte jeden Wert durch drei und nahm die Ergebnisse als Durchmesser zur Fertigung eines lang gestreckten hölzernen Körpers. Theodore von Kármán, ein großer Aerodynamiker des zwanzigsten Jahrhunderts, hat darauf hingewiesen, dass die stromlinienförmigen Körper von Cayley in ihrer Form den besten modernen widerstandsarmen Luft- und Wasserflügeln entsprechen. Cayley hat also gute Arbeit geleistet. Entsprechende Ergebnisse erzielte er auch bei Delfinen (Abbildung 12.4), doch seine Arbeit an Forellen fand mehr Aufmerksamkeit.

Die nächsten Schritte waren jedoch weniger genial. Cayley teilte sein hölzernes Modell in Längsrichtung und benutzte die Form des entstandenen Halbkörpers als Bootsrumpf. Er schreibt dazu: „Wir sollten so unser Boot von einem besseren Architekten als dem Menschen erhalten, und finden möglicherweise den wirklichen Festkörper mit dem geringsten Widerstand."[18] Doch auf diese Weise erhält man keinen vielversprechenden Rumpf für ein schiffsförmi-

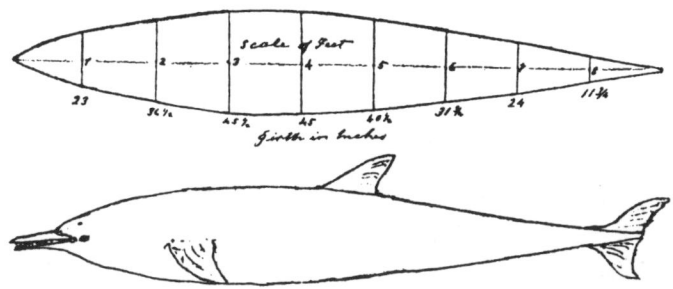

Abbildung 12.4: Eine Seite aus dem Notizbuch von George Cayley, mit einem Delfin und dem stromlinienförmigen Körper, den er aus den Messungen seines Umfangs abgeleitet hat.

ges Boot, weder hinsichtlich des geringen Widerstands noch in Bezug auf eine gute Rollstabilität. Erinnern wir uns, dass der Widerstand eines Schiffes zum größten Teil von den Oberflächenwellen herrührt und nicht von der Art des Widerstands ist, den eine Forelle oder ein Unterseeboot spürt. Vernünftigere Rumpfformen wurden einige Jahrzehnte später entwickelt.

Vogelflügel und gewölbte Tragflächen. Flugzeugflügel haben eine gekrümmte Oberseite und flachere Unterseiten, wie in Abbildung 12.5; man bezeichnet sie als „gewölbt". Mit dieser asymmetrischen Kombination erreichen sie im Verhältnis zu ihrem Luftwiderstand einen wesentlich größeren Auftrieb, als es bei geneigten flachen Platten oder geneigten Flügeln mit symmetrischer Ober- und Unterseite der Fall wäre. Viel Auftrieb bei wenig Widerstand war in den frühen Jahren der Luftfahrt sehr wichtig, als die Flugzeuge noch mit niedrigeren Geschwindigkeiten, ineffizienten Motoren (im Gewicht-Leistungs-Verhältnis) und weniger ausgefeiltem Design flogen. Wie bei den widerstandsarmen Körpern kam die praktische Erfahrung vor der Theorie. Mehrere Jahrzehnte liegen zwischen der Entdeckung der gewölbten Tragflächen und einer adäquaten Erklärung ihrer Funktionsweise.

Während der achtziger Jahre des neunzehnten Jahrhunderts zeigten zwei Pioniere die Überlegenheit von gewölbten Tragflächen gegenüber geneigten flachen Platten. Für beide waren Vogelflügel zumindest sehr wichtige Vorbilder. In England testete Horatio Phillips verschiedene Formen, unter anderem den Flügel einer Saatkrähe (Abbildung 12.6).[19] Eine wesentlich ausführlichere Reihe von Messungen machte Otto Lilienthal in Deutschland. Er erhielt die besten Resultate bei nur sehr leicht gewölbten Platten – eine Biegehöhe von etwa einem zwölftel (acht Prozent) des Abstands von Vorder- zu Hinterseite des Flügels. Genau das entspricht der Wölbung bei den besten Vogelflügeln. Der drastische Effekt einer solch leichten Krümmung überraschte ihn und bestärkte ihn vermutlich in seiner Überzeugung, dass man Vögeln in dieser Hinsicht nacheifern sollte. In den Jahren vor seinem Tod 1896 untersuchte Lilienthal den Flug von

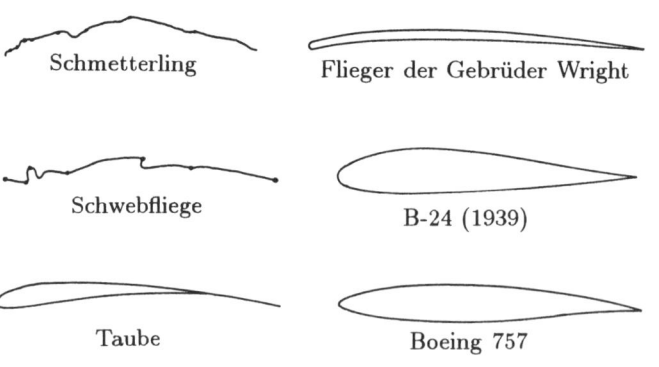

Abbildung 12.5: Tragflächen im Querschnitt. Man erkennt die konvexe obere Fläche und die (manchmal) konkave untere Fläche.

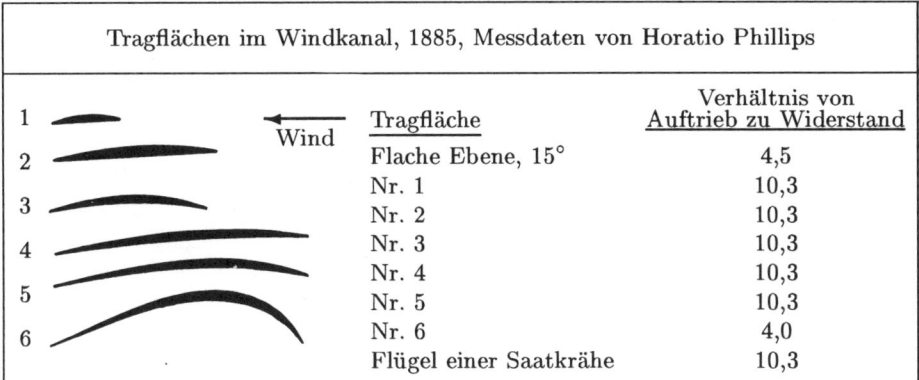

Abbildung 12.6: Die von Horatio Phillips getesteten Tragflächenquerschnitte und seine Ergebnisse.

Vögeln und konstruierte gleichzeitig ein Flugzeug, das wir heute als Hängegleiter bezeichnen würden. Als Ziel verfolgte er den angetriebenen Flug, wobei er eine zeitlang schlagende Flügel favorisierte. Lilienthals Hauptvermächtnis ist ein beeindruckendes Buch mit dem Titel *Der Vogelflug als Grundlage der Fliegekunst.*[20]

(Eine dritte Person, Frederick Lanchester, untersuchte ebenfalls gekrümmte Tragflächen und unternahm die ersten wichtigen Schritte zur Erklärung ihrer Funktionsweise.[21] Eine Tragfläche erzeugt einen Auftrieb, weil die Luft schneller über die Oberseite des Flügels strömt als entlang der unteren Seite. Nach dem Bernoulli'schen Prinzip entsteht so oberhalb des Flügels ein Unterdruck, das Flugzeug wird also nach oben gezogen. Doch der wirkliche Grund für die schnellere Luftströmung ist weitaus komplizierter als derjenige, der in Schulen oder Museen meist vermittelt wird.)

Wie schon bei den Cayley'schen Schiffsrümpfen lassen die weiteren Entwicklungen auch hier die Protagonisten weniger weitsichtig und heroisch erscheinen. Ursprünglich vertrauten die Gebrüder Wright den Daten von Lilienthal, schließlich war er Ingenieur. Sie übernahmen daher sowohl seine Tragflächenformen als auch seine Messdaten für ihren ersten großen Gleiter. Doch der Gleiter hatte zu wenig Auftrieb. Sie bauten daher einen Windkanal und machten eigene Messungen. Die Fehler von Lilienthal könnten daher stammen, dass er seine Flügel an den Enden eines rotierenden Arms durch die Luft schwang, statt sie in einem Windkanal auszumessen. Nach der ersten Rotation des Armes trifft das Testobjekt auf die Luft, die von der vorherigen Drehung noch verwirbelt ist. Ich kann Lilienthal keinen Vorwurf machen, denn ich hatte mal das gleiche Problem.[22]

Vögel und die Seitensteuerung eines Flugzeugs. In der zweidimensionalen Welt der Automobile und Boote bedeutet Lenken lediglich eine Richtungsänderung, für die die Fronträder oder ein Heckruder in eine andere Stellung gebracht werden. Doch Flugzeuge fliegen in drei Dimensionen: Sie können sich um ihre Längsachse drehen, nach oben bzw. unten neigen oder nach rechts bzw. links drehen. Bei den ersten Flugversuchen hat man diesen dreidimensionalen Aspekten der Steuerung noch wenig Aufmerksamkeit geschenkt. In einigen Fällen verwendete man die vertrauten Ruder, in anderen sollte der Pilot wie ein Fahrradfahrer seine Lage verändern, sodass das Flugzeug ohne bestimmte aerodynamische Anpassungen überhöhte Kurven flog.

Wilbur und Orville Wright haben die Probleme der Steuerung wesentlich ernster genommen als die meisten anderen Flugpioniere. Ihr erstes und wichtigstes Patent beschrieb ein Steuersystem, und das von ihnen erarbeitete Grundprinzip wird praktisch auch heute noch überall verwendet. Hilfreich war die Beobachtung von Vögeln, obwohl Orville später diesen Beitrag zu relativieren versuchte. Doch ein Brief aus dem Jahre 1900 von Wilbur an Octave Chanute enthält folgende Zeilen: „Meine Beobachtungen des Flugs von Bussarden bringt mich zu der Überzeugung, dass sie ihre seitliche Balance nach einem Windstoss wiederfinden, indem sie die Spitzen ihrer Flügel verdrehen. Wenn die Hinterkante des rechten Flügels nach oben gedreht wird und die des linken Flügels nach unten, wird der Vogel zu einer lebenden Windmühle und beginnt sich sofort zu drehen, wobei eine Linie vom Kopf zum Schwanz die Achse darstellt. ...In dem Apparat, den ich zu verwenden beabsichtige, mache ich von diesem Torsionsprinzip Gebrauch."[23]

Die Gebrüder Wright hatten also herausgefunden, dass ein Vogel durch eine Veränderung des Neigungswinkels an den Enden seiner Flügel eine Rollbewegung steuern konnte. Die eine Flügelspitze wird an der Vorderkante etwas nach oben gedreht, wodurch sich der Auftrieb erhöht. Die Vorderkante der anderen Flügelspitze wird nach unten gebogen und der Auftrieb dadurch verringert. Diese Asymmetrie im Auftrieb erzeugt eine Schräglage, und in dieser Position wirkt der Gesamtauftrieb etwas zur Seite statt direkt nach oben. Diese Seitwärtskraft (eventuell durch das Ruder etwas kompensiert) würde das Flugzeug entlang einer Kurve ziehen. Das Problem war somit, die Flügel zu verdrehen, was die Gebrüder Wright durch die in Abbildung 12.7 wiedergegebene geniale Anordnung von Seilzügen lösten. Diese Formänderung lässt sich leicht an einer rechteckigen länglichen Schachtel, beispielsweise einem Milchkarton ohne die Endstücke, demonstrieren (was sie auch getan haben). Orville sagte mal über das Lernen von Vögeln, „Wenn man den Trick einmal kennt und weiß, wonach man sucht, entdeckt man auch Dinge, die man vorher, als man noch nicht wusste, wonach man gesucht hat, gar nicht wahrgenommen hat". Die einzige größere Veränderung dieses Systems seit der Gebrüder Wright besteht darin, dass man statt der Verdrehung der Flügel heute Klappen oder

Wo Nachahmung gut ging

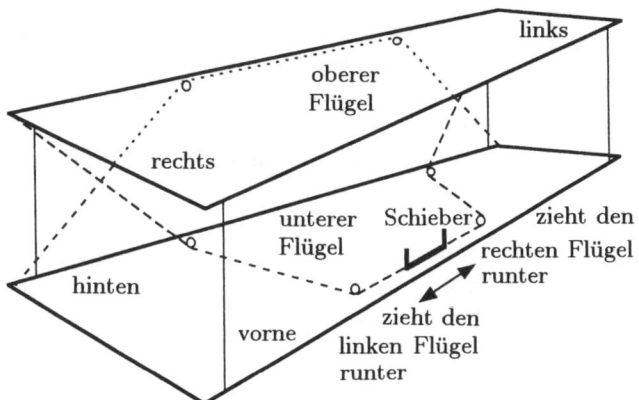

Abbildung 12.7: Das System der Gebrüder Wright zum Verdrehen der Flügel – aus *How We Invented the Airplane*, von Orville Wright.

Querruder verwendet, jeweils eine am hinteren äußeren Flügelende. Das kam den robusten Flügeln der späteren Flugzeuge entgegen. Querruder haben jedoch denselben Effekt. Sie führen zu einer Kurve in Schräglage, indem der eine Flügel gesenkt und der andere angehoben wird.[24]

Wespen und Papier aus Holz. Obwohl die Papierherstellung eine alte Kunst ist, verwenden wir erst seit kurzem Holzfasern als Ausgangsmaterial.[25] Bis ins achtzehnte Jahrhundert wurde fast alles Papier aus Baumwoll- und Leinenlumpen gemacht, doch die erhöhte Nachfrage als Folge einer zunehmenden Bildung und eines umfangreicheren Handels ließ den Nachschub an Lumpen zu einem Problem werden. In England wurden per Gesetz die Toten in Wolle beerdigt, damit Baumwolle und Leinen für die Papierherstellung eingespart werden konnten. Um 1719 schlug der große französische Insektenforscher und Universalgelehrte René-Antoine Réaumur vor, Papier aus Holz zu fertigen, wie die Nester mancher Wespen (*Polistes* und verwandte Arten):

> Die amerikanischen Wespen bilden sehr feines Papier, vergleichbar mit unsrigem; sie entnehmen die Fasern dem gewöhnlichem Holz in den Ländern, in denen sie leben. Sie lehren uns, dass sich Papier aus Pflanzenfasern herstellen lässt, ohne die Verwendung von Lumpen und Leinen, und sie scheinen uns einzuladen, ebenfalls zu probieren, ob wir nicht feines und gutes Papier aus gewissen Hölzern herstellen können... Die Lumpen, aus denen wir unser Papier herstellen, sind kein wirtschaftliches Material, und jeder Papiermacher weiß, dass diese Substanz seltener wird. Der Verbrauch an Papier wächst täglich, doch die Produktion von Leinen bleibt ungefähr dieselbe.[26]

Réaumur selber stellte kein Papier her, doch im Verlauf des folgenden Jahrhunderts versuchten mehrere Leute, Papier aus Holz zu fertigen, und es gibt bescheidene Hinweise, die Réaumur und die Wespen mit diesen Versuchen in Verbindung bringen. Der deutsche Jacob Christian Schäffer fertigte um 1750 Papier aus verschiedenen pflanzlichen Materialien (sogar aus Wespennestern selber) und nur einem kleinen Anteil von Lumpen. Er folgte den Vorschlägen Réaumurs, und seine Abhandlung über die Papierherstellung enthält bemerkenswerte Zeichnungen von ausgewachsenen Wespen, ihren Larven und ihre Nestern. Um 1800 fertigte Matthias Koops (eine ansonsten eher düstere Gestalt) in London Papier aus Stroh und Holz, ohne jegliche Lumpen, und sein Papier eignete sich sogar für Druckerpressen. Er demonstrierte seine Errungenschaft mit einem kleinen Buch, dessen abschließende Seiten auf seinem Papier gedruck waren. Das Thema war – was sonst? – die Geschichte der Papierherstellung. (Kein anderer Bereich der Technologie scheint für seine Dokumentierung so viel Papier zu verbrauchen wie die Papierherstellung.) In diese Buch zitiert er Réaumur und Schäffer als bedeutende Vorläufer mit „Ideen für neue Papiermaterialien".[27] Wespen werden zwar nicht explizit erwähnt, doch eine Verbindung ist plausibel.

Die Wespen haben somit die Voraussetzungen geschaffen, indem sie uns zeigten, was möglich ist: dass Zellulosefasern aus Holz, einem nahezu unbegrenzt vorhandenen Rohstoff, von ihrem Binder – Lignin – getrennt und als zweidimensionale Matten wieder zusammengefügt werden können. Hinsichtlich der praktischen Durchführung waren Wespen allerdings weniger mitteilsam, und den ersten Vorschlägen folgte ein langer und mühsamer Kampf. Nachdem er eine große Mühle gebaut hatte, ging Koop selber bankrott. Trotz des feinen Produkts und der hohen Kosten des Lumpenpapiers konnte Holzpapier noch nicht mithalten. Doch der Fortschritt kam unaufhaltsam, und nach wenigen Jahrzehnten begannen die Papiermühlen die Wälder in Mengen zu verschlingen.

Seidenraupen und extrudierte Textilfasern. Réaumur hatte noch eine weitere Idee, die sich schließlich als praktisch erwies. Kurz vor ihrer Verpuppung produzieren Mottenlarven ein Protein, das wir als Seide kennen. Unmittelbar nach der Extrudierung der Flüssigkeit durch eine feine Öffnung erhärtet das Protein und bildet einem durchgängigen Faden. Die von der Natur für die Kokons der Seidenraupen (die Familie der Nachtpfauenaugen) entworfene Seide wurde von den Menschen schon immer als besonders schöne und kommerziell wertvolle Textilfaser geschätzt. Entweder lösen wir den zerhackten Kokon auf und gewinnen so das Protein als klebrige Substanz (wilde Seide), oder wir haspeln den Faden ab, wie beispielsweise bei der domestizierten Form der Seidenraupe, der *Bombyx mori*. Vorschläge zur künstlichen Gewinnung von Textilfasern nach einem entsprechenden Extruderprozess wurden schon im siebzehnten

Jahrhundert von Robert Hooke und im achtzehnten Jahrundert von Réaumur geäußert. Für Hooke war Seide ein „getrockneter Faden aus Klebstoff" und so spekulierte er, „dass man möglicherweise einen Weg finden könnte, eine künstliche klebrige Verbindung herzustellen, die diesem Exkrement – oder was es auch immer für eine Substanz sein mag, aus der die Seidenraupe ihre Knäuel zieht – sehr ähnlich ist oder vielleicht sogar besser. Falls sich eine solche Verbindung finden ließe, sollte es eine leichte Angelegenheit sein, einfache Methoden zu finden, diese in dünne Fäden zum Gebrauch zu ziehen. Ich brauche den Nutzen einer solchen Erfindung kaum zu erwähnen..."[28]

Hookes „leichte Angelegenheit" erwies sich, gelinde gesagt, als Wunschdenken. Im Verlauf den neunzehnten Jahrhunderts wurde diese Möglichkeit – einen Faden aus einer Öffnung zu extrudieren oder „herauszuziehen" – von mehreren Leuten untersucht. In England extrudierte Louis Schwabe schon 1842 Glasfasern.[29] In der Schweiz zog Georges Audemars im Jahre 1855 Fäden aus „künstlicher Seide" aus Zellulosenitrat. Ein gewisser M. Ozanam schlug 1862 vor, Seide aufzulösen und neu zu extrudieren.[30] Schließlich entwickelte Hilaire de Chardonnet 1880 mit viel Arbeit und hohen Kosten ein kommerziell tragbares Verfahren zur Herstellung von extrudierter künstlicher Seide. Anfänglich handelte es sich allerdings wieder um das gefährliche brennbare Zellulosenitrat. Die Fingerabdrücke der Seidenraupe sind unverkennbar. Schwabe, Audemars und Chardonner hatten alle mit der Seidenindustrie zu tun. Schwabe stellte in seiner Mühle Seide für Königin Victoria her, und Chardonner arbeitete mit Louis Pasteur über Krankheiten der Seidenspinner – ein wenig gewürdigter Zweig der Veterinärmedizin. Chardonner sagte später, dass er „die Arbeit der Seidenraupe so gut wie möglich immitieren wollte".[31]

Zu Beginn des zwanzigsten Jahrhunderts wurden sowohl Viskose- als auch Zelluloseacetatfasern nach dem Extruderprinzip der Seidenraupe (bzw. von Chardonnet) hergestellt, und heute fertigen wir viele andere Fasern auf die gleiche Art. War die Seidenraupe ein nützliches Vorbild? Die Hinweise darauf sind zwar indirekt, aber überzeugend. Beginnen wir mit dem Namen. Die Bezeichnungen für den industriellen Extruder – Spinndüse – und für das Organ der Seidenraupe – Spinndrüse – sind von demselben Begriff – Spinnen – abgeleitet, der ursprünglich von den Insektenforschern[32] von dem gleichnamigen, schon leit langem bekannten Prozess der Herstellung von langen Fäden aus kurzen Fasern übernommen wurde. Er ist aber sowohl für die Spinndüse als auch die Spinndrüse missverständlich, weil dort nichts rotiert, sich dreht, bzw. „versponnen" wird.

Frühe mechanische Spinndüsen hatten tatsächlich sehr viel Ähnlichkeit mit den Spinndrüsen der Insekten – kleine Röhren, die sich zu feinen Öffnungen verjüngten (Abbildung 12.8). Diese Röhren bestanden aus Glas, und die feinen Produkte (mit einem Durchmesser von weniger als einem zehntel Millimeter) konnten nur zu leicht brechen oder verstopfen.[33] Um die Jahrhundertwende

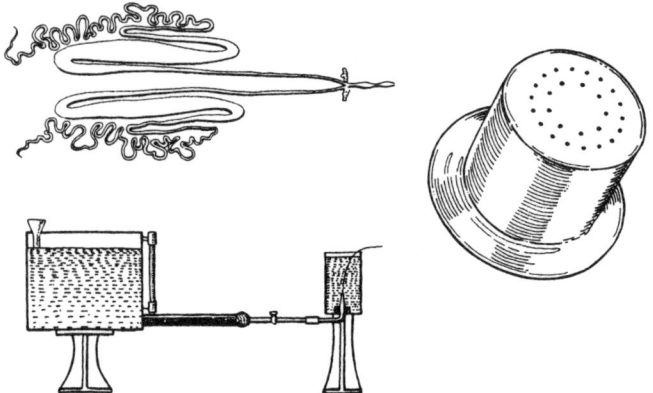

Abbildung 12.8: Seidendrüse und Extruder einer Seidenraupe, eine ältere, sich verjüngende Spinndüse und eine moderne Spinndüse mit mehreren Öffnungen.

kamen Edelmetallextruder mit Mehrfachöffnungen in Gebrauch. Diese fingerhutartigen Teile (vgl. die Abbildung) funktionieren weitaus besser, gehören allerdings mit ihren flachen Oberflächen, auf die hohe Drücke einwirken, nicht zu den Geräten, die man in der Natur antreffen würde. Trotzdem findet man 1930 die folgende Beschreibung:

> Das Verfahren zur Fertigung künstlicher Seide [Viskose, etc.] gleicht dem Prozess zur Erzeugung der wirklichen Seide sehr. Die Seidenraupe spritzt durch zwei Öffnungen unterhalb ihres Mundes Fibroin heraus und zementiert die beiden Fäden mit Sericin zusammen, das gleichzeitig von den Drüsen abgesondert wird. Bei der Herstellung künstlicher Seide entsprechen den Spinndrüsen zwei große Behälter und den Öffnungen feine Düsen. Beim eigentlichen Spinnprozess, d.h. der Umwandlung der viskosen Masse zu Fäden, unterscheidet man gewöhnlich zwischen Trocken- und Nassspinnen... Beim Trockenspinnen werden einzelne Spinndüsen aus dickwandigen Glasröhren verwendet, die zu feinen Kapillaren mit einem Innendurchmesser von 0,08 mm zusammenlaufen, und die einzelnen Fasern werden zu einem Faden verdrillt.[34]

Trommelfell und der Telefontransmitter. In den siebziger Jahren des neunzehnten Jahrhunderts war die telegrafische Kommunikation zur Routine geworden. Doch dem Vorteil einer direkten Verbindung stand der Nachteil gegenüber, ein Morsealphabet verwenden zu müssen, was mit einer langsamen und mühseligen Kodierung und Dekodierung verbunden war. Ein telegrafischer Schaltkreis hat nur zwei Zustände, geschlossen oder geöffnet. (Eine solche binäre Kodierung verwenden auch unsere heutigen Computer, allerdings können sie Millionen Mal schneller zwischen diesen beiden Zuständen hin- und herschalten.) Neben anderen arbeitete auch Alexander Graham Bell an dem Problem, Stimmen an Stelle reiner Telegrafensignale zu übertragen. Bei einem möglichen Mechanismus wurde ein Klang in einzelne Frequenzen zerlegt, die dann entlang paralleler Leitungen übertragen und schließlich von einem

Empfängergerät wieder vereinigt wurden. Die wichtige Erkenntnis von Bell bestand darin, dass ein solcher Aufwand gar nicht notwendig war. Ein einzelnes Gerät konnte alle Frequenzen eines Klangs in ein einziges elektrisches Signal umwandeln. Die Idee dazu hatte Bell von einer entsprechenden biologischen Vorrichtung.

Damals war Bell Professor für Stimmphysiologie an der Universität von Boston. Zusammen mit seinem Vater versuchte er tauben Menschen beizubringen, verständlich zu sprechen, d.h. Klänge hervorzubringen, die sie nie gehört hatten. Er kannte also die physiologischen Aspekte zur Erzeugung und Wahrnehmung von Klängen. Bell erkannte, dass das Trommelfell alle Frequenzen auf einmal verarbeiten kann, obwohl es sich um ein einzelnes Teil handelt. Seine Schwingungen setzen die Knochen im Mittelohr in Bewegung, und diese wiederum stehen mit dem flüssigkeitsgefüllten Innenohr in Verbindung, wo sich die neurale Apparatur befindet. Er selber sagte dazu: „Wenn eine Membran, so dünn wie Papier, die Schwingungen von Knochen steuern kann, die im Vergleich zu ihr groß und schwer sind, warum sollte dann nicht auch eine größere und dickere Membran in der Lage sein, ein Eisenstück vor einem Elektromagneten in Schwingung zu versetzen ... und ein einfaches Stück Eisen am anderen Ende des telegrafischen Schaltkreises mit einer entsprechenden Membran verbunden sein?"[35]

Nicht, dass nun alles glatt lief, doch die Erfindung dieses Mikrofons war der Knackpunkt des Problems. Ein ähnliches Teil diente umgekehrt als Empfänger zur Wiederherstellung des Klangs, wie in Abbildung 12.9, die aus dem vermutlich gewinnbringendsten Patent der Geschichte stammt.[36] Das Gerät funktionierte somit automatisch in beide Richtungen. Obwohl der Transmitter von Bell kurze Zeit später durch das empfindlichere Kohlemikrofon von Thomas Edison ersetzt wurde, lebt sein Empfänger nach wie vor in Kopfhörern und (zumindest im Prinzip) in Lautsprechern fort.

Unser modernes Leben wäre ohne Flugzeuge, billiges Papier, Kunststoffe und Sprachtelekommunikation undenkbar – alles wichtige Dinge. Noch drei weitere Beispiele erfüllen unsere Kriterien für Nachahmung. Allerdings handelt es sich hierbei um aufgabenspezifische Teile ohne große Bedeutung für unseren Alltag.

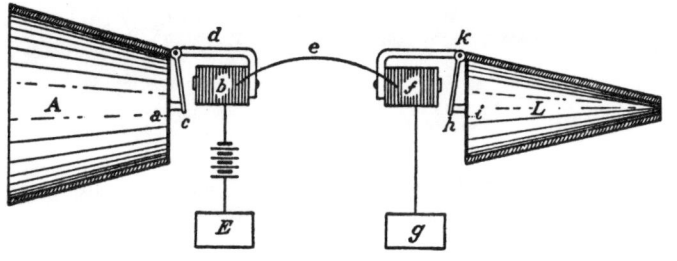

Abbildung 12.9: Bells Zeichnung des Telefontransmitters (oder Mikrofons) und Empfängers.

Stacheldraht. Es ist eine alte Praxis, Viehbestand in Hecken aus dornigen Pflanzen zu halten, insbesondere wenn Holz oder Steine für einen Zaun fehlen.[37] Diesem Problem sahen sich die ersten Siedler in Nordamerika gegenüber, als sie immer weiter westwärts zogen. Die Pflanze der Wahl war ein Strauch, der im Osten von Texas und der näheren Umgebung beheimatet war, der Osagedorn (*Maclura pomifera*), und eine kleine Industrie in den sechziger und siebziger Jahren des letzten Jahrhunderts lieferte das Saatgut in den Norden.[38] Doch dieser dornige Busch hat einige grundlegende Nachteile. Es dauert ungefähr drei Jahre, bis er zu einer effektiven Hecke herangewachsen ist, die grapefruchtgroßen aber nicht essbaren Früchte sind eine Plage, die Hecke konnte nicht an andere Orte transportiert werden und war oftmals lästig, wenn sie nicht mehr gebraucht wurde. Das Patent von Michael Kelly aus dem Jahre 1868[39] für eine frühe Form des Stacheldrahts war recht eindeutig: „Meine Erfindung gibt Drahtzäunen die Eigenschaften einer dornigen Hecke. Ich schlage daher vor, den so gefertigten Zaun als stacheligen Zaun zu bezeichnen." Abbildung 12.10 zeigt die Ähnlichkeit von Pflanzendornen, beispielsweise des Osagedorns, mit der frühen Form des Stacheldrahts.

Der Stacheldraht von Kelly wurde nach 1874 von zwei konkurrierenden, billigeren Zaunmarken verdrängt. Wie bei den Flügeln, den Spinndüsen und den Telefontransmittern garantiert eine naturgetreue Nachbildung noch keinen wirtschaftlichen Erfolg. Die Patente für die neuen Formen hielten Joseph Glidden und Jacob Haish. Oft wird Joseph Glidden sogar als Erfinder des Stacheldrahts angeführt. Und es war mit Sicherheit kein Zufall, dass Haish einen Holzplatz hatte, wo er auch Saatgut des Osagedorns verkaufte. Der Historiker George Basalla meint dazu: „Stacheliger Draht wurde nicht von Menschen erfunden, die Drähte auf irgendeine seltsame Weise verdrehten oder zurecht schnitten. Mit ihm sollte in voller Absicht eine organische Form kopiert werden, die sich als Abschreckung für eine Herde als effektiv erwiesen hatte." Stacheldraht ist immer noch ein großer Erfolg. In den Vereinigten Staaten liegt derzeit der Verbrauch bei über einhunderttausend Tonnen pro Jahr.

Abbildung 12.10: Zweig und Dornen eines Osagedorns, Kellys „stacheliger Zaun" aus dem Jahre 1868 und die Stacheln einer moderneren Ausführung.

Kettensägenzähne. Ein Sägeblatt in Form einer endlosen Kette mit Zähnen auf den Verbindungsgliedern wurde 1858 patentiert. Um 1930 erschienen Kettensägen mit eingebauten Benzinmotoren oder mit Elektromotoren, die von zusätzlichen Generatoren gespeist wurden. Trotzdem verwendete man zum kommerziellen Baumfällen nach wie vor Handsägen. Motorisierte Zugsägen und Kreissägen waren riesige, schwerfällige Geräte, die sich für Arbeiten im Wald kaum eigneten. Kettensägen liefen ungleichmäßig und mussten oft nachgeschärft werden. Selbst mit großen und schweren Motoren schnitten sie nur langsam. Die Anordnung der Zähne (Abbildung 12.11), die sich bei Zugsägen so bewährt hatte,[40] war kaum noch effektiv, wenn sich die Zähne in kleinen, geführten Verbindungsgliedern in ausschließlich eine Richtung bewegten und eine breitere Kerben schnitten.

Um 1940 sah sich ein Maschinist, der damals als Holzfäller arbeitete, die Bohrausrüstung und -technik der Larven eines großen, holzbohrenden Käfers, *Ergates spiculatus*, genauer an. Diese Käfer gehört zu den wenigen Insekten, die Holz verdauen, d.h., sie zerlegen das Zellulosepolymer zu für den Stoffwechsel nützlichen einfachen Zucker. Sie beißen zunächst das Holz mit zwei Kiefern ab, die sich (nach Art der Insekten) seitwärts bewegen, statt (wie bei den Wirbeltieren) auf und ab. Diese amerikanischen Holzkäfer (aus der Unterfamilie Prioninae der Familie der Bockkäfer) haben natürlich sehr robuste Kiefer. Sie sind vom Kopf abgebogen, sodass ihre scharfen Vorderkanten die Wände des Tunnels schneiden können – das Äquivalent zur Unterseite und den Seitenwänden einer Sägekerbe.

Dieser ehemalige Maschinist-Holzfäller, Joseph Cox, entwickelte daraufhin eine Kette mit Schneidern, die in ihrer Form und Lage den Kiefern der Käferlarven glichen. Sie bewegten sich zwar nicht seitwärts und sie zeigten abwechselnd nach rechts und links (benachbarte Paare hätten sofort blockiert), doch sie waren zweifelsfrei käferartig. Diese holzschneidenden Zähne funktionierten so gut, dass heutzutage Millionen von tragbaren Kettensägen diese Konstruktion verwenden und die im Jahre 1947 gegründete Cox Company marktbeherrschend ist. Wenn Sie eine Kettensäge kaufen, stammt die Kette vermutlich aus Oregon.

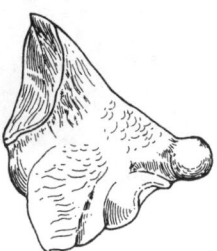

Abbildung 12.11: Die Zähne einer Zugsäge, ein Kiefer eines Holzkäfers, und ein Ausschnitt einer Sägekette mit Schneider und Tiefenfühler.

Klettverschluss. Dieser flexible und anordnungsunabhängige Haken-und-Ösen-Kleber hat seinen sicheren Platz im modernen Leben gefunden und ersetzt so nach und nach Schuhbänder, Knöpfe, Reißverschlüsse, Schnappverschlüsse, Bildaufhänger, Vorhangringe und viele andere einfache, aber altertümliche Haftmittel. Insbesondere leistet er jenen gute Dienste, die durch eingeschränkte manuelle Fähigkeiten gewisse soziale Nachteile erfahren. Für manche von uns hat das Geräusch beim Auseinanderreißen zweier Hälften etwas Zerstörerisches, doch wir werden uns schließlich auch anpassen. Klettverschlüsse haben sich langsamer durchgesetzt als Stacheldraht oder moderne Kettensägen, vermutlich, weil weder ein wirklicher Bedarf noch unausgereifte Vorgängermodelle vorhanden waren. Doch auch sie profitierten von einem Modell aus der belebten Welt.

Um 1948 ärgerte sich der Schweizer Ingenieur und leidenschaftliche Wanderer Georges de Mestral über die Kletten, die nach einem Ausflug in den örtlichen Bergen an seinen Socken und seinem Hund festhingen.[42] Diese Kletten, nach verschiedenen Berichten entweder Spitzklette (*Xanthium*) oder die geöhnliche Klette (*Arctium*), haben winzige Haken an ihren Enden, die sich in allem Fusseligen verfangen, vgl. Abbildung 12.12. Nylon, damals kaum zehn Jahre alt, erwies sich als ideales Material für die Haken. Wenn sie zunächst erhitzt und dann abgekühlt werden, behalten sie auch bei ausgiebigem Missbrauch eine Krümmung. Die Fertigung der Haken erforderte allerdings neuartige Produktionsabläufe. Nylonhaken hatten außerdem den Vorteil, dass sie, anders als natürliche Kletten, wählerischer in Bezug auf den zu ergreifenden Gegen-

Abbildung 12.12: Die behakten Kletten einer Pflanze, *Arctium minus* (mit freundlicher Genehmigung des Herbariums der Duke Universität) und diejenigen eines Klettverschlusses.

stand sind. Daher bestehen Klettverschlüsse meist aus einem Paar zueinander passender Oberflächen – Haken und Ösen. Die Produkte wurden teilweise verbessert, so gibt es Klettverschlüsse aus rostfreiem Stahl (sie sind stärker) sowie geräuschlose Klettverschlüsse (für militärische Zwecke), doch das Grundprinzip hat sich kaum geändert.

Ein üblicher Klettverschluss mit einem Durchmesser von etwas über zehn Zentimetern kann das Gewicht einer Person halten und trotzdem mit einer Hand gelöst werden. Für ihre starke Haftung bei leichter Lösbarkeit nutzen Klettverschlüsse (ebenso wie einige Klebebänder) etwas, das man als dimensionale Reduktion bezeichnet. Die Haftung wirkt gegen eine Kraft, die sich über eine Fläche erstreckt, doch das Lösen erfolgt durch eine Kraft, die entlang einer Linie angreift. Klettverschlüsse kleben in zwei Dimensionen, aber lösen sich in einer. Eine Schere oder ein Reißverschluss arbeitet nach einem ähnlichen Prinzip, doch statt eine zweidimensionale Fläche zu einer eindimensionalen Linie zu reduzieren, wird in diesem Fall eine eindimensionale Linie zu einem nulldimensionalen Punkt reduziert. Der Vollständigkeit halber sollte man erwähnen, dass dimensionale Reduktion auch in der Natur ihre Bedeutung hat. Um an ihre Nahrung zu gelangen, müssen viele Tiere pellen oder reißen, d.h., sie reduzieren eine Fläche zu einer Linie oder eine Linie zu einem Punkt. Eine Katze nutzt so ihre Krallen und eine Raupe schneidet so durch ein Blatt. Umgekehrt haben einige Napfschnecken einen breiten Saum, sodass sie schwerer von einem Felsen gepellt werden können. Und manche Gräser werden durch Längsvenen resistenter gegen ein Abreißen.

Wenn Nachahmung erfolgreich ist – weshalb?

Die bekannten Beispiele reichen noch nicht für eine gute Statistik, doch lassen sich einige Gemeinsamkeiten erkennen, die zwar nicht gesichert sind, aber zumindest in eine Richtung weisen könnten.

Erstens ist reine Imitation selten produktiv. Als George Cayley aus den Umfangsdaten einer Forelle nicht wieder die Form einer Forelle, sondern einen axialsymmetrischen Körper rekonstruierte, war das eine große Abstraktion. Die besten Tragflächen von Horatio Phillips hatten ein besseres Verhältnis von Auftrieb zu Widerstand als sein Krähenflügel. Otto Lilienthals Tragflächen hatten als Querschnitt Kreisbögen, nicht die Querschnitte von tatsächlichen Vogelflügeln. Und auch wenn das Verdrehen der Flügelenden genau dem entspricht, was Vögel machen, so realisierten Wilbur und Orville Wright es doch nicht sehr vogelartig. Außerdem wurde das Verdrehen der Flügel sehr rasch von den Querrudern verdrängt, was dem natürlichen Vorbild noch weniger gleicht. Stacheldraht steht unter Zugspannung und ist somit Kletterpflanzen ähnlicher als Zweigen. Ursprünglich waren die Stacheln kein integraler Bestandteil des Drahtes, sondern an ihm befestigt, und ihre radiale Ausrichtung war auf unbiologische Art fixiert. Die Bewegungen der Zähne bei einer Kettensäge ähneln kaum den Bewegungen von Larvenkiefern. Gemeinsam ist ihnen nur die Form der Schneider, ihre flexible Verbindung zur Säge bzw. zum Kopf und die Stelle im Tunnel bzw. der Kerbe, an der sie schneiden. Klettverschlüsse sind ein paarweise haftendes System, wie Reiß- oder Schnappverschlüsse, während Kletten ein einzelnes Haftsystem darstellen, eher vergleichbar mit manchen Merkzetteln mit Klebestreifen. Nur die eigentlichen Haken bilden das gemeinsame Element. Die Idee, die Inspiration oder die Strategie – wie auch immer man es nennen möchte – stammt von der Natur, nicht die vom Menschen verwendeten Details oder die Ausführung. Praktikabilität scheint irgendwo zwischen allgemeiner Inspiration und exakter Nachahmung zu liegen.

Zweitens verhält sich der Erfolg umgekehrt zu unserer Kenntnis der wissenschaftlichen Grundlagen. Wo unsere Wissenschaft stark ist, hat Nachahmung bestenfalls sehr gezielte Produkte hervorgebracht, wie den Stacheldraht, die Kettensäge oder den Klettverschluss. Doch wo unsere Wissenschaft schwach ist, kann Nachahmung zu Produkten mit einer sehr breiten Verwendbarkeit führen. Vor dem zwanzigsten Jahrhundert war die Fluidmechanik ein düsteres Geschäft; stromlinienförmige Körper, gewölbte Tragflächen und Querruder konnten daher nicht aus ersten Prinzipien abgeleitet werden. Wie Cayley betonte, war Nachahmung das Beste, was man unter diesen Umständen machen konnte. Elektrische Signale mit komplizierten Wellenformen waren damals weitgehend unbekannt, die Würdigung des Trommelfells brachte der Technologie somit einen Vorsprung zur Theorie. Papierherstellung und Faserextrudierung benötigen ein komplexes Gemisch aus Festkörpermechanik, Fluidmechanik und Chemie, doch diese Form der Komplexität kümmert die natürliche Auslese wenig. Die Natur kann also nützliche Hinweise geben, sowohl in Bezug auf das, was möglich ist, als auch auf die Art der Vorgehensweise.

Der dritte und wichtigste Punkt bezieht sich auf die Unterschiede zwischen beiden Technologien. Die Natur ist typischerweise winzig, nass, nichtmetallisch, unberädert und flexibel. Die Technologie des Menschen ist meist das Gegenteil: groß, trocken, metallisch, berädert und hart. Wenn sich die eine Technologie in den Bereich der anderen vorwagt, kann Nachahmung vielversprechend sein. Für natürliche Strukturen sind Dornen und Käferkiefer besonders hart, sie entsprechen also eher unseren Werkstoffen. Unter den vom Menschen gefertigten Teilen sind Klettverschlüsse vergleichsweise flexibel, wir nähern uns hier also einer Welt, deren Möglichkeiten von der Natur wesentlich intensiver durchforstet wurden.

Der fliegende Mensch – ein typisches Beispiel

Im Nachhinein lassen sich Erfolge immer leicht erklären. Um einer solchen nachträglichen Befangenheit vorzubeugen, betrachten wir ein ganz spezielles menschliches Unternehmen. Die Geschichte der Fliegerei enthält viele Beispiele einer erfolgreichen Nachahmung, aber auch viele Misserfolge. Selbst wenn wir die vollkommen absurden Ereignisse – beispielsweise Menschen, die mit improvisierten Flügeln von Scheunendächern springen[43] – einmal beiseite lassen, ergibt sich immer noch eine recht vielschichtige Geschichte. Den einen Teil dieser Geschichte beschrieb Hiram Maxim im Jahre 1909. Er hatte gerade sehr viel Geld, das er mit der Herstellung von Maschinengewehren verdient hatte, in ein auffallend großes und erfolgloses Fluggerät investiert: „Der Mensch ist im Wesentlichen ein Landbewohner, und hätte die Natur ihm nicht unzählige Beispiele von Vögeln oder Insekten, die fliegen können, vorgesetzt, dann wäre er wahrscheinlich niemals auf die Idee gekommen, das Fliegen selber zu versuchen."[44] Die andere Seite der Geschichte ist, dass fliegende Organismen sich oftmals als besonders schlechte Vorbilder erwiesen.[45] Auch dazu bemerkt Maxim: „Die erfolgreiche Lokomotive basiert nicht auf der Imitation eines Elefanten."[46] Nicht nur wegen seiner nichtschlagenden Flügel war das Flugzeug der Gebrüder Wright ausgesprochen unvogelartig: Es waren propellergetriebene Doppeldecker mit horizontalen Stabilisationen vorne und großen vertikalen Steuerflächen hinten. Zur Unterstreichung meiner Behauptung, dass die Vorgaben der Natur für den Menschen zweischneidig sein können, möchte ich einige spezifische Aspekte des Flugzeugbaus untersuchen.

Die Verwendung derselben Struktur zur Erzeugung sowohl einer aufwärts gerichteten als auch einer vorwärts treibenden Kraft eignet sich nur für einen kleinen Flieger mit einer geringen Flügellast. Dieses Argument aus Kapitel 10 war bereits gegen Ende des neunzehnten Jahrhunderts bekannt. Außerdem ist die typische Bewegung der Natur – rauf, runter, rauf, runter – für unsere Motoren mit ihren hohen Leistungen ziemlich schwerfällig. Ein einzelnes Paar schlagender Flügel ist für den Flug des Menschen nicht geeignet. Kein erfolgreiches Flugzeug funktioniert nach diesem Prinzip. Lilienthal plante, seinen Gleiter mit einem Motor auszurüsten, der die Flügel über zwei hydraulische oder pneumatische Zylinder zum Schlagen bringen sollte. Es ist sehr zweifelhaft, ob Lilienthal die erste motorgetriebene Flugmaschine geflogen hätte, auch ohne seinen tödlichen Unfall.

Die meisten frühen Entwürfe von Flugmaschinen hatten vogel- oder fledermausartige Flügel; sie waren sogar eher kürzer und breiter als ihre tierischen Vorbilder. Abbildung 12.13 zeigt ein Beispiel. Doch unter sonst gleichen Bedingungen erhält man das günstigere Verhältnis von Auftrieb zu Widerstand für längere Flügel, eine Tatsache, die vor einem Jahrhundert noch nicht selbstverständlich war. Vogel- und Fledermausflügel sind Kompromisse: Kurze Flügel

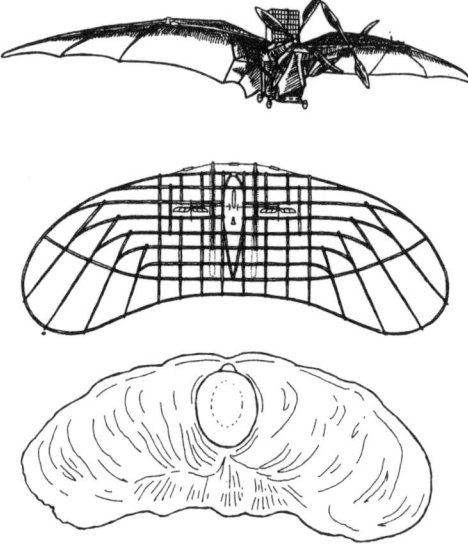

Abbildung 12.13: Clément Aders fledermausartige Flugmaschine aus dem Jahre 1890, der einen angetriebenen Sprung machte; der Flügel (von oben) von Igo Etrichs Flieger aus dem Jahre 1906, der die gleitende Frucht der javanesischen Magnolie kopiert, und die gleitende Frucht selber.

lassen sich vermutlich leichter schlagen, verleihen eine bessere Manövrierfähigkeit und werden besser mit unregelmäßigen Luftströmungen fertig. Etwas weniger Nachahmung der Tiere und dafür mehr Experimentierfreudigkeit mit isolierten Flügeln hätte hilfreich sein können.

Unser größter Irrtum aus der Beobachtung der Tiere war vermutlich, dass die Steuerung eines Fluges kein Problem sei. Allgemein bei Fortbewegungsmaschinen und ganz speziell bei einem Flugzeug sind Manövrierfähigkeit und Stabilität zwei entgegenlaufende Eigenschaften. Alle drei der heute noch existierenden Abstammungslinien fliegender Tiere sind außerordentlich alt und somit hatten sie, wie der Evolutionsbiologe John Maynard Smith[47] betont, sehr viel Zeit, instabil zu werden. Sie hatten die Zeit, ein neurales System zu entwickeln, das mit dieser Instabilität fertig wird und das sie trotzdem sehr manövrierfähig hält. Manövrierfähigkeit wird für Tiere fast immer ein Vorteil sein, denn entweder handelt es sich um Luftraubtiere oder um Beutetiere von Luftraubtieren, oder sie fliegen zwischen Hindernissen bzw. gleiten durch atmosphärische Unregelmäßigkeiten.

Hinsichtlich der Nachahmung von Vögeln vertrat Lilienthal einen besonders einseitigen Standpunkt. In seinem Buch über den Vogelflug beschreibt er seine Philosophie: „... Der natürliche Vogelflug nutzt die Eigenschaften der Luft in solcher Perfektion und enthält solch wertvolle mechanische Eigenschaften, dass jedes Abweichen von diesen Vorteilen gleichbedeutend mit der Aufgabe jeder praktischen Flugmethode wäre." Auf fatale Weise war er auf seinen extrem vogelartigen und instabilen Gleiter fixiert. Die Instabilität von Lilienthals Flieger beunruhigte den älteren Octave Chanute, der schon früher mit Gleitern experimentiert hatte. Vögel haben beispielsweise eine horizontale Schwanzfläche, keine vertikalen Ruder, da sie allein mit ihren Flügeln ihre Seitwärtskurven ausreichend steuern können. Bei vielen hoffnungsvollen Fluggeräten, die zwischen 1880 und 1905 gebaut wurden, waren vertikale Schwanzflächen daher sehr klein oder fehlten ganz.

Etwas später übertrieb man bei anderen Flugzeugen in die entgegengesetzte Richtung. Sie waren so stabil, dass sie kaum noch gesteuert werden konnten. Zumindest eines von ihnen kopierte dabei einen anderen natürlichen Flieger. Tiere können mit ihren feinen Sinnesorganen und schnellen Rückkopplungsschleifen wunderbare Sachen machen, die Pflanzen offensichtlich vorenthalten sind. Gleitende Pflanzenteile müssen daher sehr stabil sein. Die Flügelfrüchte eines Ahornbaumes, die bereits als Alternative zu einem Fallschirm erwähnt wurden, gleiten schraubenförmig herab. Dieses Gleiten verlangsamt ihre Sinkbewegung, sodass der Wind sie weiter von ihrem Baum wegtragen kann. Einige Früchte gleiten geradlinig und erreichen so auch ohne Wind einen großen Abstand von ihrem Mutterbaum. Dazu zählt unter anderem die Frucht der javanesischen Magnolie, ein fliegender Flügel, der in der ruhigen Luft in den Wäldern Südostasiens zur Erde gleitet (Abbildung 12.13). Nach Lilienthals Tod kauften Ignaz und Igo Etrich seine restlichen Gleiter. Angeregt (erschreckt?) durch deren Instabilität wurden sie zu Verfechtern extrem stabiler Flieger. Vom Botanischen Museum in Hamburg erhielt Igo Flügelfrüchte und kopierte sie für eine Reihe von Flugkörpern – zunächst unbemannt, dann bemannt und schließlich motorisiert. Doch als Gleiter waren sie unhandlich stabil und praktisch manövrierunfähig. Schlimmer noch, sie vereinigten in sich die schlechten Eigenschaften beider Welten, denn nach der Installation der Motoren ging auch der größte Teil der Stabilität verloren.[48]

Schließlich wurde deutlich, dass ein Flugzeug, anders als ein Vogel, bereits in sich so stabil sein muss, dass der Pilot nicht ständig gefordert ist. Gleichzeitig sollte es aber auch nicht zu stabil sein, sodass es, anders als eine gleitende Frucht, noch steuerbar ist. In modernen Flugzeugen ist dieser Kompromiss recht gut realisiert. So beschreibt ein ehemaliger Kollege, Molly Bernheim, seine Erfahrungen aus der Flugschule: „Bevor ein Pilot sicher fliegen kann, muss er eine sehr schwierige Lektion lernen, eine, die all seinen natürlichen Instinkten zuwider läuft. Ein Sturz kopfüber nach unten? Zurückziehen wird nicht helfen. Man muss den Knüppel loslassen, damit es sich nach vorne bewegt. Ein Flügel, der nicht hochkommt? Lass laufen! Das Flugzeug weiß sich besser zu helfen als du es kannst! Lass es los! Dann, und nur dann, kannst du es sanft dorthinführen, wo du es hin haben möchtest."[49]

Ein Bereich ist allerdings anders. Kleine militärische Hochleistungsflugzeuge sind absichtlich instabil, um so eine bessere Manövrierfähigkeit zu erreichen. Doch ihre Piloten empfinden sie als stabil, weil sie eine wichtige Eigenschaft der Fliegerei bei Tieren übernommen haben. Moderne Steuertechnologie, d.h. Sensoren und Verstellorgane, die durch schnelle Rückkopplungsmechanismen miteinander verbunden sind, geben ihnen das Beste von beiden Welten.[50] Der Pilot trifft die strategischen Entscheidungen, die taktischen Einzelheiten werden von Servomechanismen übernommen, ebenso, wie ein Säugetier oder ein Vogel die Steuerung zwischen der Exekutive im Gehirn und dem mittleren Management des übrigen zentralen Nervensystems aufteilt.

Eine zu enge Nachahmung der Natur hat sich bei mindestens einer weiteren Fortbewegungsart als nicht segensreich erwiesen. Meist lernen wir, dass Robert Fulton im Jahre 1807 das Dampfboot erfunden habe. Tatsächlich gab es zu dieser Zeit bereits Dampfboote, und Fulton wusste davon. Er hatte einen besseren Motor (von Boulton und Watt in England) und einen besseren finanziellen Rückhalt, doch der Hauptvorteil seines Bootes lag in einer sehr unbiologischen Vorrichtung: dem rotierenden Schaufelrad. Das Boot von James Rumsey aus dem Jahre 1787 verwendete einen dampfgetriebenen Kolben zur Erzeugung eines pulsierenden Strahls wie bei einem Kalmar. Das Wasser wurde unterhalb des Bugs eingesaugt und kraftvoll am Heck wieder herausgestoßen. Ein Kolbenmotor bewegt sich von selber hin und her, sodass wenige Ventile genügen, um einen pulsierenden Spritzer anzutreiben. Doch Rumseys Boot hatte das gleiche Problem wie ein Kalmar: den geringen Antriebswirkungsgrad aufgrund eines niedrigen Massenausstoßes mit hoher Geschwindigkeit. Das Boot von John Fitch aus dem Jahre 1790 verwendete Paddel am Hinterteil des Schiffes, die sich vor und zurück bewegten und dabei abwechselnd in das Wasser eintauchten und es nach hinten wegstießen, wie ein Mensch im Kraulstiel mit Entenfüßen als Händen. Schaufelräder, zunächst hinten, später an den Bootsseiten, waren einfacher, effektiver und effizienter.[51]

Dieses Kapitel war skeptisch und polemisch. Doch das hier zum Ausdruck gebrachte Unverständnis gegenüber übertriebener Romantik und Selbsttäuschung lässt sich kaum in helleren Farben zeichnen. Historiker müssen zurückschauen, doch Wissenschaftler schauen üblicherweise in die Zukunft. Bei all dieser Entglorifizierung sollte eine positive Nachricht jedoch nicht verloren gehen: Erfolgreiche Nachahmung mag selten sein, doch es gibt gute Beispiele. Hier geht es nicht um blinde Nachahmung, doch manchmal können wir auch mehr als das. Und noch ein gutes Argument: Je mehr unsere Technologie bestimmte charakteristische Züge der natürlichen Technologie annimmt – flexiblere Materialien und Strukturen, zunehmende Miniaturisierung, größere Verwendung von nichtmetallischen Werkstoffen und so weiter –, umso häufiger kann die Natur zu einem nützlichen Lehrmeister werden.

Kapitel 13

Nachahmung – Gegenwart und Zukunft

Geschichte ist kein Schicksal. Wäre sie es, dann hätten wir 1875 gewusst, dass Städte dem Untergang geweiht sind und der stetig anwachsende Berg an Pferdemist um 1925 die Städte vollständig überflutet haben wird. Wir haben auf die Vergangenheit geschaut; die Lehren für die Zukunft hinsichtlich einer Nachahmung der Natur sind widersprüchlich und unzuverlässig. Wir können kaum mehr als sachlich begründete Vermutungen aufstellen. Bioemulation sorgt für Schlagzeilen – zumindest wird viel Werbung dafür betrieben –, doch Ausgeglichenheit und Verhältnismäßigkeit waren noch nie die Kennzeichen des Tagesjournalismus.

Ein gemischter Korb voller „Vielleicht"

Probleme der scheinbar erfolgreichen Nachahmung: Eine Nachahmung funktioniert vielleicht, hat aber nicht genügend Vorteile gegenüber einer Alternative. Oder es wurde fälschlicherweise angenommen, dass sie funktioniert habe. Oder die „Natur-Kopie" funktioniert, doch dann stellt sich heraus, das es sich gar nicht um eine Nachahmung gehandelt hat. Es folgen jeweils Beispiele um gezielt Öl auf das Feuer der Skeptiker zu gießen. Die Konzentration der Beispiele aus dem Bereich der Fluidmechanik spiegelt die Erfahrungen des Autors wieder; es handelt sich nicht um den gegenwärtigen Forschungsschwerpunkt auf dem Gebiet der Biomemulation.

Gedärme und peristaltische Pumpen. Unser Darm ist gleichzeitig seine eigene Pumpe, die einen Brei aus halbverdautem Essen vorandrückt. In einem

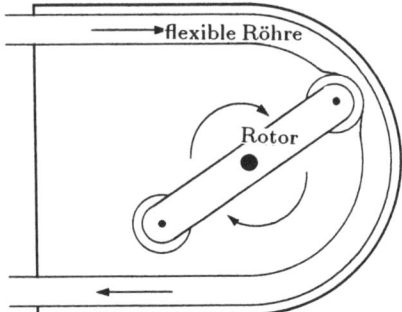

Abbildung 13.1: Die Hauptbestandteile einer modernen peristaltischen Pumpe. Sie wird über einen Riemen und eine Scheibe direkt hinter der Zeichenebene angetrieben. Die Ausführung von John Kitchen unterschied sich hauptsächlich darin, dass sie nur eine statt zwei periphäre Rollen hatte und an der zentralen Achse eine Handkurbel.

Prozess, den man als Peristaltik bezeichnet, laufen Wellen von ringförmigen Muskelkontraktionen unseren knapp sieben Meter langen Dünndarm und den drei Meter langen Dickdarm entlang. Das Ganze ähnelt der Art, mit der wir eine fast leere Zahnpastatube von unten her ausdrücken. Die Verdauungssysteme von Tieren verwenden fast ausschließlich diese Form des Pumpens, und selbst die Kreislaufsysteme vieler Würmer pumpen peristaltisch. Peristaltische Pumpen – dieser Name wurde der Physiologie entlehnt – finden manchmal auch in der menschlichen Technologie Verwendung, insbesondere bei biomechanischen Verfahren; ein Beispiel zeigt Abbildung 13.1. Gemeinsam ist den verschiedenen Ausführungen, dass Teile eines elastischen Schlauchs zusammengepresst werden und so der Inhalt mitgeführt wird. Peristaltische Pumpen haben zwei Vorteile. Von Wasser bis hin zu einem zähen Brei kann die Viskosität des gepumpten Materials beliebig sein, ohne dass sich die Pumprate ändert – eine alltägliche Erfahrung für jeden von uns. Außerdem muss das Material den elastischen Schlauch während des Pumpvorgangs nicht verlassen, was eine Verunreinigung durch Kontakt mit dem Rest der Pumpe verhindet und eine sterile Handhabung erleichtert. Abgesehen davon bereiten peristaltische Pumpen nur Ärger. Die elastischen Schläuche müssen oft ausgetauscht werden, und im Vergleich zu anderen Pumpen sind sie sehr ineffizient. Die Verformung des Schlauchs kostet viel Energie, die nicht wieder zurückgewonnen wird.

Ist die peristaltische Pumpe eine Kopie der Peristaltik in der Natur? Der Name suggeriert eine Nachahmung, doch die Tatsachen deuten in eine andere Richtung. Im Jahre 1894 patentierte der britischer Erfinder John G. A. Kitchen eine Pumpe, die unseren heutigen sehr ähnlich war, allerdings unter anderem Namen. Er dachte dabei an ein handgetriebenes, tragbares Gerät zum Aufpumpen von Fahrradschläuchen. Der langsame und seltene Gebrauch würde die Gummischläuche durch das wiederholte Zusammendrücken auch nicht so schnell verschleißen lassen.[1] Der heutige Name beruht vermutlich (vielleicht zu Werbezwecken) auf ihrem Gebrauch durch eine biomedizinische Gesellschaft.

Delfine und Unterseeboote. Eine nette Geschichte erzählt, wie das nahezu widerstandsfreie Schwimmen der Delfine entdeckt und schließlich nachgeahmt wurde. Mitte der dreißiger Jahre des zwanzigsten Jahrhunderts berechnete Sir James Gray, einer der Begründer der modernen Biomechanik, wie hart ein Delfin bei seiner Höchstgeschwindigkeit arbeiten muss, und er fand ein sehr seltsames Ergebnis. Abhängig von Faktoren wie Körpergröße, Geschwindigkeit, Glattheit und Form kann die Strömung um einen Körper entweder laminar oder turbulent sein. Grays Berechnungen ergaben, dass die Muskeln eines Delfins nur dann die Kraft für seine Geschwindigkeit aufbringen können, wenn die Strömung um seinen Körper laminar ist; eine turbulente Strömung würde zu viel Widerstand verursachen. Doch ein so großer und schneller Körper wie der eines Delfins erzeugt normalerweise eine turbulente Strömung. Dieses Ergebnis wurde als Gray'sches Paradoxon bekannt.

Ungefähr zwanzig Jahre später behauptete Max Kramer, dass Delfine ihre laminare Strömung durch ihre weiche, nachgiebige Haut aufrecht erhalten, die das Einsetzen von Turbulenzen dämpft, und sein Lamiflo Mantelsystem für Unterseeboote habe den gleichen beeindruckenden Effekt. Leider hat die Geschichte einige Lücken. Erstens wissen wir, dass Gray die Muskelkraft von Säugetieren unterschätzt und die maximale Dauergeschwindigkeit von Delfinen überschätzt hat. Selbst mit einer turbulenten Strömung sollte ein Delfin zurechtkommen. Zweitens wurde nie bewiesen, dass Delfine in der von Kramer behaupteten Weise funktionieren, obwohl sie tatsächlich eine weiche Haut haben und das Wasser beim Schwimmen erstaunlich wenig zu stören scheinen. Und schließlich hat das Lamiflo Mantelsystem niemals die versprochene Reduktion des Widerstands erbracht.[2]

Fischschleim zur Herabsetzung des Widerstands. Versetzt man Wasser mit Substanzen aus großen Molekülen, so nimmt seine Viskosität zu und es fließt nicht mehr so leicht. Unter gewissen Umständen tritt jedoch auch das Gegenteil ein. Gibt man zu einer turbulenten Strömung kleine Mengen eines langen, linearen, löslichen Polymers, so kann die Reibung herabgesetzt und die Strömung durch ein Rohr oder um einen Körper herum beschleunigt werden. Manche Fische scheinen gelegentlich solche Polymere einzusetzen und während des Schwimmens Schleim in das Wasser abzugeben. Fischschleim und andere biologische Polymere können den Widerstand für eine Strömung um einen Fisch, durch ein Rohr oder um einen Testkörper vermindern. Will man diesen Trick jedoch praktisch nutzen, muss das Polymer ständig nachgeliefert werden, da die Strömung es von der jeweiligen Oberfläche wegträgt. Sogar Fische stoßen dieses Polymer vermutlich nur während einer sehr kurzen Beutejagd aus. Und obwohl sich sehr viele Untersuchungen auf Fische konzentriert haben, die dieses Prinzip verwenden, scheint die ursprüngliche Entdeckung und Erforschung der Reibungsreduktion durch Polymerzugabe gar nicht von biologischen Systemen ausgegangen zu sein. Sie ergab sich bei Untersuchungen von sogenannten nichtnewtonschen Fluiden, komplizierten flüssigen Systemen, deren Viskosität weder zeitlich noch räumlich konstant ist.[3]

Haifischschuppen. Nicht alle Fische sind glitschig. Haifischhaut beispielsweise fühlt sich wie mittelstarkes Schmirgelpapier an. Bei genauerer Betrachtung erkennt man auf der Oberfläche der Haifischschuppen Rillen, die parallel zur lokalen Strömungsrichtung verlaufen. Diese Rillen sind sehr klein, liegen weniger als ein zehntel Millimeter auseinander und sind noch weniger tief, doch sie scheinen sich unabhängig voneinander bei verschiedenen Arten besonders schneller Haifische entwickelt zu haben. Experimente mit künstlichen Ausführungen zeigten zumindest so gute Ergebnisse, dass daraus eine kommerzielle Mantelung für Hochleistungsrennyachten entstanden ist. Doch diese Mantelung reduziert die Oberflächenreibung nur um maximal 10 Prozent, meist wesentlich weniger, und außerdem ist die Oberflächenreibung bei Schiffen nicht so wichtig wie der Wellenwiderstand. Es ist auch immer noch nicht ganz geklärt, ob Haie ihre Rillen tatsächlich zur Herabsetzung des Widerstands nutzen.[4]

Noch eine abschließende Bemerkung: Wir lernen Dinge häufiger vom Hörensagen, als wir unseren Studenten gegenüber zugeben. In letzter Zeit hat diese informelle Art der Informationsgewinnung durch das Internet eine ganz neue Dimension erfahren. Ich habe bei mehreren Internet Newsgroups[5] erklärt, dass ich nach erfolgreichen Emulationen der Natur suche. Ich habe meine Beispiele und die Richtlinien, an die ich mich hielt, dort erläutert. Einige der hier erwähnten Geschichten entstammen den Antworten, und ich erhielt eine wunderbare Einführung in ein noch andauerndes Projekt. Außerdem bin ich nun weitaus zuversichtlicher, keine wichtigen Dinge übersehen zu haben.

Was verspricht die gegenwärtige Forschung?

Noch nie waren mehr Leute hinter der Biomimetik her als heutzutage. Darüber hinaus finden wir heute sorgfältige und systematische Untersuchungen von lebenden Systemen im Zusammenhang mit Versuchen einer Emulation. Eine wachsende Zahl von Leuten kennt sich auf beiden Seiten der Straße aus: Biomechanik und Technik. Die bisherige Geschichte der Naturnachahmung war zwar nicht verhängnisvoll, aber heute hat sie zumindest nicht mehr diesen Charakter von Glückstreffern. Es ist eine warnende Geschichte, aber keine Tragödie. Im Folgenden schildere ich einige Forschungsgebiete, So folgen denn einige Unternehmungen, für die biomimetisches Denken neuerdings an Bedeutung gewonnen hat.[6]

Nanotechnologie. Ausgehend von Molekülen und Zellen baut die Natur ihre Produkte auf; wir gehen meist anders vor. Doch einige Dinge lassen sich auf diese Weise leichter herstellen. Unser Körper setzt beispielsweise die verschiedenen Aminosäuren, aus denen unsere Proteine bestehen, nach dem genetischen Code in einer vorbestimmten Reihenfolge aneinander, statt ein Gemisch aus identischen Molekülen zusammenzubrauen, die sich dann in einer zufälligen Folge verbinden. Bei der Fertigung von Verbundwerkstoffen wie Knochen setzt unser Körper die verschiedenen Komponenten genau an die richtige Stelle, statt die Bestandteile einfach zu mischen und das Ganze aushärten zu lassen. Eine Möglichkeit für die Technologie des Menschen, ebenfalls von Molekülen ausgehend aufzubauen, besteht darin, Mikroorganismen mit eingepflanzten DNA-Teilen nach unserer Wahl als Wirtsfabriken einzusetzen. Genau das geschieht bereits bei der Herstellung kleiner Mengen menschlichen Insulins und anderer sehr wertvoller biologischer Moleküle. Im Prinzip steht einer Herstellung von normalen oder auch modifizierten Strukturproteinen nichts im Wege – nichts, außer der Wirtschaftlichkeit. Solche Produkte müssten schon gewaltige Vorteile gegenüber gewöhnlichen Polymeren haben, damit sich eine tonnenweise (statt grammweise) Herstellung selbst mit den besten Mikroorganismen lohnen würde. Doch wo könnten die Vorteile liegen? Möglicherweise in der Medizin, wo wir höhere Kosten in Kauf nehmen. Beispielsweise möchten wir vielleicht Dinge herstellen, die der Körper mit seinem Immunsystem wie ein eigenes Teil akzeptiert. Bakteriell synthetisiertes menschliches Insulin hat diesen Vorteil. Oder man stelle sich feste Prothesenmaterialien vor, die nicht nur vom Körper akzeptiert werden, sondern die auch an seinem Wachstums- und Ersetzungsprozess teilnehmen. Eine andere Anwendung dieses molekülweisen Aufbaus besteht in der Entwicklung großer Moleküle, die sich dann von selbst zu mikroskopischen Strukturen wie Mikrotubuli und andere Zellkomponenten zusammensetzen.[7]

Muskelanaloga. In der Technologie des Menschen gibt es nur wenige Maschinen, die über Kontraktion arbeiten. Muskeln sind solche Maschinen. Sie arbeiten bei Zimmertemperatur, sind aus weichem Material und können in beliebig kleinen Ausführungen hergestellt werden. Es spricht nichts gegen eine Entwicklung muskelartiger Geräte, die chemische in mechanische Energie umwandeln können. Solche Geräte haben bisher nur noch nicht den Stand einer praktischen Anwendbarkeit erreicht. Alles, was einem Muskel wirklich ähnlich wäre, benötigte jedoch eine gut entwickelte Nanotechnologie zu seiner Herstellung. Wie ähnlich unsere Geräte einem Muskel sein sollten, ist noch unklar. Ein Muskel ist zwar etwas Feines, doch es handelt sich um eine Maschine, die nur bei vergleichsweise kalten Temperaturen funktioniert und in einer feuchten Umgebung. Von einer direkten Ersetzung von Körperteilen abgesehen, wollen wir jedoch nicht unbedingt nur bei Zimmertemperatur und unter Wasser arbeiten.[8]

Verbundwerkstoffe. Knochen, Zahnschmelz, Korallen, Holz – die Natur beherrscht die Fertigung hierarchischer und zusammengesetzter Materialien so gut, dass wir auf jeden Fall in der Lage sein sollten, von ihren Produkten zu lernen. Auf diesem Gebiet wird derzeit tatsächlich besonders intensiv gearbeitet. Muschelschalen könnten uns einiges über Cermet – Metall-Keramik-Verbundwerkstoffe – lehren. Die äußere Hautschicht von Käfern – Kutikula – scheint aus einer besonderen Verbindung von Fasern mit einer Grundsubstanz aufgebaut zu sein. Die harten Teile von Seeigeln und anderen Stachelhäutern bestehen anscheinend aus einzelnen Calcit-Kristallen, doch sie haben noch ein Protein eingebaut, durch das sie außerordentlich bruchfest werden. Und so geht es weiter, von Verbundwerkstoffen zu großen Strukturen aus Bambusstäben und Weichtierzähnen. Selbst wenn eine unmittelbare Nachahmung erst mit einer effektiveren Nanotechnologie möglich sein sollte, werden Produkte mit Komponenten, die auf natürliche Weise vorsynthetisiert wurden, in absehbarer Zukunft Wirklichkeit werden. Ein dem Holz nachempfundenes Produkt wurde bereits patentiert und kann mit heutigen Methoden hergestellt werden. Es findet bei der Fertigung von Wellpappe Verwendung.[9]

Intelligente Materialien. Muskel, Knochen, Holz, Haut und einige andere natürliche Materialien passen ihre Zusammensetzung oder Menge den äußeren Belastungen an. Diese Möglichkeit zu einer belastungsabhängigen Umstrukturierung beruht auf der Fähigkeit, Belastungen wahrzunehmen – auf einer sensorischen Physiologie von Knochen, Baumstämmen, Blutgefäßen und anderen Strukturen, denen wir gewöhnlich die Fähigkeit von Wahrnehmung absprechen. Sensorische Systeme gehörten eigentlich immer in den Bereich der Neurobiologie, doch bei diesen organischen Materialien spielen neuronale Rückkopplungen keine oder nur eine unbedeutende Rolle. Die Belastung bestimmter lebender Materialien wie Knochen oder Holz löst elektrische Veränderungen in ihnen aus. Dieses Phänomen der sogenannten Piezoelektrizität war seit langem für Kristalle und synthetische Keramiken bekannt. Übt man auf solche Materialien einen Druck aus, so treten elektrische Ladungen an die Oberfläche. Wir verwenden die Piezoelektrizität zur Umwandlung mechanischer Veränderungen in elektrische Signale, beispielsweise bei Schallplattennadeln und Mikrofonen. Etwas für den Biologen Ungewöhnliches ist somit für den Techniker bereits altbekannt, und piezoelektrische Wahrnehmung sollte sich leichter emulieren lassen als neuronale Wahrnehmung. Trotzdem ist die Wahrnehmung nur ein Element eines Rückkopplungssystems. Es muss auch die Fähigkeit zur Informationsverarbeitung und zum Handeln vorhanden sein. Die Wahrnehmung von Hunger nutzt uns gar nichts ohne die Mechanismen zur Aufnahme von Nahrung. Diese anderen Elemente – wie z.B. elektrische Ladungen Wachstum auslösen können – bleiben nach wie vor ein Rätsel. Die Fertigung responsfähiger Materialien ist daher alles andere als einfach. Trotzdem wäre es ein großer Vorteil, wenn wir

Material gezielt dorthin bringen könnten, wo ein Ausgleich für Abnutzungen oder Belastungsänderungen notwendig ist.[10]

Roboter. Roboter, insbesondere industrielle Roboter, sind heute von besonderem Interesse. Abgesehen von der Filmindustrie denkt allerdings kaum jemand ernsthaft über Roboter in Menschengestalt nach, doch Menschen haben eine beneidenswerte Geschicklichkeit und Tastfähigkeit. Eine schwierige Aufgabe, die ein guter Roboter beherrschen sollte, besteht darin, zarte und nicht starre Objekte aufzunehmen und gezielt zu platzieren. Menschen können das sehr gut. Sie verwenden dafür mit Gelenken versehene Gliedmaßen sowie eine Kombination aus Gesichts- und Tastsinn und propriorezeptiven Sensoren (die einem sagen, wo sich die verschiedenen Teile zu einem bestimmten Augenblick befinden). Bisher wurden verschiedene mehrgelenkige, handartige Manipulatoren gebaut, wobei die Ausführungen der Natur (ebenso wie bei Flugzeugen, Verbundwerkstoffen und intelligenten Materialien) uns immer daran erinnern, was alles möglich ist. Ein interessanter Entwurf verwendet statt der mit Gelenken versehenen Gliedmaßen flexible, pneumatisch aufblasbare Strukturen (vgl. Abbildung 13.2). Hier werden zur Handhabung zerbrechlicher Gegenstände die muskulären Hydrostaten von Tentakeln, Zungen und Elefantenrüsseln kopiert.

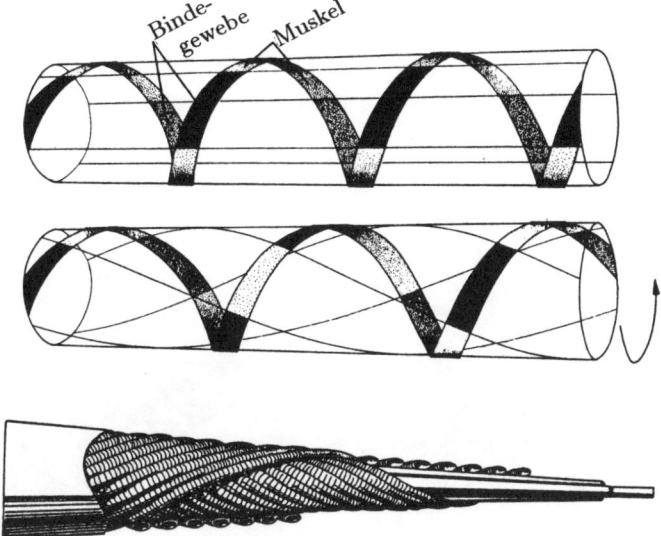

Abbildung 13.2: William Kiers Darstellung des Mechanismus', wie eine Kalmartentakel sich dreht, und eine Zeichnung eines pneumatischen Manipulators von James F. Wilson (aus dem U.S. Patent Nr. 4.792.173 von 1988).

Wir Säugetiere benutzen Gliedmaßen mit Gelenken, doch für ihre biologische Verwendbarkeit sind sie nicht besser als die muskulären Hydrostaten, ebensowenig wie als Vorbild für die Technologie der Roboter. Tatsächlich könnte sich eine gute Emulation einer Tentakel im Vergleich zu der Kopie einer Hand als besser erweisen, denn eine Hand ist aus wesentlich mehr einzelnen und unabhängig steuerbaren Elementen aufgebaut. Eine Tentakel führt uns allerdings in die unvertraute Welt der Strukturen, denen die harten Teile fehlen.[11]

Gehende Fahrzeuge. Auf hartem, flachen Boden sind Räder besser als Beine. Je unebener jedoch das Gelände wird, umso besser werden Beine. Auf einem weichen Untergrund – beispielsweise Sand –, auf dem sich ein Fuß immer noch gut abstoßen kann, muss ein rotierendes Rad ständig aus seiner eigenen Spur herausklettern, ähnlich wie ein Schiff, das schneller als mit seiner Rumpfgeschwindigkeit segelt. Das Militär möchte manchmal gerne Leute und Dinge transportieren, ohne vorher Straßen bauen zu müssen. Daher ist es an Fahrzeugen mit Beinen interessiert und hat viel Geld für die Konstruktion einiger abenteuerlich aussehender Gefährte ausgegeben. Sowohl die Antriebs- und Steuerrungssysteme als auch die Sensor- und Rückkopplungssysteme sind dabei ziemlich komplex. Ein sechstausend Pfund schwerer Geher läuft kaum acht Kilometer pro Stunde und transportiert dabei nur fünfhundert Pfund. Andererseits kann er eine 60%ige Steigung heraufklettern. Allgemein werden sechsbeinige Maschinen bevorzugt, die Geher (wie in Abbildung 13.3) gleichen also riesigen Insekten. Für vierbeinige Maschinen ist es schwieriger, das Gleichgewicht zu halten; ist ein Bein in der Luft, kann das Ganze umkippen. Ein Sechsfüßer kann jedoch jedes zweite Bein hochheben und trotzdem einen sta-

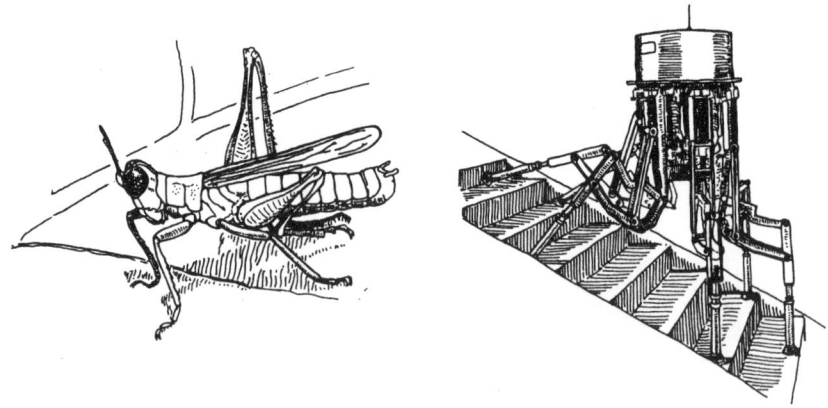

Abbildung 13.3: Ein sechsbeiniges Insekt und ein sechsbeiniges Fahrzeug (unterschiedliche Größenverhältnisse).

bilen dreifüßigen Stand halten, oder er kann ohne Stabilitätsverlust praktisch zwei beliebige Beine hochheben, wie man mit einer Kastanie (oder einem kleinen Schokoladenkuchen) und ein paar Zahnstochern leicht überprüfen kann. Die heutige Forschung an der Entwicklung von gehenden Fahrzeugen ist sehr an der Biomechanik von Insekten interssiert.[12] Trotzdem bedeutet Sechsfüßigkeit nicht unbedingt, dass gute Geher auch wie Insekten aussehen. Die Unterschiede zwischen Muskeln und Motoren oder auch die Größenunterschiede werden unweigerlich auch unterschiedliche Formen zur Folge haben.

Schwimmen durch Biegen. Die uns vertrauten Fische schwimmen mit einer augenscheinlichen Leichtigkeit und Behendigkeit, die sich von der Fortbewegung unserer Oberflächenschiffe und Unterseeboote sehr unterscheidet. Diese Fische – Forellen, Barsche und ähnliche – haben eine beeindruckende Beschleunigung und können bei jeder Geschwindigkeit scharfe Kurven machen. Wellenförmige Bewegungen laufen bei dieser Art des Schwimmens vom Kopf zum Schwanz. Die Amplitude dieser Wellen wird zum Ende hin größer, sodass der gesamte Körper eine integrierte Fortbewegungseinheit darstellt, die von großer, essbarer Muskelmasse angetrieben wird. Für unsere Maschinen ist eine solche Bewegung noch schwieriger zu handhaben als schlagende Flügel. Trotzdem wurde diese wellenartige Bewegung mit mehreren, kompliziert untereinander verbundenen starren Segmenten – einem sogenannten Robotuna[13] – simuliert. Das gleiche lässt sich wesentlich billiger mit einer einfachen fischartigen Form aus weichem Plastik erreichen. Ein Twiddle-Fisch, wie in Abbildung 13.4, hat

Abbildung 13.4: Ein Paar Twiddle-Fische, erfunden von Stephen Wainwright und Charles Pell (mit freundlicher Genehmigung von Twidco, P.O. Box 542, Durham, NC 27702).

hinter seinem Kopf einen vertikalen Schaft. Wird dieser von außen hin- und hergedreht, so führt der Fisch eine wellenartige Bewegung aus.[14] Obwohl der Twiddle-Fisch mittlerweile als Spielzeug verkauft wird, handelt es sich um einen ernstzunehmenden Mechanismus. Eine fünfzig Zentimeter lange Ausführung kann ein kleines personengetriebenes Boot voranbringen; die Person sitzt im Boot und dreht an einem Schaft, der durch den Rumpf zum Twiddle-Fisch führt. Größere Ausführungen, unterschiedliche Formen, die Kombination verschiedener Antriebseinheiten und verschiedene Härtestufen werden gegenwärtig gebaut und getestet.

Werden solche Teile einmal die Schiffsschrauben ersetzen? Zweifelhaft: Rotierende Propeller sind vermutlich effizienter als irgendein denkbarer Twiddle-Fisch. Wirklich schnelle Meerestiere – Thunfische und Wale – schwimmen, indem sie breite Schwänze hinter steifen Körpern hin- und herschwingen, nicht, indem sie ihren ganzen Körper wellenförmig verbiegen. Das legt nahe (zusammen mit anderen Hinweisen), dass beispielsweise eine Forelle eine gewisse Effizienz beim Antrieb gegen eine bessere Manövrierfähigkeit und Beschleunigung eingetauscht hat.[15] Wir hatten jedoch gesehen, dass Fahrzeuge mit Beinen spezielle Anwendungsbereiche haben können, die durch ihre innere Kompexität und Ineffizienz nicht ausgeschlossen sind. Das gleiche könnte auch für weiche, oszillierende Antriebseinheiten gelten. Man denke beispielsweise an einen Motor, der ein Fischerboot durch ein Gewirr aus Wasserpflanzen bewegt. Ein rotierender Propeller dürfte sich in diesem Fall wesentlich schneller verheddern als ein oszillierender Antrieb.

Quo vadimus?

Wenn wir sehr kleine Dinge fertigen wollen oder Materialien, die auch auf mikroskopischem Niveau noch Struktur aufweisen, dann können wir vielleicht von der Natur lernen und eventuell sogar eine gewisse Hilfestellung erwarten. Je kleiner die Skala, umso besser die Aussichten für eine Emulation. Wir haben eine gewisse Überlegenheit bei großen Skalen, wo unsere Metalle und Räder ihre Vorzüge zeigen. Das würde nahelegen, dass die Werkstoffwissenschaften ein fruchtbarer Bereich für Biomimese sind, während große Strukturen und mechanische Systeme dafür weniger in Frage kommen. Da die älteren Beispiele für Nachahmung sich alle auf große Dinge bezogen, erahnen wir hier vielleicht die Möglichkeit eines neuen Weges.

Wenn wir neue Materialien entwickeln, die denen der Natur ähnlicher sind, dann sollten uns die natürlichen Strukturen auch zeigen können, wie wir diese Materialien bestmöglich zum Einsatz bringen können. Die richtige Verwendung neuer Materialien ist alles andere als trivial. Die ersten Eisenbrücken sahen eher aus wie die aus Holz oder Stein, und die ersten Stahlbrücken ähnelten denen aus Eisen. Viele von uns erinnern sich vielleicht an die ersten Kunststoffeimer, Kunststoffschubkarren, etc., die im Vergleich zu den heutigen Geräten eher ihren metallischen Vorgängern glichen. Da Verbundwerkstoffe – einschließlich solcher, die denen der Natur besonders ähnlich sind – auch wirtschaftlich immer konkurrenzfähiger zu Metallen und homogenem Kunststoff werden, könnten die Strukturen der Natur für uns erneut an Attraktivität gewinnen.

Wenn wir Dinge aus biegsamem statt aus hartem Material herstellen wollen, sollten wir uns daran erinnern, dass die Natur hier mehr Erfahrung hat. Denken wir nochmals an tentakelartige Robotergriffe und an den Twiddle-Fisch, beides Fälle, wo flexible, ihren natürlichen Gegenstücken ähnliche Teile gut funktionieren. Beim Entwurf von biegsamen Strukturen steht die Robustheit, nicht die Härte im Vordergrund, und das verspricht auch einiges an Materialeinsparung: mit weniger Material mehr erreichen.

Für Prothesen könnten sich einige Vorteile aus Materialien und Strukturen ergeben, die hinsichtlich ihrer Eigenschaften und Anwendbarkeit den Originalen der Natur so ähnlich wie möglich sind. In diesem Fall muss ein Element der einen Technologie an die andere Technologie angepasst werden. Und was die kommerzielle Seite betrifft, so darf eine Prothese im Vergleich zu der verwendeten Materialmenge einen horrenden Preis verschlingen.

Obwohl eigentlich als Warnung gedacht, deutet doch jeder der genannten Punkte in eine hellere Zukunft, als es die einfache historische Darstellung vermuten lassen mag. Unsere verschiedenen Apparaturen bestehen aus immer kleineren Komponenten, und damit nähern wir uns auch immer mehr der Miniaturwelt der Natur. Man sollte nicht vergessen, dass die Länge eines durchschnittlichen Tieres rund ein Millimeter beträgt. Wir sind dabei, eine große Palette flexibler Materialien zu entwickeln, die als Ergänzung oder Ersetzung der harten Metalle oder der brüchigen Keramiken dienen können. Wir entdecken die Nützlichkeit von Verbundwerkstoffen, die wesentlich besser sind als unsere alten Glasfasern, und betreten damit eine Welt, in der die Natur (vielleicht, weil sie keine Metalle verwendet) ein erfahrener und vielseitiger Handwerker ist. Mit verbesserten kleinen und komplexen Steuer- und Kontrollmechanismen werden für uns Teile aus Muskeln, Sehnen, Knochen und Nerven immer interessantere Vorbilder.

Doch wiederum ein Einspruch. Die Natur kann uns vielleicht zeigen, was möglich ist, doch sie ist ein schlechter Lehrmeister wenn es darum geht, was es wert ist gemacht zu werden. Immer wieder wird lautstark angekündigt, dass die industrielle Synthese von Spinnseide unmittelbar bevor stünde. Spinnseiden (es gibt mehrere Varianten) haben ungewöhnliche Eigenschaften. Sie sind stark, dehnbar und robust (obwohl sie eine geringe Steifigkeit und wenig Rückfederung besitzen). Trotzdem sind sie nicht, wie es die Werbetrommeln erscheinen lassen, um Klassen besser als bereits existierende Polymere wie beispielsweise Kevlar, das sogar stärker ist als jede bekannte Seide. Die Herstellung von

Spinnseide wäre eine beeindruckende biotechnologische Leistung. Die Schwierigkeit besteht nicht nur darin, die Aminosäuren in der richtigen Reihenfolge anzuordnen, sondern sie muss auch mit der richtigen Verteilung von kristallinen und nichtkristallinen Bereichen extrudiert werden.

Wie wichtig ist uns die Herstellung von Spinnseide? Da nahezu jede Anwendung große Mengen benötigen würde, ist die Frage, ob die Produktionskosten jemals weit genug gesenkt werden können. Daher ist es auch schwer, an konkrete Anwendungen zu denken. Die Eigenschaften von Spinnseide oder allgemeiner von Strukturproteinen hängen sehr von ihrem Wassergehalt – der Hydratisierung – und der Temperatur ab. Und um jede Anwendung noch schwieriger zu machen, sind Veränderungen in den Eigenschaften aufgrund häufiger Schwankungen von Hydratisierung und Temperatur oft nicht reversibel, auch wenn die Hydratisierung und die Temperatur wieder normale Werte haben. Welche Anwendungen sind ausreichend tolerant gegenüber solchen Nachteilen? Ein weiteres Problem ist die geringe Elastizität von Seide – vielleicht ihre ungewöhnlichste und damit wünschenswerteste Eigenschaft. Die Kombination aus Robustheit und niedriger Elastizität bedeutet, dass bei einer Dehnung viel Energie absorbiert wird, die jedoch nicht mehr in Form eines elastischen Rücksprungs freigesetzt wird. Mit anderen Worten, Spinnseide ist zwar dehnbar, doch anders als ein Gummiband absorbiert sie die Energie und behält sie dann. Nach dem ersten Hauptsatz der Thermodynamik kann Energie aber nicht zerstört werden, sondern sie tritt als Wärme wieder auf.[16] Für einen dünnen Faden mag das kein Problem sein. Sein Inneres ist nirgendwo weit von der Oberfläche entfernt, und die Wärmeabgabe an die Luft oder das Wasser der Umgebung verhindert ein starkes Aufheizen. Doch was ist mit einem Seil aus Spinnseide, das einen fallenden Körper oder ein gerade gelandetes Flugzeug anhalten soll? Wenn das Seil für diese Aufgabe dick genug ist, wird die Seide durch die Erwärmung sofort ruiniert.

Eine vergleichsweise leichte Herstellung von Spinnseide brächte vielleicht gar keine so großen Vorteile. Es könnte wie bei einigen anderen biologischen Dingen sein, die zwar allgemein erhältlich aber wenig nützlich sind. Die großen und üppig wachsenden Bambusstämme (eigentlich „Halme") in meinem Garten sind ein gutes Beispiel. Jedes Jahr erbringen sie eine beachtliche Ernte, für die ich jedoch nie eine Anwendung gefunden habe. Vermutlich wäre es nützlicher zu verstehen, warum Spinnseide diese seltsame Kombination von Eigenschaften hat. Das könnte uns bei der Entwicklung von Materialien helfen, die nur die wünschenswerten Eigenschaften der Spinnseide haben, Materialien, die mit unseren Fertigungsverfahren billig hergestellt werden können.

Projekte mit schlechten Zukunftsaussichten werden schnell ausgesiebt, entweder, weil die Mitarbeiter entmutigt werden, oder weil die finanziellen Quellen versiegen. Auch wenn ich eher skeptisch bin, betrachte ich die heutigen For-

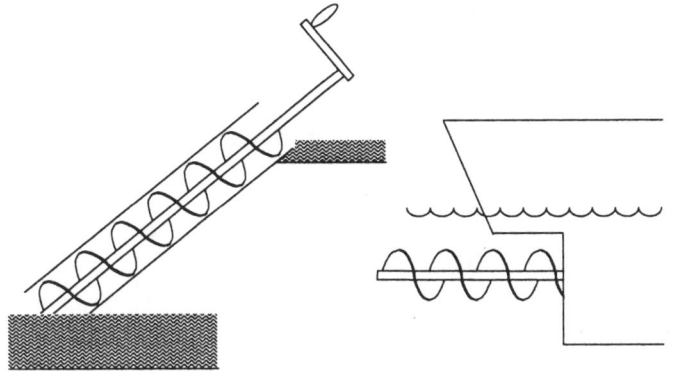

Abbildung 13.5: Eine Archimedische Schraube als Pumpe und als Schiffspropeller.

schungsrichtungen als sehr vielversprechend. Diese technologischen Projekte werden einer Form der natürlichen Auslese unterworfen sein, die auf Erfahrung, Wissen und finanzieller Unterstützung beruht.

Die Vergangenheit mag eine andere Lektion lehren: Die Natur zu ignorieren kann ebenso gefährlich sein, wie sie blindlings zu kopieren. Es ist vielleicht nicht besonders fair, die Vergangenheit mit unseren heutigen Erfahrungen umzuschreiben, doch überlegen wir einmal das Folgende. Der Schraubenantrieb für Schiffe wurde in der ersten Hälfte des neunzehnten Jahrhunderts erfunden, im wesentlichen von Francis Pettit Smith and John Ericsson. Ihr Vorbild war eine Pumpe, die in der Technologie des Menschen schon lange in Gebrauch war: die Archimedische Schraube (Abbildung 13.5). In einer engen, entsprechend angepaßten Röhre wird diese Schraube zu einer einfachen, wenn auch nicht besonders effizienten Pumpe. Als Schiffsantrieb hat eine solche Schraube im Vergleich zu einem Schaufelrad einige Vorteile: Sie ist kompakter und arbeitet vollständig unter Wasser. Das erste kommerzielle Schiff von Smith (Stapellauf 1838) trug sogar den Namen *Archimedes*. Doch als Antrieb eignet sich die Archimedische Schraube genau so wenig wie als Pumpe. Erst ein Unfall zeigte, in welcher Form der Schraubenantrieb sinnvoll ist. Die äußere Hälfte einer hölzernen Schraube brach ab, und die verkürzte Schraube funktionierte besser. Ein paar flache Flügel, keiner von ihnen breiter als ein Bruchteil einer Umdrehung um die Antriebswelle, erwies sich als optimal.[17] (Die Vorteile der Krümmung – Wölbung – wurden erst im zwanzigsten Jahrhundert im Zusammenhang mit der Entwicklung der Flugzeugpropeller erkannt.)[18]

Smith und Ericsson erkannten das für einen Unterwasserantrieb bessere Modell nicht. Ein Schiffspropeller nutzt dasselbe fluidmechanische Prinzip wie die Schwanzflosse eines Wals oder eines Thunfischs. Den einzigen wirklichen Unterschied haben wir schon des öfteren betont: Die Bewegung ist rotierend statt oszillierend. Hätten die Erfinder des Schraubenantriebs begriffen, daß sie ein Analogon zur Schwanzflosse eines Wals oder Thunfischs entwickelten, wären sie vielleicht früher auf die richtige Idee gekommen.

Wenn wir einerseits die Biomechanik und andererseits die Bionik, Biomimetik und Robotik betrachten, dann erkennen wir den Unterschied zwischen reiner und angewandter Wissenschaft. Die alte Dezimalklassifikation für Bücher von Dewey machte genau diesen Unterschied. Bücher über Wissenschaft, die 500er, befinden sich in einem Teil der Bibliothek, Bücher zur angewandten Wissenschaft, die 600er, befinden sich in einem anderen Teil. Und die Leute, die sich mit dem einen oder anderen beschäftigen, befinden sich ebenfalls oft an ganz verschiedenen Plätzen. Sie zusammen zu bringen sollte für beide Seiten von Vorteil sein.

Kapitel 14

Kontraste, Konvergenzen, Konsequenzen

Je genauer wir uns die Technologien der natürlichen Auslese und der menschlichen Apparaturen anschauen, umso weniger ähnlich erscheinen sie uns. In Anbetracht ihres gemeinsamen Umfeldes ist das nicht selbstverständlich. Seit einigen Milliarden Jahren hat sich auf unserem Planeten Leben entwickelt, und seit rund einer Millionen Jahren stellen wir Gegenstände her; genügend Zeit, damit sich irgendwelche Imperative hätten bemerkbar machen können. Doch gewisse grundlegende Unterschiede sind geblieben:

- Die Natur verwendet weniger flache und mehr gekrümmte Oberflächen als wir.

- Unsere Welt ist ziemlich rechteckig, während die Natur kaum Vorlieben für rechte Winkel zeigt.

- In unserer Technologie sind Ecken meist scharf, in der Natur sind sie eher abgerundet.

- Unsere Apparaturen bestehen meist aus unzähligen, mechanisch getrennten aber in sich homogenen Komponenten; die Natur verwendet weniger Komponenten, deren Eigenschaften aber intrinsisch variieren.

- Die Produkte der Natur nutzen Diffusion, Oberflächenspannung und laminare Strömungen; für uns sind Schwerkraft, Wärmeleitfähigkeit und Turbulenzen wichtiger.

- Wir entwerfen oft nach dem Kriterium einer angemessenen Härte, während die Natur gewöhnlich um eine ausreichende Festigkeit besorgt ist.

- Teilweise als Konsequenz sind unsere Gegenstände eher brüchig, die der Natur meist robuster.

- Als weitere Konsequenz erfolgt Bewegung bei unseren Gegenständen entlang gleitender Berührungsflächen zwischen ansonsten harten Objekten, während die Gegenstände der Natur sich an vorbestimmten Stellen biegen, drehen oder dehnen.

- Wir minimieren Luft- oder Wasserwiderstand durch stromlinienförmige Gegenstände fester Gestalt, doch die Natur arbeitet oft mit flexiblen Körpern, die in einer Strömung ihre Form verändern.

- Die Technologie des Menschen macht ausgiebigen Gebrauch von Metallen, während in der Natur metallische Werkstoffe (im Gegensatz zu Verbindungen, die Metallatome enthalten) völlig fehlen.

- Wir nutzen die Duktilität von Metallen zur Verhinderung von Rissbildung; die Natur arbeitet ebenso erfolgreich mit Schaum- und Verbundstoffen.

- Wir belasten Materialien im Allgemeinen mit Druck, die Natur häufiger mit Zug.

- In diesem Zusammenhang verwenden wir auch öfter Vorrichtungen gegen Scherkräfte, wie beispielsweise Nägel oder Mörtel, um gestapelte Gegenstände an ihrem Platz zu halten.

- Strukturen mit gespannten Ummantelungen und internen, unter Druck stehenden Fluiden sind in der Natur sowohl weiter verbreitet als auch in größerer Vielfalt vorhanden als bei uns.

- Bei hydrostatischen und aerostatischen Systemen zieht die Natur Wasser vor, während unsere Strukturen meist Luft oder ein anderes Gas enthalten.

- Rollende Teile mit Rad und Achse sind bei uns weit verbreitet und in den unterschiedlichsten Anwendungen vorhanden, doch in der Natur gibt es kaum rollende Dinge, und nur ein wirkliches Rad mit Achse ist bekannt.

- Unsere wichtigsten Antriebsgeräte – Motoren – beruhen auf Rotation oder Expansion, die der Natur auf Gleiten oder Kontraktion.

- Viele unserer Maschinen beziehen ihre mechanische Energie aus Temperaturunterschieden, wohingegen alle natürlichen Maschinen isotherm, d.h. bei konstanter Temperatur arbeiten.

- In der Technologie des Menschen dienen Hebel meist zur Kraftverstärkung und Wegverkürzung; die gebräuchlichsten Hebel in der Natur verlängern den Weg auf Kosten der Kraft.

14. Kontraste, Kovergenzen, Konsequenzen

- Unsere Geräte speichern mechanische Arbeit als elektrische, kinetische, gravitative oder elastische Energie; die Natur verwendet praktisch nur die letzten beiden Formen, überwiegend sogar nur die letzte.

- Unsere Vorrichtungen zum Fluidtransport tauschen oft Druckdifferenzen gegen den Fluss von Volumen ein, doch in der Natur sind solche Umwandler selten.

- Oberflächenschiffe spielen seit langem eine wichtige Rolle in der Technologie des Menschen, die Natur zieht jedoch überwiegend Unterseeboote vor.

- In unseren Fabriken werden kleine Teile hergestellt, die Fertigungsstätten der Natur bauen Produkte, die wesentlich größer als sie selber sind.

- Wir schätzen Geräte, die nur eine minimale Wartung benötigen, doch die Strukturen der Natur werden permanent neu zusammengesetzt.

- Unsere Technologie ist so trocken wie die der Natur nass ist.

Eine solche Liste von Unterschieden zeigt auch Zusammenhänge auf. Wenn die Schwerkraft überwiegt, sind harte Materialien nützlicher. Stapeln wird zu einem sinnvollen Baustil, wobei Nägel und Ähnliches ein Weggleiten aufgrund von Scherkräften verhindern. Lässt man dieses Gleiten an manchen Stellen zu, so erhält man Gelenke. Und so weiter. Mit dem Gebrauch von Metallen stehen uns natürlich auch deren besonderen Eigenschaften zur Verfügung (beispielsweise die hohe thermische und elektrische Leitfähigkeit), wodurch sich ansonsten eher unpraktische Teile (wie Drähte) und Konstruktionsverfahren (wie Pressen und Schmieden) anbieten. Verbundwerkstoffe sind nicht mehr wesentlich, sondern bestenfalls nützlich. Die Liste ließe sich beliebig fortsetzen.

Beide Bereiche, der unsrige und der der Natur, besitzen somit eine ihnen eigene Kohärenz, Konsistenz und Rationalität, beide sind ein wohlintegriertes Ganzes in ihrem jeweiligen Umfeld. Sollen wir die besonderen Eigenschaften der beiden Technologien mischen und aufeinander abstimmen und so eine große Zahl neuer Technologien erzeugen?[1] Fast allen würde dieses Maß an Kohärenz, Konsistenz und Rationalität fehlen; Kombinationen charakteristischer Eigenschaften der beiden Technologien sind sehr selten. Welche Kriterien entscheiden, ob eine Technologie gewisse Teile als effektiv ansieht? Zum einen die physikalische Situation: die Größe eines Teils, sein Umgebungsmedium (Luft oder Wasser), ob es an einer Oberfläche arbeitet oder in ein Gas oder eine Flüssigkeit eingetaucht ist, und so weiter. Zum anderen, wie sich die Dinge bewähren: Herstellungsmethoden, Widerstandsfähigkeit gegenüber revolutionären Veränderungen, Ausbreitungsfähigkeit und so weiter.

Sogar soziales Verhalten spielt eine Rolle, wenn es darum geht, wie eine Technologie ihre Geschäfte führt. Die Natur setzt sehr enge Grenzen bei der Organisation und der Koordination individueller Leistungen. Man könnte von „institutionellen Grenzen" sprechen, um den Vergleich mit menschlichen Leistungen zu ziehen. Entgegen der oberflächlichen Sprechweise arbeiten Organismen nicht unbedingt „zum Wohle der Art". Vom Menschen (vielleicht) einmal abgesehen wissen weder die individuellen Organismen noch die Gene irgendetwas über die Art, der sie angehören, oder empfinden irgendeine Verpflichtung ihr gegenüber. Nur in sehr begrenztem Umfang machen Organismen irgendetwas zum Wohle einer Gemeinschaft, eines Ökosystems oder einer Biosphäre.[2] Eine Koordination von Leistungen findet im Allgemeinen in der Natur nur unter zwei bestimmten Bedingungen statt. Erstens kann ein Organismus so handeln, dass sich die Reproduktionschancen eines engen Verwandten verbessern, während seine schlechter werden. Verwandte haben viele Gene gemeinsam, eine selbstaufopfernde Tat kann daher immer noch den Beitrag der individuellen Gene zur nächsten Generation erhöhen.[3] Zweitens, wenn durch die gegenseitige Hilfe ein Organismus sich auch selber hilft, dann ist eine Tat „zum Wohle der Gemeinschaft" im Sinne der Evolution eigennützig.[4] Diese strengen Bedingungen verhindern fast alle Arten kooperativen Verhaltens.

Die Technologie des Menschen beispielsweise (da wir nun auch hypothetische Technologien mit einbeziehen) arbeitet in einem vollkommen anderen sozialen Umfeld. Unsere großen Unternehmungen hängen von der Zusammenarbeit von Leuten ab, die keine engen verwandtschaftlichen Beziehungen haben, wobei allerdings die Aussicht auf Lohn durchaus eigennützige Motive darstellt. Staatliche und religiöse Institutionen – wobei das Militär die älteste und extremste Form darstellt – koordinieren die Aktivitäten von Leuten mit den entferntesten familiären Verbindungen und an den verschiedensten Orten. Das Zinn aus Minen im britischen Cornwall und das Kupfer vom Mittelmeer wurden zu Bronze verarbeitet, und das lange bevor eine einzige politische Macht die verschiedenen Gebiete miteinander verband. Die beachtliche Leichtigkeit, mit der wir Leute dazu zu bringen, ihre Leistungen in einen Topf zu werfen, ermöglicht eine große Aufgabenspezialisierung. Man überlege sich nur einmal, wie viele Leute daran beteiligt sind, einen gebrauchsfertigen Wagen oder Computer herzustellen. Auch unsere Fähigkeit Transportsysteme zu errichten hat zur Folge, dass wir die der Natur auferlegten Einschränkungen, die Dinge aus Materialien der unmittelbaren Umgebung herzustellen, umgehen können.

Ähnlichkeiten

Eine Liste von Ähnlichkeiten erweist sich als ein solches Gewirr aus wichtigen Belangen und unwichtigen Einzelheiten, dass eine Auflistung kaum Vorteile bringt. Die meisten Ähnlichkeiten zwischen den Technologien resultieren aus unumgehbaren physikalischen Gesetzen und umgebungsbedingten Umständen; auf beides sind wir schon eingegangen. Die belastungsfähigste vertikale Säule hat einen runden Querschnitt, unabhängig davon, ob sie in der Evolution entwickelt oder in einer Fabrik hergestellt wurde, ob sie gewachsen ist oder gegossen wurde, ob aus Holz oder aus Beton, aus Knochen oder Stahl. Strahltriebwerke werden von beiden Technologien nur genutzt, wenn andere spezielle Vorteile (hohe Geschwindigkeit oder mechanische Einfachheit) ihren geringen Wirkungsgrad wettmachen. Pumpen mit geringen Druckdifferenzen beruhen auf fluiddynamischen Phänomenen, solche mit großen Druckdifferenzen auf fluidstatischen.

An dieser Stelle sind etwas subtilere und abstraktere Ähnlichkeiten von größerem Interesse: Ähnlichkeiten in der Entstehungsgeschichte statt im Produkt selber, Ähnlichkeiten, für die es keinen Grund im Rahmen eines physikalischen Zusammenhangs gibt. Wenn wir uns ihnen nun zuwenden, so kehren wir zu Themen zurück, die wir seit dem zweiten Kapitel nicht mehr angesprochen haben.

Widerstände gegen Neues. Umfangreiche Erneuerungen sind für beide Technologien nicht einfach, allerdings aus unterschiedlichen Gründen. Wir glauben oft, dass der Fortschritt der menschlichen Technologie auf einer entsprechenden wissenschaftlichen Grundlage beruht, doch das stimmt vermutlich nur gelegentlich. George Basalla betont (und ich widerspreche ihm nicht), dass wir nur zu leicht den Beitrag der Wissenschaft zur Technologie überschätzen.[5] Wenn es zu einem Austausch zwischen beiden kommt, treibt häufiger die Technologie die Wissenschaft an als umgekehrt. Dampfmaschinen führten zur Thermodynamik, und die Fliegerei gab den Anstoß zur Aerodynamik. Ich vermute, dass die Hauptschwierigkeit neuartiger Entwicklungen in der Technologie des Menschen auf der inneren Komplexität beruht, die mit der Einführung von etwas wirklich Neuem einhergeht. Eine gute Idee reicht noch nicht. Dampfturbinen wurden schon um 1800 von James Watt erwähnt, doch trotz ihrer offensichtlichen Vorteile gegenüber Kolbenmotoren dauerte es noch ein Jahrhundert, bis sie tatsächlich zum Antrieb von Schiffen dienten. Turbinen erfordern präzise Fertigungstechniken in der Metallverarbeitung sowie besondere Schmierverfahren, die damals noch nicht realisierbar waren. Zur Einsparung menschlicher Arbeit ist ein Segel eine wunderbare Sache, doch außer für sehr ruhige Gewässer müssen Segelschiffe ganz anders konzipiert sein als rudergetriebene Boote. So gut die von Charles Babbage entworfenen Rechenmaschinen auch waren, erst durch die Elektronik konnten sie ein Jahrhundert später verwirklicht werden; zur mechanischen Betreibung war der Aufwand einfach zu groß. Eine ausgereifte Technologie besitzt sehr viel Eigenimpuls, und häufig genug bestimmt sie, welches Prinzip sich auf einem konkurrierenden Markt durchsetzt, selbst gegen eigentlich überlegene Alternativen. Auf diesen Punkt kommen wir später noch zurück.

In der Evolution sind die Widerstände gegenüber Erneuerungen noch größer. Die natürliche Auslese verlangt den Vorteil nur zu bald. Das erfordert eine stetige Entwicklung und wird viele Lebensformen ausschließen, die sich letztendlich vielleicht als überlegen erwiesen hätten. Bei einem Vererbungssystem, das die geschlechtliche Rekombination und rezessive Gene einbezieht, können sich mehrere Eigenschaften gleichzeitig verändern. Doch wirklich umfassende Veränderungen werden nicht gefördert. Kleine Änderungen haben ihre eigenen Schwierigkeiten. Der Konkurrenzkampf mit bereits etablierten Formen ist besonders hart, wenn ein neues Design sich nur wenig unterscheidet. In beiden Technologien gab es jedoch auch wichtige Schutzmechanismen vor der vollen Kraft einer Konkurrenz – beispielsweise militärische Programme für unsere Produkte und geographische Isolation für die der Natur.

Der zeitliche Verlauf. Der zeitliche Verlauf von Veränderungen oder Fortschritt (je nach Standpunkt) zeigt einige interessante Parallelen. Schauen wir nicht auf absolute, sondern auf relative Zeiträume, so scheinen sich beide Technologien langsam und gleichförmig zu verändern. Die Natur eroberte das Land, lange nachdem sie sich bereits großräumig organisiert hatte, und der Luftraum kam noch später. Schritt um Schritt entwickelte der Mensch Geräte, mit denen er seine Muskeln für immer unterschiedlichere Aufgaben einsetzen konnte. Später bezog er auch erfolgreich die Muskeln anderer Tiere mit ein; und schließlich machte er sich, wiederum schrittweise, nicht-lebende Energiequellen zu Nutze. Derselbe stetige Zuwachs an Effektivität kennzeichnet den Erwerb von Nahrungsmitteln, die Konstruktion von Werkzeugen und Behausungen sowie die zerstörerischen sozialen Wechselwirkungen.

Bei sehr genauer Betrachtung ist jedoch eine wirklich langsame und gleichmäßige Entwicklung für keine der beiden Technologien charakeristisch. Jede Kultur hat ihre Startpunkte, denen eine meist sehr langsam verlaufende Präpaleontologie (bei sichtbar großen Fossilien) oder Vorgeschichte (bei solchen Kulturen, die uns Zeugnisse hinterlassen haben) vorangeht. Alle möglichen Zellformen hielten sich für mehrere Milliarden Jahre, sowohl einzeln als auch in kleinen Ketten und Anhäufungen, bevor sie sich spezialisierten, koordinierten und zu großen Organismen wurden. Doch diese erscheinen vergleichsweise plötzlich – über einen Zeitraum von rund zehn Millionen Jahren –, und es gibt sie nun seit lächerlichen sechshundert Millionen Jahren. Menschen bewohnten große Teile der Erde schon lange vor den modernen Zeiten (weniger als den letzten zehntausend Jahren) mit ihren Beschäftigungsspezialisierungen und einer komplizierten Koordination von Individuen. Der größte Teil der Geschichte des Menschen liegt vor den Zeiten umfassender Handelsbeziehungen, Transportmöglichkeiten und politischer Organisationen, die wir als für den Menschen charakteristisch ansehen. Ob sich die Veränderungen in der Natur oder in den menschlichen Gesellschaften, nachdem sie einmal ausgelöst wurden, weiter beschleunigen, wissen wir nicht genau. Die Fossilien aus dem Kambrium vor über fünfhundert Millionen Jahren sind erstaunlich komplex, und auch ein Blick auf die großen und kleinen handwerklichen Gegenstände des alten Ägypten vermittelt diesen Eindruck. War unser technologischer Fortschritt im zwanzigsten Jahrhundert größer als der des neunzehnten? Das neunzehnte Jahrhundert erlebte die Verbreitung selbstgetriebener Transportmittel, die direkte Kommunikation mit elektrischen Geräten, billige Metalle und die Massenproduktion. Das zwanzigste Jahrhundert fügte hauptsächlich die Elektronik, die Fliegerei, die moderne Medizin und die Entwicklung von polymeren Materialien hinzu. Der kulturelle Schock, ein Jahrhundert zurückversetzt zu werden, wäre für einen heutigen Menschen vermutlich weniger groß als für jemanden gegen Ende des neunzehnten Jahrhunderts.

Sprunghafte und stetige Veränderungen. Wie steht es mit kleineren Veränderungen, Veränderungen von speziellen Teilen oder Eigenschaften? In beiden Technologien ereignen sie sich mindestens ebenso episodenhaft wie umfangreiche organisatorische Umwandlungen. Meist bedarf es eines Auslösers, um eine Zeit rascher Veränderungen in Gang zu setzen. Es könnten sich beispielsweise wichtige Veränderungen in der Umwelt ergeben: ein Pflanzensamen landet auf einer Insel, ein Schiff erreicht einen neuen Kontinent. Ein neues Material oder allgemeines Bauteil wird verfügbar: ein mitwachsendes Skelett oder essbares Gras in der Natur, ein festeres Metall oder ein Schiffspropeller in unserer Technologie. Oder es fällt eine wesentliche Einschränkung weg: Es entwickeln sich Zähne, die mit den schmirgelartigen Stoffen in Gras fertig werden, oder Dynamos ersetzen Batterien als Elektrizitätsquellen. In allen Fällen gibt es eine Vielzahl möglicher Auslöser.

Ob die Evolution in erster Linie stetig oder eher sprunghaft ist, hat eine beachtliche Kontroverse heraufbeschworen, doch wir brauchen uns hier um die Diskussionen zwischen den „Gradualisten" und den „Punktualisten" nicht zu kümmern. Auf molekularem Niveau erfolgt die Evolution schrittweise, und das genetische Material ändert sich mit einer vergleichsweise konstanten Rate. Auf dem Niveau ausgereifter Organismen sind Veränderungen sprunghafter. Eine bestimmte Anzahl genetischer Veränderungen impliziert keine entsprechende Menge an organischen Veränderungen. Darin liegt nichts Paradoxes; viele komplexe und ineinander greifende Prozesse liegen zwischen einer gegebenen Reihenfolge der Basen in der DNA und einer funktionierenden, vielzelligen Struktur. Auf molekularem Niveau herrscht Gradualismus vor. Auf dem Niveau der Organismen hat man schon immer (zumindest stillschweigend) ein beachtliches Maß an Ungleichförmigkeit angenommen. Die gegenwärtige Debatte betrifft lediglich das Ausmaß, in dem ein punktualistisches Modell als die Regel angesehen werden soll. Evolutionsbiologen favorisieren evolutionäre Veränderungen, daher macht sie der Gedanke etwas nervös, dass die meisten Arten die meiste Zeit gut angepasst sind und nur wenig offene Evolution betreiben.[6]

Der sprunghafte Charakter von Veränderungen in der Technologie des Menschen – oder in menschlichen Institutionen allgemein – wird nicht oft in Frage gestellt; zumindest nicht in neuerer Zeit, auch wenn der „stetig vorwärts und aufwärts"-Gedanke noch vor ein oder zwei Generationen sehr verlockend war. „Revolution" mag vielleicht ein Schlagwort sein – es gibt eine landwirtschaftliche Revolution, eine industrielle Revolution und sogar eine postindustrielle Revolution – doch es ist nicht unangebracht. Jede Geschichte der Technologie enthält unzählige Beispiele von raschen Veränderungen als Folge von grundlegenden Erfindungen, sei es Bronze oder billiger Stahl, Dampfmaschinen oder Verbrennungsmotoren oder die schnellen elektronischen Schalter aus Röhren und Transistoren. „Rasch" bedeutet nicht sofort. Anwendungen führen zu Verbesserungen hinsichtlich der Kosten und der Effizienz der eigentlichen Erfindung, was wiederum zu neuen Anwendungen führt. Doch selbst solch eine positive Rückkopplung bedarf der Zeit. Immerhin lag fast ein Jahrhundert zwischen Newcomens klobiger, dampfgetriebener Pumpe und leichten, effizienten Motoren, die sich für selbstgetriebene Landfahrzeuge eigneten – für das Dampffahrzeug von Trevithick und Stephensons Lokomotive. Doch so viel Verzögerung ist eher die Ausnahme und resultierte in diesem Fall aus der Diskrepanz zwischen Maschinen, die mit Druckdifferenzen arbeiteten, und einer Technologie, die hohe Drücke noch nicht handhaben konnte. Telegrafen, Telefone und Elektromotoren folgten sehr schnell, nachdem Batterien und Drähte zur Verfügung standen. Der pferdegetriebene städtische Transport verschwand innerhalb weniger Jahrzehnte vollständig, nachdem praktikable Verbrennungsmotoren entwickelt worden waren.

Beiden Technologien ist noch ein weiterer Punkt gemeinsam, der eine sprunghafte Entwicklung unterstützt. Verbesserungen an neuen Designs setzen sich wesentlich schneller durch als Verbesserungen an etablierten Designs. In der Natur wird die (natürlich immer sehr kleine) Chance, dass sich eine Mutation günstig auswirkt und schließlich in der Population durchsetzt, daher größer sein, wenn sie einen Organismus betrifft, der sich in jüngerer Zeit schon verändert oder einen neuen Lebensraum erobert hat. Bei Kreaturen, die in unveränderter Form am selben Platz schon seit Äonen leben, wird der größere Teil der Mutationen gar keine oder sogar schädliche Auswirkungen haben. Bei uns verlagern sich Verbesserungen von der Provinz des Amateurs hin zum erfahrenen Experten – seien es landwirtschaftliche Geräte, Automotoren oder Computer.

Zeiten der Ruhe. Revolutionen sind natürlich leicht erkennbar, doch auch Fälle Zeiten ohne wesentliche Veränderungen sind offensichtlich. In der Natur müssen wir dazu nicht auf die berühmten lebenden Fossile zurückgreifen, wie die Coelacanthiformen der Quastenflosser, die Ginkgogewächse oder die Pfeilschwanzkrebse. Auch andere Hinweise zeigen uns, dass Zeiten der Veränderungen weder kontinuierlich noch zwingend sein müssen. Dazu zählen beispielsweise gleichartige Fossilien in Gesteinsschichten aus verschiedenen Epochen oder bestimmte sesshafte Arten auf verschiedenen, weit voneinander entfernten Inseln (auf denen zufällige Einschleppungen selten sind).

Selbst inmitten der scheinbar stürmischen Veränderungen der Gegenwart gibt es viele bleibende Dinge. Denkt man sich die ganze nebensächliche Maschinerie einmal beiseite, so würden der eigentliche Vierzylinder-Motor und das Schaltgetriebe meines Wagens einen Mechaniker, der seit 1930 im Tiefschlaf gelegen hätte, kaum in Erstaunen versetzen. Ein fünfundzwanzig Jahre alter Wäschetrockner in unserem Haus wurde kürzlich durch einen neuen ersetzt; die meisten Teile sind zwischen beiden Geräten austauschbar. Unmittelbar nach ihrer Erfindung haben sich Schreibmaschinen sehr rasch entwickelt und dann für nahezu ein halbes Jahrhundert kaum verändert. Die Düsenstrahltriebwerke von Flugzeugen sind innerhalb der letzten dreißig Jahre nahezu gleich geblieben. Eine gewisse Konstanz lässt sich bei fast allen Grundtypen von Elektromotoren erkennen, bei nahezu all unseren Pumpen und industriellen Kraftübertragungssystemen sowie bei den Verarbeitungstechniken der meisten unserer Grundwerkstoffe. Die Verarbeitung von Information – das Analogon zum Nervensystem – mag sich zwar drastisch geändert haben, doch die ausführenden Systeme – die industriellen Gegenstücke zu Muskeln und Knochen – waren wesentlich stabiler. Sensoren, Computer und Roboter ersetzen vielleicht menschliche Arbeitskräfte, doch sie verwenden meist dieselben Geräte zum Schneiden, Formen und Zusammenbauen.

Diversifikation und Reduktion. In beiden Technologien kann auf eine Phase der Erneuerungen und anfänglichen Diversifikationen eine Reduktion dieser Verschiedenartigkeit folgen. Während eines zeitweise verminderten Konkurrenzkampfes kann mehr als gewöhnlich experimentiert werden, und dieses Klima fördert Kreativität und breites Wachstum. Sobald die Natur oder der Markt den Zustand der Auslese wieder voll hergestellt haben, wird unter den Früchten ausgedünnt.

In der Natur wird die erste Phase dieses Phänomens als ökologische Befreiung bezeichnet: Eine Art breitet sich aus und entwickelt entsprechend der unterschiedlichen Lebensräume verschiedene Formen. Besonders berühmte Beispiele sind die Buntbarsche in den großen Seen Ostafrikas und die Finken auf den Galapagos Inseln vor der Küste Perus. Die zweite Phase – ökologische Verschiebung – wird deutlich, wenn man die breite Diversifikation bestimmter Organismenarten auf Inseln, wo sie ohne Konkurrenzkampf leben, mit der eingeschränkteren Vielfalt derselben Arten in Gegenden vergleicht, wo dieser Konkurrenzkampf besteht.[7] Auf einer wesentlich größeren Skala sieht Stephen Jay Gould die früheste makroskopische Fauna, die Ediacara des späten Präkambriums vor über einer halben Milliarden Jahren, mit einer großen Diversifikation, von der jedoch nur ein kleiner Zweig als Vorfahre des späteren Lebens übriggeblieben ist.[8] Doch diese Vorstellung von der Ediacara-Fauna bleibt umstritten. Andere Fälle, bei denen einige bessere Formen viele weniger effektive Formen verdrängt haben, sind zwar wahrscheinlich, aber ebenfalls nicht gesichert. Auch wenn wirkliche Beweise für eine globale Reduktion der Diversifikation noch ausstehen, gibt es unter den Paläontologen einen gewissen Konsens, dass während der letzten halben Milliarde Jahren kein stetiger Zuwachs an Vielfalt unter den Lebensformen zu bemerken ist.

In der Technologie des Menschen sind Konsolidierungen deutlicher ausgeprägt und werden von mehreren Kräften getrieben. Industrielle, nationale oder weltweite Standards setzen sich durch, angefangen von dem System der Schraubengewinde und Bohrerlehren bis hin zu den Computersprachen. Bessere Versorgungs- und Wartungsmöglichkeiten lassen dem Verbraucher manche Systeme geeigneter erscheinen als andere. Das vertraute System ist meist das angenehmere – unsere Faszination am Neuen kann leicht überstrapaziert werden. Das wiederum stärkt die Version, die den Markt zuerst erobert hat. Andererseits spielt eine wirkliche technologische Überlegenheit trotz aller abschwächenden und ausdünnenden Faktoren sicherlich eine Rolle. Die „gereifte" Technologie ist meist weniger vielfältig als ihre „revolutionären" Vorfahren.[9] (Seltsamerweise kann es auch bei geistlicher Literatur zunächst zu einer entsprechenden Wucherung und anschließenden Standardisierung kommen. Die frühen Evangelien wurden vor ihrer Kanonisierung erst ausgesiebt.)

Ausbreitung und Homogenisierung. Ein weiterer Faktor wirkt auf beide Technologien homogenisierend. Auf der ganzen Welt machen wir dieselben Dinge auf dieselbe Weise, wobei neben Modeerscheinungen auch unsere problemlosen Reise- und Kommunikationsmöglichkeiten dazu beitragen. Über dieselben Transportwege haben sich auch viele Tier- und Pflanzenarten über ihre ursprünglichen geographischen Lebensräume hinaus ausgebreitet. Bei einigen geschah dies zufällig,[10] in anderen Fällen absichtlich, hier oft durch das Mitführen unserer Hauspflanzen und Haustiere. Was auch immer der Grund sein mag, flächendeckende Homogenisierung vermindert die Vielfalt in beiden Technologien. Das Handwerk der Ureinwohner (zusammen mit vielen anderen Aspekten ihrer Kultur) wird verdrängt, und lokale Tier- und Pflanzenarten sterben aus.

Analogien

Eine Ähnlichkeit der Produkte bedeutet nicht unbedingt eine Ähnlichkeit der Entstehungsgeschichte. Ich zweifel nicht daran, dass ein Vergleich der Produkte beider Technologien unser Denken erweitern und zu Einsichten führen kann, die anderenfalls nicht offensichtlich wären. Hinsichtlich der Entstehungsgeschichte bin ich da nicht so überzeugt. Die natürliche Auslese ist ein sehr eigentümlicher Prozess und ihre Grenzen werden oft nicht richtig eingeschätzt. Es gibt viele Analogien zwischen den Prozessen, die die Technologie des Menschen verändern, und der Evolution durch die natürliche Auslese. Doch ich denke, hier bedarf es des prüfenden Blickes eines Biologen.[11] Zunächst sollte deutlich zwischen dem Mechanismus und der Entwicklungsgeschichte unterschieden werden – so, wie die Biologen zwischen der natürlichen Auslese und der Naturgeschichte unterscheiden. Das grundlegende Problem ist jedoch, dass Analogien nichts erklären. Eine Analogie wird nicht danach beurteilt, ob sie wahr, trivial oder falsch ist, sondern ob sie nützlich, nicht nützlich oder irreführend ist.

Das personengebundene, heroische Bild technologischer Veränderungen, das unsere frühe Erziehung geprägt hat, widerspricht der Vorstellung einer evolutionären Entwicklung. Damit habe ich keine Probleme und werde auch nicht mehr viel dazu sagen. Die Analogie hilft kaum, die Bedeutung der persönlichen Kreativität für technologische Veränderungen zu verstehen. Es ist zu schade: Die vielleicht wichtigsten und geheimnisvollsten Elemente unserer Technologie sind der Ursprung und das Wesen der menschlichen Kreativität, und dazu gibt es keine Parallele in den außermenschlichen Bereichen.[12] Wo Veränderungen auf Vererbung und nicht auf persönlichen Leistungen beruhen, kann kein großer Erfinder oder Staatsmann eine Rolle spielen. Die Natur zeigt uns lediglich, dass ein System auch innovative Ergebnisse erzielen kann, ohne vorsätzlich kreativ zu sein. Dieser Punkt ist weder intuitiv offensichtlich noch von großer Bedeutung. Denn wer könnte die zentrale Rolle der Kreativität für den Fortschritt der menschlichen Technologie in Frage stellen? Größerer Einfluss einer marktgesteuerten Auslese auf Kosten von kreativen Impulsen kann für unsere Technologie nur noch mehr Irrationalität, Ineffizienz und Gefahr bedeuten.

Eine Analogie oder Parallele kann entweder ein guter Ansporn sein oder ein schlechter Ersatz für genauere Analysen, doch in sich ist sie nicht analytisch. So äußert sich beispielsweise Robert Heilbroner, dass „Entwicklung, insbesondere im Rückblick, im wesentlichen schrittweise, evolutionär erscheint. Die Natur macht keine plötzlichen Sprünge und, so hat es den Anschein, die Technologie ebensowenig."[13] Nette Worte, doch was kommt danach? Man beachte seine Verwendung von „Entwicklung" mit dem Unterton von Fortschritt. Das setzt für die Natur einen entsprechenden Prozess voraus, was weniger offensichtlich ist, als wir früher dachten. Vielleicht machte die Evolution einmal Fortschritte, doch schon vor langer Zeit hat sie einen Zustand erreicht, in dem sich Komplexität und Vielfalt nur noch zufällig verändern. Im Gegensatz dazu hat die Technologie des Menschen ein solches Plateau noch nicht erreicht und bleibt nach wie vor fortschrittlich. Wenn das stimmt, dann führen wir uns selber in die Irre, wenn wir jüngere Veränderungen miteinander vergleichen.

Technologischer Determinismus ist ein weiterer Begriff, für den es in der natürliche Auslese eine Analogie von nur unsicherem Wert gibt. Lenkt (oder besser, in welchem Maße lenkt) die Technologie die Geschichte? Diese Frage wird von Leuten wie Karl Marx bis hin zu neueren Sozialkritikern der Technologie wie Lewis Mumford diskutiert. Zu den historisch einflußreichen Erfindungen zählen Bügel, Brustgurte, Kummets und schwere Pflüge, mit deren Hilfe die Kraft großer Tiere im Mittelalter nutzbar gemacht werden konnte.[14] Ein äquivalenter Determinismus ist in der Naturgeschichte so offensichtlich, dass die Analogie wenig hilft. Für Organismen ist außer der natürlichen Auslese – d.h. dem reproduktiven Erfolg – kaum etwas wichtig. Kein soziales Bewusstsein, keine politische Voraussicht, kein wohlbegründetes Urteil und auch keine Massenhysterie haben hier einen Einfluss.

Darwinistische oder selektionistische Analogien ziehen uns an, weil die natürliche Auslese geradliniger und besser verstanden ist als andere, weniger nachvollziehbare irrationale Systeme. Diese lassen sich nicht auf einen Satz einfacher Grundregeln, wie die in Kapitel 2, reduzieren. Doch wie attraktiv das Modell einer Auslese auch sein mag, es ist in jedem Fall übertrieben einfach, vielleicht sogar schlimmer. Wir Menschen versuchen beispielsweise bewusst die Auslese unter konkurrierenden Entwürfen zu minimieren, indem wir sie vor einer Fertigung genau untersuchen und vor der Vermarktung eine Marktanalyse betreiben. Wir machen alles, um den Erfolg unserer Erfindungen vorherzubestimmen.[15] Joel Mokyr bringt den Unterschied auf den Punkt: „Neue Ideen und Mutationen sind grundsätzlich verschieden: Mutationen kopieren Fehler, während Ideen vorsätzlich eine Veränderung herbeiführen wollen." Außerdem lernen wir aus Fehlern; dieser Faktor wurde von meinem Kollegen Henry Petroski in mehreren Büchern untersucht und illustriert. Darüber hinaus können wir fragen „wäre es nicht schön, wenn wir etwas hätten, dass...?" Die Technologie des Menschen erwächst aus einer komplexen Kombination aus Rationalem und Irrationalem, und ihre Vertrautheit sollte uns nicht darüber hinwegtäuschen, dass sie sich einer exakten Analyse entzieht. Doch gleichzeitig sollte ihre analytische Komplexität auch nicht ihre praktische Effektivität verschleiern.

Das Modell einer Selektion birgt noch eine weitere Gefahr, die eher ihre Anwendung als ihre Anwendbarkeit betrifft. Was die Natur macht, ist definitionsgemäß natürlich. Doch das Wort „natürlich" hat einen starken Beigeschmack von Richtigkeit bis hin zu Unantastbarkeit. Doch wir sollten jeder allgemeinen Vorstellung entgegentreten, wonach der Weg der Natur die richtige Vorgehensweise für den Menschen vorgibt. Manchmal ist die Natur ein Modell, in anderen Fällen ist eine Verehrung des Natürlichen nur ein scheinbares Allheilmittel gegen unsere heutigen Probleme. Es soll gar nicht bestritten werden, dass wir noch nie dagewesenen und möglicherweise unüberwindlichen Problemen gegenüberstehen, und dass einige von ihnen nicht die unbeabsichtigten Folgen der menschlichen Technologie sind, doch wir können uns nicht mit dem naiven Vertrauen zufrieden geben, dass diese Probleme automatisch gelöst werden, wenn wir zur Natur zurückkehren (was auch immer das heißen mag), zum Natürlichen oder gar zur natürlichen Auslese.

Die Natur zeigt uns, dass ein komplexes technologisches System in Erscheinung treten, funktionieren und fortbestehen kann, ohne permanent durch die führende Hand eines weitsichtigen Mikromanagements gesteuert zu sein. Doch das Gleiche gilt auch für die komplexen technologischen und kapitalistischen Wirtschaftssysteme. Außerdem sollten die letzteren nach ihren eigenen Leistungen beurteilt werden, insbesondere nach ihrem Beitrag zu unseren sozialen Zielen, und nicht nach irgendeiner Analogie zur Natur. Die Natur mag netter sein als das „an Zähnen und Krallen rote" Monster (ein Ausdruck von Tennyson) vor einem Jahrhundert, doch nichts sollte uns zwingen, sie als Modell zur Nachahmung hochzuhalten. Darwin kam nach Adam Smith, nicht umgekehrt.

Ich kenne keinen Biologen, der in diesem quasi-theologischen Sinne ein Naturanbeter wäre. Wir sind nicht vernünftiger, aber wir haben unsere schlechten Erfahrungen mit widerlichen Sozialdoktrinen gemacht, die natürliche Prozesse zu ihrer Rechtfertigung herangezogen haben – Doktrinen, die immer wieder unter neuem Namen und unter neuer Schirmherrschaft auftauchen. Eine davon ist der soziale Darwinismus (der bereits in Kapitel 11 erwähnt wurde), die Idee der Jahrhundertwende, wonach ein ungehinderter Konkurrenzkampf auch für die menschliche Gesellschaft ein gutes Arbeitsprinzip darstellt, nur weil es in der Natur vorherrscht. Eine andere ist der biologische Determinismus, in seiner extremen Form die Leugnung jeglicher positiven Einflussname auf die Unzulänglichkeiten der eigenen – persönlichen oder rassischen – Abstammung. Doch wir schweifen vom eigentlichen Thema ab.

Die Prinzipien der natürlichen Auslese sind nicht nur leicht nachvollziehbar, sondern gewisse Ähnlichkeiten zwischen der Entwicklungsgeschichte des Lebens und der Geschichte der menschlichen Technologie legen es nahe, über mögliche gemeinsame Mechanismen nachzudenken. Eine Parallele besteht in dem, was Wirtschaftshistoriker „Lock-in" nennen und einige Paläontologen als das Privileg der Amtsinhaber bezeichnen. In beiden Fällen bezeichnet man damit die Beobachtung, dass einmal etablierte Teile oder Lebensformen nicht so leicht ersetzt werden, nicht einmal durch etwas ökonomisch oder selektiv Überlegenes. Für die Wirtschaftswissenschaften ist es ein weiterer Schlag gegen die Vorstellung vom idealen Wettbewerbsmarkt. In der Biologie bildet es die Ausnahme zu einem Prinzip, das man als das Prinzip des konkurrierenden Ausschlusses bezeichnet: Wenn zwei Gruppen (auf dem Niveau von Arten oder höher, sodass keine genetische Vermischung stattfinden kann) auf allen Gebieten konkurrieren, wird eine die andere verdrängen.

Das Privileg des Amtsinhabers garantiert einer wohletablierten Gruppe von Organismen eine gewisse Resistenz gegenüber dem Aussterben, die auf einer weiträumigen geographischen Verbreitung, einer großen Anzahl von Arten oder einer großen Anzahl von Individuen beruht. In Wirklichkeit basiert dieses Prinzip auf nicht sehr überzeugenden indirekten Anhaltspunkten. Da es hier notwendigerweise um riesige Zeiträume geht, sehen wir nur die Ergebnisse und nie die konkurrierenden Kämpfe selber. Doch dieses Privileg des Amtsinhabers erklärt viele andernfalls paradoxe Besonderheiten der fossilen Funde. In Kapitel 6 wurde die Möglichkeit angesprochen, dass der nichtmetallische Charakter der natürlichen Technologie ein Beispiel für dieses Privileg des Amtsinhabers sein könnte. Doch, wie schon bemerkt, wie können wir jemals sicher sein?

In unserer Technologie sind die Hinweise auf Lock-in zwar besser, aber immer noch nicht eindeutig. Trotzdem ist die allgemeine Idee zu einleuchtend um sie zu verwerfen. Die Hartnäckigkeit des QWERTZ-Systems bei deutschen Keyboards ist das übliche Beispiel für Lock-in. Die QWERTZ-Anordnung der Buchstaben war ursprünglich bei Schreibmaschinen zur Minimierung von Blockierungen gewählt worden, nicht für eine maximale Tippgeschwindigkeit. Nachdem technische Verbesserungen das Blockierungsproblem gelöst hatten, hätte man erwarten können, dass eine ergonomisch überlegenere Buchstabenverteilung das QWERTZ-System ablöst. Doch eine neue Gewöhnung kostet Zeit und Geld, und eine oberflächliche Beherrschung zweier Keyboard-Systeme wäre kontraproduktiv für die Leistungen auf beiden gewesen. Ein schnelleres Keyboard, das Dvorak, hat sich nie durchgesetzt.[17] Doch dieses Beispiel ist möglicherweise auch nicht so gut wie es zunächst den Anschein hat. Vergleichstests dieser beiden Keyboards waren fehlerhaft und vermutlich beeinflusst. Das QWERTZ-System ist besser als eine alphabetische Anordnung oder eine zufällige Verteilung. Zur Verweidung von Blockierungen ist das QWERTZ-System so angelegt, dass die Hände bevorzugt abwechselnd anschlagen, doch das erhöht auch die Tippgeschwindigkeit.[18]

Ein zweites brüchiges Beispiel ist das Beharren auf dem VHS-Videoband-System trotz des angeblich überlegenen Beta-Systems. Doch jeder eventuelle Vorteil des Beta-Systems wurde durch den Nachteil einer kurzen Aufnahmezeit – ursprünglich eine Stunde, weniger als eine normale Filmlänge – ausgeglichen.[19] Auch das Argument, dass der Verbrennungsmotor ein Lock-in sei und dass wir heute gute Elektrowagen hätten, falls wir vor rund einem Jahrhundert diese zum Standard gewählt hätten, hat ähnliche Risse. Das Argument geht davon aus, dass jede Technologie bei ausreichendem Anreiz oder genügend Investitionen grenzenlos verbessert werden kann. Die Nachteile der Elektrowagen beruhen auf dem Gewicht der Batterien. Doch aufgrund des militärischen Interesses an leichten Batterien für Unterseeboote (bevor in den fünfziger Jahren der Nuklearantrieb entwickelt wurde) und ähnlichen Bedürfnissen der Raumfahrtprogramme wurde mit Sicherheit ein Maximum an Anstrengungen (und eine gute Abschirmung gegen den Wettbewerb) in die Suche nach weniger schweren Speichermöglichkeiten für elektrische Energie gesteckt.

Trotzdem ist Lock-in – das Nichtfunktionieren des freien Markts, weil sich eine anfängliche Wahl zu beharrlich hält – vermutlich sehr verbreitet. Hat unser heutiger Computerbildschirm eine optimale Form oder ist er lediglich eine Version des Fernsehbildschirms? Ist das 35-mm Filmformat für Fotoapparate mit seinem großzügigen Platz für die Lochungen ein Zufall, der auf die anfängliche Wahl des 35-mm Formats für Kinofilme zurückzuführen ist? Und außerdem muss ein Lock-in nicht unbedingt ein Nichtfunktionieren des freien Marktes bedeuten. Schließlich kann auch ein komplizierteres Produkt in großen Mengen billiger hergestellt werden, wenn man die Kosten für ein neues Design und eine Umrüstung der Herstellung berücksichtigt.[20] Wir sollten uns allerdings fragen, ob ein ähnliches Phänomen in der Natur uns etwas über Existenz und Rolle des Lock-in verrät. Marktbeherrschung, irrationales Käuferverhalten, bereits existierende Infrastruktur zur Unterstützung des Vorhandenen – zu keinem dieser Punkte gibt es ein exaktes Analogon unter den Faktoren, die dem Privileg des Amtsinhabers in der Natur zugrunde liegen.

Kegel und Spiralen – ein letzte Geschichte

Wir haben gesehen, wie leicht uns Argumente, die auf den Ähnlichkeiten zwischen den Entwicklungsprozessen der natürlichen und der menschlichen Technologie basieren, fehlleiten können. Bei Argumenten, die auf den Ähnlichkeiten zwischen ihren Produkten beruhen, ist die Gefahr einer Selbsttäuschung weniger groß – aber sie ist doch vorhanden. Eine erneuter Blick auf ein Thema, das schon in Kapitel 2 erwähnt wurde, wird besser sein als jede Warnung.

Betrachten wir einen einfachen Kegel. Ein Kegel lässt sich durch zwei Parameter beschreiben, seinen Durchmesser und den Abstand zwischen Unterkante und Spitze, wie in Abbildung 14.1. Verlängert man die Unterkante, so vergrößert man zwar den Kegel, ändert aber nicht seine Form. Eine Verdopplung des Durchmessers verdoppelt auch den Abstand von der Kante zur Spitze. Verlängert man jedoch das Ende eines Zylinders, so wird er schlanker.

Kegel haben noch eine weitere interessante Eigenschaft. Wenn sie innen und außen dieselbe Verjüngung (Konizität) haben, lassen sich Kegel beliebig dicht und in beliebiger Anzahl ineinanderschachteln – so werden konische (d.h. kegelförmige) Eiswaffeln oder Pappbecher verpackt und verschickt. Drückt man sie zusammen, wird die Verbindung fester. Kegel von identischer Konizität las-

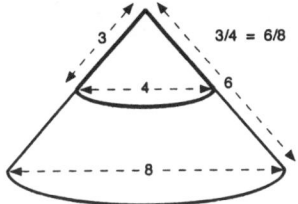 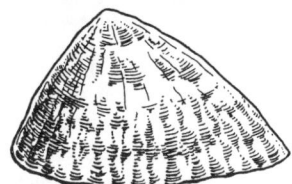

Abbildung 14.1: Vergrößerung eines Kegels ohne Formveränderung, und eine Napfschnecke.

sen sich auch leicht herstellen, z.B. durch Schneiden auf einer Drehbank, durch Gießen in eine Form oder andere Verfahren. Wiederum ist der Unterschied zu Zylindern krass. Zylinder werden beispielsweise bei ausziehbaren Radioantennen ineinander verschachtelt. Doch die jeweiligen Durchmesser bestimmen eindeutig die Festigkeit, mit der sie zusammenpassen. Außerdem lassen sich identische Zylinder nicht ineinander stecken.

Obwohl man Kegel in beiden Technologien häufig antrifft, sind die Gründe dafür sehr verschieden. Für die Natur muss der erstgenannte Vorteil der wesentliche sein, die Fähigkeit, durch Hinzufügen von Baumaterial an den Kanten zu wachsen ohne die Form zu verändern. Damit eignen sich Kegel beispielsweise gut für Muschelschalen, die ausschließlich auf diese Weise wachsen. Da wir keine Gegenstände herstellen, die wachsen, ist dieser Vorteil für uns auch ohne Bedeutung. Für uns ist wesentlich, dass sie kontrollierbar fest verschachtelt oder zusammengepresst werden können. Abbildung 14.2 zeigt einige Anwendungen.

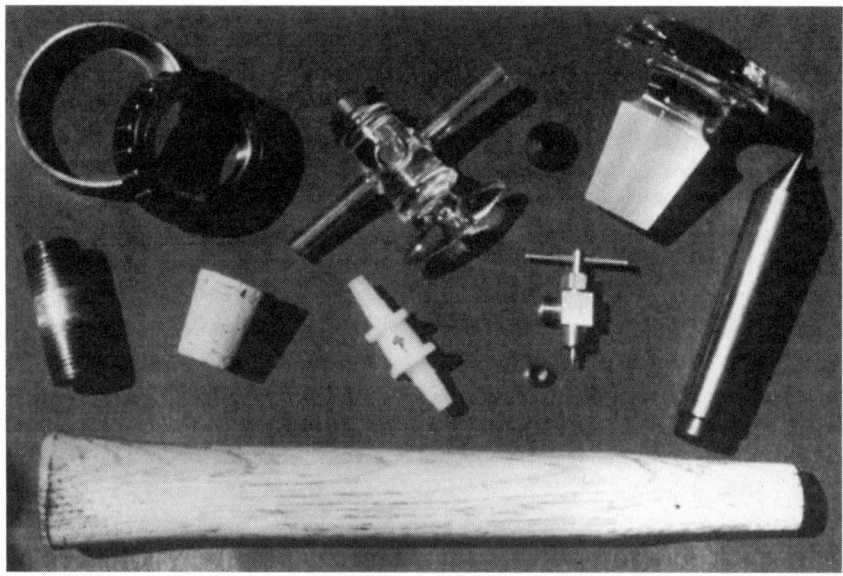

Abbildung 14.2: Gewöhnliche Kegel aus der Technologie des Menschen: (obere Reihe) konische Radlager und ihr Laufring von einem Auto, Mattglashahn, Leitungshahnunterlegscheibe aus Gummi, Mattglasstöpsel: (mittlere Reihe) Gewinderohr, Korken, Verbindungsstück für Schläuche, das Nadelventil der Wasserzufuhr für eine Eismaschine, Zentrierstück einer Metalldrehbank; (unten) Hammerstiel mit konischer Spitze.

Es geht uns hier um deutliche Präferenzen, nicht um absolute Unterschiede. Auch in der Natur gibt es einige identische Kegel, die ineinandergeschachtelt werden. Viele Quallen bilden in ihrem frühen (sessilen) Stadium einen Stapel aus sogenannten Strobili, die sich durch Abschnürung lösen und zu erkennbaren schwimmenden Quallen werden. Die einzelnen muskulären Einheiten der Fischkörper bilden ineinandergeschachtelte Kegel, wie man beim Zerlegen gekochter Exemplare erkennen kann. Und jedesmal, wenn Sie einen Bleistift spitzen, nutzen Sie aus, dass ein Kegel auch bei Materialabschabung seine Form behält.

Die axialen Schneidewerkzeuge bei einer Drehbank (z.B. Bohrer und Reibahlen) passen in das Loch des Reitstocks (dem entgegengesetzten Ende des motorisierten Spindelstocks) als Außenhälften eines Paars verschachtelter Kegel. Während des Gebrauchs wird das Werkzeug nach unten gedrückt und so die Verbindung fester, doch wenn es während der Arbeit plötzlich blockiert, löst es sich vom Reibstock und rotiert ungefährlich. Neben ihrer leichten Fertigung haben verschachtelbare Kegel noch den Vorteil, dass der Öffnungswinkel bei Größenänderungen, wie sie bei Erwärmung oder Abkühlung auftreten, derselbe bleibt. Aus demselben Grund waren alte Mattglasstöpsel immer konisch: Sie passten fast überall und ließen sich entsprechend fester oder lockerer aufsetzen. Demgegenüber müssen die Kolben für Spritzen ihren jeweiligen Zylindern individuell angepasst werden. Meist werden sie durchnummeriert, sodass nach der Reinigung oder Sterilisation Zylinder und Kolben wieder zusammenpassen. Für den einmaligen Gebrauch sind Korken zylindrisch, beispielsweise bei Weinflaschen; Korken für den wiederholten Gebrauch (wie in Laboratorien oder bei einer älteren Generation von Thermoskannen) sind konisch. Sie passen auf viele Öffnungen und schließen auch nach häufiger Benutzung noch dicht.

Nur wenige von uns bemerken die Vorliebe der modernen Technologie für Kegel gegenüber Zylindern. Die Gewinde am Ende von Metallrohren unterscheiden sich von den Gewinden bei gewöhnlichen Schrauben: Es handelt sich nicht um gleichförmig tiefe Rillen auf einem Zylinder, sondern sie werden zum Rohrende hin tiefer und bilden so einen Teil eines Kegels. So können Rohre auch bei leicht unterschiedlicher Gewindetiefe gleich fest verschraubt werden. Autos haben keine zylindrischen, sondern konische Rollenlager in ihren Rädern; eine auf ein Standarddrehmoment festgezogene äußere Schraube kann so einem Verschleiß oder kleinen Unterschieden bei der Herstellung entgegenwirken.[21] Doch auch hier nutzen wir andere Vorteile dieser Kegel als beispielsweise eine Muschel.

Die Natur mag nicht nur gewöhnliche Kegel, sondern auch die daraus abgeleiteten Formen. Hörner und Eckzähne, Muschelschalen und Schneckenschalen, sogar die winzigen Protozoen, aus denen die weißen Klippen von Dover in Südengland bestehen, sind konische Derivate. Erinnern wir uns, dass bei Kegeln die Höhe proportional zum Durchmesser ist. Die gleiche Beziehung gilt für eine

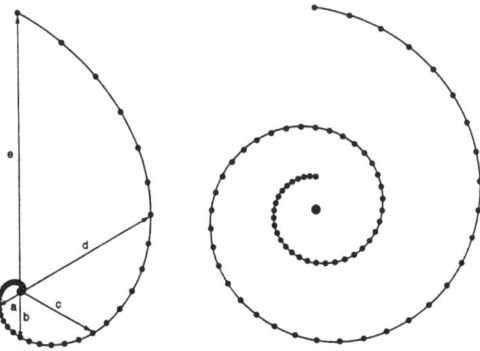

Abbildung 14.3: Zwei logarithmische Spiralen. In der linken Figur beträgt der Winkel zwischen zwei benachbarten radialen Linien immer sechzig Grad, und jede ist doppelt so lang wie ihr Vorgänger.

allgemeinere Klasse von Körpern: logarithmische oder gleichwinklige Spiralen. Diese besonderen Spiralen erhält man, wenn man die geraden Linien gewöhnlicher Kegel durch Kurven ersetzt. Bei ihnen dreht sich eine Linie spiralförmig von einem Startpunkt nach außen, wobei der Abstand der Linienabschnitte zwischen zwei Umdrehungen proportional größer wird, je weiter die Spirale nach außen gewachsen ist.[22] Den meisten von uns wird eine Zeichnung wie in Abbildung 14.3 mehr sagen als Worte. Logarithmische Spiralen können wie Kegel ohne Formveränderung wachsen, indem einfach Material am Ende angefügt wird. Außerdem finden wir hier das in der Biologie typische Wachstumsverhalten: die Menge des hinzugefügten Materials ist proportional zur Menge des bereits vorhandenen Materials. Wenn wir vor einigen Abschnitten einfach von Kegeln gesprochen haben, wie bei den Schalen der Napfschnecken, so handelt es sich in Wirklichkeit um logarithmische Spiralen mit einer sehr kleinen Krümmung.

Zu Beginn des zwanzigsten Jahrhunderts waren drei Biologen davon fasziniert, in welcher Vielfalt diese Spiralen immer wieder in der Natur auftauchen; Abbildung 14.4 zeigt einige Beispiele. Für James Bell Pettigrew offenbarten sie eine seltsame Vorliebe des Schöpfers, eine Verzierung an einem riesigen, unveränderlichen Werk. Für D'Arcy Thompson waren sie das beste Beispiel für den geometrischen Idealismus oder zumindest die mathematische Ordnung der Lebensformen. An Thompsons Haus – South Street Nr. 44 in St. Andrews, Schottland – befindet sich eine mit vielen logarithmischen Spiralen verzierte Gedenktafel. Für Theodore Andrea Cook handelte es sich einfach um Ästhetik, ohne kosmische Obertöne.[23] Auch heute noch sind wir von ihnen beeindruckt, allerdings mehr von der Einfachheit des zugrunde liegenden Prinzips und von ihrer Nützlichkeit für das Wachstum von Organismen. Dieselbe Mathematik, die das Wachstum einer frischen Bakterienkultur (und einer Kapitalanlage mit gleichbleibenden, wiederangelegten Zinsen) bestimmt, erzeugt auch eine logarithmische Spirale.

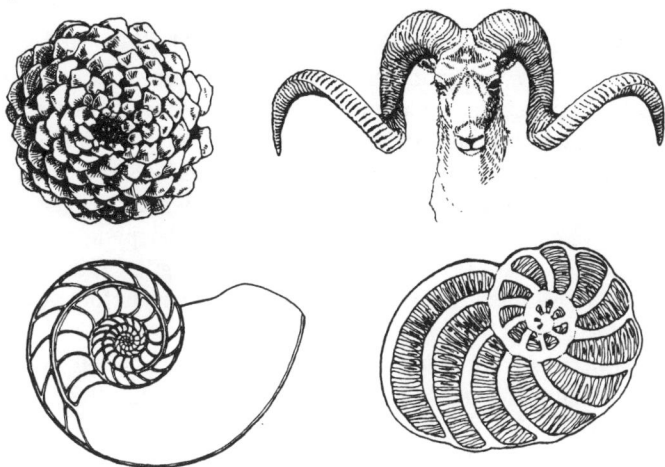

Abbildung 14.4: Logarithmische Spiralen in der Natur: Kiefernzapfen, Schafshörner, Schnitt durch eine vielkammerige Nautilusschale und eine mikroskopische Foraminifere (Protozoen mit Schale).

Sollten wir bei unseren Entwürfen diesen logarithmischen Spiralen mehr Beachtung schenken, nur weil die Natur sie als wünschenswert zu erachten scheint? Nein. Ihre weite Verbreitung in der Natur zeigt nur eine gewisse Verträglichkeit mit der Art und Weise, wie die Natur Dinge herstellt. Diese Verträglichkeit haben sie mit den Kegeln – im Wesentlichen unaufgerollten Spiralen – gemeinsam. Doch unser Interesse an Kegeln lässt sich nicht auf Spiralen übertragen. Spiralen lassen sich nicht ineinander schachteln. Für die Art, wie wir Dinge herstellen, ist die logarithmische Spirale irrelevant.

Konvergenzen

Seit Darwin ist den Biologen bekannt, dass ähnliche Organismen nicht immer von nahen gemeinsamen Vorfahren abstammen. Ein ähnlicher struktureller Aufbau hat sich oft parallel entwickelt. Das bilderzeugende Auge eines Fisches oder Säugetieres hat eine erstaunliche Ähnlichkeit mit dem eines Tintenfischs oder einer Krake. Dass es gewisse fundamentale, aber für ihre Funktion irrelevante Unterschiede gibt, bestätigt nur unsere Überzeugung, dass kein gemeinsamer Vorfahre ein solches bilderzeugendes Auge hatte. Wir kennen unzählige Beispiele dieses (schon in Kapitel 2 erwähnten) Phänomens der Konvergenz – beispielsweise die Konvergenz zwischen Beuteltieren und Plazentaliern. Den Biologen bereitet dieses Phänomen seit Darwin einigen Ärger, nicht wegen der Evolutionstheorie, von der die Konvergenz gerne akzeptiert wird, sondern für die praktische Klassifikation von Organismen. Da ähnliche Strukturen nicht unbedingt auf eine enge Verwandtschaft schliessen lassen, erschwert die Konvergenz die Entwirrung verschiedener Abstammungslinien. Für einen eher an der Funktion interessierten Biologen hingegen ist Konvergenz ein nettes Hilfsmittel. Funktionale Wichtigkeit (plus, zugegebenermaßen, noch ein paar andere Faktoren) sollte Konvergenz als unmittelbare Folge der natürlichen Auslese erscheinen lassen: Was nützlich ist, setzt sich durch. Beispiele von Konvergenz können uns zeigen, was funktional nützlich oder wichtig ist, d.h., welche Aspekte im Design eines Organismus für seinen reproduktiven Erfolg von Bedeutung sind. Was sich durchgesetzt hat, muss nützlich gewesen sein.

Außerdem sollten wir aus Konvergenzen erkennen können, was der evolutionäre Prozess leicht entwickeln konnte. Wenn etwas häufiger auftritt, wird es vermutlich ohne heroische Veränderungen der Erbinformation machbar sein. Biologen, die evolutionäre Abstammungslinien rekonstruieren, suchen nach stetigen Prozessen und einfachen Mechanismen mit den wenigsten innovativen Schritten. „Leicht" bedeutet daher nicht unbedingt „trivial".

Dieselben Überlegungen könnten sich auch als nützlich erweisen, wenn wir die Entwicklung der menschlichen Technologie betrachten. Wegen der vielen Kommunikationsmöglichkeiten haben unsere heutigen Kulturen nicht mehr diese Unabhängigkeit, die wir bei den verschiedenen Abstammungslinien in der Natur vorfinden. Doch das war nicht immer so. Auch wenn die Menschen aus einer kleinen Anzahl von Hominiden abstammen, so hatten sie sich doch lange vor ihren bedeutenden technologischen Errungenschaften weit über den Planeten verteilt. Hier könnte Konvergenz für beide Technologien dieselbe Bedeutung haben: Konvergenzen sind Anhaltspunkte für das, was wichtig und was leicht zu verwirklichen ist. Diese Idee wurde von Joseph Needham in seinem monumentalen Werk *Science and Civilisation in China* angemessen gewürdigt, doch Needham war – vermutlich nicht zufällig – sowohl ein ausgezeichneter Biologe als auch ein beeindruckender Sinologe.[24]

Betrachten wir die Anfänge unseres Umgangs mit Metallen. Ohne eine überzeugende Alternative sollten wir nach dem „einfachsten", schrittweisen Rahmen für die Entdeckung der Metallverarbeitung suchen, der möglichst wenig Genialität verlangt. Hinweise aus dem Alten Orient lassen folgenden Ablauf wahrscheinlich erscheinen. Als nahezu einziges unter den mechanisch nützlichen Metallen ist Kupfer in metallischer Form in der Natur vorhanden. Das Schmelzen von Kupfer mit einem zusätzlichem Erz (ursprünglich vielleicht, um die beiden zu trennen) ergibt eine größere Menge als die reine Schmelze. Der Übergang vom Schmelzen zum Verschmelzen – zur Verhüttung – bereitet also keine großen Schwierigkeiten. Erze mit bestimmten Verunreinigungen ergeben bessere Metalle; antimon- und arsenhaltige Bronzen finden breitere Verwendung als reines Kupfer. Noch besser ist Zinnbronze, das auch nicht so giftig ist, aber es wurde wahrscheinlich nicht durch einen reinen Glücksfall entdeckt.

Eisen ist in jeder Hinsicht ein noch besseres Metall, doch zu seiner Herstellung bedarf es höherer Temperaturen.

Wie vernünftig oder wahrscheinlich ist ein solcher Ablauf, angefangen bei metallischem Kupfer über Erzverschmelzungen, arsen- und zinnhaltiger Bronze bis hin zum Eisen? Unser Vertrauen in diese Rekonstruktion wächst, wenn wir erfahren, dass dieselbe Reihenfolge vom Kupfer zur Zinnbronze, wie wir sie vom Alten Orient her kennen, auch in Südamerika zu verfolgen ist, wenn auch dort einige tausend Jahre später.[25] Als alternative Erklärung könnte man auch einen Mechanismus heranziehen, den die Anthropologen und Archäologen als Diffusion bezeichnen. Damit ist gemeint, dass die Technologie durch einen gelegentlichen Kontakt zwischen den verschiedenen Zivilisationen übertragen wurde. Doch ich sehe die Diffusion als ein (um es gelinde auszudrücken) weit hergeholtes Szenarium für die Art, wie die Amerikaner – wenn auch in sehr beschränktem Maße – metallisch wurden.[26] (Die Vermutung, dass die Metallverarbeitung nicht von sich aus dort entstand, ist außerdem beleidigend und bevormundend oder noch schlimmer.)

Die Entwicklung von Webstoffen in der Alten und Neuen Welt ist ein ähnliches Beispiel für Konvergenz. Auch wenn einige Elemente von den frühen Einwanderern Nordamerikas über die Landbrücke von Beringland mitgebracht wurden, muss sich ein Großteil der Technologie unabhängig entwickelt haben. Sowohl die Alte als auch die Neue Welt verwendeten Webstühle, doch gewisse, in sich konsistente Unterschiede zwischen ihnen deuten auf unabhängige Erfindungen hin. Die Reihenfolge des Ablaufs scheint in beiden Hemisphären ähnlich, ausgehend von ungedrehten zu gedrehten Schnüren, von dort zu Korbwaren und verknoteten Netzwaren bis hin zum Weben, mit Verbesserungen in den Spinntechniken und der Arbeitserleichterung durch Webstühle. In beiden Fällen wurden anscheinend zunächst lange Fasern wie Flachs und Sisal verwendet, bevor man zu den kurzen Fasern von Baumwolle und Wolle überging. Kürzere Fasern können in größeren Mengen hergestellt werden, doch es ist schwerer, einen gleichermaßen festen Faden zu erhalten. Baumwolle und Wolle wurden in beiden Hemisphären nutzbar gemacht, die Baumwolle aus verschiedenen Arten der Gattung *Gossypium* und die Wolle von verschiedenen Tieren – Schafe und Ziegen in der Alten Welt, Lamas und Alpakas in der Neuen.[27] Eine sorgfältige, vergleichende Analyse könnte einige grundlegende Mechanismen der frühen Textilentwicklung aufdecken.

Der Gang der Entwicklungen bei Metallen und Webstoffen zeigt uns einige wichtige Kriterien, die wir bei der Rekonstruktion der Abläufe berücksichtigen sollten: die Abläufe sollten eine gewisse Kontinuität haben, ein Minimum an neuartigen Erfindungen erfordern und von einem Evolutionsbiologen als vertraut angesehen werden. Metalle und Stoffe sind auch nicht die einzigen möglichen Gegenstände eines Vergleichs im Hinblick auf Konvergenz. Gebrannte Tonwaren waren in beiden Welten weit verbreitet, allerdings mit unterschiedlichen Techniken zur Formung des Lehms. Andere Kandidaten sind Techniken zum Fallenstellen, Fischen, Pflügen, Säen, Gerben, zum Bootsbau sowie zur Herstellung von Jagd- und Kriegswaffen.[28]

In umgekehrter Form können fehlende Konvergenzen uns aus das hinweisen, was für die eine oder andere Technologie schwer realisierbar ist und uns zu der Frage bringen, warum etwas schwer ist. Dazu sollten wir nach Elementen Ausschau halten, die für eine Technologie sehr vertraut sind, aber selten oder unbekannt in anderen. Betrachten wir den Gebrauch von Werkzeugen. Wir kennen zwar viele Beispiele einer eingeschränkten Nutzung von Werkzeugen bei Säugetieren und Vögeln, es bleibt aber erstaunlich, warum sie so selten und eher zufällig auftreten. Dieser seltene Gebrauch von Werkzeugen steht in scharfem Gegensatz zu den Fertigkeiten, mit denen Tiere Materialien aus ihrer Umgebung zum Bau ihrer Domizile verwenden: Röhren von Köcherfliegenlarven und Würmern; Schalen von Einsiedlerkrebsen; Nester von Fischen, Reptilien, Vögeln und Säugetieren; Biberdämme und so weiter. Der seltene Gebrauch von Werkzeugen in der Natur steht auch in scharfem Gegensatz zu der zunehmenden Verbreitung von Werkzeugen in der menschlichen Gesellschaft. Warum der Unterschied? Eine einzige – naive und unfundierte – Erklärung könnte lauten, dass ein vermehrter Gebrauch von Werkzeugen erst auftritt, wenn ein kritische Stadium überschritten wurde, und das ist erst einem Tier gelungen – dem Menschen, irgendwann in unserer Vorgeschichte. Vielleicht hängt es auch mit dem Erwerb einer erlernten symbolischen Sprache zusammen und den damit verbundenen ungeheuren Möglichkeiten eines kulturellen Informationsaustauschs. Doch würde man solche Fragen überhaupt stellen, wenn nicht im Zusammenhang eines Vergleichs der beiden Technologien?

Botschaften und Impulse

Die Natur als Technologie zu sehen hat uns eine ungewöhnliche Perspektive von der Welt um uns herum vermittelt. Die Erkenntnis, dass die Natur mit denselben Variablen arbeitet wie die menschlichen Designer, im vorliegenden Fall meist Maschinenbauer, brachte uns dazu, die jeweiligen Produkte und Prozesse zu vergleichen. Doch der Haupttest für einen solchen Vergleich ist der Nutzen. Kurz gesagt, was lernen wir daraus?

Das letzte, was wir finden werden, sind bestimmte Dinge, die wir vorteilhaft nachahmen können. Wie groß ist die Chance, bei Betrachtung der Teile eines Elektromotors ein Teil zu finden, das die Leistungen einer Verbrennungsmaschine verbessert? Wie viel kleiner ist die Chance beim Betrachten der Proteine eines Muskels! In Bereichen, wo die natürliche Technologie überlegen ist, können wir aber durchaus gewisse Einsichten zu der Art des Designs erlangen, doch dazu haben wir schon viel gesagt. Dass jede Technologie eine kohärente Einheit darstellt, die sich von der jeweils anderen sehr unterscheidet, kann sowohl ein Vorteil als auch ein Nachteil sein. Die vielleicht beste, wenn auch abgedroschenste Zusammenfassung ist, dass die Natur uns Möglichkeiten aufzeigt.

Wir haben etwas verächtlich über Analogien gesprochen, doch ihr Nutzen sollte größer sein als das Risiko, dass wir uns mit einer Analogie statt einer wirklichen Erklärung zufrieden geben. Ein weiteres Hilfsmittel ergibt sich aus der Erkenntnis, dass beide Technologien in ihrer zeitlichen Entwicklung und den Funktionsweisen Analogien aufzeigen. Man kann die Schlüssigkeit und Glaubwürdigkeit einer Hypothese über die Funktionsweise eines Systems dadurch testen, dass man sie mit dem anderen System vergleicht.

Wir haben Beispiele gesehen, wo die Produkte der beiden Technologien nahezu übereinstimmen und andere, wo sich die Produkte als überraschend unterschiedlich herausstellten. Beide Fälle können eine weitsichtige Botschaft enthalten. Eine Übereinstimmung zwischen den beiden so verschiedenen technologischen Systemen lenkt die Aufmerksamkeit auf Einschränkungen, denen keine Technologie entgehen kann und denen wir nachgehen sollten. Verschiedene Lösungen für dasselbe Problem oder verschiedene Mechanismen für dieselbe Aufgabe implizieren etwas gleichermaßen Interessantes: die Möglichkeit einer dritten oder vierten Lösung. Ein Vergleich kann uns also zeigen, wo weitgehende Erneuerungen möglich sind und wo vermutlich nicht. Da umfangreichere Erneuerungen keine leichte Sache sind, könnte schon ein kleiner Anstoß eine große Hilfe bedeuten.

In Wissenschaft und Technologie gibt es viele Beispiele dafür, dass jemand mit einem ungewöhnlichen Hintergrund oder einer ungewöhnlichen Sichtweise – ein Außenseiter – ein altes Problem löst.[29] Kann man vorsätzlich zu einem Außenseiter werden? Oder besser: Wie kann man die frische Sichtweise eines Außenseiters erlangen, ohne die Erfahrungen des Insiders aufzugeben? Für den Designer Mensch kann ein Blick mit offenen Augen auf die Technologie der Natur genau das bewirken: Er kann ihm die breite Sicht für Möglichkeiten eröffnen, die er anderenfalls nie in Betracht gezogen hätte.

Zu Beginn dieses Buches habe ich einige Äußerungen zitiert, in denen die Überlegenheit der Natur gepriesen wurde. In gewisser Hinsicht ist dieses Buch meine skeptische Antwort. Sicherlich, die Natur ist wundervoll. Doch wir sollten auch die Errungenschaften unserer Technologie nicht vergessen; wie auch immer sie zustande gekommen sein mögen, sie verdienen unsere volle Anerkennung. Metallische Werkstoffe, Seile aus kurzen Fasern, Webstoffe mit gekreuzten Fäden, Räder mit Achsen, Wärmekraftmaschinen, schnelle Oberflächenschiffe, elektrochemische Energiespeicherung, Flugkörper leichter als Luft – die Menschen, insbesondere die Techniker, haben außergewöhnliche Dinge geschaffen. Wie wir damit umgehen, ist eine vollkommen andere Geschichte.[30]

14. Kontraste, Konvergenzen, Konsequenzen

Auf diesen Seiten habe ich den Leser mit meinem unmittelbaren wissenschaftlichen Interesse – der Biomechanik – bekannt gemacht. Gründlich vergleichend wie jede Wissenschaft untersucht sie die mechanischen Probleme des Lebens, insbesondere, wie die Lösungen zu diesen Problemen sich bei Organismen verschiedener Größe und verschiedener Abstammungslinien unterscheiden, und die verschiedenen Möglichkeiten, mit Wachstum, Reproduktion und Ausbreitung umzugehen. Seit jeher hat sie ihre grundlegenden Konzepte der Technik entlehnt, und das mit großem Erfolg. Um die Natur besser verstehen zu können, haben wir die existierende Technologie des Menschen ungehindert und außerordentlich produktiv verwendet. Unsere Bücher und Artikel versuchen diese Vorgehensweise auch nicht zu verbergen; tatsächlich werden wir immer wieder von Biologiestudenten, die erstmals der Biomechanik beggenen, nach der Technik gefragt. Die Bedeutung der menschlichen Technologie als eine Art kritischen Referenzpunkt für den Biomechaniker lässt sich am besten unterstreichen, indem wir die Zugeständnisse vom Anfang wiederholen. Wir haben nur selten ein mechanisches Prinzip in einem Organismus erkannt, mit dem wir aus der Technik nicht schon vertraut waren. Vielleicht haben wir nicht genügend Kreativität und Phantasie, oder vielleicht haben die Techniker einen gewissen Vorsprung und eine zahlenmäßige Überlegenheit. Vielleicht kennzeichnet diese Situation aber auch den Wert eines äußeren Referenzpunkts für jede Form des Verstehens.

Anmerkungen

Kapitel 1: Verschiedene Welten

1. Das wirkliche Gegenstück zur Biologie ist nicht die Technik, sondern ein kleines Teilgebiet, das sich mit Natur und Geschichte der Technologie des Menschen beschäftigt. Einige neuere Bücher (mit weiteren Literaturangaben) sind die von Basalla (1988), Vincenti (1990), Adams (1991), Petroski (1992) und Cardwell (1995). Eine Fachzeitschrift ist *Technology and Culture*, eine zentrale Organisation ist die Society for the History of Technology (SHOT).
2. Allgemeine Bücher zu diesem Thema sind Wainwright et al. (1976), Alexander (1983, 1992), Vogel (1988) und Niklas (1992).
3. *Nicomachean Ethics* 1099 B, 23. Zitiert bei Mackay (1991).
4. Zitiert bei Schneider (1994).
5. T. Ewbank (1842), S. 514. Der Autor zeigt eine feinsinnige (und enthusiastische) Vorliebe für die Physiologie und die Naturgeschichte.
6. Papanek (1971).
7. Die antitechnologische Literatur ist umfangreich und diffus. Beispiele sind die Bücher von Ellul (1964) und Mumford (1967) und Abhandlungen von Commoner, Mumford und Ellul in der allgemeinen Sammlung von Burke und Eakin (1979). Auch Florman (1975) beschäftig sich mit ihr und gibt eine nüchterne Erwiderung.

Kapitel 2: Zwei Designer-Schulen

1. Beispielsweise in *The Evolution of Useful Things, The Evolution of Technology,* und *The Evolution of Design* – Bücher von Petroski (1992), Basalla (1988) und Steadman (1979). Siehe auch Mokyr (1991), Dasgupta (1996) und das letzte Kapitel hier.
2. Dieses logische Schema ist nicht neu, sein Ursprung liegt aber im Dunkeln. Die volle Reichhaltigkeit dieses Themas findet man beispielsweise bei Endler (1986) oder Futuyama (1986).
3. Wainwright et al. (1976).

4. Raup (1966). Ein gutes neueres Buch über Schalen aus einer evolutionären Sichtweise ist das von Vermeij (1993). Neuere computererzeugte „virtuelle Schalen" findet man bei Meinhardt (1995).
5. Unsere besondere Neigung zu Weichschalenkrabben ist ein vielleicht triviales Beispiel für die Vorliebe eines Räubers für frisch gehäutete Arthropoden.
6. Pierce (1961).
7. Crane (1950).
8. Die Evolution hat diese Möglichkeit allerdings nicht verschmäht. Zwei nicht identische Sätze an genetischer Information in den Zellen der meisten Organismen (Diploidie) und das Engagement in Rekombination (Sex) ermöglichen geschützte Variation sowie ein Austesten in verschiedenen Kombinationen.
9. Dawkins (1986).
10. Hier handelt es sich eindeutig um verschiedene evolutionäre Entwicklungen. Ein Biologe würde es so ausdrücken, dass der nächste gemeinsame Vorfahre von beispielsweise Vögeln und Fledermäusen keine Flügel hatte und nicht fliegen konnte – nach paläontologischen, anatomischen und molekularen Befunden.
11. Außerhalb der Ordnung der Hautflügler, die Ameisen, Bienen und Wespen umfasst, bilden Termiten, nahe Verwandte der Küchenschaben, den einzigen Fall höherer sozialer Strukturen unter den Insekten. Die wiederholte Ausbildung höherer sozialer Strukturen unter den Hautflüglern folgt aus einer Vorliebe, die ihrem besonderen genetischen System eigen ist. Für Termiten braucht man eine andere Erklärung (beispielsweise infektiöse Symbiose). Siehe z. B. Wilson (1980).
12. Dyer und Obar (1994) geben zusätzliche Information und einen nützlichen Zusammenhang. Die eigentliche Quelle ist Cleveland und Grimstone (1964). Man ist nicht gerne zu vertraut mit Spirochäten, unter anderem die Erreger der Syphilis.
13. Tamm (1982).
14. Siehe z. B. Thompson und Bennett (1969). Sie berichten von einem Fall, bei dem Nematozysten gefunden wurden, die dem Menschen schädlich sein konnten. Das Phänomen ist seit beinahe einem Jahrhundert bekannt.
15. Der Fall wird bei Fisher und Hinde (1949) und Hinde und Fisher (1951) beschrieben. Griffin (1984) enthält eine Darstellung in Prosa und Burns (1975) eine in Versen. Von meinem Kollegen Peter Klopfer erfuhr ich, dass die Vögel sogar noch erfindungsreicher waren. Verschiedene Milchsorten konnten nur an der Farbe der Flaschendeckel unterschieden werden (vermutlich, weil zurückgebrachte Flaschen nicht sortiert werden mussten). Die Vögel haben sich nicht nur die Flaschen mit dem Rahm unter den Deckeln herausgesucht, sondern auch ihre Vorlieben für bestimmte Farben rasch geändert, wenn die Deckel absichtlich vertauscht wurden.
16. Galbraith (1967).
17. Eldredge und Gould (1972). Man sollte betonen, dass plötzliche Ausbrüche von Veränderungen nur in einem paläontologischen Sinne plötzlich sind – d.h., wenn man sehr lange Zeiträume betrachtet. Hier geht es nicht darum, das zu Grunde liegende Modell Darwins anzuzweifeln, sondern lediglich um die Erkenntnis, dass der

Anmerkungen 303

relative Gewinn an Fitness durch Formveränderungen sehr von den Umständen abhängen kann. In diesem Zusammenhang hat auch Darwin (in seinen Werk *Die Entstehung der Arten*...) anerkannt, dass die meisten Arten für die meiste Zeit größtenteils unverändert bleiben.

18. Gras und Grasebenen gehören zu den neueren Anschaffungen auf der Erde. Gräser sind besonders gegen Feuer und Unkraut tolerant, und viele Graslandschaften werden zu Wäldern, wenn diese beiden Faktoren fehlen. Doch der Nährwert von Gras ist niedrig, und es ist ein besonders unangenehmes Zeug, wenn man es in großen Mengen zerkleinern soll.

19. Der tragbare Elektroventilator wurde sogar wesentlich früher erfunden – von Nikola Tesla um 1890.

20. Siehe z. B. Basalla (1988) und Cardwell (1995). Basalla betont die Kontinuität, während Cardwell eher zu einer sprunghaften oder heroischen Sichtweise tendiert. Trotzdem gehört er eher zu den Inkrementalisten als viele schlechte Lehrbücher. Ich will hier keine Stellungnahme beziehen, da die Kontroverse ohnehin für uns nicht wichtig ist. Doch ich glaube, dass jeder Vergleich mit der biologischen Evolution irrelevant ist. Vincenti (1990) und Adams (1991) beleben das Thema mit besonderen Beispielen. Im Wesentlichen berichtet Vincenti über das, was Techniker wissen (nach ihrer Bezeichnung) und Adams über das, was sie tun. Auch Lehrbücher zum Thema „Mechanisches Design", wie sie im Studium für Ingenieurswissenschaften verwendet werden, können einiges zu diesem Thema enthalten.

21. Die Entdeckung und Biologie der Quastenflosser ist eine interessante Geschichte, die bei Thomson (1991) gut beschrieben ist.

22. Houston et al. (1989). Andere Fliegen haben die wassergefüllten Räume unter unseren Abflüssen kolonialisiert.

23. Einige Biologen unterscheiden „Parallelismus" und „Konvergenz", doch auf diese Haarspalterei (siehe Roth, 1966) wollen wir hier nicht eingehen.

24. Siehe z. B. Stanley (1987) und Raup (1992).

Kapitel 3: Vom Kleinen und Großen

1. Gute allgemeine Abhandlungen über die Biologie der Größe findet man in einigen Büchern, besonders McMahon und Bonner (1983) und Schmidt-Nielsen (1984). Für kurze und fesselnde Einführungen siehe Haldane (1928), Kapitel 2 aus Thompson (1942) oder Went (1968).

2. Bennet-Clark (1977).

3. Descartes *Principia*, zitiert bei Kearney (1971), S. 156. Größe war schon für Horaz von Bedeutung: „Berge werden Wehen haben, geboren wird eine lächerliche Maus." Ich habe somit, wie James Thurber einmal schrieb, Descartes vor Horaz gesetzt.

4. Thompson (1942), S. 68.

5. Die Evolutionstheoretiker bezeichnen dies als das Cope'sche Gesetz, nach dem Paläontologen E. D. Cope (1840–1897).
6. Robinson und Frederick (1989). Natürlich muss das nicht der einzige Grund sein, warum große Leute auch größere Füße haben.
7. Haldane (1928). Das Galilei'sche Gesetz, wonach alle Körper gleich schnell fallen, gilt nur im Vakuum oder als Näherung für große und dichte Körper.
8. Orwell (1937), S. 26.
9. Das meiste Material über Fluidmechanik – Auftrieb, Widerstand, Gleiten, Flugarten, Diffusion, Oberflächenspannung – haben ich meinem früheren Buch (Vogel 1994a) entnommen, das unzählige Literaturverweise gibt. Tennekes (1996) enthält eine sehr eingängige Abhandlung über Größe und Flugverhalten.
10. Das Cope'sche Gesetz wurde in Anmerkung 5 erwähnt. Die drei existierenden Arten fliegender Tiere – Vögel, Fledermäuse und Insekten – scheinen eine Ausnahme dieser Regel zu bilden. Das hängt vermutlich damit zusammen, dass sich das flügelschlagende Fliegen aus dem Gleiten entwickelt hat, und Gleiter funktionieren besser, wenn sie groß sind. Die kleinsten Insekten, die kleinsten Fledermäuse (Mikrochiroptera) und die Kolibris sind alle Mitglieder von relativ neuen Gruppen innerhalb ihrer allgemeinen Arten.
11. Der skeptische Leser wird sich fragen, woher die Kraft kommt, die etwas mit starren Flügeln in der Luft hält. Schließlich sind die Propeller und nicht die Flügel mit den Motoren verbunden. Doch hier passiert nichts Geheimnisvolles: Ein starrer Flügel hat einen höheren Widerstand, wenn er einen Auftrieb erzeugt, und Propeller und Maschine müssen mehr arbeiten, um diesen Widerstand auszugleichen.
12. Diese Poren befinden sich in dem Filz aus Fasern in den Zellwänden innerhalb der Blätter. Es handelt sich nicht um die Stomata auf der Oberfläche der Blätter, durch die Gase ein- und austreten, und die ungefähr hundertmal größer sind.
13. Die Effektivität der Diffusion hängt wesentlich von der Größe der diffundierenden Moleküle ab, und gute Parfums sind komplizierte Gemische. Wäre Diffusion der Hauptausbreitungsmechanismus, würde der Charakter eines Parfums vom Abstand von der Quelle abhängen! Science Fiction-Autoren sollten sich das merken. Mein nörgelnder Beitrag zu diesem Thema findet sich in Vogel (1994d).
14. Wir berühren hier ein allgemeines Argument, warum die Zellgröße ziemlich konstant ist und warum Organismen ein zelluläres Organisationsschema benutzen. Diese Argument ist in Vogel (1988, 1992) näher ausgeführt.
15. Wir benutzen das Prinzip der Ahornsamen bei einigen seltsamen Flugmaschinen (Autogiros, Drehflügler oder Flugschrauber). Ein Hubschrauber, dessen Maschine den Geist aufgegeben hat, verlangsamt seinen Sturz mit diesem Trick der Ahornsamen. Eine ausführlichere Erklärung der verschiedenen Möglichkeiten, langsamer zu fallen, habe ich an anderer Stelle gegeben (Vogel, 1994a). Gegenwärtig konzentriert sich das Interesse an solchen einflügeligen Autogiros als Transporter von Lasten aus dem Orbit auf die Oberfläche des Mars; siehe die Arbeit von Stephen Morris unter http://areo.stanford.edu/MapleSeed.html.

Anmerkungen

Kapitel 4: Flächen, Winkel und Kanten

1. Üblicherweise bezeichnen wir den Teil einer Belastung, der von dem Gewicht der Struktur selber herrührt, als tote Last, und den Teil zu einer nützlichen Aktivität als lebendige Last.

2. $36^3/30^3 = 1,73$, ein 73-prozentiger Zuwachs. $36^4/30^4 = 2,07$, ein 107-prozentiger Zuwachs. Eine kurze Einführung in die wichtigen Aspekte der Balkentheorie habe ich in einem Buch mit dem Titel *Life's Devices* gegeben. Eine bessere Quelle (das ist keine falsche Bescheidenheit) ist Gordon (1978).

3. Noch eine Folgerung: Würde die Biegung mit derselben Potenz der Länge anwachsen, wie sie mit der Dicke kleiner wird, dann könnten Bücherregale mit denselben Verhältnissen gebaut werden – doppelt so lang implizierte doppelt so dick. Doch da die Biegung mit der vierten Potenz der Länge ansteigt, aber nur mit der dritten Potenz der Dicke abfällt, muss ein längeres Brett unverhältnismäßig dicker sein; doppelt so lang impliziert viermal so dick. Das ist einer der Hauptgründe, warum größere Strukturen unverhältnismäßig mehr an Trägermaterial brauchen. Dieses Argument wird im Zusammenhang mit einem etwas anderen Beispiel im nächsten Kapitel nochmals auftauchen.

4. Die Gründe für die aerodynamische Bedeutung der Krümmung sind wesentlich komplizierter, als es üblicherweise geschildert wird. Ich habe eine ziemlich gleichungsfreie Abhandlung in *Life in Moving Fluids* gegeben, andere verständliche Quellen sind Sutton (1949) und von Kármán (1954). Dieses Phänomen wird in Kapitel 12 nochmals zur Sprache kommen.

5. A. Roland Ennos (1988) zeigt, dass die Krümmung und längsweise Verdrehung größtenteils passiv aufgehoben werden, d.h. durch aerodynamische Kräfte. Bisher hatte man angenommen, dass dies durch hochkoordinierte Muskelaktionen geschieht.

6. Es ist nicht geklärt, ob der französische Mathematiker Pierre-Simon, Marquis de Laplace (1749–1827), tatsächlich der Erfinder dieses Gesetzes ist. (Die „Laplace'sche Gleichung" ist etwas anderes.) Für einen Zylinder gilt das gleiche Gesetz ohne den Faktor einhalb. Zylinder sind in eine Richtung gekrümmt, Kugeln in zwei. Da der Druck nun durch die Spannung in einer Richtung gehalten wird, wird doppelt soviel Spannung erzeugt. Wird ein Zylinder mit halbkugelförmigen Enden (wie ein Ballon oder eine gekochte Wurst) bis zum Zerplatzen aufgeblasen, dann reißt er gewöhnlich an seinen Seiten.

7. Shorts sind sehr geräumig im Vergleich zu den fliegenden Zigarren, in die wir uns manchmal begeben. Sie scheinen auch ziemlich zu rattern. Ist das wirklich oder nur meine eingebildete Vorwegnahme logischer Folgerungen?

8. Es handelte sich um das Israel Museum in Jerusalem. Es hat den besonderen Vorteil, sich mit der ungewöhnlich langen und kontinuierlichen Geschichte von Menschen in einem Gebiet zu beschäftigen, das dem Einfluss verschiedenster Kulturen ausgesetzt war.

9. Walsby (1980).

10. Anders ausgedrückt: Sind Zeichnungen in kartesischen Koordinanten, d.h. mit jeweils orthogonalen x-, y- und manchmal auch z-Achsen, für uns in irgendeinem Sinne natürlich?
11. Die Hauptreferenz ist Flannery (1972); siehe auch Hodges (1972) und Saidel (1993).
12. Der ursprüngliche Artikel stammt von Allport und Pettigrew (1957). Die Illusion wurde von Ames (1951) erstmals berichtet und ist bei Hochbert (1978) ausführlich beschrieben. Die Arbeit mit Zulus wird bei Owen (1978) zusammen mit der Arbeit von Annis und Frost (1973) mit Cree Indianern beschrieben.
13. Frazzetta (1966); Gans (1974).
14. Westneat und Wainwright (1989).
15. Beispielsweise Parkes (1965). In der Welt der Mechanismen und der statisch bedingten Strukturen gibt es mehr als nur drei- und vierfüßige Gebilde. Wir berühren hier nur die Spitze eines Eisbergs.
16. Gould (1980).
17. Voll entwickelte Geher kümmern sich nicht mehr permanent um statische Stabilität. Wenn Sie rennen, haben Sie sogar ziemlich oft überhaupt kein Bein am Boden.
18. Das U.S. Militär hat dies für viele Jahre mit hohem Kostenaufwand versucht. Man könnte sich fragen, was mit mehr als sechs Beinen ist. Abgesehen von der offensichtlichen Zunahme an mechanischer Komplexität, möglichen gegenseitigen Beeinflussungen und Schrittgrößenbeschränkungen gibt es noch einen weiteren Faktor. Nach dem letzten Kapitel brechen dünne Säulen bei geringerer Belastung als dicke Säulen derselben Länge. Der Materialaufwand für eine große Anzahl dünner Säulen als Träger ist größer als der für eine kleinere Anzahl dicker Säulen. Dies wird bei Gordon (1988) gut erklärt.
19. Bei unterschiedlichen Sprachen und verschiedenen Systemen mathematischer Notation erscheint es unwahrscheinlich, dass dieses Theorem nach der Entdeckung durch ein einzelnes Genie allgemeine Verbreitung fand. Siehe Bos (1971), Anderson (1972), Swetz und Kao (1977) und Prakash (1987).
20. Grant (1968), Buckley und Buckley (1977) und Barlow (1974).
21. D'Arcy Thompson (1942), der schon früher im Zusammenhang mit Größe erwähnt wurde, diskutiert die relevante Geometrie und Biologie sehr ausführlich. Sein Buch, immer noch als Ganzes oder in Auszügen von J. T. Bonner (Thompson, 1961) erhältlich, ist einzigartig in Bezug auf seinen Inhalt, phantasiereich in seinem Zugang und großartig in der Eleganz seiner Prosa.
22. Hulbary (1944) stellt sich den Komplikationen unserer alles andere als idealen Welt.
23. Eine vorzügliche Behandlung dieser Phänomene – Bruchmechanik – ist in jedem der drei Bücher von James E. Gordon (1976, 1978 und 1988) enthalten. Alle drei sind einfach wunderbare Arbeiten. Das 1978ger, *Structures*, erhält meine Stimme für das beste Buch, das jemals über ein technisches Thema für eine nichttechnische Leserschaft geschrieben wurde.

24. Eine spannende und verständliche Behandlung solcher Aspekte zum Aufbau von Bäumen enhält Mattheck (1991).

Kapitel 5: Hartes und Weiches

1. Teilweise natürlich, weil wir sehr kleine Längenveränderungen messen können. Ein tausendstel Prozent ist für die moderne Werkstofftechnologie kein Problem.
2. Aus Gordon (1978).
3. „Elastizität" wird hier in einer seltsamen Bedeutung benutzt. Erstens ist der Young'sche Modul umso kleiner, je weiter ein Material gedehnt wird, und zweitens spielt es keine Rolle, ob und wie kraftvoll ein Material zu seiner ursprünglichen Länge zurückfindet.
4. „Robustheit" (Toughness) bezeichnet manchmal die Energie, die am eigentlichen Bruchvorgang beteiligt ist, im Gegensatz zu der Energie, die bis zu diesem Punkt aufgewandt werden muss. Beim Brechen entsteht eine neue Oberfläche, was zusätzliche Energie kostet. Ihr Betrag hängt neben der Größe der Fläche auch davon ab, wie groß der Widerstand des Materials gegen die Entstehung neuer Oberflächen ist. Materialien brechen auch nicht immer glatt entlang ihrer Querschnitte durch. Ausdehnungsarbeit ist eine Energie pro Volumen, weil ein Materialblock gedehnt wird. Demgegenüber ist Robustheit im oben genannten Sinne eine Energie pro Fläche, weil die Energie in die Entstehung der neuen Oberfläche gesteckt wird. Die gesamte Arbeit, die aufgewandt werden muss, bis ein ursprünglich ungedehnter Gegenstand bricht, enthält natürlich beide Anteile.
5. Das ist eine der vielen Folgerungen aus einem der wichtigsten Gesetze der Naturwissenschaft, dem zweiten Hauptsatz der Thermodynamik. Etwas vereinfacht ausgedrückt besagt er, dass bei jedem realen Prozess weniger wieder herauskommt als hineingesteckt wurde, und die Differenz erscheint als Wärme. Die Kommentare von C. P. Shnow (1959) zu diesem Gesetz sind heute relevanter als je zuvor, wo wir es in zunehmendem Maße mit Leuten zu tun haben, für die Wissenschaft ein rein soziales Konstrukt ist.
6. Eigenschaften wie Härte, nach dem Grundsatz „Wer ritzt wen"; Eigenschaften wie Duktilität, die für die Verarbeitung wichtig sind; eine Unzahl zeitabhängiger Eigenschaften, beispielsweise die Reaktion eines Materials auf unterschiedlich rasche Belastungen, oder wie gut ein Material wieder in seine alte Form zurückfindet, nachdem es mehrmals belastet wurde; und verschiedene temperaturabhängige Eigenschaften.
7. Man könnte einwenden, dass Gummi ein Naturprodukt ist (oder ursprünglich war). Doch im Gummibaum handelt es sich um eine Flüssigkeit, die vom Menschen hauptsächlich als Schutzschicht für wasserdichte Materialien verwendet wird. Gummi ist (wie Kunstseide) etwas, das lediglich aus einem Naturprodukt gewonnen wird. Seine mechanische Nützlichkeit begann mit der Entdeckung des Vulkanisationsprozesses im Jahre 1839 durch Charles Goodyear.

8. Spinnseide ist eigentlich kein bestimmtes Material. Verschiedene Spinnenarten produzieren Seide mit etwas unterschiedlichen Zusammensetzungen und Eigenschaften, und diejenigen mit den schönen Rädern verwenden sogar verschiedene Arten in einem einzelnen Netz. Mottenseide ist wieder eine andere Gruppe verwandter Materialien. Zur Mechanik von Spinnseide siehe Gosline et al. (1986) und Vincent (1990).
9. Harrar und Harrar (1962).
10. Insbesondere mag ich „Ein Kapitel über Unfälle" in Gordon (1978) sowie Bücher von Levy und Salvadori (1992) und meinem Kollegen Henry Petroski (1985, 1994).
11. Eine Version dieses Abschnitts wurde bereits in Vogel (1995) publiziert.
12. Siehe Koehl et al. (1991).
13. Siehe Grace (1977) oder Miller et al. (1987).
14. Siehe Vogel (1984a, 1989, 1993).
15. O'Neill (1990).
16. Koehl (1977). Wir demonstrieren manchmal das Verhältnis zwischen dem Durchmesser eines Zylinders und seinem Biegeverhalten an zylinderförmiger Pasta – Spaghetti – mit verschiedenem Durchmesser aber von derselben Marke. Eine Stange wird zwischen zwei Steine gelegt, die Mitte wird mit Angelsenkblei beschwert und die Biegung mit einem Lineal gemessen. Die Zunahme der Biegung mit der vierten Potenz des Gewichtes einerseits oder der dritten Potenz des Abstands zwischen den Steinen andererseits lässt sich ziemlich gut erkennen, zumindest bei kleiner Biegung – Vogel (1988), S. 337.
17. Shadwick et al. (1990); Shadwick (1994). Tintenfische wie Kalmare und Kraken gehören zu den Weichtieren. Wirbeltiere haben sich von den Vorfahren der Weichtiere und Gliederfüßer (Insekten, Spinnen, Krebse, etc.) bei einem einfachen, wurmartigen Stadium der Tierentwicklung vor ungefähr einer halbe Milliarden Jahren getrennt.
18. Alexander (1984a, 1988).

Kapitel 6: Metalle und Verbundstoffe

1. Wolfram wurde beispielsweise vor kurzem (siehe Chan et al., 1995) als wesentliche Komponente bestimmter sehr ungewöhnlicher Bakterien erkannt, die am besten bei Temperaturen bis zum Siedepunkt von Wasser gedeihen. Eine allgemeine Quelle zu Metallen in Organismen ist Kendrick et al. (1992).
2. Sämtliche Daten stammen aus Schmidt-Niesen (1990), einem Lehrbuch, in dem die Dinge wirklich erklärt werden, statt sie nur zu benennen und zu erwähnen.
3. Die Hauptquelle ist hier Vincent (1990). Lowenstam (1967) betont, dass die Zähne von Käferschnecken so viel Magnetit enthalten, dass ein wesentlicher Anteil des Magnetits in Sedimenten unter seichtem Meer biologischen Ursprungs sein könnte.

4. Blakemore (1975).
5. Für alle, die an Chemie interessiert sind: Magnetit ist Fe_3O_4 oder Fe_2O_3FeO, zu unterscheiden von Eisen(II)-oxid, FeO, und Eisen(III)-oxid, Fe_2O_3. (*Ferrum* ist das lateinische Wort für Eisen.) Verständliche Literatur ist beispielsweise J. L. Gould et al. (1978) und Walcott (1979).
6. Falls Sie es vergessen haben sollten: Photosynthese spaltet Wasser als Quelle des Wasserstoffs und verbindet diesen mit Kohlendioxid, wobei Sauerstoff frei wird. Bevor das Leben diesen Prozess erfunden hatte, gab es in der Atmosphäre wenig oder gar keinen Sauerstoff. Sauerstoff ist daher das erste und weitverbreitetste Abfallprodukt.
7. Eine Beziehung zwischen der Aufnahme von Aluminium und der Alzheimerschen Krankheit erscheint heute weniger wahrscheinlich als noch vor einigen Jahren. Das *Merck Manual* (Berkow und Fletcher, Hrsg., 1987) erwähnt nur „Dialyseschwäche", eine Nebenwirkung bei der Verabreichung von Aluminium gegen Hyperphosphatämie bei chronischem Nierenversagen. In natürlichen Gewässern gelöstes Aluminium ist allerdings für Fische schädlich.
8. Hauptsächlich Materialien wie Muskeln und Kollagen in Tieren. Das letztere ist eine Komponente von Sehnen, Haut, Knochen und Knorpel; ebenso Zellulose in Pflanzen, dem Hauptbestandteil von Holz.
9. Siehe Wayman (1989a, b), Tylecote (1992) und Schmidt (1996).
10. In der Fachsprache bezeichnet man Materialien mit einer geradlinigen Spannungs-Dehnungskurve als Hooke'sche Stoffe, nach Robert Hooke (1635–1703). Von ihm stammt die heute als Hooke'sches Gesetz bekannte Regel, wonach die Deformation proportional zur deformierenden Kraft ist, Dehnung proportional zu Spannung. Die Bezeichnung Gesetz oder Regel ist eine Übertreibung, da es lediglich beschreibt, wie sich einige, aber nicht alle Materialien verhalten.
11. Currey (1984). Es handelt sich um eine schöne Integration von Biologie und Mechanik, anspruchsvoll, aber nicht zu technisch.
12. Ich sollte daran erinnern, dass das, was ich als „Wartung auf mikroskopischer Ebene" bezeichne, selbst bei lebenden Systemen für große, feste Strukturelemente unüblich ist. Knochen ist intrazellulär, im Gegensatz zu Haaren, dem Außenskelett der Gliederfüßer, Muschelschalen und Holz. Die letzteren werden ein für allemal gebaut, und Resorption und Ersetzung von Teilen gibt es nur in sehr eingeschränktem Umfang.
13. Hodges (1970) gibt einen kurzen aber aufschlussreichen Überblick, wie der Gebrauch von Metallen begonnen haben könnte. Eine ausführlichere Abhandlung mit Betonung der archäologischen Hinweise stammt von Singer et al. (1954).
14. Gordon (1976).
15. Eine Anmerkung für Puristen: Plexiglas ist die Warenbezeichnung für ein bestimmtes Plastik, hauptsächlich aus Polymethylmethakrylat, ohne allgemein gebräuchlichen Namen. Perspex und Lucite bezeichnen dasselbe Plastik, jedoch von einem anderen Hersteller. Demgegenüber ist „Glasfaser" ein allgemein gebräuchlicher Name.

16. Singer et al. (1954).
17. Ich folge hier der Darstellung von Gordon (1976), der wesentliche Beiträge zur Risstheorie geliefert hat.
18. Wainwright et al. (1976). Vincent (1990) ist eine neuere Quelle, die zwar weniger allgemein ist aber besonders gut in Bezug auf biologischen Schaum und Verbundwerkstoffe.
19. Die Vorteile metallischer Blätter wurden in einigen Untersuchungen über das thermische Verhalten von Blättern nicht richtig dargelegt. Man ging dabei von ungeeigneten Modellen aus, die aus Metallplatten geschnitten waren.
20. Vor einigen Jahren habe ich über das thermische Verhalten und die thermische Leitfähigkeit von Blättern gearbeitet. Das Fazit einer Arbeit über konvektive Kühlung bei sehr geringen Windgeschwindigkeiten (Vogel, 1970) und einer weiteren über die Leitfähigkeit (Vogel, 1984b) ist, dass breite Blätter während einer Windstille entweder nicht so heiß würden oder hinsichtlich ihrer Größe und Form weniger eingeschränkt wären – falls Blätter die thermischen Eigenschaften von beispielsweise Kupfer hätten.
21. Doch auch das dauert noch Zeit. Die größten und schnellsten Computer sind so gebaut, dass die Länge der Drähe zwischen verschiedenen Bauteilen minimiert wird, da die Laufzeiten der Strompulse eine wesentliche Verzögerung darstellen.

Kapitel 7: Ziehen und Drücken

1. Ein neueres Buch (Barber, 1994) bietet eine gute Einführung sowohl in die Technologie und den sozialen Zusammenhang des Spinnens als auch in die Etymologie von Wörtern wie „Lebensspanne", die sich von „spinnen" ableiten.
2. Salvadori (1980) betont diesen Punkt in einem sehr interessanten Buch.
3. Auch unter Kompression gibt es so etwas wie Risse. Bei Holzbalken, z.B. Sprungbrettern, können sich an der Unterseite Druckfalten ansammeln. Wie Vincent (1990) mahnt, ist es eine sehr schlechte Idee, solche Falten einer Zugbelastung auszusetzen. Drehen Sie daher niemals ein altes hölzernes Sprungbrett um.
4. Es gibt mehrere gute Quellen zur Mechanik von Kathedralen, beispielsweise Mark (1978 und 1982).
5. Bronowski (1973) betont diesen Empirismus der Kathedralenkonstruktion.
6. Die Daten für diese Vergleiche stammen aus Wainwright et al. (1976), Currey (1984), Vincent (1990) und Niklas (1992). Siehe Anmerkung 3 oben.
7. French (1994) diskutiert diesen Punkt sehr gut. Hinsichtlich der Bedeutung von Größe und Skala lohnt es sich, auf das zweite Kapitel der klassischen Arbeit von D'Arcy Thompson (1942) zurückzugreifen. Speziell für Brücken kann ich Billington (1983) besonders empfehlen.
8. Der Vorschlag stammt von Isaacs et al. (1966).
9. Niklas (1994).

Anmerkungen

10. Mehr Daten und eine ausführlichere Behandlung enthält mein Buch *Life's Devices* (1988). Die beste Quelle zum Größenproblem bei Säugetieren ist Schmidt-Nielsen (1984). Für Meeressäugetiere wie Wale (und für Fische) ist die Masse des Skeletts nahezu proportional zur Körpermasse, was man auch erwarten würde, da die Hauptbelastung auf Muskelkontraktionen und nicht auf der Schwerkraft beruht. Bei Verdopplung der Größe wachsen sowohl der Biegewiderstand als auch die Querschnittsfläche der Muskeln (die proportional zur Muskelkraft ist) um das vierfache.

11. Zu Brachiatoren (Primaten mit verlängerten Armen) siehe Hallgrimsson und Swartz (1995) und die Literaturangaben dort.

12. Salvadori (1980) enthält eine gute Darstellung der Errungenschaften von Brunelleschi.

13. Eine vollständigere Darstellung und weitere Literaturangaben findet sich bei Petroski (1985, 1991 und 1995).

14. Sehnen verbinden üblicherweise Muskeln mit Knochen, Bänder verbinden meist Knochen mit Knochen.

15. Laithwaite (1984) betont die Erfindung der hängenden Aufhängung in der Natur besonders.

16. Nach Jenkins et at. (1988) biegt sich das Brustbein eines Vogels, wenn der Vogel mit den Flügeln schlägt. Federn funktionieren auch bei Drehung, wie bei manchen Drehstabaufhängungen in Autos. Ich kenne keine Beispiele dafür in der Natur, es sei denn, man schließt solche Strukturen mit ein wie Baumstämme und Zweige oder die Flügelfedern von Vögeln, die eine Torsionsbelastung mit guter Rückfederung haben. An den Enden dieser Strukturen sind allerdings keine wirklich massiven Komponenten, sodass man sie im hier betrachteten Sinne eigentlich nicht als Federn bezeichnen kann.

17. Kletterpflanzen stehen normalerweise unter Zugspannung. Doch Bäume werden gewöhnlich nicht durch die Kletterpflanzen, die sie beherbergen, aufrecht gehalten. Die langen aber dünnen Stützen mancher tropischer Bäume scheinen ebenfalls spannungsbeladen, d.h., sie sind das exakte Gegenteil der Stützen gothischer Kathedralen. Zu den Stützen von Bäumen siehe Mattheck (1991) oder Ennos (1993). Natürlich steht sehr viel Material an den Stellen unter Zugspannung, an denen sich ein Baumstamm oder Ast verzweigt; siehe dazu Mattheck (1991).

18. Badeschwämme sind ungewöhnlich, weil ihnen diese Skelettnadeln fehlen und sie nur den spannungsresistenten Stoff Spongin enthalten. Sie sind nicht sehr groß und ein Netzwerk aus Spongin hat auch eine gewisse Drucksteifigkeit.

19. Siehe insbesondere U.S. Nummer 3.063.521, 13. November 1962 (Fuller, R. B.; Tensile-Integrity Structures).

20. Der beste mir bekannte Artikel über Skelettnadeln im Allgemeinen ist Koehl (1982). Eine gute mechanische Analyse des Trägersystems von Schwämmen scheint mir aber nicht zu existieren.

21. Flüssigkeiten zeigen einen Widerstand gegen Scherkräfte. Wichtig ist jedoch nicht, wie weit sie geschert werden, sondern wie schnell. Sie widerstehen nur einer gewissen Scherrate, und Kaffee passt seine Form ziemlich schnell jeder Tasse an. Der Widerstand von Flüssigkeiten gegen Spannungskräfte wird nochmals auftauchen. Er spielt bei den Prozessen eine wichtige Rolle, durch die Pflanzensäfte auf hohe Bäume gehoben werden, doch unsere Technologie scheint diese Eigenschaft nicht ausnutzen zu können. Die Unterscheidung lässt sich auch anders ausdrücken: Festkörper haben eine feste Form und ein festes Volumen, Flüssigkeiten haben nur ein festes Volumen, und Gase haben weder eine feste Form noch ein festes Volumen.

22. Man beachte, wie Ballons hier auftauchen. Mein Kollege Stephen Wainwright behauptet, was man nicht an einem Ballon demonstrieren kann, ist vermutlich auch nicht wichtig.

23. Diese Beispiele sowie eine kurze Behandlung der dabei notwendigen Techniken findet man bei French (1994).

24. Allgemeine Beschreibungen von hydrostatischen Systemen in der Natur geben Wainwright et al. (1976), Alexander (1983) und Vogel (1988). Biegung in hydrostatischen Systemen wird von Alexander (1988) untersucht.

25. Siehe Smith und Kier (1989). Man beachte die Photographie von unserer mittlerweile verstorbenen Katze Fred mit herausgestreckter Zunge. Um Fred dazu zu bringen bedurfte es zweier Vogels, eines Kiers und einer ganzen Dose Thunfisch.

Kapitel 8: Maschinen für die mechanische Welt

1. Verschiedene Quellen (die vielleicht sogar von einander abschreiben) vermuten den Ursprung von Windmühlen im Persien des siebzehnten Jahrhunderts, obwohl Tokaty (1971) frühere Fälle erwähnt. Derry und Williams (1960) bemerken, dass mehr als sechstausend Wassermühlen zum Mahlen von Korn im Reichsgrundbuch Englands aus dem Jahre 1086 vermerkt sind. Und Cardwell (1995) betont, dass die technologischen Erfindungen Europas im Mittelalter wesentlich beeindruckender sind als die des Römischen Reiches.

2. Das Verhältnis ist nahezu unabhängig von der Größe des Säugetiers. Der essbare Anteil ist somit ebenfalls unabhängig von der Größe. Siehe Schmidt-Nielsen (1984).

3. Die Daten für Flimmerhaare, Muskeln, Elektromotoren und Automotoren stammen aus Nicklas (1984), für das Motorrad aus McMahon und Bonner (1983) und für Flugzeuge von French (1994). Die Zahl für die Newcomen'sche Maschine habe ich aus ihren 5,5 Pferdestärken (Derry und Williams, 1960) und einem angenommen Gewicht von einer halben Tonne geschätzt. Zumindest die Nutzleistung ist recht verlässlich, da die Maschine zum Anheben von Wasser eingesetzt wurde – eine energetisch wohldefinierte Aufgabe.

4. Eine sehr schöne Ausstellung von Modellen früherer Dampfmaschinen kann man im Wissenschaftsmuseum von South Kensington, London, bewundern.

5. Eine gute Quelle für Wärmekraftmaschinen ist Atkins (1984). Diese Einschränkung an den Wirkungsgrad ergibt sich aus dem zweiten Hauptsatz der Thermodynamik.

6. $100 + 273 = 373$; $1000 + 273 = 1273$; $100(1 - 373/1273) = 71$.

7. Das soll weder ein Witz noch ein rhetorischer Kunstgriff sein. Siehe z.B. Paturi (1976).

8. Das sind der Zitteraal und der Zitterrochen, doch der Trick hat sich mehrfach entwickelt. Einige andere Süßwasserfische erzeugen schwache elektrische Felder, die der Orientierung dienen; siehe Denny (1993).

9. Für eine Beschreibung, eine Abbildung und ein gutes Argument für die wirkliche Seltenheit technologischer Sprünge siehe Basalla (1988). Laithwaite (1989) zeichnet die Entwicklungsgeschichte der linearen Elektromotoren nach.

10. Berechnet nach Edsall und Wyman (1958).

11. Die Möglichkeit, Transformatoren für eine leichte und effiziente Umwandlung zu nutzen, war der ursprüngliche Grund für den Wechsel von Gleichstrom, der von Edison und anderen verwendet wurde, zu Wechselstrom. Transformatoren funktionieren nicht mit Gleichstrom.

12. Mittelfristige Energiespeicherung ist der Bereich, wo die Natur unsere elektrische Technologie in den Schatten stellt. Wir verwenden ein bestimmtes Kohlenhydrat, Glykogen, in der Leber als kurzfristigen Speicher (zwischen Minuten und Tagen) und Fett an anderen Stellen für langfristigen Gebrauch. Entsprechende Mechanismen (wie die Wurzeln und Knollen in Pflanzen) sind fast universell. Die Nachfragen nach Elektrizität und Muskelkraft schwanken im Verlaufe eines Tages ähnlich. Die Kraftwerksbetreiber passen sich diesen Schwankungen im wesentlichen dadurch an, dass sie die Leistungsabgabe ihrer mit fossilen Brennstoffen betriebenen Generatoren entsprechend adjustieren. (Demgegenüber laufen Kernkraftwerke ökonomischer bei konstanter und voller Leistung, da die Errichtung der Kraftwerke wesentlich teurer und der Brennstoff wesentlich billiger ist.) Zur mittelfristigen Speicherung nutzen wir so unhandliche Vorrichtungen wie Pumpspeicherwerke, bei denen Wasser zu Zeiten niedrigerer Nachfrage in einen höhergelegenen Speichersee gepumpt wird und bei höherer Nachfrage durch Generatoren wieder abgelassen wird.

13. Eine gute Einführung in dieses Thema gibt Usher (1954). Eine experimentelle Untersuchung aus jenen Tagen, als Wassermühlen noch die wichtigsten Maschinen waren (und eine Arbeit noch wert war gelesen zu werden), stammt von John Smeaton (1759).

14. Eine Ausnahme, bei der rotierende Zylinder denselben Magnus-Effekt ausnutzen, der rotierende Bälle entlang gekrümmter Bahnkurven fliegen lässt, wurde von Anton Flettner um 1920 gebaut und ist bei Tokaty (1971) beschrieben.

15. Für eine Beschreibung verschiedener Versionen des Designs von Sigurd Savonius zusammen mit einigen Leistungswerten siehe Tokaty (1971).

16. Diese Unterscheidung zwischen widerstandsverursachter und auftriebsverursachter Erzeugung von Antrieb habe ich im Zusammenhang mit verschiedenen Schwimmformen bei Tieren genauer behandelt (Vogel, 1994a, S. 154–55 und 283–87).
17. Ich umgehe hier sowohl eine wirkliche Erklärung für das Phänomen, warum die Strömung über der höheren Öffnung schneller ist, als auch die Erwähnung eines physikalischen Sekundärmechanismus zum Antrieb der Strömung, der auf der Viskosität realer Fluide beruht.
18. Man bezeichnet dies als dynamisches Schweben. Siehe beispielsweise Vogel (1994a).
19. Wesentlich mehr sowohl zu den Mechanismen als auch an Beispielen findet man bei Vogel (1978, 1994a). Die ursprüngliche Idee stammt von Vogel und Bretz (1972).
20. Die Geißeln von Bakterien sind etwas anderes und werden im nächsten Kapitel ausführlicher behandelt.
21. Eine gute Einführung in die Mechanik der Motilität bei Tieren enthält Schmidt-Nielsen (1990). Bei McMahon (1984) findet man mehr Information speziell über Muskeln.
22. Der physikalisch orientierte Wissenschaftler wird sofort protestieren und behaupten, dass ein Anheben durch Ansaugen um mehr als zehn Meter nicht möglich ist, denn die wirkliche Arbeit leistet in diesem Fall die Atmosphäre, die von unten drückt, und die maximal mögliche Druckdifferenz von einer Atmosphäre kann Wasser nur auf diese Höhe anheben. Die Antwort auf diesen Einwand lautet, dass in hohen Pflanzen tatsächlich ein Ansaugen stattfindet und dass Wasser in entsprechend dünnen hydrophilen Röhren enormen Zugkräften widerstehen kann. Eine gute Darstellung unseres heutigen Verständnisses dieser Prozesse enthält Zimmermann (1983).
23. Nijhout und Sheffield (1979).
24. Die Abbildungen stammen aus mehreren Quellen. Für die vom Menschen geschaffenen Maschinen verwendete ich Salisbury (1950), Croft (1981) und Atkins (1984); für Muskeln Heglund und Cavagna (1985).

Kapitel 9: Maschinen bei der Arbeit

1. In seltenen Fällen wird die Bewegung einer Kurbel so übertragen, dass etwas sich schneller dreht – beispielsweise bei handgetriebenen Zentrifugen und Mahlwerken. Weniger drastisch, aber verbreiteter: Fahrradräder drehen sich, außer in den niedrigsten Gängen, schneller als die Pedale.
2. Das untere Ende des Oberarmknochens ist der „Musikantenknochen". Die Abstandsvorteile sind jeweils 5,4 und 22 (Currey 1984).
3. Eine kurze und effektive Abhandlung über Kiefermechanik und die folgenden Themen gibt Alexander (1983).

Anmerkungen 315

4. Tauchen Sie den Hummer für einen möglichst qualfreien Tod einige Minuten in sprudelnd kochendes Wasser. Anschließend lassen sich die Fasern leicht freilegen. Lassen Sie das letzte Segment mit den Scheren intakt und arbeiten Sie an dem vorletzten. Nachdem Sie den Muskel gesehen und vielleicht verspeist haben, können Sie ein Paar flache Bänder erkennen (die bei den Gliederfüßern Apodeme heißen). Das größere schließt die Schere (ziehen Sie dran), während das kleinere sie öffnet.

5. Smith und Kiefer (1989).

6. Im Zusammenhang finden Sie die Rechnung bei Vogel (1992).

7. Berg und Anderson (1973) und Berg (1974). Die Abbildungen stammen aus dem letzteren Artikel, auf den ich durch R. Bruce Nicklas aufmerksam gemacht wurde.

8. Mitochondrien, die Hauptzentren der aeroben Energieproduktion in den meisten Zellen, und Chloroplasten, die Zentren der photosynthetischen Maschinerie bei Pflanzenzellen, scheinen ihren Ursprung in symbiotischen Bakterien zu haben. Ein anderer Fall, nämlich der Gebrauch von Bakterien als Fortbewegungsorganellen, wurde in Kapitel 2 beschrieben. Zu beidem siehe Margulis (1993) oder Dyer und Obar (1994).

9. Gould (1981). „Räder sind als Transportmittel kein Fehler. Ich bin sicher, dass viele Tiere mit Rädern viel besser dran wären."

10. LaBarbera (1983) und Basalla (1988). Ich trenne hier ihre unterschiedlichen Argumente nicht.

11. Ekholm (1946). Ich nehme Überlegungen nicht ernst, wonach diese Spielzeuge Kopien von wirklichen, heute verloren gegangenen Fahrzeugen darstellen. Schließlich sind die Räder an den Enden von Tierbeinen und nicht an Wagen.

12. Siehe Bulliet (1975) zu diesem letzten Punkt.

13. Diese Abbildungen stammen alle aus einer Quelle, die ich nicht missen möchte: *Machinery's Handbook* (Olberg et al., Hrsg., 1984).

14. Zu Lagern in der menschlichen Technologie siehe French (1994); zu denen zwischen Knochen siehe Currey (1984).

15. Die Vorrichtung von Watt enthielt ein Umlaufgetriebe. Damit wollte er in erster Linie ein neueres Patent umgehen, sodass es uns heute übertrieben kompliziert erscheint.

16. Sleeswyk (1981) spricht über das allgemeine Problem der Kopplung von Menschen an Maschinen im alten Ägypten und ist meine Quelle für geführte und ungeführte Kurbeln.

17. Eine gute Quelle zu diesem Thema sowie viele andere für uns relevante Dinge ist ein zweibändiges Werk von Amerongen (1967).

18. Diese Übertragungssysteme verwenden eine Version einer Flüssigkeitskupplung, die als Drehmomentwandler bezeichnet wird, und durch die ein Austausch zwischen Kraft und Geschwindigkeit möglich ist. Zur Einsparung von Treibstoff

können Geber- und Nehmerwelle bei hohen Geschwindigkeiten auch direkt miteinander gekoppelt werden, um jegliches Schleifen zu vermeiden. Zusätzlich gibt es ein (hydraulisch verschobenes) Getriebe zur Erweiterung der Geschwindigkeitsbereiche des Autos.

19. Dunwell (1991) berichtet eingehend über diesen Streit und enthält auch geeignete Karten und Bilder.
20. Siehe Alexander (1984b oder 1988) oder (aus zweiter Hand) Vogel (1988) zu diesem und den folgenden Themen.
21. Sotavalta (1953).

Kapitel 10: Von Pumpen, Strahltriebwerken und Schiffen

1. Eine ausführlichere Version dieses Abschnitts findet man in Vogel (1994b).
2. Miller (1945).
3. Vielleicht doch einige Zweifel. Martin Canny (1995) hat die Indizien für die extremen Unterdrücke in Bäumen skeptisch unter die Lupe genommen und eine alternative Erklärung für das Aufsteigen von Pflanzensäften gegeben.
4. Zimmermann (1983) gibt einen guten Überblick dieser Systeme. Der Rekord, 120 Atmosphären, wurde von meinem Kollegen William Schlesinger (1982) gemessen.
5. So benötigt man nicht weniger als einen Gegendruck von 22,4 Atmosphären um zu verhindern, dass eine einmolare Lösung eines Nichtelektrolyts reines Wasser aufsaugt.
6. Der grundlegende Unterschied zwischen Propellern und Paddeln bzw. zwischen Schwanzflossen und Flimmerhaaren wird in Vogel (1994a) ausführlicher behandelt. Bei Propellern und Schwanzflossen beruht der Antrieb auf einer Art Auftrieb, bei Paddeln und Flimmerhaaren auf dem Widerstand des Fluids.
7. LaBarbera und Vogel (1982).
8. Es gibt eine Ausnahme. Die sogenannte Exobiologie untersucht außerirdische Lebensformen, und gelegentlich betont der eine oder andere Vertreter dieses Fachs diesen Unterschied und die Einzigartigkeit eines Gebietes, dass noch nicht einmal weiß, ob seine Forschungsobjekte überhaupt existieren.
9. Ein Teil des Materials in diesem Abschnitt erschien bereits in Vogel (1994c).
10. Als Metallbehälter für Filme, Zahnpasta und ähnliches noch sehr verbreitet waren, konnte man sich eine einfache Spielzeugdampfrakete für die Badewanne oder einen kleinen Teich basteln. Im Bauch eines offenen Bootes wird eine Kerze angebracht und darüber eine halb mit Wasser gefüllte Metalldose. Durch ein winziges Loch in dem nach hinten gerichteten Deckel der Dose kann Dampf austreten und das Boot vorantreiben. Die Effektivität ist erschreckend, fast mehr noch als das Problem der Sicherheit. Ende des neunzehnten Jahrhunderts wurde zeitweise ein Gerät benutzt, das mit der Heron'schen Maschine verwandt war: die Dampfturbine von De Laval als Antrieb von Hochgeschwindigkeitselektrogeneratoren.

Anmerkungen 317

11. Wir setzen hier voraus, dass das Arbeitsfluid des Strahls ungefähr dieselbe Dichte hat wie das Fluid der Umgebung. Eine Rakete im All kümmert sich nicht um die Geschwindigkeit, mit der sie durch das Nichts fliegt.

12. Außer vielleicht bei sehr kleinen Insekten, für die das Zurücklegen großer Strecken eher eine Frage des Windes als ihrer eigenen Navigation ist.

13. Leben und Zeiten beider sind Gegenstand interessanter populärer Abhandlungen, beispielsweise Crouch (1989) beziehungsweise Grosser (1981).

14. Man sollte jedoch die Dinge auch nicht übertrieben einfach darstellen. Die Innenbordseite eines schlagenden Flügels bewegt sich nur wenig auf und ab und agiert daher eher wie ein fester Flügel.

15. Die relevante Bewegung ist eigentlich nicht die Ausbreitung der Welle – tatsächlich wird von einer Welle nur sehr wenig Wasser transportiert – sondern die kreisförmige Bewegung des Wassers unmittelbar unter der Welle. Siehe Denny (1993), Vogel (1994a) oder jede Einführung in Ozeanographie.

16. Das Getragenwerden von der Oberflächenspannung ist etwas vollkommen anderes als die Geschwindigkeitsbeschränkungen durch die Wellen. Taumelkäfer werden teilweise von der Oberflächenspannung getragen und teilweise durch ihren Auftrieb im Wasser, während Wasserschneider fast vollständig von der Oberflächenspannung getragen werden. Hier geht es um die Taumelkäfer. Wasserschneider bewegen sich auf eine besondere Art, bei der die Oberflächenwellen weniger direkt involviert sind.

Kapitel 11: Fertigung und Wartung

1. Siehe beispielsweise den Beitrag von Schopf in Schopf (1992).

2. Tatsächlich entstand eine solche Mehrzelligkeit in getrennten Entwicklungslinien, und Spuren dieser getrennten Ursprünge finden sich auch heute noch in unterschiedlichen chemischen und physikalischen Grundmechanismen mehrzelliger Linien.

3. Siehe Kapitel 3, Anmerkung 10.

4. In allen Fällen handelt es sich um eine *negative* Rückführung: Die Steuerung zielt darauf ab, den Unterschied zwischen dem tatsächlichen Zustand und dem angestrebten Zustand zu *verringern*. Positive Rückführung dient anderen Zwecken und ist für die momentane Diskussion nicht unmittelbar relevant.

5. Mayr (1970). Er untersucht so faszinierende Fragen wie: Warum wurden Schwimmerventile zwischen dem zwölften und achtzehnten Jahrhundert nicht verwendet?

6. Mein Kollege Fred Nijhout (1990) argumentiert in einem eleganten und überzeugenden Artikel, dass die Metapher von den Genen als den ausschließlichen Verursachern uns keine guten Dienste leistet. Einige seiner Argumente bilden die Grundlage für den folgenden Absatz.

7. Hochpräzise Elektrogeräte bestehen oft aus weniger präzisen Komponenten sowie verschiedenen Selbstkorrektursystemen, von denen die meisten Rückkopplungsmechanismen in unserem Sinne sind.
8. Morowitz (1968) zeigt Diagramme für den prozentualen Anteil eines durchschnittlichen Proteins, der pro Tag als Funktion der Temperatur spontan zerfällt. Bei 37 °C sind es 1,1 Prozent, bei 40 °C 4,4 Prozent, 13,8 Prozent bei 43 °C, 46,2 Prozent bei 46 °C und 161 Prozent bei 49 °C. Säugetiere und Vögel scheinen sich mit einer Körpertemperatur von 37 bis 40 °C an einer praktischen Obergrenze für den Gebrauch gewöhnlicher Proteine zu befinden.
9. Die relativen Durchmesser aller Blutgefäße eines Wirbeltieres sind so konstruiert und werden, wenn notwendig, entsprechend angepasst, dass die Betriebskosten des Kreislaufsystems möglichst gering bleiben. Erstaunlicherweise ist dazu keine übergeordnete Koordination notwendig. Jede einzelne Zelle in den Gefäßwänden muss nur auf Änderungen in den Scherspannungen des vorbeifließenden Blutes reagieren. Zu Einzelheiten siehe LaBarbera (1990) oder Vogel (1994a).
10. Eine gute Einführung in eine recht diffuse Literatur über die Responz von Bäumen auf Umwelteinflüsse findet man in einem neueren Band, der von Coutts und Grace (1995) herausgegeben wurde.
11. Diese Doktrin hatte in England um die Jahrhundertwende ihren Höhepunkt. Mit dem Slogan „Für das Überleben der Besten" wurden alle möglichen Formen von sozialem Konservatismus, uneingeschränktem Kapitalismus, Klassensystemen, Rassendiskriminierung und Imperialismus gerechtfertigt. Diese Kombination aus einer unangebrachten Analogie und der Vorstellung, dass ein auf natürlicher Auslese basierendes soziales System einen natürlichen und intrinsischen Wert habe, führte zu einer beachtlichen Opposition gegen die Evolution durch natürliche Auslese. Oft finden wir daher eine Opposition gegen die Evolution, die sich eigentlich gegen die Vorbestimmung und den sozialen Darwinismus richtet, der vielfach jedoch als Teil des biologischen Weltbildes angesehen wird.
12. Der berühmte Artikel, aus dem oft mehr herausgelesen wurde als offensichtlich beabsichtigt war, ist von Gould und Lewontin (1970).
13. Siehe die Literatur über Symmorphose, ein von Taylor und Weibel (1981) gepräger Begriff. Typische Kritik findet man in Garland und Huey (1987) und Dudley und Gans (1991).
14. Damit soll nicht gesagt werden, dass einzelne Substitutionen manchmal drastische Folgen haben können. Die Empfindlichkeit des Produkts gegenüber solchen Veränderungen ist alles andere als gleichförmig.
15. Zwei gute Referenzen über Sicherheitsfaktoren in Organismen sind Alexander (1981) und Currey (1984). Ihre Argumente wurden von mir in Vogel (1988) zusammengefasst.
16. Niklas (1992) enthält eine Zusammenfassung über die verfügbare Information.
17. Wie bei den meisten historischen Darstellungen ist die Sache unter der Oberfläche sehr kompliziert. Whitney war vielleicht einer der ersten mit der grundlegenden Idee für austauschbare Teile, doch die wirklichen Ausführungen ließen

Anmerkungen 319

noch Jahrzehnte auf sich warten (siehe Woodbury, 1960). Interessante allgemeine (wenn auch kurze) Quellen sind Derry und Williams (1960), Boorstin (1965) und Reynolds (1991). Fridenson (1978) beschreibt die Übertragung dieses amerikanischen Systems nach Europa.

18. Während des zweiten Weltkrieges gab es eine wahrhafte Massenproduktion von sogenannten Liberty-Schiffen, billigen und entbehrlichen Frachtern. Doch dieser Fall bildet eine Ausnahme.

19. Vor ungefähr fünfundzwanzig Jahren habe ich die übliche Führung durch eine lokale Zigarettenfabrik mitgemacht. Unser Tour-Guide halbierte eine Zigarette und warf sie zurück in die Maschine. Einige Sekunden später wurde etwas weiter unten eine Packung herausgeworfen, die 19,5 statt 20,0 Zigaretten enthielt.

20. Norbert Wieners Klassiker (1950) über die Beziehung zwischen Mensch und Rückkopplungssystemen, wofür er den Begriff Kybernetik prägte, ist immer noch lesenswert.

21. J. E. Gordon (1978) sieht in ihnen wesentliche Faktoren unserer Unkenntnis, die Teil der Theologie des Designs ist.

Kapitel 12: Die Natur kopieren? – Ein Rückblick

1. Ich danke Francis Newton, einem Nachbarn und Kollegen aus der klassischen Philologie, für den Hinweis auf Ovid. Die Zitate stammen aus Buch VIII, Zeilen 183–259. Man beachte im ersten Zitat, dass die Flügel gebogen waren. Wie wir noch sehen werden, wurde die Bedeutung der Flügelwölbung erst wieder um 1880 erkannt. Die Menschen der Antike, insbesondere die alten Griechen, hatten keine hohe Meinung von der Kreativität des Menschen. Alles war von den Göttern gegeben, von den Göttern gestohlen, oder von der Natur kopiert. So sagt Demokrit von Abdera (ca. 420 v. Chr.) „In allen wichtigen Dingen sind wir Schüler der Tiere: Wir immitieren die Spinne im Weben und Stopfen, die Schwalbe im Bauen, und die Singvögel – Schwan und Nachtigall – im Singen. (Freeman, 1948). Poseidonios (135–51 v. Chr.) sah in Mühlsteinen eine Nachahmung von Zähnen (Cole, 1967).

2. E. O. Wilson (1984). Er versteht darunter eine „innewohnende Tendenz zur Konzentration auf das Leben und lebensartige Prozesse".

3. Zitiert in Gérardin (1968) und anderswo. Andere Bücher speziell zur Bionik sind Bernard und Kare (1962), Halacy (1965) und Marteka (1965). Winfield et al. (1991) haben eine kommentierte Bibliographie herausgegeben, die große Bereiche der Bionik und Biomimetik überdeckt. Neues Material findet man unter diesen Begriffen in den relevanten Datenbanken von Technik und Biologie (NTIS, BIOSIS, usw.).

4. Nach der Definition von Warren McCulloch von 1962 umfasst „Biomimetik" alle Bereiche, bei denen ein Organismus einen anderen kopiert. Das schließt beispielsweise harmlose Insekten ein, die giftige oder bitter schmeckende Insekten in ihrer äußeren Erscheinung nachahmen. Dieser Gebrauch des Wortes scheint sich jedoch nicht durchgesetzt zu haben.

5. Einige Einwände: Potenziell profitable technologische Erfindungen werden selten in Zeitschriften veröffentlicht, sondern sind eher die Grundlage für Patente. Ein Patent versucht die Welt mit der Originalität der Erfindung zu beeindrucken. Dass die Natur den Trick zuerst erdacht hat, wird gewöhnlich nicht offen zugegeben, und dass die Erfindung die Natur nur kopiert, sollte man besser für sich behalten. Basalla (1988) sagt dazu (S. 60): „Ein Patent basiert auf der Annahme, dass eine Erfindung etwas Einzigartiges und Neues sei, die dem Individuum zugesprochen werden kann, das nach dem Gesetz ihr legitimer Schöpfer ist." Für alte oder prähistorische Beispiele sind die Chancen einer Dokumentation sogar noch schlechter.
6. Aus Smeaton's *A Narrative of the Building and a Description of the Construction of the Eddystone Lighthouse with Stone*, gekürzt herausgegeben von T. Williams (1882).
7. In *Lighthouses, A Rudimentary Treatise*, zitiert bei Majdalany (1960).
8. Sehr viel Geschichtliches über den Tunnel findet man in zwei Biographien über den berühmteren Isambard Kingdom Brunel, der als junger Mann die Arbeit seines Vaters beaufsichtigte. Siehe Rolt (1959) und Vaughan (1991).
9. Beamish (1862), S. 207. Doch die Geschichte muss älter sein, da Ewbank (1842), S. 258, darauf verweist, ebenso wie auf Smeatons Baumstamm.
10. Miller (1924)
11. Paxton und der Kristallpalast sind nicht in Vergessenheit geraten; siehe Chadwick (1961), Beaver (1970) oder Kihlstadt (1984).
12. „[Ein] Gärtner, ebenso bekannt wie sein Gönner, der Duke of Devonshire", nach Hix (1974), S. 50.
13. Nr. 13.186, vom 22. Juli 1850; protokolliert am 22. Januar 1851 in "Alphabetical Index of Patentess of Inventions; Building Materials 1850–51, Vol. 184".
14. Hertel (1963), Paturi (1976), Tribusch (1982) und Laithwaite (1994) äußern sich alle zu dieser Nachahmung.
15. *Illustrated London News*, Supplement 17: 317–24 (19. Oktober 1850).
16. Vergessen Sie widerstandsarme Autos, deren Form mehr durch die Forderung geprägt ist, dass sie in Bodennähe arbeiten und keinen Auftrieb haben sollen. Und vergessen Sie auch Oberflächenschiffe, deren Widerstand, wie schon erwähnt, von den Oberflächenwellen herrührt.
17. Teilweise zitiert bei von Kármán (1954) und vollständiger in Pritchard (1961).
18. Zitiert bei Gibbs-Smith (1962).
19. Phillips (1885); auch Chanute (1893) berichtet darüber.
20. Das Buch erschien erstmals 1889. Eine zweite Auflage wurde von seinem Bruder Gustav vorbereitet und erschien 1910.
21. Eine kurze Darstellung der schwierigen Geburt der Tragflächentheorie stammt von Giacomelli und Pistolesi (1934). Hier findet man auch ein Stichwortverzeichnis, ohne das man die Arbeit von Lanchester kaum verstehen kann. Er prägte und

Bruce, R. V. (1973) *Bell: Alexander Graham Bell and the Conquest of Solitude.* Boston: Little, Brown and Co.

Buckley, P. H. und F. G. Buckley (1977) Hexagonal packing of royal tern nests. *Auk* 94: 36–43.

Budde, R. (1995) The story of Velcro. *Physics World* 8(1): 22.

Bulliet, R. W. (1975) *The Camel and the Wheel.* Cambridge, MA: Harvard University Press.

Burke, J. G. und M. C. Eakin (1979) *Technology and Change.* San Francisco: Boyd and Fraser.

Burns, J. M. (1975) *BioGraffiti: A Natural Selection.* New York: Quadrangle/New York Times Book Co.

Bushnell, D. M. und K. J. Moore (1991) Drag reduction in nature. *Annu. Rev. Fluid Mech.* 23: 65–79.

Caldwell, D. G. und P. M. Taylor (1990) Chemically stimulated pseudomuscular actuation. *Int. J. Engineering Sci.* 28: 797–808.

Canny, M. J. (1995) A new theory for the ascent of sap: cohesion supported by tissue pressure. *Ann. Bot.* 75: 343–57.

Cardwell, D. (1995) *The Norton History of Technology.* New York: W. W. Norton.

Chadwick, G. F. (1961) *The Works of Joseph Paxton 1803–1865.* London: Architectural Press.

Chan, M. K., S. Mukund, A. Kletzin, M. W. W. Adams und D. C. Rees (1995) Structure of a hyperthermophilic tungstopterin enzyme, aldehyde ferredoxin oxidoreductase. *Sciene* 267: 1463–69.

Channell, D. F. (1991) *The Vital Machine.* New York: Oxford University Press.

Chanute, O. (1893) Progress in flying machines. *Amer. Engineer and Railroad J.* 67(3): 135.

Chatterton, E. K. (1910) *Steamships and Their Story.* London: Cassell and Co.

Choi, K. S. (1990) Drag-reduction test of riblets using ARE's high speed buoyancy propelled vehicle - MOBY-D. *Aeronaut. J.* 94:79–85.

Churchill, S. E. (1993) Weapon technology, prey size selection, and hunting methods in modern hunter-gatherers: implications for hunting in the Palaeolithic and Mesolithic. In G. L. Peterkin, H. M. Bricker und P. Mellars, Hrsg., *Hunting and Animal Exploitation in the Later Palaeolithic and Mesolithic of Eurasia. Archeological Papers of the American Anthropological Association* 4: 11–24.

Cleveland, L R. und A. V. Grimstone (1964) The fine structure of the flagellate *Mixotricha* and its associated microorganisms. *Proc. Roy. Soc. Lond.* 159 B: 668–86.

Cole, A. T. (1967) *Democritus and the Sources of Greek Anthropology.* Cleveland, OH: American Philological Association/Western Reserve University Press.

Cook, T. A. (1914) *The Curves of Life.* London: Constable and Co.

Coutts, M. P. und J. Grace, Hrsg. (1995) *Wind and Trees.* Cambridge, UK: Cambridge University Press.

Craighead, F. C. (1915) Larvae of the Prioninae. *U.S. Dept. Agr. Rept. 107.*

—. (1923) North American Cerambycid larvae. *Bull. Dept. Agr. Can.* 27 (NS): 1–237.

Crane, H. R. (1950) Principles and problems of biological growth. *Sci. Monthly* 70: 376–89.
Croft, T. (1981) *American Electrician's Handbook*, 10. Aufl., W. I. Summers, ed. New York: McGraw-Hill.
Crosby, A. W. (1986) *Ecological Imperialism: The Biological Expansion of Europe, 900–1900*. Cambridge, UK: Cambridge University Press.
Crouch, T. D. (1989) *The Bishop's Boys: A Life of Wilbur and and Orville Wright*. New York: W. W. Norton.
Currey, J. (1984) *The Mechanical Adaptations of Bones*. Princeton, NJ: Princeton University Press.
Dasgupta, S. (1996) *Technology and Creativity*. New York: Oxford University Press.
David, P. A. (1985) Clio and the economics of QWERTY. *Amer. Econ. Rev.* 75: 332–37.
Davies, G. A. und A. B. Porter (1966) Turbulent flow properties of dilute polymer solutions. *Nature* 212: 66.
Dawkins, R. (1976) *The Selfish Gene*. Oxford, UK: Oxford University Press.
—. (1986) *The Blind Watchmaker*. Harlow, UK: Longmans Scientific and Technical Press.
Denny, M. W. (1993) *Air and Water: The Biology and Physics of Life's Media*. Princeton, NJ: Princeton University Press.
De Rossi, D., P. Parrini, P. Chiarelli und G. Buzzigoli (1985) Electrically induced contractile phenomena in charged polymer networks: preliminary study on the feasibility of muscle-like structures. *Trans. Amer. Soc. Artificial Internal Organs* 31: 60–65.
Derry, T. K. und T. I. Williams (1990) *A Short History of Technology: From the Earliest Times to A.D. 1900*. New York: Dover Publications.
Douglas, K. und N. A. Clark (1990) Biomolecular/solid-state nanoheterostructures. *Appl. Phys. Lett.* (USA) 56: 692–94.
Dudley, R. und C. Gans (1991) A critique of symmorphosis and optimality models in physiology. *Physiol. Zool.* 64: 627–37.
Dunwell, F. F. (1991) *The Hudson River Highlands*. New York: Columbia University Press.
Dyer, B. D. und R. A. Obar (1994) *Tracing the History of Eukaryotic Cells*. New York: Columbia University Press.
Edsall, J. T. und J. Wyman (1958) *Biophysical Chemistry*. New York: Academic Press.
Ekholm, G. F. (1946) Wheeled toys in Mexico. *Amer. Antiquity* 11: 222–28.
Eldredge, N und S. J. Gould (1972) Punctuated equilibrium: an alternative to phyletic gradualism. S. 82–115 in T. J. M. Schopf, Hrsg., *Models in Paleobiology*. San Francisco: Freeman, Cooper, and Co.
Ellul, J. A. (1964) *The Technological Society*. New York: Alfred A. Knopf.
Endler, J. A. (1986) *Natural Selection in the Wild*. Princeton, NJ: Princeton University Press.
Ennos, A. R. (1988) The importance of torsion in the design of insect wings. *J. Exp. Biol.* 140: 137–60.

—. (1993) The function and formation of buttresses. *TREE* 10: 350–51.
Ewbank, T. (1842) *Hydraulic and Other Machines for Raising Water Including the Progressive Development of the Steam Engine*. London: Tilt and Bogue.
Fisher, J. und R. A. Hinde (1949) The opening of milk-bottles by birds. *Brit. Birds* 42: 347–57.
Flannery, K. V. (1972) The origins of the village as a settlement type in Mesoamerica and the Near East: a comparative study. S. 23–53 in P. J. Ucko, R. Tringham und G. W. Dimbleby, Hrsg., *Man, Settlement, and Urbanism*. Cambridge, MA: Schenkman Publishing Co.
Flatow, I. (1992) *They All Laughed*. New York: HarperCollins.
Florman, S. C. (1975) *The Existential Pleasures of Engineering*. New York: St. Martin's Press.
Fournier, M J., T. L. Mason und D. A. Tirrell (1995) Role of molecular genetics in polymer materials science. S. 263–75 in M. Sarikaya und I. A. Aksay, Hrsg.: *Biomimetics: Design and Processing of Materials*. Woodbury, NY: American Institute of Physics.
Frazzetta, T. H. (1966) Studies on the morphology and function of the skull in the Boidae (Serpentes). Part II. Morphology and function of the jaw apparatus in *Python sebae and Python molurus. J. Morph.* 118: 217–96.
Freeman, K. (1948) *Ancilla to the Pre-Socratic Philosophers*. Cambridge, MA: Harvard University Press.
French, M. (1994) *Invention and Evolution: Design in Nature and Engineering*. Cambridge, UK: Cambridge University Press.
Fridenson, P. (1978) The coming of the assembly line to Europe. S. 159–75 in W. Krohn, E. T. Layton und P. Weingart, Hrsg., *The Dynamics of Science and Technology*. Boston: Dordrecht.
Futuyuma, D. J. (1986) *Evolutionary Biology*, 2. Aufl. Sunderland, MA: Sinauer Associates.
Galbraith, J. K. (1967) *The New Industrial State*. Boston: Houghton Mifflin Co.
Gans, C. (1974) *Biomechanics: An Approach to Vertebrate Biology*. Philadelphia: Lippincott.
Garland, T. und R. B. Huey (1987) Testing symmorphosis: does structure match functional requirements? *Evolution* 41: 1404–09.
Gérardin, L (1968) *Bionics*. New York: McGraw-Hill.
Giacomelli, R. und E. Pistolesi (1934) Historical Sketch. S. 305–94 in W. F. Durand, Hrsg., *Areodynamic Theory*. New York: Dover Publications (1963 Neudruck).
Gibbs-Smith, C. H. (1962) *Sir George Cayley's Aeronautics, 1796–1855*. London: H. M. Stationery Office.
Gilinsky, N. L. und R. K. Bambach (1987) Asymmetrical patterns of origination and extinction in higher taxa. *Paleobiol.* 13: 427–45.
Gordon, J. E. (1976) *The New Science of Strong Materials*. Harmondsworth, UK: Penguin Books. (Neudruck, Princeton, NJ: Princeton University Press, 1984).
—. (1978) *Structures; or, Why Things Don't Fall Down*. New York: Plenum Press.

—. (1988) *The Science of Structures and Materials*. New York: Scientific American Books.
Gorman, M E. und W. B. Carlson (1990) Interpreting invention as a cognitive process: Alexander Graham Bell, Thomas Edison, and the telephone, 1876–1878. *Science, Technology, and Human Values* 15: 131–64.
Gosline, J. M., M. E. DeMont und M. W. Denny (1986) The structures and properties of spider silk. *Endeavour* 10(1): 37–43.
—, C. Nichols, P. Guerette, A. Cheng und S. Katz (1995) The macromolecular design of spider's silks. S. 237–61 in M. Sarikaya und I. A. Aksay, Hrsg., *Biomimetics: Design and Processing of Materials*. Woodbury, NY: American Institute of Physics.
Gould, J. L., J. L. Kirschvink und K. S. Deffeys (1978) Bees have magnetic remanence. *Science* 201: 1026.
Gould, S. J. (1980) *The Panda's Thumb*. New York: W. W. Norton.
—. (1981) Kingdoms without wheels. *Nat. Hist.* 90(4): 42–48.
—. (1989) *Wonderful Life: The Burgess Shale and the Nature of History*. New York: W. W. Norton.
— und Lewontin, R. C. (1979) The spandrels of San Marco and the panglossian paradigm: a critique of the adaptationist programme. *Proc. Roy. Soc.* London B 205: 581–98.
Grace, J. (1977) *Plant response to Wind*. London: Academic Press.
Grant, P. R. (1968) Polyhedral territories of animals. *Amer. Nat.* 102: 75-80.
Gray, J. (1936) Studies on animal locomotion. VI. The propulsive powers of the dolphin. *J. Exp. Biol.* 13: 192–99.
Griffin, D. R. (1984) *Animal Thinking*. Cambridge, MA: Harvard University Press.
Grosser, M. (1981) *Gossamer Odyssey: The Triumpf of Human-Powered Flight*. Boston: Houghton Mifflin.
Gunderson, S. und R. Schiavone (1989) The insect exoskeleton: a natural structural composite. *J. Minerals, Metals, and Materials Soc.* 41: 60–62.
Halacy, D. S. (1965) *Bionics: The Science of Living Machines*. New York: Holiday House.
Haldane, J. W. S. (1928) On being the right size. S. 20–28 in *Possible Worlds*. New York: Harper.
Hallgrimsson, B. und S. Swartz (1995) Biomechanical adaptation of ulnar cross-sectional morphology in brachiating primates. *J. Morph.* 224: 111–23.
Hansell, M. H. (1989) Wasp papier-mâché. *Nat. Hist.* 98(8): 52–61.
Harrar, E. S. und J. G. Harrar (1962) *Guide to Southern Trees*. New York: Dover Publications.
Harris, C. M. (1989) The improbable success of John Fitch. *Amer. Heritage of Invention and Technology* 4(3): 24–31.
Harris, J. S. (1989) An airplane is not a bird. *Amer. Heritage of Invention and Technology* 5(2): 19–22.
Hart, C. (1985) *The Prehistory of Flight*. Berkeley: University of California Press.

Hayward, V. (1993) Borrowing some ideas from biological mnipulators to design an artificial one. S. 139-52 in P. Dario, G. Sandini, P. Aebischer, Hrsg., *Robots and Biological Systems: Toward a New Bionics*. NATO ASI Series F Vol. 102.

Heglund, N. C. und G. A. Cavagna (1985) Efficiency of vertebrate locomotory muscles. *J. Exp. Biol.* 115: 283-92.

Heilbroner, R. L. (1967) Do machines make history? *Technology and Culture* 8: 335-45.

? Hertel, H. (1963) *Structure, Form, and Movement*. New York: Reinhold Publishing Co. (translation).

Hinde, R. A. und J. Fisher (1951) Further observations on the opening of milk bottles by birds. *Brit. Birds* 44: 393-96.

Hix, J. (1974) *The Glass House*. Cambridge, MA: MIT Press.

Hochberg, J. E. (1978) *Perception*. Englewood Cliffs, NJ: Prentice-Hall.

Hodges, H. (1970) *Technology in the Ancient World*. New York: Alfred A. Knopf.

Hodges, H. W. M. (1972) Domestic building materials and ancient settlements. S. 523-30 in P. J. Ucko, R. Tringham und G. W. Dimbleby, Hrsg., *Man, Settlement, and Urbanism*. Cambridge, MA: Schenkman Publishing Co.

Hölldobler, B. und E. O. Wilson (1994) *Journey to the Ants*. Cambridge, MA: Harvard University Press.

Hooke, R. (1665) *Micrographia*, Faksimile Ausg., 1961. New York: Dover Publications.

Hounshell, D. A. (1975) Elisha Gray and the telephone: on the disadvantages of being an expert. *Technology and Culture* 16: 133-61.

Houston, J., B. N. Dancer und M. A. Learner (1989) Control of sewer flies using *Bacillus thuringiensis var. israelensis*. I. Acute toxicity tests and pilot scale trial. *Water Res.* 23: 369-78.

Howard, F. (1987) *Wilbur and Orville: A Biography of the Wright Brothers*. New York: Alfred A. Knopf.

Hulbary, R. L. (1944) The influence of air spaces on the three-dimensional shapes of cells in *Elodea* stems, and a comparison with pith cells of *Ailanthus*. *Amer. J. Bot.* 31: 561-80.

Hunter, D. (1947) *Papermaking: The History and Technique of an Ancient Craft*. New York: Alfred A. Knopf.

Isaacs, J. D., A. C. Vine, H. Bradner und G. E. Bachus (1966) Satellite elongation into a true "sky-hook". *Science* 151: 682-83.

Jenkins, F. A., Jr., K. P. Dial und G. E. Goslow, Jr. (1988) A cineradiographic analysis of bird flight: the wishbone in starlings is a spring. *Science* 241: 1495-98.

Kearney, H. (1971) *Science and Change 1500-1700*. New York: McGraw-Hill.

Kendrick, M. J., M. T. May, M. J. Plishka und K. D. Robinson (1992) *Metals in Biological Systems*. New York: Horwood.

Kihlstedt, F. T. (1984) The crystal palace. *Sci. Amer.* 251(4): 132-143.

King, M. E. (1979) The prehistoric textile industry of Mesoamerica. S. 265-78 in A. P. Rowe, E. P. Brown und A. L. Schaffer, Hrsg., *Junius B. Bird Pre-Columbian Textile Conference*. Washington, DC: Textile Museum.

Koehl, M. A. R. (1977) Mechanical organization of cantilever-like sessile organisms: sea anemones. *J. Exp. Biol.* 69: 127–42.
—. (1982) Mechanical design of spicule-reinforced connective tissue: stiffness. *J. Exp. Biol.* 98: 239–67.
—. T. Hunter und J. Jed (1991) How do body flexibility and length affect hydrodynamic forces on sessile organisms in waves versus in currents? *Amer. Zool.* 31: 60A.
Koops, M. (1800) *Historical Account of the Substances Which Have Been Used to Describe Events and to Convey Ideas from the Earliest Date to the Invention of Paper.* London: T. Burton.
Kramer, M. O. (1965) Hydrodynamics of the dolphin. *Adv. Hydrosci.* 2: 111-30.
LaBarbera, M. (1983) Why the wheels won't go. *Amer. Nat.* 121: 395–408.
—. (1990) Principles of design of fluid transport systems in zoology. *Science* 249: 992–1000.
—, und S. Vogel (1982) The design of fluid transport systems in organisms. *Amer. Sci.* 70: 54–60.
Laithmaite, E. (1984) *Invitation to Engineering.* Oxford, UK: Basil Blackwell.
—. (1989) *A History of Linear Electric Motors.* San Francisco: San Francisco Press.
—. (1994) *An Inventor in the Garden of Eden.* Cambridge, UK: Cambridge University Press.
Lechtman, H. (1988) Traditions and styles in central Andean metalworking. S. 344–78 in R. Madden, Hrsg., *The Beginning of the Use of Metals and Alloys.* Cambridge, MA: MIT Press.
Leeming, J. (1949) *Rayon, the First Man-Made Fiber.* Brooklyn, NY: Chemical Publishing Co.
Levy, M. und M. Salvadori (1992) *Why Buildings Fall Down: How Structures Fail.* New York: W. W. Norton.
Liebowitz, S. J. und S. E. Margolis (1990) The fable of the keys. *J. Law and Econ.* 33: 1–25.
—, und —. (1995) Path dependence, lock-in, and history. *J. Law, Economics, and Organization* 11: 205–26.
Lilienthal, O, (1910) *Birdflight as the Basis for Aviation.* London: Longmans, Green.
Lombardi, S. J., S. Fossey und D. L. Kaplan (1990) Recombinant spider silk proteins for composite fibers. *Proc. Amer. Soc. for Composites, 5th Technical Conference.* 184–87.
Lovelock, J. E. und L. Margulis (1974) Atmospheric homeostasis by and for the biosphere: the Gaia hypothesis. *Tellus* 156: 1373–75.
Lowenstam, H. A. (1967) Lepidocrocite, an apatite mineral, and magnetite in teeth of chitons (Polyplacophora). *Science* 156: 1373–75.
Lucia, E. (1975) *The Big Woods: Logging and Lumbering, from Bull Teams to Helicopters, in the Pacific Northwest.* New York: Doubleday.
—. (1981) Joe Cox and his revolutionary chain saw. *J. Forest Hist.* 25: 159–65.

McCallum, H. D. und F. T. McCallum (1965) *The Wire That Fenced the West*. Norman: University of Oklahoma Press.

McCulloch, W. S. (1962) The imitation of one life form by another - biomimesis. S. 393–97 in E. E. Bernard und M. R. Kare, Hrsg., *Biological Prototypes and Synthetic Systems*. New York: Plenum Press.

McFarland, M. W., Hrsg. (1953) *The Papers of Wilbur and Orville Wright*, Bd. 1: 1899–1905. New York: McGraw-Hill.

McHenry, M. J., C. A. Pell und J. H. Long, Jr. (1995) Mechanical control of swimming speed: stiffness and axial wave form in an undulatory fish model. *J. Exp. Biol.* 198: 2293–2305.

McMahon, T. A. (1984) *Muscles, Reflexes, and Locomotion*. Princeton, NJ: Princeton University Press.

—, und J. T. Bonner (1983) *On Size and Life*. New York: Scientific American Books.

Mackay, A. L. (1991) *A Dictionary of Scientific Quotations*. New York: Adam Hilger.

Majdalany, F. (1960) *The Eddystone Light*. Boston: Houghton Mifflin.

Manko, D. J. (1992) *A General Model of Legged Locomotion on Natural Terrain*. Boston: Kluwer Academic Publishers.

Mann, S. (1990) Crystal engineering: the natural way. *New Scientist* 125 (1707): 42–47.

—. (1995) Biomineralization, the inorganic-organic interface, and crystal engineering. S. 91–116 in M. Sarikaya und I. A. Adsay, Hrsg.: *Biomimetics: Design and Processing of Materials*. Woodbury, NY: American Institute of Physics.

Maor, E. (1994) e: *The Story of a Number*. Princeton, NJ: Princeton University Press.

Margulis, L. (1993) *Symbiosis in Cell Evolution*. New York: W. H. Freeman.

Mark, R. (1978) Structural experimentation in Gothic architecture. *Amer. Sci.* 66: 542–50.

—. (1982) *Experiments in Gothic Structure*. Cambridge, MA: MIT Press.

Marteka, V. (1965) *Bionics*. Philadeplhia: J. B. Lippincott.

Mason, M. T. und J. K. Salisbury, Jr. (1985) *Robot Hands and the Mechanics of Manipulation*. Cambridge, MA: MIT Press.

Mattheck, C. (1991) *Trees: The Mechanical Design*. Berlin: Springer-Verlag.

Maxim, H. S. (1909) *Artificial and Natural Flight*. New York: Whittaker and Co.

Maynard Smith, J. (1952) The importance of the nervous system in the evolution of animal flight. *Evolution* 6: 127–29.

Mayr, O. (1970) *The Origins of Feedback Control*. Cambridge, MA: MIT Press.

Meinhard, H. (1995) *The Algorithmic Beauty of Sea Shells*. New York: Springer-Verlag.

Miller, K. F., C. P. Quine und J. Hunt (1987) The assessment of wind exposure for forestry in upland Britain. *Forestry* 60: 179–92.

Miller, M. (1945) *The Far Shore*. New York: McGraw-Hill.

Miller, R. C. (1924) The boring mechanism of *Teredo*. *Univ. Calif. Publ. Zool.* 26: 41–80.

Mokyr, J. (1991) Evolutionary biology, technological change, and economic history. *Bull. Economic Res.* 43: 127–47.
Morowitz, H. (1968) *Energy Flow in Biology.* New York: Academic Press.
Mumford, L. (1967) *The Myth and the Machine: Technics and Human Development.* New York: Harcourt Brace Jovanovich.
Needham, J. (1954) *Science and Civilisation in China,* Bd. 1. Cambridge, UK: Cambridge University Press.
—. (1965) *Science and Civilisation in China,* Bd. 4, Teil 2. Cambridge, UK: Cambridge University Press.
—, und G.-D. Lu (1985) *Transpacific Echoes and Resonances: Listening Once Again.* Philadelphia: World Scientific.
Nicklas, R. B. (1984) A quantitative comparison of cellular motile systems. *Cell Motility* 4: 1–5.
Nijhout, H. F. (1990) Metaphors and the role of genes in development. *BioEssays* 12: 441–46.
—, und H. G. Sheffield (1979) Antennal hair erection in male mosquitoes: a new mechanical effector in insects. *Science* 206: 595–96.
Niklas, K. J. (1992) *Plant Biomechanics.* Chicago: University of Chicago Press.
—. (1994) *Plant Allometry.* Chicago: University of Chicago Press.
Oberg, E., F. D. Jones und H. L. Horton (1984) *Machinery's Handbood,* 22. Aufl. New York: Industrial Press.
O'Neill, P. L. (1990) Torsion in the asteroid ray. *J. Morph.* 203: 141–50.
Orwell, G. (1937) *The Road to Wigan Pier.* London: Victor Gollancz, Ltd.
? Ovid (P. Ovidius Naso) *Metamorphoses.*
Owen, D. H. (1978) The psychophysics of prior experience. S. 467–524 in P. K. Machamer und R. G. Turnbull, Hrsg., *Studies in Perception.* Columbus: Ohio State University Press.
Ozanam, M. (1862) Dissolution de la soie par l'ammoniure de cuivre. *C. R. des Séances de l'Academie des Sciences* 55: 833.
Pantin, C. F. A. (1964) Homeostasis and the environment. S. 1–6 in G. M. Hughes, Hrsg., *Homeostasis and Feedback Mechanisms: Symp. Soc. Exp. Biol.* 18.
Papanek, V. (1971) *Design for the Real World.* New York: Random House.
Parkes, E. W. (1965) *Braced Frameworks: An Introduction to the Theory of Structures.* Oxford, UK: Oxford University Press.
Paturi, F. R. (1976) *Nature, Mother of Invention: The Engineering of Plant Life.* New York: Harper and Row.
Pearce, P. (1978) *Structure in Nature Is a Strategy for Design.* Cambridge, MA: MIT Press.
Petroski, H. (1985) *To Engineer Is Human: The Role of Failure in Successful Design.* New York: St. Martin's Press.
—. (1991) Still twisting. *Amer. Sci.* 79: 398–401.
—. (1992) *The Evolution of Useful Things.* New York: Random House.

—. (1994) *Design Paradigms: Case Histories of Error and Judgement in Engineering.* New York: Cambridge University Press.

—. (1995) *Engineers of Dreams: Great Bridge Builders and the Spanning of America.* New York: Alfred A. Knopf.

Pettigrew, J. B. (1908) *Design in Nature.* London: Longmans Ltd.

Phillips, H. F. (1885) Experiments with currents of air (anonymous report). *Engineering* 40: 160–61.

Pierce, J. R. (1961) *Symbols, Signals and Noise: The Nature of Process of Communication.* New York: Harper and Row.

Pool, R. (1989) Making new materials with nature's help. *Science* 250: 1389.

Prakash, S. (1987) *Geometry in Ancient India.* Columbia, MO: South Asian Books.

Prescott, C. B. (1884) *Bell's Electric Speaking Telephone: Its Invention, Construction, Application, Modification, and History.* New York: D. Appleton and Co.

Pritchard, J. L. (1961) *Sir George Cayley, the Inventor of the Airplane.* London: Max Parrish.

Raibert, M. H. und I. E. Sutherland (1983) Machines that walk. *Sci. Amer.* 248(1): 44–53.

Raup, D. M. (1966) Geometric analysis of shell coiling: general problems. *J. Paleontol.* 40: 1178–90.

—. (1992) *Extinction: Bad Genes or Bad Luck.* New York: W. W. Norton.

Reif, W.-E. (1985) Morphology and hydrodynamic effects of the scales of fast swimming sharks. *Fortschr. Zool.* 30: 483–85.

Reynolds, T. S., Hrsg. (1991) *The Engineer in America.* Chicago: University of Chicago Press.

Riley, J. J., M. Gad-el-Hak und R. W. Metcalfe (1988) Compliant Coatings. *Annu. Rev. Fluid Mech.* 20: 393–420.

Robinson, J. R. und E. C. Frederick (1989) Scaling of foot dimensions. *XII. Congr. Int. Soc. Biomech. Abst.* S. 1074.

Rogers, E. M. (1983) *Diffusion of Innovations*, 3. Aufl. New York: Free Press (Macmillan).

Rolt, L. T. C. (1959) *Isambard Kingdom Brunel, a Biography.* New York: St. Martin's Press.

Rosenzweig, M. L. und R. D. McCord (1991) Incumbent replacement: evidence for long-term evolutionary progress. *Paleobiol.* 17: 202–13.

Roth, V. R. (1996) Cranial integration in the Sciuridae. *Amer. Zool.* 36: 14–23.

Rouse, H. und S. Ince (1957) *History of Hydraulics.* New York: Dover Publications (Neudruck 1963).

Runnegar, B. (1992) Evolution in the earliest animals. In J. W. Schopf, Hrsg., *Major Events in the History of Life.* Boston: Jones and Bartlett Publishers.

Saidel, B. A. (1993) Round house or square? Architectural form and socioeconomic organization in the PPNB. *Mediterranean Archaeology* 6: 65–108.

Salehpoor, K., M. Shalinpoor und M. Mojarrad (1996) Electrically controllable artificial PAN muscles. S. 116–24 in A. Crowson, Hrsg., Smart Materials Technologies and Biomimetics. *Proc. Int. Soc. for Optical Engineering*, Bd. 2716.

Salisbury, J. K. (1950) *Kent's Mechanical Engineering Handbook*, 12. Aufl., Bd. 2, New York: John Wiley.

Salvadori, M. (1980) *Why Buildings Stand Up: The Strength of Architecture*. New York: W. W. Norton.

Sarikaya, M. und I. A. Aksay (1995) *Biomimetics: Design and Processing of Materials*. Woodbury, NY: American Institute of Physics.

—, C. E. Furlong und J. T. Staley (1994) Nanodesigning and properties of biological composites. *Advances in Bioengineering. ASME BED Publication* 28: 47–48.

Schlesinger, W. H., J. T. Gray, D. S. Gill und B. E. Mahall (1982) *Ceanothus megacarpus* chaparral: a synthesis of ecosystem processes during development and annual growth. *Bot. Rev.* 48: 71–117.

Schlosser, L. B. (1980) Papermaking and the indrustial revolution: the search for new fiber. *Amer. Book Collector* 1(6): 3–12.

Schmidt, P. R., Hrsg. (1996) *Culture and Technology of African Iron Production*. Gainesville: University Press of Florida.

Schmidt-Nielsen, K. (1984) *Scaling*. Cambridge, UK: Cambridge University Press.

—. (1997) *Animal Physiology: Adaptation and Environment*, 5. Aufl. Cambridge, UK: Cambridge University Press.

Schneider, M. S. (1994) *A Beginner's Guide to Constructing the Universe*. New York: HarperCollins.

Schober, J. (1930) *Silk and the Silk Industry*. London: Constable and Co.

Schoenheimer, R. (1942) *The Dynamic State of Body Constituents*. Cambridge, MA: Harvard Universityy Press.

Schopf, J. W. (1992) *Major Events in the History of Life*. Boston: Jones and Bartlett Publishers.

Shadwick, R. E. (1994) Mechanical organization of the mantle and circulatory system of cephalopods. *Mar. Behav. Physiol.* 25: 69–85.

—, C. M. Pollock und S. A. Stricker (1990) Structure and biomechanical properties of crustacean blood vessels. *Physiol. Zool.* 63: 90–101.

Singer, C., E. J. Holmyard und A. R. Hall, Hrsg. (1954) *A History of Technology*, Bd. 1. Oxford, UK: Clarendon Press.

Sleeswyk, A. W. (1981) Hand-cranking in Egyptian antiquity. S. 23–37 in A. R. Hall und N. Smith, Hrsg., *History of Technology*, Bd. 6. London: Mansell Publishing.

Smeaton, J. (1759) An experimental enquiry concerning the natural powers of water and wind to turn mills, and other machines, depending on a circular motion. *Phil. Trans. Roy. Soc. Lond.* 51: 100–174.

Smith, K. K. und W. M. Kier (1989) Trunks, tongues, and tentacles: moving with skeletons of muscle. *Amer. Sci.* 77: 28–35.

Smith, M. R. und L. Marx, Hrsg. (1995) *Does Technology Drive History? The Dilemma of Technological Determinism.* Cambridge, MA: MIT Press.

Snow, C. P. (1959) *The Two Cultures.* Cambridge, UK: Cambridge University Press.

Song, S.-M. und K. J. Waldron (1989) *Machines That Walk: The Adaptive Suspension Vehicle.* Cambridge, MA: MIT Press.

Sotavalta, O. (1953) Recordings of high wing-stroke and thoracic vibration frequency in some midges. *Biol. Bull.* 104: 439–44.

Stanley, S. M. (1987) *Extinction.* New York: Scientific American Library.

Steadman, P. (1979) *The Evolution of Design: Biological Analogy in Architecture and the Applied Arts.* Cambridge, UK: Cambridge University Press.

Stix, G. (1994) Robotuna, *Sci. Amer.* 270(1): 42.

Sutton, O. G. (1949) *The Science of Flight.* Harmondsworth, UK: Penguin Books.

Swetz, F. und T. I. Kao (1977) *Was Pythagoras Chinese? An Examination of Right Triangle Theory in Ancient China.* University Park: Pennsylvania State University Press.

Tamm, S. L. (1982) Flagellated ectosymbiotic bacteria propel a eukaryotic cell. *J. Cell Biol.* 94: 697–709.

Taylor, C. R. und E. R. Weibel (1981) Design of the mammalian respiratory system. I. Problem and strategy. *Respir. Physiol.* 44: 1–10.

Tennekes, H. (1966) *The Simple Science of Flight*, Cambridge, MA: MIT Press.

Tenner, E. (1996) *Why Things Bite Back: Technology and the Revenge of Unintended Consequences.* New York: Alfred A. Knopf.

Thompson, D'Arcy W. (1942) *On Growth and Form*, 2. Aufl. Cambridge, UK: Cambridge University Press.

—. (1961) *On Growth and Form*, Verkürzt, J. T. Bonner, Hrsg., Cambridge, UK: Cambridge University Press.

Thompson, T. E. und I. Bennett (1969) *Physalia* nematocysts: utilized by mollusks for defense. *Science* 166: 1532–33.

Thomson, K. S. (1991) *Living Fossil: The Story of the Coelacanth.* New York: W. W. Norton.

Tokaty, G. A. (1971) *A History and Philosophy of Fluid Mechanics.* New York: Dover Publications.

Toms, B. A. (1948) Some observations on the flow of linear polymer solutions through straight tubes at large Reynolds numbers. *Proc. Int. Rheological Congr., Scheveningen, Netherlands* 2: 135.

Triantafyllou, G. S., M. S. Triantafyllou und M. A. Grosenbaugh (1993) Optimal thrust development in oscillating foils with application to fish propulsion. *J. Fluids and Structures* 7: 205–24.

Tributsch, H. (1982) *How Life Learned to Live.* Cambridge, MA: MIT Press.

Tylecote, R. F. (1992) *History of Metalworking.* London: Institute fo Metals.

Urry, D. W. (1993) Molecular machines: how motion and other functions of living organisms can result from reversable chemical changes. *Angew. Chem. Int. Ed. Engl.* 32: 819–41.

Usher, A. P. (1954) *A History of Mechanical Inventions*. New York: Dover Publications (Nachdruck, 1988).
Vaughan, A. (1991) *Isambard Kingdom Brunel: Engineering Knight Errant*. London: John Murray.
Vermeij, G. J. (1993) *A Natural History of Shells*. Princeton, NJ: Princeton University Press.
Vincent, J. F. V. (1990) *Structural Biomaterials*, überarbeitete Aufl. Princeton, NJ: Princeton University Press.
Vincenti, W. G. (1988) How did it become "obvious" that an airplane should be inherently stable? *Amer. Heritage of Invention and Technology* 4(1): 50–56.
—. (1990) *What Engineers Know and How They Know It: Analytical Studies from Aeronautical History*. Baltimore: Johns Hopkins University Press.
Vitousek, P. M., C. M. D'Antonio, L. L. Loope und R. Westbrooks (1996) Biological invasions as global environmental change. *Amer. Sci.* 84: 468–78.
Vogel, S. (1970) Convective cooling at low airspeeds and the shapes of broad leaves. *J. Exp. Bot.* 21: 91–101.
—. (1978) Organisms That Capture Currents. *Sci. Amer.* 239(2): 128–39.
—. (1984a) Drag and flexibility in sessile organisms. *Amer. Zool.* 24: 37–44.
—. (1984b) The thermal conductivity of leaves. *Can. J. Bot.* 62: 741–44.
—. (1988) *Life's Devices: The Physical World of Animals and Plants*. Princeton, NJ: Princeton University Press.
—. (1989) Drag and reconfiguration of broad leaves in high winds. *J. Exp. Bot.* 40: 941–48.
—. (1992) *Vital Circuits: On Pumps, Pipes, and the Workings of Circulatory Systems*. New York: Oxford University Press.
—. (1993) When leaves save the tree. *Nat. Hist.* 102(9): 58–63.
—. (1994a) *Life in Moving Fluids: The Physical Biology of Flow*, 2. Aufl. Princeton, NJ: Princeton University Press.
—. (1994b) Nature's pumps. *Amer. Sci.* 82: 464–71.
—. (1994c) Second-rate squirts. *Discover* 15(8): 70–76.
—. (1994d) Dealing honestly with diffusion. *Amer. Biol. Teacher* 56: 405–7.
—. (1995) Better bent than broken. *Discover* 16(5): 62–67.
—, und W. L. Bretz (1972) Interfacial organisms: passive ventilation in the velocity gradients near surfaces. *Science* 175: 210–11.
von Kármán, T. (1954) *Aerodynamics*. New York: McGraw-Hill.
Wainwright, S. A. (1995) What we can learn from soft biomaterials and structures. S. 1–12 in M. Sarikaya und I. A. Aksay, Hrsg., *Biomimetics: Design and Processing of Materials*. Woodbury, NY: American Institute of Physics.
—, W. D. Biggs, J. D. Currey und J. M. Gosline (1976) *Mechanical Design in Organisms*. London: Edward Arnold (Nachdruck, Princeton, NJ: Princeton Universtiy Press).

Walcott, C., J. L. Gould und J. L. Kirschvink (1979) Pigeons have magnets. *Science* 205: 1028.

Walsby, A. E. (1980) A square bacterium. *Nature* 283: 69–71.

Wayman, M. L. (1989a) Native copper: humanity's introduction to metallurgy? S: 3–6 in M. L. Wayman, Hrsg., *All That Glitters: Readings in Historical Metallurgy*. Montreal: Canadian Institute of Mining and Metallurgy.

—. (1989b) On the early use of iron in Arctic. S. 99–100 in M. L. Wayman, Hrsg., *All That Glitters: Readings in Historical Metallurgy*. Montreal: Canadian Institute of Mining and Metallurgy.

Wells, C. S., Hrsg. (1969) *Viscous Drag Reduction*. New York: Plenum Press.

Went, F. W. (1968) The size of man. *Amer. Sci.* 56: 400–13.

Westneat, M. W. und P. C. Wainwright (1989) Feeding mechanism of *Epibuus insidiator* (Labridae; Teleostei): evolution of a novel feeding mechanism. *J. Morphol.* 202: 129–50.

White, L., Jr. (1962) *Medieval Technology and Social Change*. New York: Oxford University Press.

Wiener, N. (1950) *The Human Use of Human Beings: Cybernetics and Society*. Boston: Houghton Mifflin.

Williams, T. (1882) *The Eddystone Lighthouse (New and Old)*. London: Simpkin, Marshall and Co.

Wilson, E. O. (1980) *Sociobiology*, gekürzte Ausg. Cambridge, MA: Harvard University Press.

—. (1984) *Biophilia*. Cambridge, MA: Harvard University Press.

—. (1992) *The Diversity of Life*. New York: W. W. Norton.

Wilson, G. (1855) *What Is Technology?* Edinburgh, UK: Sutherland and Knox.

Wilson, J. F., D. Li, Z. Chen und R. T. George, Jr. (1993) Flexible robot manipulators and grippers: relatives of elephant trunks and squid tentacles. S. 475–94 in P. Dario, G. Sandini, P. Aebischer, Hrsg.: *Robots and Biological Systems: Toward a New Bionics*. NATO ASI, Series F, Bd. 102.

Wilson, P. N. (1975) J. G. A. Kitchen, 1869–1940, and his inventions. *Trans. Newcomen Soc.* 45: 15–43 (für 1972–73).

Winfield, D. L., D. H. Hering und D. Cole (1991) *Engineering Derivatives from Biological Systems for Advanced Aerospace Engineering*. NASA CR-177594; Research Triangle Institute, NC.

Woodbury, R. S. (1960) The legend of Eli Whitney and interchangeable parts. *Technology and Culture* 1: 235–53.

Worden, E. C. (1911) *Nitrocellulose Industry*. New York: D. Van Nostrand Co.

Wright, O. (1953) *How We Invented the Airplane*. New York: David McKay Co.

Zimmermann, M. H. (1983) *Xylem Structure and the Ascent of Sap*. Berlin: Springer-Verlag.

Index

Abductin, 15, *15*, 188
Achillessehne, *76*, 92
Äquifinalität, 224
Aerostatisch, 133, 278
Ahornfrüchte, Gleiten, 43
Albatros, Gleitwinkel, 35
Alexander, R. McNeill, 92, 186
Algen, 82, *82*
Aluminium, 236
    Dichte, 99
    in der Erde, 97, 99
    Kochgeräte, 111
    Leifähigkeit, 111
    Oxidation, 98
Ameisen
    Aggression, 40
    Vermehrung, 11
Ames-Fenster, 54, *54*
Aneurysmen, 90, 91, 133
Anthropologie, 24, 297
Antriebseffizienz, 205
Arbeit, 140
Archimedes, 164
Archimedische Schrauben, 275, *275*
Aristoteles, 4
Arteriosklerose, 89
Arthropoden, *siehe* Gliederfüßer
Außenhäute
    als Verbundstoff, 110
Audemars, Georges, 251
Aufschwimmen, 213
Auftrieb, 57
    Erklärung, 247
    vs. Fluggeschwindigkeit, 34, 209
    Kraft für, 207
    vs. Luftwiderstand, 33, 246, 259
    vs. Oberfläche, 33, 208
    bei Windmühlen, 152
Augen, 24
Aussterben, 24
Austauschteile, 24
Autogyration, 42, *42*
Automatikgetriebe, 182
Autos, 22, 45
    Aufhängung, 120, 127, *128*
    Belastungen, 120
    Bremsen, 180, 225
    Formen, 50
    Kraftübertragung, 182
    Lager, *292*, 293
    Motoren, 20, 145
    Pumpen, 193, *194*
    Steuerung, 222, 223
    Stoßdämpfer, 77, *77*
    Übertragungssysteme, 163
    Vergaser, 193

Babbage, Charles, 281
Bänder, *15*, 57, 75, *76*, 91, *siehe auch* Zugelemente
Bäume
    Rückfederung, 78
    Saftheber, 195
    Schwingungsdämpfung, 78

Sicherheitsfaktoren, 232
Stämme, 115, 130, 137
   als Träger, 240
   Verdunstungsmaschinen, 158
   Wachstum auf Beanspruchung, 228
Bakterien
   Geißeln, 172, *172*
   kleinste, 28
   Magnetit, 95
   quadratische, 52
   Spirochäten, 16
   Stickstoffbindung, 96
Balken
   Formen, 55
   Skalierung, 44
   unter Fußböden, 63
   zwischen Stützen, 44
Ballisten, 114, 184
Bambus, 2, 268, 274
Basalla, George, 174, 254, 281
Batterien, 140, 150, 183–189, 211
   elastische, 183–189
   elektrische, 183, 184, 279, 283, 284, 290
   gravitative, 183
   in der Natur, 185, 189, 279
   Trägheit, 183, 184
Baumstamm, 3
Beadle, George, 9
Beine
   Anzahl, 60
   Gangarten, 185
   vs. Räder, 92, 185
Bell, Alexander, 18, 24, 252
Berg, Howard, 172
Bernheim, Molly, 261
Bernoulli'sches Prinzip, 153, 247
Beschleunigung
   Projektil, 188
   beim Sprung, 40
   von Raubtieren, 185

Beton, 3
Beuteltiere, 24
Bienen
   Magnetit in, 96
   Nestwärmung, 31
   Vermehrung, 11
   Waben, 63
Biomechanik, 4, 9, 29, 130, 300
Biomimetik, Bionik, 238, *siehe auch* Nachahmung der Natur
Biophilie, 238
Biophysik, 4
Biotechnologie, 4
Bit, 12
Blätter
   als Bretter, *48*
   Blattstängel (Petiolus), *170*
   als Bretter, 48
   Flachheit, 45, 48
   Luftwiderstand, 83–85, 240
   Pflanzenfresser, 95
   Rekonfiguration, *84, 85*
   Stängel (Petiolus), 86, *86*
   thermische Leitfähigkeit, 111
   Wärmeabgabe, 112
   Wasserlilie, 242, *243*
Blake, William, 244
Blut
   Druck, 89
   Strömung, 42, 112
Blutgefäße, 188
   Elastizität, 15
   Form, 51
   Spannungs-Dehnungsdiagramm, *73*, 90
   Wände, 72, 89, 90, *90*, 91
Blutplasma, 227
Bogenbohrer, 178, *179*
Bogenschießen, 24, 114, 184
Bohrer, *179*

Boote, *siehe auch* Schiffe
    Fertigung, 56
    Festmachen, 75
    Geschwindigkeit und Wellen, *212*, *213*
    Herstellung, 298
    Oberflächenschwimmen, 210–212, *212*, 213, *213*, 214, 215
    Rumpf, 245
    Schaufelrad, 262
Bretter
    Blätter als, 48, *48*
    bei Bücherregalen, 47
    Dächer, 46
    Durchhang, 46
    Federn als, 49
Bronze, 96, 104, 280, 284, 296
Bruchfestigkeit, *71*
Brücken, 29
    Baumaterial, 272
    Bogenbrücken, 121, *122*
    Hängebrücken, 121, *122*, 125, 129
    Skalierung, 44
Brunel, Isambard, 125
Brunel, Marc, 24, 233, 241
Bücherregale, 47, 55

Cayley, George, 245, 257
Cermet, 268
Chanute, Octave, 248, 261
Chardonnet, Hilaire de, 251
Chironomiden, 23
Chitin, 93, 111, 189
Cilia, *siehe* Flimmerhaare
Coelacanthiformen, 22
Coelenteraten, *siehe* Quallen und Seeanemonen
Cook, Theodore Andrea, 294
Cope'sche Regel, 233
Cox, Joseph, 255

Crane, Horace, 12
Cree-Indianer, 55
Currey, John, 103

Dächer, 45
    Berg-und-Tal-System, *3*, *243*
    flach, 46
    gewellt, *3*
    gewölbt, 46, 124
    Kristallpalast, 242
    Kuppel-, 3
    Spitze, 124
Daedalus, 237
Dämpfer, 127
Därme, 263
Dali, Salvator, 2
Dampfboote, 23, 104
Dampflokomotive, 125
Dampfmaschinen, 22, 29, 142, 204, *204*, 233, 284
da Vinci, Leonardo, 4
Dawkins, Richard, 14
Dehnbarkeit, *71*, 72, 73
Dehnbarkeit, maximale, 71, *71*, 75
    bei Seilen, 77
Dehnung, 70, 101
    relative, 71
Dehnungsarbeit, 73, *73*
Delfine
    Wasserwiderstand, 265
Dentin, *21*
Descartes, 27
Dichte Packungen, 63
Diffusion, 38
    kulturelle, 297
    in menschlicher Technologie, 39, 277
    molekulare, 38, 44, 160, 277
Dinosaurier, 21, 30
DNA, 222, 224, 227, 267, 283
Domestizierung, 19
Dornen, 254, *254*, 258

Drähte, 113, 279, 284
Drebbel, Cornelius, 221
Drehbewegung, 2
Drehkräfte, *87*
Drehwiderstand, 85–87
Dreiecke
  Landvermessung, 61
  in menschlicher Technologie, 58
  in der Natur, 58
Driesch, Hans, 223
Druck
  Blutdruck, 89
  im Boden, 196
  auf Flächen, 50
  Flugzeugrümpfe, 51
  Laplace'sches Gesetz, 50
  osmotischer, 159
  in Pumpen, 192–194, 196–200
  in Stapeln, 55
  Test, 116
  bei Verdunstungsmaschine, 159
  in Zellen, 196
Druckelemente, 118
  Beispiele, 115, 121
  Form und Größe, 122, 129–132
  Vorlieben des Menschen, 121
  vs. Zugelemente, 121–129
Duktilität, 100, 103, 107, 278
Durchhang, *47*, 76
Dynamischer Zustand der Körperbestandteile, 225, 226, 236

Ecken, 65–68
Eddystone Leuchtturm, 239, *240*
Ediacara, 285
Edison, Thomas, 24, 253
Ei, Informationsgehalt, 12
Eiche, 239
Eichhörnchen, fliegende, 14
Eier
  als Kuppeln, 52
  Schalen, 3, 52, *110*
Eigengewicht, 47
Eisen
  Dichte, 99
  in der Erde, 97
  Gewinnung, 297
  Kochgeräte, 111
  Leitfähigkeit, 111
  in Meerwasser, 97
  im Menschen, 97
  in der Natur, 94, 99
  Oxidation, Reduktion, 98
  Preis, 104
Elastin, 15, *15*
Elastische Grenze, 72
Eldredge, Niles, 20
Elefanten
  Beine, 44
  Knochen, 44, 123
  Rüssel, 136, 169, 269
Elektrochemische Spannungsreihe, 97
Elektromotoren, *siehe* Motoren, Elektro-
Energie, 141
  Dehnungsarbeit, 73
  Freisetzung, 137
  zur Muskelkontraktion, 16
  von Oberflächen, 107
  Quellen, 140, *141*, 282
  bei Rissen, 107
  und Rückfederung, 73, 76
  Spannungs-Dehnungsdiagramm, 91
  Speicherung, 15, 92, 107, 183, *186*, 189, 274, *siehe auch* Batterien
  Umwandlung, 139
Enten, 40
  Füße, 45, 91, 262

Index

Oberflächenschwimmen, 210, 211, 213, *213*
Entenmuscheln, 132
Entwicklungs von Organismen, 224
Ericson, John, 275
Ernährung durch Filterung
    Pumpen, 198
    Schwämme, 154, 194, *198*, 199
    Weichtiere, 199
Etrich, Ignaz und Igo, 261
Euphorben, 23
Evolution, 7–9, 11, 12, 14–17
    Auge, 24
    Aussterben, 24
    Beschränkungen, 10
    Design, 114
    Erneuerungen, 281, 282
    konservative, 114
    Konvergenz, 17, 76, 277–280
    Lamarck, 228
    Mechanismen, 7
    Mehrzelligkeit, 218, 221
    der menschlichen Technologie, 7
    Präadaption, 22
    punktuelles Gleichgewicht, 20
    des Rads, 174
    Rolle der Isolation, 19
    scheinbarer Altruismus, 280
    sprunghafter Charakter, 25, 283
    stetiger Charakter, 22, 25, 283
    technologische Vergleiche, 280–286
    Trends in der Größe, 233
    zeitlicher Verlauf, 8, 282–285, 296

Fahrräder, 2, 178
    Fortbewegungsaufwand, 174
    Ketten, 75
    Räder und Pedale, 173

Fahrradpumpen, 264
Fahrzeuge, 2, 22
    gehend, 61, 270, *270*
Fallgeschwindigkeiten, 32, 33
Fallschirme, 42, *42*
Fan-Triebwerke, 201, *201*, 206
Fasern
    in Blutgefäßen, 90
    in hydrostatischen Strukturen, 134, *134*, 135
    natürliche, 74, 118
    synthetische, 18, 76, 79, 250–252, 256, 258
Federn, 30, 77, 184
    Aerodynamik, 49
    Autos, 127, 128, *128*
    als Bretter, 49
    Drehbarkeit, 86
    in der Natur, 127, 128, *128*
    Rückfederung, 101
Fell, 30
Fenster, 54, *54*, 67
Fertigung
    Kontrollsysteme, 234
    Massenproduktion, 233
    in menschlicher Technologie, 232–236
    in der Natur, 217–232
    Produktgröße, 233
    Qualität, 230–232, 234
    Regelmäßige Wartung, 225, 234
    Reparatur, 227
Festigkeit, 71–73, 80
    Blutgefäße, 89
    vs. Dichte, 113
    in menschlicher Technologie, 74–76, 79–81
    Metalle, 103
    in der Natur, 74–76, 79–81
    vs. Robustheit, 106
Festkörper, 69, 72

Fett, 30
Filtrierung, 3, 12
Fische
    Antriebseffizienz, 205
    elektrische, 148
    Kiefer, 57, *57*
    Kiemen, *154*, 196
    Kochen, 30
    Schleim, 265
    Schuppen, 45
    Schwimmen, 271
    Stromlinienform, 244
    Territorien, 63
Fischfang, 3
Fitch, John, 262
Fitness, 19, 224, 230–232, 234–236
Flache Flächen, 46
    Insektenflügel, 49
Flagellen, *siehe* Geißeln
Flaggen
    Luftwiderstand, 83
Flaschenzug, 165
Fledermäuse
    Flügel, 45, 91
    Flug, 14
Flexibilität, 72, 93
    Biegen, 2
    Blutgefäßwände, 89
    in der Natur, 80–83, 85, 86, 88, 89
    Plastik, 83
    Zylinder, 83
Fließverhalten
    Viskoelastizität, 103
Fliegen
    Flügel, *15*
    durch Flügelschlag, 35
    Fluggeschwindigkeit, 34
    Gleiten, 34, 35
    Gleitwinkel, 35
    Größe und Skala, 33, 34, 36
    Insekten, 14, 33

Luftschiffe, 137
Mechanismen, 198
Propeller, 35
Ursprung, 14
Vögel, 14
Wirkungsgrad, 35
Fliegende Eichhörnchen
    Beuteltierform, 24
Fliegerei
    Geschichte, 259–262
Flimmerhaare, *156*, 170
    Motoren, 143, 155
    Pumpen, 198, *198*, 200
Flöhe, springende, 27, 41, 189
Flügel
    Windmühlen, 85
Flügelfrüchte, *42*, 261
Flug
    Größe und Skala, 208–210
    Insekten, 187, 207, 208
    Kraftquelle, 208
    vs. Schwimmen, 206
    Sicherheitsfaktor, 232
    Steuerung, 248, *249*
    Vögel, 207, *207*, 208, 246–248, 259
Fluggeschwindigkeiten, 34
Flugzeug, 2, 24, 33, 34, 36, 39, 45
    Autogyration, 42, *42*
    der Gebrüder Wright, 209
    Fenster, 67
    Fertigung, 233
    feste Flügel, 202
    Form, 51
    Gang, 3
    Geschichte, 259, 261, 262
    Hubschrauber, 207, 208
    Steuerung, 78, 182, 248, *249*, 260
    Strömung um, 41
    Strahlantrieb, 206
    Wartung, 234

Fluide
    als Druckelemente, 133
    vs. Festkörper, 69
Foraminiferen, 52, *295*
Ford, Henry, 22, 233
Fossilien, 29
French, Michael, 123
Frösche
    Lungen, 196
Froschfische, 203, 206
Fruchtfliegen, Fluggeschwindigkeit, 34
Fuller, R. Buckminster, 64, 131
Fulton, Robert, 262
Fußböden
    Flachheit, 45
    Versteifung, 63, 80
Fußsohlenfläche, 31

Gürteltiere, Skelett, 15
Gänge, unterirdische, *152*, *197*
Galbraith, John Kenneth, 19
Galileo, 27
Gangarten, 185, 186, *186*, 187
Gebäude, 29
    aerostatisch, 134
    Beheizung, 31
    Dreiecksrahmen, 124
    Formen, 53
    geodätische, 64
    Kathedralen, 120, 124
    Rahmen, *56*
    Stützen, 124
    Ventilation, 154
Geißeln, *17*, 172, *172*
    von Bakterien, 16
Gelenke, 2, 176
Geodäten, 59, 64, *65*
Gerüste, 58, *siehe auch* Balken
Gewehrkugeln, 40
Gewicht, 30, 39
Gibbonaffen, 123

Giraffen
    Herzen, 196
Glühbirne, 24
Glättung von Ecken, 66, 67, *68*
Glas
    Glasfasern, 105
    Härte, 105
    Rissausbreitung, 66, 105
    thermische Leitfähigkeit, 111
Glasfasern, 105, 109, 110, 219, 236
    Härte, 105
Gleiten, 34, 35, 154, 261
    Pflanzen, 260, 261
    Tiere, 14, 34, 35
Gleiter, 259
Glidden, Joseph, 254
Gliederfüßer, 11, 130, *131*
Gordon, James, 79, 80, 104
Gould, Stephen Jay, 20, 58, 173, 285
Graben, 136
Gradualismus, 20, 283
Gräser, 21, 257
Gray, James, Paradoxon von, 265
Griffith, A. A., 106
Größe und Skala, 27, 29–31, 33–41, 43, 44
    Bänder vs. Stützen, 121–123, 129–132
    Bücherregale, 47
    Diffusion, 38, 39
    Fliegen, 33–36
    Flug, 208–210
    freier Fall, 32
    Größenordnungen, *28*
    in menschlicher Technologie, 29, 44
    Länge, Oberfläche, Volumen, 29, 30, *30*, 31, 33
    Luftschiffe in der Natur, 137
    Oberflächenspannung, 36, 37
    Räder in der Natur, 177

Schwerkraft, 39
Strukturen, 43, 44
Trägheit, 39–41
Viskosität, 202
Wachstum, 31, *32*
Wärmeverlust, 30
Wellen, 39, 214
Zellen, 217
Größenskalierung, *10*
Gummi
Dehnbarkeit, 71, 76
Härte, 72
in menschlicher Technologie, 105
Rückfederung, 73
Spannungs-Dehnungsdiagramm, 90, 133
als Zugelement, 120

Hämmer, 40, 67, 80, 103, *292*
Hämoglobin, 94
Hängebrücken, 52, 120
Härte, *71*, 72, 80
Druckelemente, 119
in menschlicher Technologie, 69, 74–76, 79–81
Metalle, 103
in der Natur, 69, 74–76, 79–81
Nichtkonstanz, 72
Rissausbreitung, 66, 79
Seile, 74, 75
Tensegrities, 132
Zugelemente, 125
Haie, 135
Schuppen, 266
Haish, Jacob, 254
Halbkreisförmige Kanäle, 52, *53*
Haldane, J.B.S., 32
Hale, Melina, 86
Haltungsreflexe, 78
Haut

Spannungs-Dehnungsdiagramm, 91
Hebel, 140, 164, *164*, 165, 166, *166*, 167, 168, 200
in beiden Technologien, 278
hydraulisches Äquivalent, 180
als Übertragungssystem, 165, *165*
Unterschiede zwischen den Technologien, 166, 170
Heilbroner, Robert, 287
Helices, *13*, 118
aus Fasern, 118, 134
Selbstaufbau, 13
in subzellularer Struktur, 13
subzelluläre, 219
Henry, Joseph, 149
Heron von Alexandria, 143, 204
Herzen
Muskelanordnung, 169
als Pumpen, 181, 188, 196, 197, *197*
Pumpleistung, 199
Steuerung, 222
als Strahlmotoren, 202
Transplantation, 235
Hohltiere, 11
Holz, 93
Belastungen, 121
Eigenschaften, 113
Festigkeit, 79
frisch vs. trocken, 79
Härte, 79
in menschlicher Technologie, 104, 236
Papierherstellung, 249
thermische Leitfähigkeit, 111
als Verbundstoff, 110, 219, *220*, 268
Verdauung, 255
Verwendung, 78

Vorlast, 129
Wachstum, 100
Holzschiffe, 124
Hooke, Robert, 251
Hubschrauber, 207, 208
Hummer
    Außenskelette, 93
    Gefäße, 91
    Muskeln der Scheren, 169
Hunde
    Beuteltierform, 24
Hundertfüßer, 130
Hydraulik
    in menschlicher Technologie, 181, 269
    in der Natur, 5, 179–181, 188
    Prinzip, *180*
    Übertragungssysteme, 179, 180, *180*, 181, 182, *182*, 183
Hydraulischer Widder, 201
Hydroskelette, 57

I-Träger, 87
Ikosaeder, 65
Indianerzelte, 53
Information, 220
    Definition von Bit, 12
    in Ei, Sperma, 12
    Einschränkungen, 12
    in Genen, 224
    intra- vs. extrazellulär, 221
    Knappheit, 65
    in Organismen, 12
    zur Regeneration, 227
    in Steuersystemen, 221, 229
Ingenieur, 3
Insekten
    Flügel, 49, 73
    Flug, 11, 14, 33, 34, 187, 207, 208
    Flugmuskeln, 168

Häutung, 11
Schlagfrequenz der Flügel, 49, 168, 187
Sechsfüßer, 61, 270
und Oberflächenspannung, 36
Wachstum, 11

Käfer
    feste Vorderflügel, 202
    Holzkäfer, *255*, 258
Kängurus
    Gangarten, 186, 187
    Springen, 92, 189
Kakteen, 23
Kalmare, *siehe* Tintenfische
Kalzium, 81
    in Knochen, 97
    in Meerwasser, 97
    in der Natur, 96
    Reduktion, 98
Kamm-Muscheln
    Abductin, 73, 76, 188
    Ernährung durch Filterung, 199
    Muskel, 157
    Schale, *3*
    Schloss, *15*
    Schwimmen, 15, 188
    Strahlantrieb, 76, 203
Kanten, 292
Kapillarität, 36
Katapulte, 114, 183
Kathedralen, 120, 124
Katzen
    Gangart, 60
    Knochen, 44, 123
    Ohren, 92
    Zungen, 95
Kegel, 291–293
    in menschlicher Technologie, *292*, 293
    in der Natur, 292

Wachstum, 10, *10*, 291, *291*
  vs. Zylinder, 291–293
Kelly, Michael, 254
Keramiken, 104
  Härte, 80, 81
  Kochgeräte, 111
  Verbundstoffe, 268
Keratin, 219
Ketten, 75
Kettensägen, 255, *255*
  nach Käferkiefern, 255
  Radula als, 95
Kevlar, 273
Kiefer
  Hebelwirkung, 167
  Mechanismen, 57, *57*
Kitchen, John G.A., 264
Klappen, 249
Kletten, 256, *256*
Klettverschlüsse, 256, *256*, 257, 258
Knochen, 3, 57, 93, 115
  Belastungen, 121
  Bruch, 44
  Dichte, 99
  Form, 67
  Gelenke, 176
  Härte, 70
  Halbwertszeit, 227
  Kalzium in, 97
  in menschlicher Technologie, 114
  Risse, 103
  Sicherheitsfaktor, 232
  Skalierung, 44, 123
  Spannungs-Dehnungsdiagramm, *101*, 103
  als Verbundstoffe, 111, 219, *220*
  Viskoelastizität, 103
  in Vogelflügeln, 58
  Wachstum, 11, 103, 281

Wachstum auf Beanspruchung, 228, 229
Knorpel, 91
Kochen, 19
  Größe vs. Zeit, 30
  Steuerung, 221
  thermische Leitfähigkeit, 111
Köcherfliegen, 154
Koehl, Mimi, 82, 88
Körpertemperatur, 30, 226
Kolibris, 31, 207, *207*, 208
Kollagen, 79
  in Ballisten, 114
  in Blutgefäßen, 90
  Rückfederung, 187
  Tripelhelix, 118
Kolonientiere, 11
Kontrollsystem, 221
Konvektion, 38, 112
Konvergenz, 17, 23, 24, 31, 76, 277–280
Koops, Matthias, 250
Korallen, 81, 93, 115, 132, 268
Krabben, Blutgefäße, 91
Krake
  Augen, 24
  Strahlantrieb, 203
Kramer, Max, 265
Krebstiere
  Häutung, 11
Kreislaufsysteme, 39, 200
Kristallpalast, 242, *243*
Kubismus, 2, 52
Kugeln
  Fallgeschwindigkeiten, 32
  Laplace'sches Gesetz, 50, *50*, 51
Kuh
  Bänder, *15*
Kupfer, 94, 96, 280, 296
  Dichte, 99
  in Meerwasser, 97

Index 353

in menschlicher Technologie, 100
Quellen, 97
Reduktion, 98
thermische Leitfähigkeit, 111
Kuppeldächer, 3
Kuppeln
    von Brunelleschi, 124
    Dächer, 3
    geodätische, 64, *65*
    in der Natur, 65
    Krümmung, 52
    in der Natur, 52
Kurbeln, 167, 171, 177, *178*
Kurbelwellen, 171, 177
Kutikula, als Verbundstoff, 268

LaBarbera, Michael, 174, 200
Lämmer
    Beinsehnen, 75
Lager, 171, 173, 176, *292*, 293
Lanchester, Frederick, 247
Landvermessung, 61, 62
Laplace'sches Gesetz, 50, *50*, 51, 90, 196
Laufen, 60
    auf dem Wasser, 37
    Energiespeicherung, 92, 185, *186*, 187
    vs. Fahrradfahren, 174
    Fahrzeuge, 270, *270*
    vs. Rennen, *186*
Lebensdauer, 234
Lebensgeschichte, 12
Leistung, 142
    Bakteriengeißel, 173
    Motoren, 142, 144
    Muskeln, 149, 157
Leitfähigkeit, 279
    elektrische, 111, 113, 149
    thermische, 111–113
Leuchttürme, 239, *240*

Libellenlarven und Analstrahlen, 196, 203
Lilienthal, Otto, 246, 257, 259
Lochschnecken, *153*
Löwenzahn, 42, *42*
Luftballons, 51, 89, 91, 133, 150, 206
Luftschiffe, 133, 137, 206
Luftwiderstand
    vs. Auftrieb, 33, 246
    Blätter, 83–85, 240
    beim Fallen, 32
    Flaggen, 83
    beim Fliegen, 33
    Mikroorganismen, 41
    vs. Oberfläche, 32, 33
Lungenbläschen, 51

Mäuse, 33
Magnetit, 95
Mammals, *siehe* Säugetiere
Maschinen, 278, *siehe auch* Motoren
    Energiequellen, 278
    Kontrolle, 221
    Muskelanaloga, 267
    Muskeln, 220
    Turbinen, 281
    Wind- und Wasserkraft, 233
Masse vs. Volumen, 30
Massenproduktion, 233
Mast, 3
Materialien
    Bioemulation, 267, 268, 272
Materialkunde, 69
Maulwürfe
    Vorderarme, 167
Maxim, Hiram, 259
Mechanismen, 57, *58*, 68
Medizin, 20
Mehrzelligkeit
    Entwicklung, 223

Evolution, 218, 221
Regeneration, 227
Menschen
    Aggression, 40
    Anzahl der Zellen, 217
    fallend, 32
    Größe, 28
    Größe und Wachstum, 31, *32*
    Halbwertszeit der Proteine, 227
    Knochen, 123
    Kreativität, 281
    Magnetit in, 96
    Schwimmen, 213
    soziale Organisation, 280
    thermische Leitfähigkeit, 112
    Unterschiede, 224
    auf dem Wasser laufen, 37
de Mestral, Georges, 256
Metalle, 2, 93–104
    chemische Eigenschaften, 97
    elektrische Leitfähigkeit, 113, 149, 279
    Gewinnung aus Erz, 97
    Härte, 72
    mechanische Eigenschaften, 100–104
    in menschlicher Technologie, 104
    metallhaltige Verbindungen, 95, 96
    nicht in der Natur, 93–100, 113
    plastischer Bereich, 101
    Risse, 102, 106
    Spannungs-Dehnungsdiagramm, 101, 103
    thermische Leitfähigkeit, 111, 279
    Ursprung und Geschichte, 296
    Verarbeitung, 50, 68, 100, 104
    Verwendbarkeit, 120, 126

Vielfalt, 103
Metamorphose, 12
Mikrofilamente, 13
Mikrofone, 253
Mikrotubuli, 13, *13*, 118, *156*, 267
Mistkäfer, 173
Mixotriche, 16, *17*
Modellierung, 68
Mörtel, 55, 79, 80, 119, 278
Mokyr, Joel, 288
Mollusken, *siehe* Weichtiere
Monarchfalter, 17
Motilität, 13
Motor
    Kernreaktor, 211
Motoren, 139–162, *siehe auch* Maschinen
    Arbeitsgeschwindigkeit, 171
    Dampflokomotive, 125
    Elektro-, 18, 143, 148, 149, 160, 170, 284, 285
    Energiequellen, 139
    Imbibitionsmaschinen, 159
    Leistung, 142, 144
    linear vs. rotierend, 148
    Muskeln, Flimmerhaare, etc., 155, 156, *156*, 157, 158, 162, 171, 172, *172*
    osmotische, *160*, *170*
    rotierende, 171, 172, *172*
    Turbinen, *201*, 233
    Typen, 143, 144
    Übertragungssysteme, 163, 177–179
    Verbrennungsmotoren, 20, 144, 146, 147, 161, 162, 290
    Verdunstungsmaschine, 158
    wind- und wassergetrieben, 143, 150, *150*, 151, *151*, 152–154

Wirkungsgrad, 147, 150, 160–162
Mumford, Lewis, 288
Muscheln, 12
Muschelschalen, 3, *110*, 229
Muskeln, 57, 75, 115, 121, 136, 140
 Analoga, 267
 angespannter, 16
 Antagonisten, 188
 Arbeitsweise, 156, *156*
 im Außenskelett, 130
 Energiequelle, 149
 Faserarten, 157
 gefiederte, 169, *169*
 Größenordnungen, 162
 Halbwertszeit, 227
 im Herzen, 169
 hydrostatische Systeme, 136, 169, 269
 Kraft vs. Arbeit, 157
 Leistung vs. Zeit, 157
 als Maschine, 143, 155, 220
 Mechanismus, 220
 Nackenstützen, 127
 Steuerung, 222
 Übertragungssysteme für, 163, 167, 168, *168*, 169, *169*, 170, 171, 177
 Verkürzung, 168, 169
 Wachstum auf Beanspruchung, 228
 Wirkungsgrad, 161

Nachahmung der Natur, 68, 105, 237–276
 Eddystone Leuchtturm, 239
 Erfolgsaussichten, 257, 258
 extrudierte Fasern, 250–252
 Fliegerei, 259–262
 gehende Fahrzeuge, 270, *270*
 gewölbte Tragflächen, 246, *246*
 Haifischschuppen, 266
 intelligente Materialien, 268
 Kettensägen, 255, 258
 Klettverschluss, 256, *256*, 257
 Kristallpalast, 242
 Materialien, 272
 Muskelanaloga, 267
 Nanotechnologie, 267
 Papierherstellung, 249, 258
 peristaltische Pumpen, 263, *264*
 Polymere zur Widerstandsreduktion, 265
 Roboter, 269
 Schwierigkeiten, 262, 298
 Schwimmen durch Oszillation, 271, *271*
 Seiten- und Querruder, 248
 Seltenheit, 239
 Stacheldraht, 254
 Stromlinienform, 244
 Telefone, 252, 253, *253*
 Tunnelschild, 241, *241*
 Verbundstoffe, 267
 widerstandsarme Unterseeboote, 265
Nacken, 75, *76*, 127, *127*
Nackenband, *76*
Nacktkiemer, 17
Nadeln, 59, 130
Nägel, 55, 80, 103, 278, 279
Nanotechnologie, 267
Natur, Perfektheit der, 4
Needham, Joseph, 296
Nematozysten, 16
Nerven
 Diffusion zwischen, 38
 Leitung, 113, 149
Newcomen, Thomas, 145
Nieren, 181, 220
Noria, 201, *201*
Nylon, *siehe* Fasern, Klettverschluss

Oberflächen
　　Energie, 107
　　flach vs. gekrümmt, 45–52, 277
　　gewellte, *3*
Oberflächenschwimmen, 210–215
Oberflächenspannung, 36, 277
　　vs. Größe, 36, 37
　　Insekten, 36
　　Wasserläufer, 107
　　Wasserschneider, 37
　　Wellen, 39, 214
Ohr, *53*
Oldenburg, Claes, 2
O'Neill, Patricia, 87
Orwell, George, 33
Osagedorn, 254, *254*
Osmose, 159, 160, *160*, 195, 196
Osterglocken, Stängel, *88*
Ovid, 237
Ozanam, M., 251

Packung, dichte, 63
Pandas, 58
Papanek, Victor, 5
Papierfalten, 49
Papierherstellung, 249, 258
Paxton, Joseph, 242
Pendel, 183, 185–187
Penise, 51, 133, 137, 181
Peristaltik, 264
Petiolus, *170*
Petroski, Henry, 288
Pettigrew, James Bell, 294
Pferde, *76*
　　Aufhängung, 127, *128*
　　fallend, 33
　　Knochen, 123
　　Zähne, *21*
Pflanzen, *siehe auch* Bäume, Blätter etc., *siehe auch* Blätter, Bäume, etc.
　　Evolution, 23

Pflanzenfresser, 95
Pflanzenfresser, 95
Phillips, Horatio, 246, 257
Photosynthese, 45, 96, 113, 137, 140, 155
Piezoelektrizität, 268
Plan, 7
Plastik, 22, 271
　　Flexibilität, 83
　　in menschlicher Technologie, 105
　　Verarbeitung, 68
Plazentalier, 23
Plexiglas, 105
Portugiesische Galeere, 16, 134
Präadaption, 22
Präriehunde, *152*, 153, 194, 199
Privileg des Amtsinhabers, 289
Propeller, 35, 171, 208, 272, *275*
　　Antriebseffizienz, 205
　　Antriebserzeugung, 202
　　gedrehte Blätter, 86
　　als Pumpen, 193
　　vs. Ruder, 198
　　Vergleich mit Tragfläche, 208
Proteine
　　Austausch, 225
　　erlaubte Abweichungen, 231
　　Größe, 218
　　Halbwertszeit, 227
　　Instabilität, 226
　　Synthese, 221
Prothesen, 267, 273
Pumpen, 191–194, 196–202, 215
　　Archimedische Schraube, 275
　　Druck vs. Strömungsmenge, 193, 194, *201*
　　fluiddynamische, 193, 194, *194*, 195, 197, 198, *198*, 199, 200, 281
　　Klappen und Kammern, *197*

in der Natur, 194, 196, 197, *197*, 198, *198*, 199–202
osmotische, 159, 160, *160*, 195, 196
peristaltische, 197, *197*, 203, *264*
Schlagkraft, 89
für Strudler, 198
Verdrängungspumpen, 193, *193*, 194–197, *197*, 198
Verdunstungs-, 195, 196
Pumpspeicher, 184
punktuelles Gleichgewicht, 20
Pyramiden, 52
  Wachstum, *10*
Pythagoras, Theorem von, 62, *63*

Quallen
  Antrieb, 196, 202, 203, 205, 206
  Fortpflanzung, 11
  giftige Fäden, 159
  konische Myotome, 293
  stechende Zellen, 16
  Strobili, 293
Quastenflosser, 22
Querruder, 249, 257, 258
QWERTZ, 290

Radulae, 95, *95*
Räder, 2, 148, 152, 171, 173, 174, 176, 177, 293, 299
  Bakteriengeißeln, 172, *172*
  vs. Beine, 92
  Geschichte, 174
  kulturelle Faktoren, 175
  in Maschinen, 175
  an mittelamerikanischen Spielzeugen, 174
  Nachteile, 173–175
  Vorteile, 173, 175
Raspeln, 95, 242

Ratten
  Beuteltierform, 24
Raupen
  Hydroskelett, 57
  Schneiden von Blättern, 257
Réaumur, René-Antoine, 249, 250
Rechte Winkel, 2, 52–62, 64, 65, 68, 277
  Halbkreisförmige Kanäle, 52, *53*
  Landaufteilung, 61
  in menschlicher Technologie, 52
  in der Natur, 52
Rechteck, 55, siehe auch Rechte Winkel
Regeneration, 227
Rennen
  Energiespeicherung, 185, *186*, 187
  vs. Gehen, 185, *186*, 187
Resilin, 15, *15*, 187, 189
Risse, 65–68, 79, 104–106, *106*, 118
  Ausbreitung, 103, 106–108, 278
  Energie, 107
  in Metallen, 103
  Vermeidung, 107, 108, *108*, 109
Roboter, 269, 273, 285
Robotik, 234, 238
Robotuna, 271
Robustheit, *71*, 73, 77
  Metalle, 101
  Schalen, 105
Rohre
  Formen, 51
Rost, 98
Rotierende Bewegung, 148, 173, 177, *178*
Rotierende trapezförmige Illusion, 54, *54*
Roux, Wilhelm, 223

Rückfederung, 73, 74
    Abductin, 15, 76, 188
    Bäume, 78
    Elastin, 15
    Gummi, 73
    Kollagen, 187
    Metalle, 101
    Resilin, 15, 187
    Spinnseide, 77
    Verwendbarkeit, 76
Rückkopplungen, 221, 222, *222*, 223, *223*, 224, 229, 234, 261, 268
Rumpfgeschwindigkeit, 212, 213, *213*, 214
Rumsey, James, 262

Säugetiere
    Evolution, 21, 24
    Zähne, 21
Säulen, 3
Sägen, 80, 95, 237, 255, *255*, siehe auch Kettensägen
Säugetiere
    Größe, 30, 123
    Kiefer, 167
    Knochen, 44, 123
    Körpertemperatur, 31
    Nackenband, 75
    Nackenträger, *127*
Säulen, 43, 44, 118, 119, 281
Saftheber, 195, 200
Salzkraut, 82, *82*
Samen
    Autogyration, 43
    Fallschirm, 42
    keimende, 159
    Schleudern, 78
Sanddollars, 154
Satelliten, 122
Schädel, 3
Schäffer, Jacob Christian, 250

Schalen, 93
    Belastungen, 121
    Dichte, 99
    Eier, *110*
    Robustheit, 105
    als Verbundstoffe, 111, 268
    Wachstum, 10, 11, 100, *291*
    Weichtiere, 3, 10, *153*
Schaufelräder, 198, 210, 262, 275
Schaumstoffe, 64, 108, *109*
Scherkräfte, 278, 279
    in Säulen, 117
    in Seilen, 118
Schiffe, 2, 29, siehe auch Boote
    Antrieb, 171, 275, *275*
    Beschleunigung, 41
    Geschindigkeit, 40
    Luken, 67
    Oberflächenschwimmen, 279
    Rümpfe, 82, 120
    Schaufelräder, 198, 210, 275
    Strömung um, 41
Schiffsbohrwurm, 241, *241*
Schildkröten, Skelett, 15
Schlammspringer, *23*
Schlangenkiefern, 57
Schmetterlinge
    Gleiten, 34, 35
    Metamorphose, 12, 181
Schnaken, 44, 130
Schnecken
    Radulae, 95, *95*
Schoenheimer, Rudolph, 225
Schreibmaschinen, 184
Schreibmaschinentastatur, 290
Schwabe, Louis, 251
Schwämme
    Filterung, 154, 194, *198*, 199
    pumpend, 195, *198*
    Skelette, 59, *60*, 130
Schwalbenwurzgewächse, 42

Schwerkraft, 33, 35, 39–41, 44, 46,
    49, 53, 80, 118, 123, 133,
    137, 140, 279
  Energiespeicherung, 183
  Pumpen gegen die, 195
  Wellen, *212*, 213, *213*, *214*
Schwerpunkt, 60, 78
Schwimmen
  Aufschwimmen, 213
  Mechanismen, 198
  Strahlantrieb, 205
Schwungräder, 183, 184
Sechsecke, 61–63
Seeanemonen
  Flexibilität, 88
  Fortpflanzung, 11
  Hydroskelett, 57
Seegurken, 132
Seeigel, 135, 268
Seescheiden, *94*
  Vanadium, 94, 97
Seespinnen, 130
Seesterne
  Arme, 87
  Regeneration, 228
  Röhrenfüße, 135, 180
  Skelett, 108
Segelflugzeuge, 34, 35
Segelschiffe, 143, 281
Sehnen, 57, 115, 121
  Achilles, *76*
  Eigenschaften, 79
  Energiespeicherung, 92, 186
  Festigkeit, 75
  Härte, 81
  Halbwertszeit, 227
  Mikrostruktur, *219*
  Rückfederung, 79
  Sicherheitsfaktor, 232
  Spannungs-
    Dehnungsdiagramm,
    73, 91, 101

Seidenraupen, 118, 250–252, *252*
Seile, 57, 74, 75, 118, 299
  Durchhängen, 46
  Härte vs. Festigkeit, 75
  aus Naturfasern, 57
  Salzkraut, 82
  als Zugelemente, 115, 120
Seitwärtsbiegen, 118
Shadwick, Robert, 91
Sherrington, Charles, 230
Sicherheitsfaktoren, 44, 231, 232,
    235, 236
Skelette, 11
  Pferd, *76*
  Schildkröte, 15
  Schwämme, 59, *60*
  Wachstum, 11, 283
Smeaton, John, 239
Smith, Francis Pettit, 275
Smith, John Maynard, 260
Sotavalta, Olavi, 187
Sozialer Darwinismus, 230, 289
Spannung, 71–73, *73*, 115, *116*, *117*
  in Ecken, 67
  bei gekrümmten Flächen, 50
  in Möbeln, 67
  in Säulen, 119
  in Seilen, 52
  Tests, 115
Spannungs-Dehnungsdiagramm,
    70, *70*, *71*, 72, 73, *73*
  biologische Stoffe, 91
  Blutgefäße, *73*, 90
  Gummi, 90, 91, 133
  Haut, 91
  Knochen, *101*, 103
  Metalle, 101, *101*, 103
  Sehnen, 73, *73*, 91, 101
Spinndüse, 251
Spinnen
  Beutefang, 3
  Häutung, 11

hydraulische Beine, 2, 181
Netze, 3, 46, 77, *77*
Spinnen, 105
Spinnenkrabben, 130
Spinnseide, *77*, 115, 118, 273, 274
　Eigenschaften, 79, 273
　Härte, 79
　Rückfederung, 77
Spiralen, 291
　logarithmische, 294, *294*, 295, *295*
　in der Natur, *295*
Spirochäten, 16, *17*
Spitzklette, 256
Spitzmäuse, 31
Spröde Materialien, 105
Sprung
　Absprunggeschwindigkeiten, 41, 189
　Höhe, 27
Stab, 2
Stacheldraht, 254, *254*, 257
Stahl, 281
　Eigenschaften, 72, 77, 113
　Spannungs-Dehnungsdiagramm, *101*
Stapeln, 52, 55, 57, 123
Statisch bedingte Strukturen, 58
Steine, 119, 120, 240
　Brüchigkeit, 104
　in menschlicher Technologie, 104, 236
Steuerung, 78, 221, *222*, *223*, 273
　Flugzeug, 248
　genetische Information, 229
Stevenson, Alan, 240
Stimmbänder, 78
Stoßdämpfer, 77, *77*, 182
Strömung
　laminar vs. turbulent, 41, 42
　Konvektion, 112

Strahlantrieb, 202, 215
　Düsenmotoren, 145
　Effizienz, 203–206
　Geschwindigkeiten, 205
　Kalmare, 135
　Kamm-Muscheln, 76
　in der Natur, 202, 205
　Pumpen für, 196
Strahltriebwerke, 194, 203, 204
Strahlturbinen, 29
Streben, 57–59, *siehe auch* Druckelemente
Strebepfeiler, 120
Strömung
　laminar vs. turbulent, 265, 277
　nichtnewtonsch, 266
Strömungskräfte, 57
Stromlinienform, 244, *245*, 258, 278
Strudler, 3, 199
Stützen, *siehe* Druckelemente
Styropor, 108

Tauben
　Gleitwinkel, 35
Taumelkäfer, 40, 213, 214, *214*
Taylor, Frederick W., 233
Technologietransfer, 16
Telefone, 18, 24, 252, *253*
Temperatur
　chemische Reaktionen, 223
　bei Wärmekraftmaschinen, 147
Tensegrity, 131, *132*
Teredo, 241
Termiten
　Darmfauna, 16
　Ventilation der Termitenhaufen, 154
Territorien, bei Tieren, 62
Thermischer Wirkungsgrad, 147
Thermodynamik
　Erster Hauptsatz, 141, 274

Zweiter Hauptsatz, 142, 147
Thompson, D'Arcy, 28, 123, 126, 294
Tintenfische
   Arme, 136
   Blutgefäße, 91
   Strahlantrieb, 135, 196, 205, 206
   Tentakeln, 169, 269
Töpferscheiben, 184
Toiletten, 221, *223*
Tonwaren, 297
Torsion, 23
Träger, *48*, *117*, 118, *126, 127*, 219
   Bäume als, 240
   Drehwiderstand, 87
   Druck- und Zugkräfte, 126
   Festigkeit, 106
   Formen, 126
   I-Träger, 87, 116
   als Kopfstütze, 126
   Vorlast, 128
Trägheit, 39–41
Tragflächen, *246*, 247, 257
   Antriebseffizienz, 205
   gewölbte, 49, 246, 258
   als Kraftquelle, 202, 208
   schlagend, 259
   der Gebrüder Wright, 247
Transformatoren
   elektrische, 149, 200
   fluidmechanische, 200–202, 205, 279
Trapezoide, 54, *54*
Treibhäuser, 242
Trommelfell, 253, 258
Türgelenke, 92
Türme, 131, *132*
Tunnelbau, 241, *241*
Twiddle-Fisch, 271, *271*, 273

Übertragungssysteme, 139, 163–165, *165*, 166–171, *175*
Hebel, 165, *166*
   hydraulische, 179, 180, *180*, 181, 182, *182*, 183
   für Muskeln, 163, *168*, *169*, 177, *179*
   Räder, 175
Undulipodien, 16
Unterseeboote, 196, 210, 211, 246, 265, 271, 279, 290

Vanadium, 94, 97, 98
Ventilatoren, 49
Verbreitung, 12
Verbrennungsmotoren, 20
Verbundstoffe, 109, *109*, 110, *110*, 111, 113, 219, *220*, 238
Verdunstung, 112, 195
Verdunstungsmaschine, 158
VHS Videoband-System, 290
Victoria amazonica, 242
Virusschalen, 65
Viskoelastizität, 103
Viskosität, 34, 42
   Größe und Skala, 202
   und Pumpen, 264
   vs. Skala, 41
Vögel, *siehe auch* Eier, Federn
   Aufschwimmen, 213
   Brustbein, 128
   fallend, 32
   Flügelknochen, 58
   Flug, 14, 207, *207*, 208, 209, 246–248
   Gleiten, 34, 154
   kleinste, 31
   Körpertemperatur, 31
   Kreativität, 19
   Magnetit in, 96
   Territorien, 63
   Tragflächen, *246*
Vogelfang, 3

Vorlast, 127

Waben, Verstärkung mit, 63
Wachstum, 10, *10*
    Häutung, 11
    Kegel, 291, *291*, 294
    Kegel, Pyramide, Zylinder, 10, *10*
    Knochen, 11, 103, 281
    Schalen, 11
    Wirbeltiere, 11
Wärme
    Deformation, 102
    aus Elastizität, 188
    vs. Größe, 30
    in menschlicher Technologie, 31, 143–146
    in der Technologie der Natur, 147
    thermischer Wirkungsgrad, 147
Waffen, 18, 40
    Bogen, 114, 184
    Bogenschießen, 24
    Faustfeuerwaffen, 40
    Katapulte, Ballisten, 114, 183, 184
Wale
    größte, 28
    schwimmende, 211, 265, 276
    Stromlinienform, 244, *245*
    Strudler, 3
Wartung, 225, 234, 279, *siehe auch* Fertigung
Wasser
    Dichte, 30, 99
    Kühlung, 112
    Zusammensetzung, 97
Wasserkraft, 150
Wasserläufer, 107
Wasserlilien, 242, *243*
Wasserräder, 143, 150, *150*, 233
    Energiegewinnung, 23
Wasserschneider, 37, *37*, 210
Wasserwellen
    Oberflächenspannung, 39
    Schwerkraft, 39
Watt, James, 22, 145, 177, 221, 281
Weben, 24, 118
Weberknechte, 130, *131*
Webstoffe, 297
Weichtiere, 10, 76
    Abductin, 73, 76, 188
    Ernährung durch Filterung, 199
    Muskeln, 16
    Schalen, *153*, *291*
Weis-Fogh, Torkel, 187
Wellen
    kleine, 39
    Oberflächenspannung, 214, *214*
    Schwerkraft, *214*
Wellpappe, *3*, 49, 268
Werkzeuge, 229, 298
Wespen, 63, 249
Wheatstone, Charles, 149
Whitney, Eli, 24, 233
Widerstand
    Ausnutzung beim Pumpen, 198
    vs. Geschwindigkeit, 206, 212
    Stromlinienform, 244, *245*, 278
    von Wellen, 210, 211
Wind
    an Blättern, 83
    über Schächten, 153
    und Flug, 36
Winden, 165, *165*
Windmühlen, 143, 150, 151, *151*
    Flügel, 85
Wirbeltiere
    Elastin, 15
    Evolution, 22

wachsendes Skelett, 11
Wirkungsgrad, 142
   Fliegen, 35
   Maschinen, 148, 160
   Motoren, 147, 150, 161, 162
   Muskeln, 161
   Strahlantrieb, 203–206
   thermischer, 147
   verschiedene Übertragungssysteme, 175
Wölbung, 49, 246
Wright, Wilbur und Orville, 24, 248, 257, 259
Würfel, 63
Würmer
   Form, 51
   Hydroskelett, 57
   peristaltisches Pumpen, 197, *197*
Wurmröhren, 3

Young, Thomas, 72

Zähne, *21*, 93
   Abnutzung, 229
   Pflanzenfresser, *21*, 95, 283
   Pulpa, *21*
   Säugetiere, 21
   Schmelz, *21*, 81, 268
   Verbundstoffe, 111
   Zugspannung, 121
Zahnräder, 67, 175, *175*
Zellen
   Anzahl in Organismen, 12, 217
   als Bausteine, 29
   dichte Packung, 64
   Diffusion in, 38
   Druck in, 196
   als Fabrik, 217
   Form, 51
   Größenschwankungen, 231
   Koordinierung, 219, 228

   Membranen, 52
Zellulose
   in Holz, 110
   in menschlicher Technologie, 104
   Verdauung, 16
Zement, *21*
Zerbrechlichkeit, 43, 66, 118, 278
Ziegelsteine, 55, 79, 115, 119, 236
Zinn, 94, 96, 99
Zugelemente, 115, 120, 137
   vs. Druckelemente, 121
   Form und Größe, 122, 129–132
   Härte, 125
   Vorlieben der Natur, 121
Zulu, 54
Zungen, 136, 269
Zylinder, 45, *117*
   als Balken, 44
   Ballon, 89
   Dosen als, 45
   Drehwiderstand, 85, 117
   vs. Kegel, 291, 292
   Laplace'sches Gesetz, *50*, 51
   als Säule, 43
   Töpfe als, 45
   Wachstum, 10, *10*